Handbuch: Radverkehr in der Kommune

Nutzertypen, Infrastruktur, Stadtplanung, Marketing

Das Hygge-Modell
Ergänzungen zur ERA

3. überarbeitete Auflage

Thiemo Graf

Herausgeber: Innovative Städte (Fachbüro)

Fahrradverlag

Für inhaltliche Fragen und Anregungen wenden Sie sich an den Herausgeber:
Innovative Städte GmbH & Co. KG
Alter Kirchenweg 27
D-90552 Röthenbach an der Pegnitz
E-Mail: team@innovative-staedte.de
www.innovative-staedte.de

Bisher sind folgende Auflagen erschienen:
1. Auflage (2016)
2. erweiterte Auflage (2020)

3. überarbeitete Auflage 2022

ISBN: 978-3-940217-34-9
www.fahrradverlag.de

Umschlaggestaltung, Layout und Satz: LMG Copenhagen
Druck und Bindung: Druckerei Lokay e.K., Reinheim
Printed in Germany.

Das vorliegende Buch wurde von einer nach Cradle to Cradle, Blauer-Engel- und FSC-zertifizierten Druckerei nach höchsten Umweltstandards klimaneutral produziert – beispielsweise durch Verwendung von Farben auf Pflanzenölbasis nach DIN ISO 12647-2, der Nutzung Erneuerbarer Energien, dem Druck in einem nachhaltigen Gebäude und der Verwendung von nachhaltigem Papier. „100% ökologisch produziert“ ist ein Qualitätsversprechen des Verlags. Erfahren Sie mehr bei uns unter www.fahrradverlag.de

100% ökologisch produziert

„Welche Radverkehrsführung am meisten Menschen aufs Rad bringt, müssen Sozialwissenschaften sagen. Das ist keine Aufgabe für Ingenieure."

Burkhard Stork im Jahr 2016 zur 1. Auflage in seiner damaligen Funktion als Bundesgeschäftsführer des ADFC; heute Geschäftsführer des ZIV

„Die Menschen in unseren Kommunen wollen mehr Radverkehr, dafür muss sich die Verkehrsplanung noch stärker an ihren Bedürfnissen ausrichten."

Matthias Dießl, Landrat des Landkreises Fürth, 1. Vorsitzender der Arbeitsgemeinschaft fahrradfreundliche Kommunen in Bayern (AGFK)

„Für mehr Radverkehr braucht es in der Kommunalpolitik Mut und ein Umdenken – nach Jahrzehnten der autoorientierten Planung ist es nun Zeit, auch für das Fahrrad zu planen."

Christian Wilhelm, 1. Bürgermeister der Stadt Sonthofen, Initiator Radstadt Sonthofen, 3. Vorsitzender der Arbeitsgemeinschaft fahrradfreundliche Kommunen in Bayern (AGFK)

Über den Herausgeber

Innovative Städte
Fachbüro & Verlag

Herausgeber dieses Fachbuches ist die Innovative Städte GmbH & Co. KG, ein bundesweit führendes Fachbüro für Fuß- und Radverkehr, Stadtentwicklung und Fachpublikationen mit Standorten in den Metropolregionen Nürnberg und Stuttgart. Das interdisziplinäre Team lebt dafür, Städte und Gemeinden neu zu denken und zu lebenswerten Orten zu machen, an denen Wege ganz selbstverständlich zu Fuß oder mit dem Fahrrad zurückgelegt werden. Dazu arbeitet das Fachbüro nach dem **Hygge-Modell**© von Thiemo Graf.

Auftraggeber sind Städte, Gemeinden und Landkreise, Landes- und Bundesministerien sowie Arbeitsgemeinschaften fahrradfreundlicher und fußgängerfreundlicher Kommunen (AGFK) in mehreren Bundesländern. Das Fachbüro begleitet seine Auftraggeber nach Bedarf von der ersten Idee bis zur erfolgreichen Umsetzung von Fuß- und Radverkehrsmaßnahmen – z.B. durch Konzepte und Handlungsprogramme, Machbarkeitsuntersuchungen, Planungen oder Öffentlichkeitsbeteiligung. Ein Schwerpunkt ist bereits seit der Gründung 2015 die Aus- und Weiterbildung von Fach- und Führungskräften sowie die Durchführung von Fachveranstaltungen.

Im Jahr 2021 hat die Innovative Städte GmbH & Co. KG im Auftrag des Bundesverkehrsministeriums sowie der Freien und Hansestadt Hamburg erstmals den alle zwei Jahre stattfindenden Nationalen Radverkehrskongress (NRVK) inhaltlich entwickelt und erfolgreich umgesetzt. Seit 2021 unterstützt das Team als AGFK-Fachbüro die AGFK-BW und ihre mehr als 100 Mitgliedskommunen exklusiv zu allen Fragen der Fuß- und Radverkehrsplanung und verantwortet das umfangreiche Weiterbildungsprogramm.

Mit der **Kommunal-Hotline** hat das Fachbüro ein niederschwelliges Beratungsangebot etabliert, um kleinere Fachfragen von Kommunen zu beantworten oder vorliegende Planungen aus der Perspektive des Fuß- und Radverkehrs zu prüfen und Verbesserungspotenziale zu identifizieren („Planungscheck").

Das Fachbüro wurde von Thiemo Graf am 15. Februar 2015 als i.n.s. – Institut für innovative Städte gegründet.

www.innovative-staedte.de

Über den Autor

Thiemo Graf ist Geschäftsführer der Innovative Städte GmbH & Co. KG sowie des Fahrradverlags und Autor mehrerer wegweisender Fachbücher zur Radverkehrsförderung und -planung.

Als Mitglied im Dialogforum hat er an der Entwicklung des Nationalen Radverkehrsplans 3.0 (NRVP 3.0) und damit an der Radverkehrsstrategie der Bundesregierung mitgewirkt. Im Jahr 2022 wurde er durch das Bundesministerium für Digitales und Verkehr (BMDV) in den Beirat Radverkehr berufen. Das 20-köpfige Expertengremium berät und unterstützt das Bundesministerium bei der Umsetzung und Weiterentwicklung des NRVP 3.0 sowie einer Strategie, um mehr, besseren und sichereren Radverkehr in Städten und ländlichen Räumen zu arbeiten.

Thiemo Graf hat das **Hygge-Modell©** entwickelt und in der Erstausgabe **Handbuch: Radverkehr in der Kommune** im Jahr 2016 erstmals ausführlich vorgestellt. Das Hygge-Modell© beschreibt anhand der drei Kernaufgaben der Radverkehrsförderung, wie Mobilitätsverhalten nachhaltig verändert werden kann. Dazu stellt es den Menschen mit seinen Bedürfnissen in den Vordergrund, anstatt – wie zuvor in der Verkehrsplanung üblich – nur technische Aspekte zu betrachten. Seit der erstmaligen Veröffentlichung hat der innovative Ansatz deutschlandweit erhebliche Beachtung gefunden und auf Bundes-, Landes- und kommunaler Ebene vielerorts zu einem Umdenken geführt. Als Geschäftsführer und Projektleiter beim Fachbüro Innovative Städte setzt Thiemo Graf mit seinem Team das Hygge-Modell© in zahlreichen größeren und kleineren Projekten für seine Auftraggeber konsequent um.

Von Thiemo Graf sind bislang folgende Bücher erschienen (nur Erstauflagen): Handbuch: Radverkehr in der Kommune (2016) | Absurdes aus der Verkehrsplanung (2017) | Einrichtung von Fahrradstraßen (2018) | Radverkehr von A bis Z (2019) | Fahrradstadt (2020) | Fahrradstraßen und Fahrradzonen (2020) | Fahrradstellplatzsatzung (2023).

Inhaltsverzeichnis

ABSCHLUSS

Einfach hyggelig

Das Adjektiv *hyggelig ['hygəlic]* ist der Begriff, der das dänische Lebensgefühl wohl am besten beschreibt. In der deutschen Sprache fehlt ein vergleichbares Wort. Es bedeutet übersetzt in etwa *angenehm* oder *Wohlbefinden verbreiten* und wird verwendet, um damit die Atmosphäre von Orten oder Situationen zum Ausdruck zu bringen. Treffen mit netten Leuten sind hyggelig oder eine gute Unterhaltung. Auch ein Platz mit hoher Aufenthaltsqualität, eine gemütliche Wohnung oder ein erfrischender Ritt auf dem Drahtesel durch die Stadt können einfach richtig hyggelig sein. Hinter diesem Wort steht eine Lebensweise, die von den Dänen auch als Teil der nationalen Identität gesehen wird und die menschliche Dimension in den Mittelpunkt rückt.

Das *Hygge-Modell* steht in diesem Sinne für eine Planungsphilosophie, die aktive Mobilität (Fuß- und Radverkehr), soziale Kontakte und die Lebensqualität im Wohn-, Lebens- und Arbeitsumfeld der Menschen gezielt fördert – fast ein bisschen wie in Dänemark. Der Blick geht deshalb über die reine Radverkehrsförderung hinaus und bezieht verwandte Disziplinen mit ein. Denn auch die Art, wie wir wohnen, arbeiten, leben beeinflusst unsere Art, mobil zu sein, so dass beispielsweise auch Aspekte der Stadtplanung, Wirtschaftsförderung, Bildung oder des Marketings Bestandteil einer integrierten Radverkehrsförderung sind.

Vorwort von Thiemo Graf zur 3. überarbeiteten Auflage

Wie bekommen Sie die Menschen raus aus dem gewohnten Autositz und rauf auf den Fahrradsattel?

Durch Einladungen! Denn das eigene Mobilitätsverhalten zu verändern, fordert uns einiges ab. Es ist nicht einfach nur ein Umdenken – es geht um den inneren Schweinehund. Und darum, eingespielte Abläufe im eigenen Alltag zu verändern. Das kostet Überwindung. Machen Sie daher ein Angebot, dass die Menschen einfach annehmen müssen. Radwege müssen gebaute Einladungen sein!

Die Radstadt Sonthofen sendet durch die Gestaltung ihrer ersten Fahrradstraße (Foto) eine deutliche Botschaft: „Hier kannst Du sicher, schnell und bequem Rad fahren." Vielmehr: Es erscheint fast als die logischste Option, den Weg in die Innenstadt mit dem Fahrrad zurückzulegen. Das ist eine echte Einladung!

Einladungen aussprechen und die Bedürfnisse der Menschen in den Mittelpunkt stellen – das ist Radverkehrsförderung nach dem Hygge-Modell©. Seit Erscheinen der 1. Auflage im August 2016 sind neben der Sonthofer Fahrradstraße viele weitere Radwege oder Kreuzungen erfolgreich nach den Prinzipien dieses Handbuches geplant und gebaut worden. Die Anleitung für Ihre Kommune oder Ihr Projekt halten Sie in der Hand. Ich wünsche Ihnen viel Erfolg dabei, Einladungen auszusprechen!

Thiemo Graf
Röthenbach an der Pegnitz im Dezember 2022

1 Psychologische Aspekte

Psychologische Aspekte in der Radverkehrsförderung

Weshalb nutzen Menschen eigentlich das Fahrrad? Die Antwort ist spannend: Es kommt ganz darauf an. Für Deutschland offenbart der Fahrrad-Monitor 2019, dass die Bundesbürger vor allem aus gesundheitlichen (sportlichen) Gründen im Sattel sitzen und weil sie die Umwelt schützen wollen (Abb. 1-1). Beide Nennungen erreichen Zustimmungswerte von rund 50 Prozent. Immerhin noch 44 Prozent der Befragten geben an, dass sie Fahrrad fahren, weil es günstiger sei, während die Schnelligkeit des Verkehrsmittels weit abgeschlagen auf den hinteren Plätzen landet.

Ganz anders das Bild in der Fahrradstadt Kopenhagen, wo die Stadtverwaltung alle zwei Jahre ihre Bürger nach Mobilitätsverhalten und -klima befragt. Lediglich 16 (!) Prozent sind dort aus Gründen des Umweltschutzes unterwegs, während vor allem die Schnelligkeit, die Einfachheit und die Bequemlichkeit des Fahrrades den Ausschlag geben. Die letzten beiden Faktoren fehlen in der Befragung in Deutschland und sind deshalb mit dem Wert Null angesetzt.

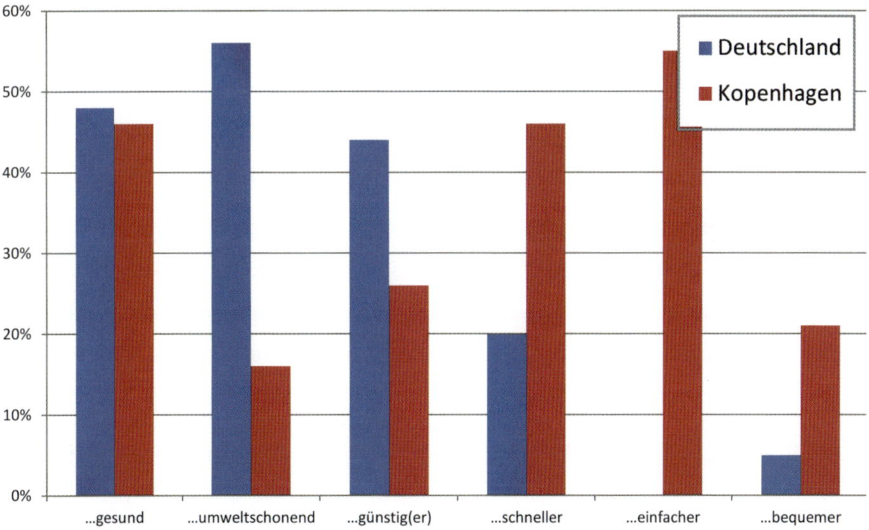

Abb. 1-1: Gründe für das Radfahren in Deutschland und Kopenhagen (Quellen: Fahrrad-Monitor 2019, Copenhagen Bicycle Account 2018).

Diese Gegenüberstellung zeigt auf, dass es zwischen echten Fahrradstädten und dem „Rest der Welt" fundamentale Unterschiede bei den intrinsischen Motiven gibt, das Fahrrad zu nutzen. In Kopenhagen ist das Zweirad ein gleichwertiges Verkehrsmittel, das genutzt wird, weil es schnell, einfach und bequem ist. In Deutschland ist es dagegen noch viel zu sehr ein Freizeitgerät, das aus sportlichen Gründen oder im Alltag bestenfalls als Ergänzung zum vorhandenen Auto verwendet wird.

Radverkehrsförderung ist Produktmarketing

Wer sich mit Radverkehrsförderung beschäftigt, für den kommt recht schnell die Stunde der Wahrheit. Dann nämlich, wenn es um die Veränderung von gewohntem Verhalten geht. Wenn Menschen motiviert werden sollen, alltägliche Wege nicht mehr mit dem Auto, sondern mit dem Fahrrad zurückzulegen. Die mentalen und realen Hürden können hierbei hoch sein. „Gewohnheiten sind kleine Süchte", hat mir einmal ein Psychologe gesagt und damit gemeint, dass wir auch bei unserem alltäglichen Handeln einer Verhaltenssucht unterliegen. Wir sind dann blind für Alternativen oder haben es uns in unserem automobilen Alltag so eingerichtet, dass es sehr schwierig ist aus dieser Routine auszubrechen und neue Wege zu gehen. Und wenn wir es doch schaffen, genügt oft ein kleiner Auslöser und wir fallen in alte Gewohnheitsmuster zurück. Alle, die zum Jahreswechsel schon einmal einen guten Vorsatz hatten, werden das aus eigener Erfahrung kennen. Die Wenigsten ändern ihr Verhalten tatsächlich auf Dauer.

Das strategische Dreieck

Jeder Marketingstudent lernt bereits früh während seines Studiums das *Strategische Dreieck* kennen. Es ist ein einfaches, aber wertvolles Gedankenmodell zu der Frage, wie ein Unternehmen seine Produkte und Dienstleistungen erfolgreich vermarkten kann. In der freien Wirtschaft stehen alle, die ihr Angebot im Markt absetzen wollen, vor einer ähnlich strukturierten Herausforderung. Da ist der Kunde, mit seinen Vorlieben, Konsumgewohnheiten und Bedürfnissen. Kunden tun alles, nur eines nicht: auf Sie und Ihre Produkte zu warten! Das bezeichnet man als Absatzproblem, deshalb gibt es Heerscharen von Mitarbeitern in Vertrieb und Marketing. Das Modell des *Strategischen Dreiecks* besteht aus drei Akteuren (Abb. 1-2): dem eigenen Unternehmen, dem Kunden, sowie einem Wettbewerber, der ebenfalls um die Gunst des Kunden wirbt. Stellen Sie sich vor, Sie sind der Vertreter des Unternehmens. Die Kernfrage, die Sie sich stellen müssen, lautet: „Wie schaffe ich es, dass der Kunde mein Produkt kauft?“ Schließlich lebt Ihr Unternehmen nicht von den Produkten, die es produziert, sondern ausschließlich von denen, die es verkauft.

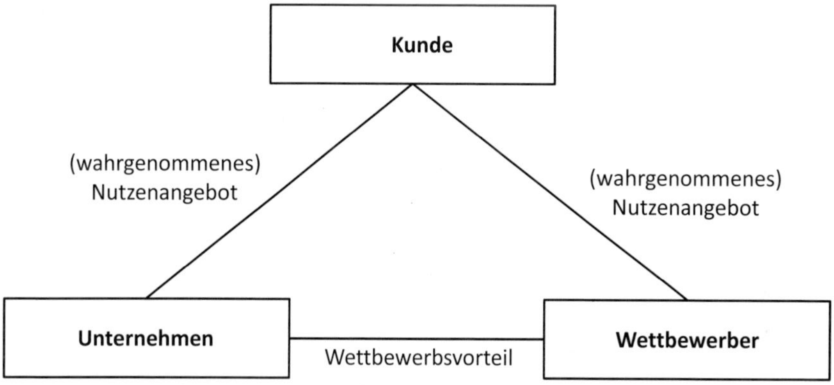

Abb. 1-2: Strategisches Dreieck

Die normale Situation ist ein Käufermarkt, d.h. das Angebot an Produkten auf dem Markt ist größer als die Nachfrage nach ihnen. Der Kunde kann frei entscheiden, welches Produkt er erwirbt und als Unternehmen müssen Sie sich gegenüber Ihrem Wettbewerber durchsetzen, wenn Sie etwas verkaufen wollen. Grundsätzlich existieren unzählige Kriterien, anhand derer sich Kunden für oder gegen ein bestimmtes Produkt entscheiden. Auch Gewohnheiten können dazu zählen. Vor allem bei geringwertigen Gütern des alltäglichen Bedarfs ist das der Fall. Konsumenten greifen beim Lebensmitteleinkauf häufig zu den Marken, die sie bereits kennen. Sie vermeiden damit, sich jedes Mal neu mit den Angeboten befassen und sich auf ein neues Produkt einlassen zu müssen (mit all der Unsicherheit, die das für sie mit sich bringt, z.B. hinsichtlich Geschmack oder Haltbarkeit). Bei bekannten Produkten weiß der Kunde, was er bekommt. Deshalb ist es für ihn einfach und rational, vor allem solche zu kaufen, mit denen er vertraut ist. Egal welche Kriterien ein Kunde im Einzelfall tatsächlich zu Grunde legt – unter dem Strich bewertet er intuitiv den Nutzen, den ihm einzelne Produkte bieten und wählt jenes, bei dem er – subjektiv – den höchsten Nutzen hat. Der Nutzen kann sich dabei aus ganz unterschiedlichen Dimensionen zusammensetzen: z.B. Preis, Funktionalität, Emotionen, Sicherheit, Qualität, Geschmack, Lieferzeit, soziale Anerkennung oder Bekanntheit. Je nach Präferenz werden die Dimensionen dabei unterschiedlich gewichtet. Nach der Logik des

Strategischen Dreiecks muss Ihr Nutzenangebot aus Sicht des Kunden nun größer sein als das Ihres Konkurrenten. Nur dann haben Sie einen Wettbewerbsvorteil und er wird Ihr Produkt kaufen.

Die Herausforderung besteht vor allem auch darin, dass Sie in der Realität mehr als einen Kunden haben, den Sie erreichen müssen, und Sie es üblicherweise auch mit mehr als einem Wettbewerber zu tun haben. Jeder Kunde hat jedoch eine unterschiedliche Bedürfnisstruktur. Kunde A mag sehr preissensibel sein und legt seiner Kaufentscheidung vor allem einen günstigen Preis zugrunde, während Kunde B sehr markenorientiert ist und nur Produkte von Herstellern erwirbt, die sich einen guten Namen gemacht haben. In diesem Sinne unterstützt das Modell des Strategischen Dreiecks Unternehmen dabei, Wettbewerbsstrategien zu entwickeln, um sich im Markt erfolgreich zu positionieren.

Das strategische Dreieck in der Radverkehrsförderung

Die Ausgangssituation in der Radverkehrsförderung ist damit absolut identisch. Letztlich geht es darum, die Mobilitätsoption *Fahrrad* erfolgreich zu „verkaufen“. Menschen sollen dazu animiert werden, ein (für sie) neues Produkt, das Fahrrad, zu wählen. Im Mittelpunkt unserer Anstrengungen stehen anstelle des Kunden, die Menschen (*Mobilisten*), die ein Mobilitätsbedürfnis haben und dieses bestmöglich (sicher, einfach, schnell, günstig, bequem etc.) erfüllt haben möchten. Genauso wie der Kunde im Lebensmittelgeschäft zwischen verschiedenen Produkten wählen kann, entscheidet sich ein Mobilist frei zwischen diversen Verkehrsträgern. Ersetzen wir also für das *Strategischen Dreieck der Radverkehrsförderung* (Abb. 1-3) den Kunden durch den *Mobilisten*, das Unternehmen durch das *Fahrrad* und den Wettbewerber durch das *Automobil* (jeweils als Verkehrsmittel bzw. Mobilitätsoption). Das Ergebnis ist ein gedankliches Modell, in dem der Mobilist sich für das Angebot (Verkehrsmittel) entscheidet, das ihm den höchsten Nutzen bietet (wohlgemerkt geht es nicht um das objektiv höchste Nutzenangebot, sondern um das Angebot, dass er subjektiv als für sich bestes wahrnimmt). Diese individuelle Bewertung geschieht dabei keineswegs einmalig, sondern im Zweifelsfall vor jeder einzelnen Fahrt.

Die konsequente Anwendung dieses Gedankenmodells führt dazu, gezielt Wettbewerbsvorteile des Fahrrades gegenüber denen des Automobils herauszuarbeiten. Sie erkennen relativ einfach, in welchen Situationen ein

Verkehrsmittel gegenüber dem anderen Vorteile hat und weshalb. Damit lassen sich die Handlungsfelder und Stellschrauben identifizieren, um das Fahrrad im Alltagsverkehr attraktiver zu machen. Hinter dem *Strategischen Dreieck der Radverkehrsförderung* steht eine zentrale Denkweise: Es gibt eben nicht „den Autofahrer" und „den Radfahrer", sondern Menschen mit einem Mobilitätsbedürfnis. Welches Verkehrsmittel sie wählen, ist von dem wahrgenommenen Nutzenangebot abhängig. Der Erfolg der Radverkehrsförderung bemisst sich nicht an den durchgeführten Kampagnen oder der errichteten Radinfrastruktur, sondern an den Menschen, die neu für den Radverkehr gewonnen werden konnten.

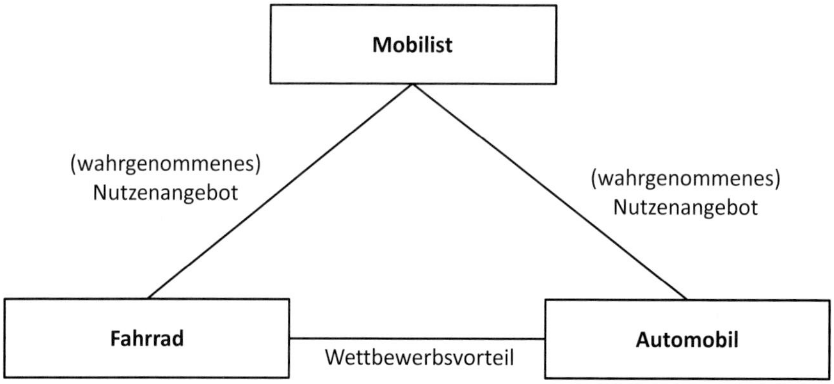

Abb. 1-3: Strategisches Dreieck in der Radverkehrsförderung

Das AIDA-Prinzip

Unternehmen verwenden viel Energie darauf, ihren potentiellen Kunden den Nutzen ihrer Produkte und Dienstleistungen vor Augen zu führen und ihnen diese schmackhaft zu machen. Bereits im Jahr 1898 hat ein Mann namens Elmo Lewis das im Marketing weit verbreitete *AIDA-Prinzip* (Abb. 1-4) entwickelt und beschrieben. Zwar wurde es im Laufe der Jahrzehnte weiterentwickelt und dabei auch an die Rahmenbedingungen eines Käufermarktes angepasst. Doch auch nach all den Jahren ist das Grundmodell nach wie vor aktuell und wird verwendet, um in vier Schritten zu erklären, wie eine Kaufentscheidung zustande kommt. In jeder der vier Stufen sind dabei andere Marketingmaßnahmen wichtig. Der Begriff *AIDA* setzt sich aus den Anfangsbuchstaben der vier Prozessschritte zusammen. Dies sind: **A**ttention (Aufmerksamkeit), **I**nterest (Interesse), **D**esire (Verlangen, Wunsch) und **A**ction (Handlung, Verhalten).

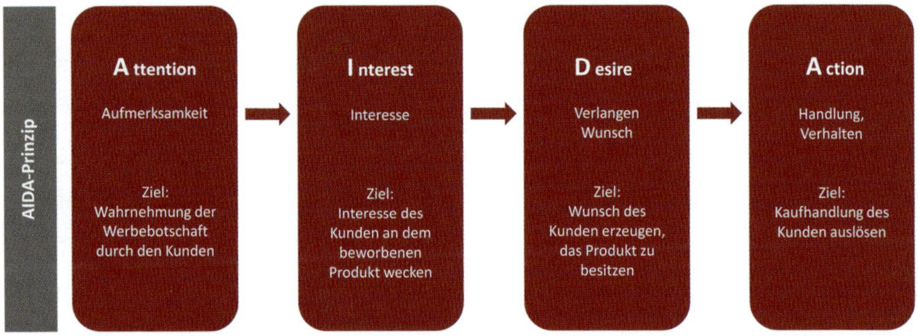

Abb. 1-4: Die vier Stufen des AIDA-Modells

Zunächst geht es in der ersten Stufe (Attention) darum, die Aufmerksamkeit des Kunden zu erlangen. Auf ihn prasseln täglich unzählige (Werbe-)Botschaften ein, die eine einzelne Person gar nicht wahrnehmen, verarbeiten oder gar Schlüsse und Handlungen daraus ableiten kann. In diesem Strudel an Informationen müssen Unternehmen auf sich aufmerksam machen, indem sie sich beim Kunden Gehör verschaffen und mit ihrer Botschaft zu ihm durchdringen.

Diese gewonnene Aufmerksamkeit nutzt dem Unternehmen jedoch nur etwas, wenn es beim Kunden in einem zweiten Schritt (Interest) auch Interesse an seinem Produkt oder seiner Dienstleistung weckt. Dafür muss die Botschaft für den Kunden relevant sein, sie muss das Potenzial haben, eines seiner Bedürfnisse zu befriedigen. Angenommen Sie sind Vegetarier und hungrig, dann werden Sie offen für Werbebotschaften sein, die Ihnen das Stillen Ihres Hungers versprechen. Mit einem Bärenhunger werden sie diese mit größerer Wahrscheinlichkeit wahrnehmen, als wenn Sie satt sind. Ein Fleischgericht wird deshalb zwar sehr sicher auch Ihre Aufmerksamkeit erregen, allerdings an der zweiten Stufe scheitern. Ihr echtes Interesse wird nur ein vegetarisches Gericht wecken können.

Gekauft haben Sie damit aber noch immer nichts. Bevor es in der vierten Stufe (Action) tatsächlich zur Kaufhandlung kommt und Sie Ihren Hunger stillen können, durchlaufen Sie noch den dritten Prozessschritt (Desire). Auch wenn Sie hungrig sind, werden Sie sicher ein bisschen wählerisch sein und nur das essen wollen, was ihnen schmeckt und worauf Sie gerade Appetit haben (außer Sie sind tatsächlich bereits dabei zu verhungern). Das Essensangebot muss bei Ihnen also auch ein Verlangen auslösen – das Verlangen eine bestimmte Mahlzeit kaufen und essen zu wollen. Stellen Sie sich vor, Sie haben die Auswahl zwischen zehn vegetarischen Gerichten. Welches werden Sie kaufen? Das, welches bei Ihnen ein Verlangen auslöst und insgesamt subjektiv den vermutlich höchsten Nutzen bietet, z.B. hinsichtlich Preis, Geschmack, Energiegehalt oder Menge.

Am Ende werden Sie sich in der vierten Stufe für ein Gericht entscheiden. Vorher habe Sie jedoch einen großen Auswahlprozess vollzogen – teils bewusst, teils unbewusst. Die meisten Optionen sind bereits an der ersten Stufe gescheitert, weil Sie gar nicht auf diese Gerichte aufmerksam geworden sind, diese nicht in Betracht gezogen oder wie die Fleischgerichte aussortiert haben. Ein kleiner Teil der tatsächlich verfügbaren Optionen hat es dann geschafft, Ihr Interesse zu wecken und Sie haben schließlich zwischen zehn Gerichten jenes ausgewählt, das Ihnen am meisten zugesagt hat.

Das Eisbergmodell – wie Entscheidungen getroffen werden

Das AIDA-Prinzip liefert ein grundsätzliches Verständnis dafür, in welchen Stufen Menschen verhaltensrelevante Entscheidungen treffen. Doch wie entscheiden wir überhaupt, ob ein Angebot für uns interessant ist und wie kann die Radverkehrsförderung diese Entscheidungsprozesse beeinflussen? Menschen handeln nur zu einem kleinen Teil bewusst und rational. Ging man lange Zeit davon aus, dass der Mensch ein absolut rational und überlegt handelndes Wesen sei, war es Sigmund Freud (1856–1939), der durch gründliche Beobachtung seiner Patienten erkannte: Ein Großteil des menschlichen Verhaltens vollzieht sich in Wirklichkeit unbewusst. Seine Erkenntnis ist heute allgemein anerkannt und wird in vielen Fachdisziplinen praktisch angewendet. Dazu wird häufig das sog. *Eisbergmodell* genutzt (Abb. 1-5), das besonders in der Kommunikationswissenschaft Anwendung findet, aber zwischenzeitlich auch auf andere Disziplinen übertragen wurde. Im vorliegenden Handbuch nutze ich es erstmals, um mit ihm Mobilitätsentscheidungen zu erklären und Maßnahmen für die Verkehrsplanung abzuleiten.

Der dramatische Untergang des Luxusliners *Titanic* im Jahr 1912 im Atlantik hat es vor Augen geführt: Die große Gefahr lauert bei Eisbergen unterhalb der Wasseroberfläche, denn nur ein kleiner Teil, die Spitze, befindet sich oberhalb der Wasserlinie und ist somit sichtbar. Der mächtige Bauch aber ist unsichtbar. Das macht es auch schwerer, sie auf dem Meer zu entdecken und mag ein Aspekt gewesen sein, der dem Dampfer auf seiner Jungfernfahrt zum Verhängnis geworden ist. Dieses Bild, ein voluminöser Bauch und eine kleine Spitze, macht sich das Eisbergmodell zu Nutze, um zu veranschaulichen, auf welcher Grundlage menschliche Entscheidungen getroffen werden. Über Wasser befindet sich die Sachebene (objektive Ebene). Hier gehören alle objektiven Einflussfaktoren dazu – Zahlen, Daten und Fakten. Sie sind greifbar, nachvollziehbar, überprüfbar, messbar und sie lassen sich einordnen in richtig oder falsch, größer oder kleiner, weiter oder näher usw.

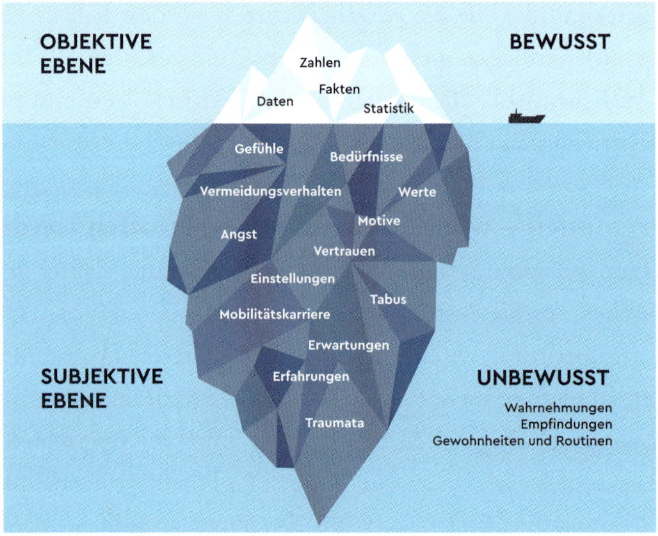

Abb. 1-5: Das Eisbergmodell und die daraus abgeleiteten Handlungsbereiche für die Radverkehrsförderung: Wahrnehmungen, subjektive Empfindungen sowie Gewohnheiten und Routinen

Menschen sind jedoch keine Maschinen, die nach festgelegten Formeln oder Wenn-Dann-Funktionen agieren, sondern Lebewesen mit Gefühlen, Emotionen, Bedürfnissen und Wünschen. Wir haben bestimmte Werte, empfinden Freude oder Angst, sind mutig oder legen ein Vermeidungsverhalten an den Tag. Diese Gefühlswelt hat Einfluss darauf, wie wir denken und damit auch darauf, wie wir handeln. Das wird auch in unserem Sprachgebrauch deutlich, wenn wir beispielsweise sagen, jemand hätte seine Emotionen nicht im Griff. Damit meinen wir das Handeln auf Grundlage von Gefühlen und Emotionen, nicht nach objektiven Sachinformationen. Was in einem Menschen vorgeht, welche Motive seinem Verhalten zugrunde liegen, ist oft schwer zu erkennen. Die Gefühlsebene ist eben – um beim Eisberg zu bleiben – unter Wasser, also unsichtbar. Die Krux dabei ist: Die Sachebene erklärt lediglich 20 Prozent unserer Entscheidungen, der weitaus größere Teil ist mit 80 Prozent auf die Gefühlsebene zurückzuführen – es sind die klassischen „Bauchentscheidungen".

80 Prozent unserer Entscheidungen erfolgen unbewusst auf der Gefühlsebene.

Ein Beispiel aus dem Bereich Radverkehr: Sicherheit ist ein sehr zentrales Thema, sowohl für Planer und Entscheider, die für eine sichere Infrastruktur verantwortlich sind, als auch für die Menschen, die mit einem guten Gefühl unterwegs sein und ihr Ziel wohlbehalten erreichen wollen. Die Unfallstatistiken und -analysen, sowie die Forschungserkenntnisse zu einer sicheren Radverkehrsführung, gehören zur Sachebene. Nach diesen Erkenntnissen werden Radverkehrsanlagen in den deutschsprachigen Ländern geplant, gebaut und unterhalten. Nur leider fallen dort nicht die Mobilitätsentscheidungen. Niemand sieht in die offizielle Unfallstatistik um zu entscheiden, welches Verkehrsmittel seinem persönlichen Risikoprofil (Sicherheitsbedürfnis) entspricht. Ob Radfahren sicher ist, entscheidet unser Mobilist anhand ganz anderer Kriterien. Im Zentrum steht die Frage, ob er sich sicher fühlt! Das ist die Gefühlsebene. Eine wirksame Radverkehrsförderung scheitert meist an diesem Konflikt: In der Planung, im Marketing und in der Öffentlichkeitsarbeit wird die Sachebene angesprochen, der rational denkende und handelnde Bürger. Dann heißt es in Radel-Broschüren: *Radfahren ist gesund!* oder *Radfahren macht Spaß!* oder *Radfahren schont die Umwelt!* Der Durchschnittsbürger weiß auch, dass Bewegung gut ist, zu viel Kalorien schlecht sind und rauchen der Gesundheit schadet. Viele tun es trotzdem. In Kopenhagen ist der Umweltaspekt für ganze 16 Prozent der Radfahrer ein Grund in die Pedale zu treten. Die wahren Gründe, Rad zu fahren, liegen woanders: auf der Gefühlsebene.

Das Hygge-Modell - systematische Radverkehrsförderung

Wenn 80 Prozent einer Entscheidung im unbewussten Bereich auf der Gefühlsebene erfolgen, dann müssen die Maßnahmen der Radverkehrsförderung diese subjektive Ebene adressieren! Nicht Unfallstatistiken, sondern die Menschen mit ihren individuellen Empfindungen sind in den Mittelpunkt zu stellen, wenn Sie Mobilitätsverhalten nachhaltig verändern wollen. Doch wie lassen sich Gefühle, Emotionen, Werte, Einstellungen, Bedürfnisse, Wünsche,

Ängste oder Vermeidungsverhalten greifbar machen und in konkrete Planungen und Kommunikationsmaßnahmen umsetzen? Das *Hygge-Modell* liefert dafür einen praxisnahen und praktikablen Ansatz. In dem von mir entwickelten *Hygge-Modell* fasse ich die Einflussfaktoren der Gefühlsebene zu drei zentralen Handlungsfeldern zusammen:

(1) Wahrnehmungen
(2) Subjektive Empfindungen
(3) Gewohnheiten und Routinen

Jedes dieser drei Handlungsfelder steht für eine Kernaufgabe der Radverkehrsförderung, die in den nächsten Kapiteln ausführlich beschrieben werden. Mit einem Verständnis für diese drei Kernaufgaben lassen sich konkrete Handlungsbereiche und Maßnahmen für die Praxis ableiten.

2

Das Hygge-Modell

Das Hygge-Modell: Die drei Kernaufgaben der Radverkehrsförderung

Dem Unternehmer Zino Davidoff (1906–1994) wird der Ausspruch zugeschrieben: „Ich habe kein Marketing gemacht. Ich habe immer nur meine Kunden geliebt." Stellen Sie sich vor, Sie haben einen Chef, der das als Credo ausgibt: „Wir lieben unsere Kunden." Wie wird sich das auf die Arbeit der Entwicklungsabteilung auswirken? Wie wird der Verkauf agieren, wie das Marketing? Egal in welcher Abteilung oder Position Sie sind und welche Tätigkeit Sie ausüben, Sie werden das Wohl des Kunden in den Mittelpunkt Ihrer Bemühungen stellen. Die Entwicklungsabteilung wird beispielsweise besonders nach Lösungen suchen, die ihm die Handhabung noch einfacher, die Bedienung noch sicherer oder das Produkt noch zuverlässiger machen. Kurz: Sie werden sich bei Ihrem Tun an den Wünschen und Bedürfnissen Ihrer Kunden orientieren. Es ist sehr wahrscheinlich, dass Sie mit dieser Strategie Erfolg haben.

Radverkehrsförderung nach dem Hygge-Modell bedeutet genau das: Den Mensch in den Mittelpunkt zu stellen, mit seinen subjektiven Empfindungen, Bedürfnissen und Gefühlen. Von der Unterscheidung zwischen Auto- und Radfahrern halte ich nichts. Es ist ein misslungener Versuch, Menschen zu kategorisieren. Menschen haben ein Mobilitätsbedürfnis, um zur Arbeit zu kommen, sich mit Freunden zu treffen oder einzukaufen. Sie erfüllen dieses Bedürfnis so, wie es für sie am einfachsten, schnellsten, bequemsten und sichersten ist.

In vielen Fällen ist das heute das Auto, das vor der Tür parkt, für das ein flächendeckendes Straßennetz vorhanden ist und das am Zielort meist recht einfach und günstig geparkt werden kann. Ist das Fahrrad unter den gegebenen Rahmenbedingungen dagegen konkurrenzfähig?

Das Hygge-Modell (Abb. 2-1) zeigt Handlungsfelder und Maßnahmen auf, wie das gelingen kann – anhand von drei zentralen Kernaufgaben der Radverkehrsförderung. Stellen Sie die Menschen in den Mittelpunkt!

Abb. 2-1: Die drei Kernaufgaben und Handlungsfelder des Hygge-Modells

Erste Kernaufgabe: Wahrnehmung – Gestalten Sie eine auffallende und einladende Radinfrastruktur!

Ein erstaunliches Experiment über die menschliche Wahrnehmung hat die US-Professoren Christopher Chabris und Daniel Simons im Jahr 2010 weltweit sehr bekannt gemacht (Chabris und Simons 2011). Sie nahmen ein kurzes Video auf, in dem zwei Basketball-Teams von je drei Personen zu sehen sind. Ein Team trägt weiße, das andere schwarze Trikots. Der Zuschauer wird aufgefordert zu zählen, wie viel Pässe die Mannschaft in Weiß untereinander spielt. Während des Spiels läuft eine Person im Gorillakostüm durch das Bild. Obwohl sie sogar in der Bildmitte stehen bleibt, sich in die Kamera dreht und sich auf die Brust trommelt, übersieht die Hälfte aller Zuschauer den Gorilla. In Seminaren habe ich dieses Video selbst schon mehrfach abgespielt und in der Tat: Nur etwa 50 Prozent nehmen den Gorilla wahr. Die Wissenschaftler bezeichnen das als Unaufmerksamkeitsblindheit. Als Zuschauer sind wir so darauf fixiert die Pässe korrekt zu zählen, dass uns das Offensichtliche (der Gorilla) vollkommen entgeht. Die Autoren entlarven damit die Beschränktheit der menschlichen Wahrnehmung, unserer Fähigkeit zu erinnern und unserer Auffassungsgabe. Dieses Phänomen begegnet uns im Alltag ständig – jeden Tag, jede Stunde, jede Minute. Wir sind in der Lage, lediglich einen Teil der Informationen zu erfassen, die auf uns einströmen. Wenn wir uns dann noch auf einen ganz bestimmten Aspekt konzentrieren, übersehen wir selbst Dinge, die uns sonst ins Auge stechen würden.

Für unser tatsächliches Verhalten (das Handeln) ist ganz entscheidend, wie wir die Umwelt um uns herum wahrnehmen. Mit unseren Sinnesorganen machen wir uns ein Bild von dem, was um uns herum geschieht. Die Umwelt wahrzunehmen bedeutet dabei nicht einfach nur das bloße Empfangen von Sinneseindrücken.

Bei der Vielzahl an Informationen kann das Gehirn ohnehin nur einen Teil davon verarbeiten. Vielmehr entnehmen wir gemäß der ökologischen Wahrnehmungstheorie aus der Umwelt (nur) jene Informationen, die für uns subjektiv nützlich oder wichtig sind. Auf Grundlage dieser Informationen schätzen wir ab, welche Aktivitäten für uns in dieser Umwelt möglich sind und welche nicht. Diese Daten werden im Gehirn verarbeitet und abgespeichert, so dass sie zu einem späteren Zeitpunkt wieder abgerufen werden können.

Nur der Teil unserer Umwelt, der uns nützlich oder wichtig erscheint, wird erfasst und im Gehirn abgespeichert. Auf dieser Basis schätzen wir unsere Handlungsoptionen ein.

Betrachten wir das abgebildete Foto (Abb. 2-2). Zu erkennen ist eine Straße mit einer Fahrspur in jede Fahrtrichtung. Ausgehend vom Betrachter verläuft rechts ein mit Betonplatten gepflasterter Weg, der mittels Beschilderung als kombinierter Geh- und Radweg ausgewiesen ist. Wie nehmen Verkehrsteilnehmer diese Situation wahr?

Abb. 2-2: Autofahrer, Radfahrer und Fußgänger nehmen diese Verkehrssituation vollkommen unterschiedlich wahr und schätzen auf dieser Basis ihre Handlungsalternativen (Mobilitätsoptionen) ein.

Die Antwort wird stark davon abhängen, mit welchem Verkehrsmittel eine Person unterwegs ist. Ein Radfahrer erkennt mit hoher Wahrscheinlichkeit die für ihn gedachte Beschilderung und erfasst, dass er neben der Straße im Seitenraum fahren darf (bzw. muss) – er hat auf dem Fahrrad einen Blick dafür, weil diese Information für ihn in diesem Moment wichtig ist. Genauso hoch ist aber auch die Wahrscheinlichkeit, dass einem Autofahrer die Radverkehrsanlage (kombinierter Geh- und Radweg) gänzlich entgeht. Er ist zunächst einmal auf die Informationen fokussiert, die für ihn im Kfz-Verkehr relevant sind. Dazu gehören natürlich die Straße mit ihren Eigenschaften (Breite, Oberflächenzustand usw.) sowie Knotenpunkte, der weitere Streckenverlauf, Parkmöglichkeiten oder die Verkehrssituation. Je öfter der Autofahrer selbst zu Fuß oder mit dem Fahrrad unterwegs ist, desto eher wird er dem Seitenraum aus dem Auto heraus Beachtung schenken – die gewonnenen Informationen könnten ja zu einem späteren Zeitpunkt wertvoll für ihn sein.

Jeder Mensch hat seine eigene Realität

Die unterschiedliche Wahrnehmung einer objektiven Situation führt dazu, dass jeder Mensch seine eigene Vorstellung davon hat, wie die Umwelt wirklich ist (Willis 2015). Denn das, was wir wahrnehmen, sehen wir als wahr an. „Das habe ich mit meinen eigenen Augen gesehen", heißt es dann. Während eine andere Person dieselbe Situation beobachtet hat, sie aber doch „ganz anders sieht".

Die Radinfrastruktur als Marketinginstrument

Diese Tatsache ist ein wesentlicher Grund dafür, dass es Werbung und Marketing gibt. Unternehmen, die ein Produkt oder eine Dienstleistung verkaufen wollen, müssen die Aufmerksamkeit ihrer Zielgruppe erlangen und sie vom Kauf überzeugen. Vor genau dieser Herausforderung stehen Kommunen, die mehr Menschen in den Sattel bringen möchten. In unserem Fotobeispiel existiert das Fahrrad für einen Autofahrer sehr wahrscheinlich nicht. Das blaue Schild mit den weißen Piktogrammen ist viel zu unauffällig. Stattdessen nimmt er aus dem Auto heraus vor allem den Straßenraum wahr, bestenfalls zusätzlich den gepflasterten Weg im Seitenraum. Der ist jedoch wie ein typischer Gehweg gestaltet und wird deshalb auch als ein solcher wahrgenommen und mental abgespeichert. Die wahrgenommene Realität eines Autofahrers wird deshalb sein: „Es gibt eine Straße und einen Gehweg. Hier kann ich gut mit dem Auto fahren oder zu Fuß gehen." Das Fahrrad bleibt so außen vor. Abb. 2-3 zeigt das gleiche Foto, nur fehlt jetzt das Schild, das den Seitenraum als kombinierten Geh- und Radweg ausweist. In der Wahrnehmung sind jetzt nur noch Straße und Gehweg existent, die Radwegeverbindung fehlt.

Abb. 2-3: Ohne Beschilderung ist die Radwegeverbindung nicht mehr als solche wahrnehmbar. Es fehlen jegliche bauliche Elemente, die den Seitenraum als Radweg erkenn- und erlebbar machen.

Bei der ersten Kernaufgabe geht es deshalb um alle Maßnahmen, mit denen die Radinfrastruktur im Straßenraum **auffallend** und **einladend** gestaltet werden kann. Erst dadurch wird sie – gerade aus dem abgeschirmten Auto heraus – überhaupt erst wahrnehmbar. Aus der individuell wahrgenommenen Umwelt leiten wir unsere Handlungsoptionen (hier: Mobilitätsoptionen) ab. Ins Bewusstsein rücken wir das Fahrrad, indem wir begreifen, dass die Radinfrastruktur selbst das beste Marketinginstrument dafür ist. Wenn die Infrastruktur selbst Marketing für den Drahtesel machen soll, ist reine Funktionalität zu wenig. Vielmehr muss sie wie ein Produkt designt und attraktiv verpackt werden, sowie die Lust am Radeln wecken. Die erste Kernaufgabe lautet: Gestalten Sie eine auffallende und einladende Radinfrastruktur!

Lesen Sie mehr zum Thema ab Seite 97

Zweite Kernaufgabe: Empfindungen – Berücksichtigen Sie subjektive Empfindungen!

Im Landkreis Nürnberger Land gibt es eine himmlische Straßenkreuzung: die Himmelgartenkreuzung, benannt nach einer kleinen Ortschaft in unmittelbarer Nähe. An dieser Vier-Arm-Kreuzung treffen seit Jahrzehnten eine Kreis- und eine Staatsstraße aufeinander. Die bevorrechtigte Staatsstraße verläuft in diesem Bereich in einer langgezogenen Kurve, der Knotenpunkt befindet sich etwa in der Mitte. In den lokalen Gremien ist dieser Knoten seit Jahren immer wieder einmal Gegenstand in Sitzungen, weil sich Kommunalpolitiker parteiübergreifend für die Errichtung eines Kreisverkehrs einsetzen und ihre Forderung gegenüber der Landesregierung vehement vertreten. Die Begründung: Die Kreuzung sei gefährlich, nur ein Kreisverkehr könne die Geschwindigkeiten reduzieren und die nötige Sicherheit für die Verkehrsteilnehmer schaffen. Nach zähen Verhandlungen mit dem Freistaat Bayern haben sich zwei Stadtratsgremien und der Kreistag dafür ausgesprochen, den Umbau der Kreuzung im Rahmen einer freiwilligen Leistung anteilig mitzufinanzieren. Der Spatenstich konnte daraufhin erfolgen, die Bemühungen der Lokalpolitik sind von Erfolg gekrönt. Doch was war eigentlich der Anlass für die Initiative? Gab es tatsächlich so viele oder schwere Unfälle in diesem Bereich? Die Unfallstatistik der Polizei zeichnet ein recht klares Bild: Die Kreuzung ist aufgrund der Unfalldichte und -schwere zwar auffällig, aber kein Unfallschwerpunkt. Aus diesem Grund hatte die Polizei bis zuletzt keine Veranlassung für größere bauliche Veränderungen gesehen (die Frage, ab wann genau eine Stelle als Unfallschwerpunkt eingestuft wird und ob die zugrunde liegenden Kriterien sinnvoll sind, soll hier nicht Gegenstand sein).

War das Engagement der örtlichen Politik damit überhaupt sinnvoll? Objektiv betrachtet ist diese Frage mit einem Nein zu beantworten. Dennoch gab es einen entscheidenden Einflussfaktor. Vielen Verkehrsteilnehmern war die Kreuzung nicht geheuer, wenn sie von der Kreisstraße auf die Staatsstraße auffuhren oder diese queren wollten. Der langgezogene Kurvenbereich erforderte eine stark erhöhte Aufmerksamkeit, die Sichtbeziehungen waren eingeschränkt und blieben dies auch, als im Zuge eines Radwegeneubaus Bäume im Innenbereich der Kurve weichen mussten. Dies führte so weit, dass einzelne Autofahrer die Kreuzung ganz mieden oder sich trauten, nur aus bestimmten Richtungen einzufahren. Objektiv mögen die Zahlen gegen einen Umbau gesprochen haben, subjektiv schien die Kreuzung in der vorhandenen Form jedoch gefährlich. Bei ihrer Entscheidung haben sich die Kommunalpolitiker an diesen subjektiven Empfindungen orientiert und für einen Kreisverkehr votiert.

Es ist ein ganz menschliches und alltägliches Phänomen, dass wir die Realität anders erleben, als sie objektiv ist. Die wahrgenommene und die tatsächliche Realität weichen oftmals voneinander ab, ohne dass wir dies merken. Wir halten etwas für wahr, was objektiv betrachtet falsch ist. Trotzdem sind wir davon überzeugt, dass wir mit unserer Einschätzung richtig liegen, obwohl wir tatsächlich einem Irrtum unterliegen. Hier macht sich der Eisberg bemerkbar, nach dem 80 Prozent unserer Handlungsmotive unbewusster Natur sind. Die

Krux dabei ist, dass wir unser Verhalten natürlich nach den Gegebenheiten ausrichten, die wir für wahr halten.

Die wahrgenommene Realität entscheidet unser Verhalten. Sie ist individuell verschieden.

Wie groß ist eigentlich die Wahrscheinlichkeit als Fahrradfahrer nass zu werden? Die Furcht in einen Regenschauer zu geraten hält Menschen davon ab, das Rad zu nutzen. Den offiziellen Aufzeichnungen zufolge regnet es beispielsweise in den Niederlanden in lediglich 6,5 Prozent der Zeit. Entsprechend marginal ist das Risiko, bei einem Aufenthalt im Freien tatsächlich dem Regen ausgesetzt zu sein. Wer eine Stunde draußen ist, wird im Mai mit einer Wahrscheinlichkeit von 0,09 Prozent nass, im Dezember mit 0,16 Prozent. Ein ähnliches Bild ergibt sich für Hamburg, einer Stadt von der viele glauben, es würde dort oft regnen. Im Kalenderjahr 2007 hat es in der Hansestadt summa summarum 859 Stunden geregnet oder geschneit, was circa 36 Tagen Dauerregen entspricht. Das mag sich zunächst nach viel Niederschlag anhören, doch tatsächlich entspricht dies lediglich 10 Prozent der gesamten Zeit. Objektiv gesehen besteht also wenig Anlass sich vor Regen zu fürchten und das Fahrrad stehen zu lassen. Vor allem, weil es echten Dauerregen an nur wenigen Tagen gibt. Oftmals handelt es sich um kürzere oder längere Schauer, die mit ein wenig Flexibilität oder einer kurzen Fahrpause gut umgangen werden können oder für die einfachste Regenkleidung völlig ausreichend ist. Das Mobilitätsverhalten entscheidet sich jedoch nicht aufgrund dieser objektiven Fakten, sondern aufgrund der subjektiven Empfindungen. Und da wird das tatsächliche Risiko deutlich überschätzt. In meinen Befragungen war Niederschlag einer der meistgenannten Gründe, weshalb das Fahrrad zu Hause stehen bleibt. 79 Prozent der Befragten, die zumindest hin und wieder im Sattel saßen, stimmten der Aussage zu: „Ich würde mehr Fahrrad fahren, wenn es seltener regnen würde."

Entscheidend ist also nicht, wie etwas wirklich ist, sondern wie Menschen einen Sachverhalt individuell empfinden. Denn genau danach richten sie ihr Verhalten aus. Dies gilt auch für die Mobilitätsentscheidung. Deshalb lautet die zweite Kernaufgabe der Radverkehrsförderung: Berücksichtigen Sie subjektive Empfindungen!

Doch welche Empfindungen sind überhaupt relevant und wie können sie berücksichtigt werden? Radfahren muss für die Nutzer subjektiv **sicher** und **einfach** sein, **direkte** und **schnelle** Verbindungen ermöglichen, das Radverkehrsnetz muss **komfortabel** und **leistungsfähig** sein und Radfahrende im Vergleich zu anderen Verkehrsarten **gleichberechtigt** geführt werden. Ein Wegenetz muss die Bedürfnisse aller Menschen, **von 8 bis 80 Jahren**, ansprechen und für sie attraktiv sein. Die Anforderungen an die Radverkehrsinfrastruktur sind deshalb die acht Handlungsfelder:

(1) sicher
(2) einfach
(3) direkt
(4) schnell
(5) komfortabel
(6) leistungsfähig
(7) gleichberechtigt
(8) von 8 bis 80

Lesen Sie mehr zum Thema ab Seite 125

Dritte Kernaufgabe: Gewohnheiten und Routinen – Integrieren Sie das Fahrrad in den Alltag!

Wiederkehrende Abläufe geben unserem Leben Struktur. Jeder von uns hat seine festen Gewohnheiten und Routinen, die seinen Alltag bestimmen und ihn durch das Leben navigieren. Gewohnheiten sind Verhaltensweisen, die wir regelmäßig in einem bestimmten situativen Kontext ausüben – ohne viel darüber nachzudenken oder abzuwägen. Der Prozess läuft dabei ganz automatisiert ab. Rund 50 Prozent unseres täglichen Handels vollzieht sich auf Grundlage von gewohnten Abläufen, die sich irgendwann einmal als erfolgreich erwiesen haben und in unserem Handlungsgedächtnis abgespeichert sind. Das Gehirn unterscheidet dabei nicht zwischen guten und schlechten Gewohnheiten. Wenn wir die Erfahrung machen, dass ein bestimmtes Verhalten zu einer Belohnung führt, wiederholen wir es möglichst oft. Gewohnheiten sind so etwas wie kleine Süchte. Wir unterliegen einer Verhaltenssucht.

Gewohnheiten sind zunächst einmal gut, da sie unserem Alltag Struktur und uns Sicherheit geben. Wir können effizienter handeln, als wenn wir jedes Mal neu entscheiden müssten. Allerdings schränken sie unsere Wahrnehmung ein. Wenn sich ein Verhalten erst einmal eingeschliffen hat, ändern selbst Informationen nichts an unseren Gewohnheiten. Die wahrgenommenen Verhaltensalternativen verringern sich und wir übersehen möglicherweise bessere Wege und Lösungen – wir betreiben eine Informationsselektion.

Es ist ein Trugschluss, Verhaltensänderungen mit Informationen oder guten Argumenten erreichen zu können. Radfahren ist gesund. Radfahren schont die Umwelt. Das ist alles bekannt. Und doch wird die nächste Wegstrecke wieder mit dem Auto zurückgelegt und das Fahrrad steht mit platten Reifen in der Garage. Gewohntes Verhalten mit Informationen oder gar dem erhobenen Zeigefinger verändern zu wollen, ist von vorneherein zum Scheitern verurteilt. Verhaltensänderung wird durch Belohnung erreicht. Dieser Lohn muss konkret und direkt sein. Der Gesundheitseffekt des Radfahrens ist für uns ebenso wenig greifbar wie eine sauberere Umwelt. Das ist vergleichbar mit einem Arbeitnehmer in einem großen Unternehmen, der zwar instinktiv weiß, dass er einen kleinen Beitrag zum Gesamterfolg leistet, ihn aber nicht beschreiben, fühlen oder greifen kann.

Der Sozialpsychologe Bas Verplanken, Professor für Sozialpsychologie an der University of Bath in Großbritannien, hat in einem Gespräch mit der Wochenzeitung *Die Zeit* treffend formuliert (Zeug 2013): „Wir denken immer zuerst daran, die Einstellungen zu verändern, um dann zum Verhalten zu kommen. Umgekehrt müsste es sein. Wenn wir es schaffen das Verhalten zu ändern, ändert sich auch das Denken.“

Verhaltensänderung wird über Belohnungen erreicht.

Gewohnheiten werden meist von äußeren Reizen aus der Umwelt angestoßen, das heißt sie bilden sich im Rahmen vorhandener Strukturen heraus (z.B. Verkehrsinfrastruktur). Wir passen uns in unserem Verhalten den gegebenen Möglichkeiten an. Gäbe es in Deutschland keine Autobahnen und Bundesstraßen, jedoch die Hochgeschwindigkeitsstrecken und Fernverbindungen des Schienenverkehrs, würden nahezu alle Fernreisen nur noch auf der Schiene oder in der Luft abgewickelt. Erst die Existenz der Fernstraßen führt dazu, dass diese Wege mit dem Kfz zurückgelegt werden (können). In dieser Hinsicht ist unser gesamter Alltag ein Abbild der Möglichkeiten, die uns unsere Umwelt ermöglicht.

Gewohnheiten bilden sich im Rahmen vorhandener Strukturen heraus. Infrastruktur und soziale Normen spielen dabei eine große Rolle.

Derjenige, der die richtigen Bedingungen schafft, kann andere dazu bringen, genau die Gewohnheiten herauszubilden, die den gewünschten Zielen dienen (auf dieser Erkenntnis basiert die *Build it and they will come*-Strategie, nach der Anstiege beim Modal Split eine direkte Folge des Ausbaus der Radinfrastruktur sind). Dies wird auch als Angebotsplanung bezeichnet. Wer weiß, wo Gewohnheiten ansetzen und wie ihre Mechanismen funktionieren, der kann sie nutzen. Die Gestaltung der äußeren Umwelt bietet nun auch die Chance für Kommunen, eine Belohnung zu schaffen, die konkret und direkt ist. Wer auf einem separierten, hochwertigen Radweg sein Ziel ansteuern kann, der erfährt den Lohn sofort: das gute Gefühl, sicher unterwegs zu sein und die Vorzüge des Zweirads genießen zu können.

Auch wer schnell und direkt den Zielort erreicht oder sein Rad vor der Tür abstellen kann, spürt den Nutzen unmittelbar. Dieses persönliche Erleben ist ein Schlüsselfaktor, denn es ist der stärkste Treiber, den wir erzeugen können. Verhaltensänderungen werden nicht durch Informationen erreicht, sondern durch Erfahrungen, Emotionen oder persönliche Betroffenheit.

Lesen Sie mehr zum Thema ab Seite 273

Die drei Kernaufgaben und das AIDA-Prinzip

Im vorangegangenen Kapitel haben wir das AIDA-Prinzip kennengelernt. Zur Erinnerung: Das Modell beschreibt die vier Stufen, die bewusst und unbewusst im Vorfeld einer Kauf- oder Mobilitätsentscheidung ablaufen. Es gilt die Aufmerksamkeit der Zielgruppe zu erlangen, ihr Interesse an dem eigenen Angebot zu wecken, den Wunsch auszulösen es zu besitzen und schließlich das gewünschte Verhalten herbeizuführen. Im Idealfall wird jede Stufe dieses Entscheidungsprozesses durch zielgerichtete Marketingmaßnahmen unterstützt. Um die Aufmerksamkeit einer Person zu erlangen, sind üblicherweise andere

Werkzeuge erforderlich, als wenn es darum geht, sie für das Produkt ernsthaft zu interessieren. Genauso verhält es sich in der Radverkehrsförderung, wenn wir Menschen vom Auto (bisheriges Produkt) für das Fahrrad (neues Produkt) gewinnen möchten. Die drei Handlungsfelder und Kernaufgaben, die Wahrnehmungen, subjektiven Empfindungen sowie Gewohnheiten und Routinen, können den vier Stufen des AIDA-Modells zugeordnet werden (Abb. 2-4).

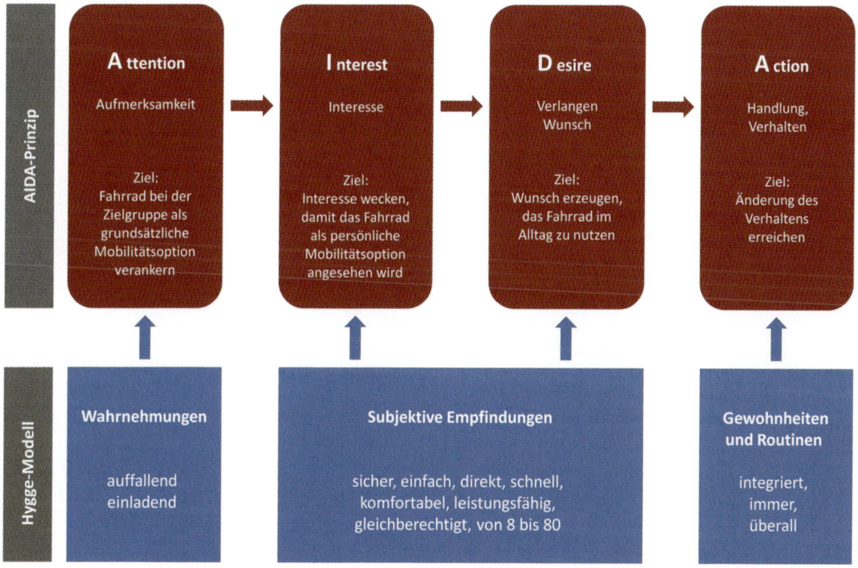

Abb. 2-4: Die Handlungsfelder des Hygge-Modells liefern Lösungen für die einzelnen Stufen des AIDA-Prinzips

Die drei Kernaufgaben der Radverkehrsförderung können den vier Stufen des AIDA-Prinzips zugeordnet werden. Kommunen können so zielgerichtet Verhaltensänderungen herbeiführen.

Wenn es darum geht, die Aufmerksamkeit der Zielgruppe zu gewinnen, spielt besonders die erste Kernaufgabe eine Rolle. Durch eine auffallende und einladende Gestaltung von Infrastruktur und Raum erreichen wir, dass das Zweirad als grundsätzliche Mobilitätsoption erkannt und abgespeichert wird. Damit haben wir es aber noch längst nicht geschafft, dass die Zielgruppe das Fahrrad auch für sich selbst (!) als reale Mobilitätalternative erkannt hat. Dazu müssen wir zunächst ihr Interesse wecken sowie den Wunsch erzeugen, sich in den Sattel zu schwingen. Dies gelingt, indem wir die subjektiven Empfindungen adressieren. Es geht darum, das Gefühl zu erzeugen, dass Radfahren hinsichtlich der wichtigen Entscheidungskriterien (sicher, einfach, schnell etc.) die persönlichen Anforderungen und Bedürfnisse erfüllt. Selbst wenn das geschafft ist, fehlt noch die tatsächliche Verhaltensänderung (vierte Stufe bei AIDA). Hier scheitern wir oft an unseren Gewohnheiten und Alltagsroutinen. Die dritte Kernaufgabe konzentriert sich deshalb auf diesen Aspekt.

3 Stress als Zielgröße

Stress als Zielgröße der Radverkehrsförderung

Bedeutung und Wirkung von Stress

Das Verständnis für Ursachen und Bedeutung von Stress ist für eine nutzerorientierte Radverkehrsförderung elementar und deshalb Gegenstand dieses Kapitels. Das Hygge-Modell mit seinen Handlungsfeldern und Maßnahmenempfehlungen baut auf den wissenschaftlichen Erkenntnissen hierzu auf.

Was ist Stress?

Das Wort Stress (engl.: *Druck, Anspannung oder Beanspruchung*) geht auf das lateinische Verb *stringere* zurück und bedeutet übersetzt in etwa *anspannen* oder *zusammenziehen*. Üblicherweise assoziieren Menschen mit Stress negative Gefühle und Empfindungen. Tatsächlich ist *Stress* zunächst jedoch ein neutraler Ausdruck, der vom österreichisch-kanadischen Mediziner Hans Selye geprägt wurde. Der auch als *Vater der Stressforschung* bezeichnete Forscher nutzte den Begriff Stress, um die Reaktion von Menschen und Tieren auf Belastungen zu beschreiben. Es ging also darum zu erklären, was in dem Körper eines Lebewesens vor sich geht, wenn er gefordert wird.

Stress ist die natürliche Reaktion des Körpers auf einen inneren oder äußeren Reiz (Auslöser), der auch als *Stressor* oder *Trigger* bezeichnet wird. Dieser Vorgang lässt sich evolutionsbiologisch sehr nachvollziehbar erklären. Das Überleben unserer Vorfahren hing ganz entscheidend davon ab, dass sie bei Gefahr sehr schnell Energie für den Kampf oder die Flucht mobilisieren konnten. In der Tierwelt kann dies heute noch gut beobachtet werden. In einer gefährlichen Situation werden Puls und Atmung schneller, der Blutdruck steigt, die Sinne werden geschärft, Muskeln spannen sich an. Der Körper schüttet Stresshormone aus und stellt für blitzschnelle Reaktionen zusätzliche Energie in den Muskeln bereit.

Auch wenn der Kampf gegen Feinde und die Flucht vor Gefahren in unserer heutigen Gesellschaft eher die Ausnahme sind, kennen wir alle Stress-Situationen aus dem Alltag: eine Prüfung beispielsweise oder eine Präsentation vor anderen Menschen lösen in unserem Körper den gleichen Prozess aus. Das Herz schlägt schneller, uns steigt die Röte ins Gesicht, wir schwitzen verstärkt. Dadurch steigt unsere Aufmerksamkeit und wir werden leistungsfähiger. Die Stress-Reaktion des Körpers hilft uns dabei, auch große Herausforderungen zu meistern. Haben wir es geschafft, fühlen wir uns gut, sind motiviert und gewinnen durch dieses Erlebnis an Selbstvertrauen. Stress erzeugt in diesem Fall eine schöne, positive Erfahrung. Wir sprechen daher auch von positivem Stress, dem so genannten *Eustress.*

Umgekehrt gibt es auch negativen Stress (sog. *Distress*). Er entsteht, wenn uns etwas über den Kopf wächst oder wir die Kontrolle über eine Situation verlieren. Wir fühlen uns dann bedroht oder überfordert. Genauso wie der Eustress positive Energie freisetzt, kann negativer Stress Menschen lähmen und krank machen. *Distress* verringert die Leistungs- und Konzentrationsfähigkeit, kann zu Gereiztheit, Albträumen, Kopfschmerzen, Bluthochdruck oder Angst führen. Stehen wir unter Dauerstress, so wird das Immunsystem geschwächt und kann Lungenleiden, Rückenschmerzen oder Herzerkrankungen begünstigen. Auch psychische Erkrankungen wie Depressionen oder Burnout sind eine häufige Folge.

Ob, welche und in welcher Intensität Stress-Symptome bei Menschen auftreten, ist dabei höchst unterschiedlich. Zunächst schätzen wir ab, welche Folgen eine Situation für uns hat (Primärbewertung). Erwarten wir keine oder sogar positive Wirkungen, so endet der Prozess der Stressbewertung an dieser Stelle. Erkennen wir jedoch eine Gefahr, so erfolgt eine Einschätzung, ob die eigenen Fähigkeiten und Möglichkeiten ausreichen, um die Situation selbständig zu meistern (Sekundärbewertung). Ist das nicht der Fall, entsteht Stress.

Innere und äußere Auslöser

Stress kann sowohl durch äußere, als auch durch innere Reize ausgelöst werden. In einer Prüfungssituation oder bei einer Gefahrenbremsung im Straßenverkehr wirkt auf eine Person eine externe Ursache (äußerer Reiz). Oftmals spielen jedoch auch innere Faktoren eine große Rolle. Stress entsteht, obwohl dazu ein objektiver Grund fehlt: Wir sehen eine Gefahr, wo gar keine ist. Manchmal wird auch eine existierende Gefahr überbewertet oder die eigenen Fähigkeiten, diese Herausforderung erfolgreich zu meistern, unterschätzt (Versagensangst). Gerade in der Radverkehrsplanung spielen diese inneren Auslöser eine ganz entscheidende Rolle. Dazu später mehr.

Anknüpfend hieran können objektive und subjektive Stressoren unterschieden werden. Objektive Auslöser im Radverkehr können sein: Hitze, Kälte, Beleuchtung, Überforderung oder Nichterfüllung grundlegender Bedürfnisse. Sie sind mess- und überprüfbar. Subjektive Stressoren beziehen sich dagegen auf die Empfindungen und variieren von Mensch zu Mensch. Beispiele sind Ärger, Wut, Angst, eine gefühlte Bedrohung, eine eingebildete Hilflosigkeit oder die falsche Bewertung einer Situation.

Wahrnehmung von Stress

„Ich bin gestresst", ist ein Satz, der in unserer Gesellschaft weit verbreitet ist. Oder es wird davon gesprochen, dass eine Zeitphase sehr stressig sei. Ab einer gewissen Intensität der Belastung nimmt der Mensch Stress wahr. In der Regel können wir dabei nur einen Teil der tatsächlichen Stressoren auch benennen. Der Grund dafür: Die Anforderungen der modernen Welt erfordern viele Kenntnisse, jedoch müssen wir dafür wenig Energie in den Muskeln bereitstellen. Schließlich gehören die täglichen Kämpfe mit Gegnern und die Flucht vor Gefahr der Vergangenheit an. Stress wird so häufig als Energieüberschuss erlebt. Nachdem die Aufgabe bewältigt ist, muss die zu viel freigesetzte Energie in irgendeiner Form abgebaut werden. Auch geringfügige Lärmquellen oder eine schlechte Beleuchtung sind Stressoren, die ständig auf uns einwirken. Sie werden nicht bewusst als Stressfaktoren wahrgenommen, beeinflussen jedoch unser Wohlempfinden.

Wirkung einschneidender Erlebnisse

Schwere Unfälle, Verluste und andere als traumatisch erlebte Ereignisse können zu posttraumatischen Belastungsstörungen (engl. *Post-traumatic stress disorder, kurz: PTSD*) führen. Häufig kommt es dabei zu einem Gefühl der Hilflosigkeit und des Ausgeliefertseins. Betroffene können dabei sowohl unmittelbar Beteiligte sein, als auch ihnen nahestehende Menschen oder Zeugen des Geschehens. Sie erfahren dies körperlich und seelisch.

Posttraumatische Belastungsstörungen und ihre Auslöser sind zumeist Extremfälle. Sie zeigen jedoch, dass einzelne Ereignisse eine außerordentliche Wirkung auf Menschen haben können – auch auf völlig unbeteiligte Dritte. So lässt sich beispielsweise feststellen, dass die Flugangst von Passagieren steigt, wenn sich zuvor ein schweres Flugzeugunglück ereignet hat. Die Angst kann dabei auch konkrete Handlungen auslösen. Mancher verzichtet erst einmal darauf in ein Flugzeug zu steigen. Ähnliche Effekte sind von anderen Ereignissen wie Terroranschlägen auf Urlaubsziele bekannt.

Auch für die Radverkehrsförderung ist das Phänomen wichtig. Schwere Unfälle mit Radfahrern können sich vorübergehend oder auch über einen längeren Zeitraum in das Gedächtnis anderer Verkehrsteilnehmer einbrennen. In einer eigenen, nicht repräsentativen Erhebung mit 29 Personen konnte ich im Jahr 2014 feststellen, dass Befragte das Radfahren dann als gefährlicher einstufen, wenn sich zuvor ein schweres Unglück mit einem Fahrradfahrer ereignet hat. Diese Einschätzung hatte Einfluss auf das eigene Mobilitätsverhalten der Befragten. Auch dann, wenn sie von dem Unglück nur über Medien erfahren hatten. Je plakativer die Nachricht vermittelt wird, desto stärker ist der Effekt. Ein Foto von der Unfallstelle wirkt sich beispielsweise deutlich stärker aus, als wenn über den Unfall nur mit einer Textnachricht berichtet wird.

Stress als Antriebsfaktor

Das so genannte Konzept der *Allostase* geht davon aus, dass Stress dazu dient, sich an verändernde Umweltbedingungen anzupassen. Der Begriff setzt sich dabei aus den griechischen Worten *allo* und *stase* zusammen und wird mit *Erreichen von Stabilität durch Änderung* übersetzt. Die Verarbeitung von Stress geht demnach immer mit Veränderung und dem Erlernen neuer Denkgewohnheiten und -muster einher.

Stressfaktoren bei Radfahrern

Was bedeuten diese Erkenntnisse über Stress für die Radverkehrsförderung? Wir haben gesehen, dass Stress zwei Seiten (positiv und negativ) hat, fester Bestandteil unseres Alltags ist und nur ein Teil der Stressfaktoren von den Personen tatsächlich auch bewusst wahrgenommen wird. Vor allem aber: Stress und Stresswahrnehmung beeinflussen unser (Mobilitäts-)Verhalten.

Motivatoren

Auch im Radverkehr spielen beide Arten von Stress eine Rolle. Den positiven Eustress erfahren Menschen, die das Fahrrad als Trainingsgerät nutzen, um durch die sportliche Betätigung ihre Fitness zu steigern oder den Kopf frei zu bekommen. Aber auch jeder Alltagsradler kann Eustress erleben – sei es der erfolgreich bewältigte Anstieg, eine persönliche Kilometerbestleistung, das Radeln trotz widriger Witterung oder das schnelle Erreichen des Fahrtziels ohne im Stau zu stehen. Der Auslöser für die positiven Gefühle kann also sowohl eine objektiv vorhandene (z.B. Anstieg) oder subjektiv wahrgenommene (z.B. Regen) Hürde sein, die wir erfolgreich gemeistert haben, als auch die Erfüllung grundlegender Bedürfnisse – z.B. schnell, einfach oder bequem von A nach B gekommen zu sein. Faktoren, die den positiven Eustress auslösen, sind daher wichtige Motivatoren für Radfahrer und eine zentrale Aufgabe der Radverkehrsförderung. Positive Gefühle sind eine Belohnung und wollen wieder und wieder erfahren werden. Sie sind damit einer der wesentlichen Treiber dafür ist, weshalb Menschen in den Sattel steigen. Das Hygge-Modell beschreibt die kommunalen Handlungsfelder, um diese Motivation zu erzeugen.

Alle Maßnahmen, die den positiven Eustress auslösen, sind wichtige Motivatoren für Radfahrende.

Distress im Radverkehr

Umgekehrt halten negative Stressfaktoren Menschen vom Radfahren ab. Und von diesen gibt es oftmals eine ganze Menge. Distress ist die Hauptursache dafür, weshalb viele Menschen auf das Fahrrad verzichten – auch dann, wenn es objektiv ein geeignetes oder sogar das geeignetste Verkehrsmittel für eine Wegstrecke ist.

Negativer Stress ist Alltag im Radverkehr, hat die Technische Universität Kaiserslautern (TU Kaiserslautern) im Rahmen des Projektes *Urban Emotions* der Deutschen Forschungsgesellschaft mit Methoden der Humansensorik nachgewiesen. Die Forscher schickten Probanden mit dem Fahrrad auf einen zuvor festgelegten Rundkurs im Stadtverkehr. Dabei wurden unterschiedliche Netzelemente (u.a. Mischverkehr, Schutzstreifen, kombinierte Geh- und Radwege, Nebenstraßen) befahren. Die Teilnehmer setzten sich aus beiden Geschlechtern und unterschiedlichen Altersstufen zusammen, waren größtenteils mit den örtlichen Gegebenheiten vertraut und verfügten über zumeist ausreichende bis sehr gute Fähigkeiten, um ihr Rad im Straßenverkehr sicher bewegen zu können.

Ausgestattet mit einem Sensorarmband (*Smartband*), konnten für jeden Probanden im Anschluss an die Fahrt individuelle psychophysiologische

Reaktionen (Stresswerte) gemessen, und in Kombination mit Videokamera-Daten sowie GPS-Koordinaten, bestimmten Verkehrssituationen zugeordnet werden. Es werden also die emotionalen Reaktionen des Körpers mit geografischen Informationen verknüpft, wobei der Mensch dabei zum Messinstrument wird.

Bei der Auswertung der Ergebnisse einer Testreihe in Worms zeigte sich, dass sogar geübte Radfahrer auf dem etwa zehnminütigen Rundkurs eine Vielzahl von Stressmomenten erlebten. Jedoch konnten die Teilnehmer bei einer anschließenden Befragung nur einen kleinen Teil benennen. Einen Großteil der Stresssituationen hatten sie gar nicht bewusst als solche wahrgenommen. Hier zeigt sich der Mehrwert des technischen Ansatzes der Humansensorik zur Ermittlung von Stressoren. Eine Befragung kann immer nur die Stressoren ermitteln, die bewusst erkannt werden. Eine objektive Stressmessung liefert ein ganzheitliches Bild.

Abb. 3-1 zeigt eine so genannte Heat-Map, in der Hot-Spots (Stresssituationen) im Raum kartiert werden. Die Abbildung enthält dabei die kumulierten Stressmomente aller Probanden, die an der Studie in Worms teilgenommen haben. Jeder Punkt (Hot-Spot) auf dem zu erkennenden Rundkurs steht für Stellen im Verkehrsraum, an denen bei den Probanden Stress entstanden ist. Je dunkler, desto mehr Probanden waren dort einer stressigen Situation ausgesetzt. Rote Punkte zeugen von einer besonders hohen Stressdichte – im aufgeführten Beispiel gibt es davon allein fünf besonders auffällige Punkte, nahezu alle an Knotenpunkten. Die Heat-Map zeigt, dass bei den Probanden nicht nur dort, sondern auf einem Großteil der Strecke – wenn auch seltener und weniger konzentriert – Stress entstanden ist. Lediglich etwa 20 Prozent der gesamten Distanz können als stressfrei und damit für die Masse der Fahrer als angenehm identifiziert werden. Gut zu erkennen ist, dass Stress sowohl punktuell gehäuft, als auch über längere Streckenabschnitte hinweg auftreten kann. Für eine weniger als 3 km lange Strecke im gewohnten Umfeld sind dies viele Stressmomente.

Durch diese Zusammenführung der Stressmomente aller Teilnehmer in einer einzigen Heat-Map, können allgemeine Schlussfolgerungen gezogen werden, welche Situationen tendenziell Stress bei Radfahrern auslösen. So lassen sich Anhaltspunkte finden, wie Distress für Radfahrer verringert werden kann. Im vorliegenden Beispiel fallen vor allem die fünf roten Punkte auf, grundsätzlicher Handlungsbedarf besteht allerdings auch bei den helleren Hot-Spots.

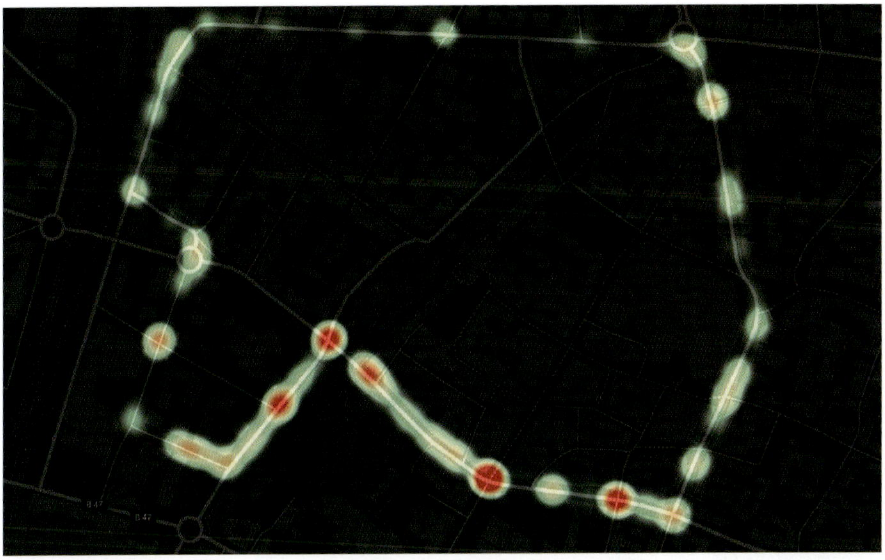

Abb. 3-1: Die Heat-Map zeigt an, wo im Straßenraum Radfahrende Stressmomente erlebt haben und wie stark die Stressdichte auf dem vorgegebenen Rundkurs war.

In ihrer Studie kommen Groß et al. (2015) von der TU Kaiserslautern zu dem Ergebnis, dass Situationen mit einer besonders hohen Stressdichte meistens von mehr als einem einzelnen Faktor ausgelöst werden. Die Forscher unterscheiden dabei, nach eingehender Auswertung der Auslöser, drei gleichwertige Kategorien von Stressoren: horizontale, vertikale und anthropogene Effekte.

Horizontale Effekte sind demnach solche, die in der Ebene stattfinden. Hierzu zählen neben Knotenpunkten auch Engstellen, Hindernisse, Gegenverkehr und das Einfädeln. Als vertikale Effekte werden solche bezeichnet, die im dreidimensionalen Raum auftreten: positive und negative Neigungen, Bordsteinkanten oder der Straßenbelag (z.B. Schlaglöcher). Diese beiden ersten Kategorien haben dabei räumlichen Charakter. Die dritte Kategorie der anthropogenen Effekte wird durch den Mensch verursacht – den Radfahrer selbst (z.B. Desorientierung durch unklare Streckenführung) oder aber andere Verkehrsteilnehmer (z.B. knappe Überholmanöver, Dooring, Konflikte mit Fußgängern).

Abb. 3-2 zeigt beispielhaft eine Verkehrssituation aus der in Worms durchgeführten Studie der TU Kaiserslautern. Über das am linken Handgelenk zu erkennende Sensorarmband lässt sich später feststellen, dass bei dem Probanden eine Stresssituation entsteht, die er in einer anschließenden Befragung nicht bewusst benennen kann. Die Situation stellt sich wie folgt dar: Der Studienteilnehmer befährt den abgebildeten Schutzstreifen in einer Nebenstraße (Einbahnregelung) im Mischverkehr. Rund 20 m vor ihm beginnt zusätzlich ein Längsparkstreifen für Kfz, an dem er linksseitig auf dem Schutzstreifen vorbeigeführt wird. Die Fahrbahn ist dort vergleichsweise schmal. Zusätzlich fährt aus einer Ausfahrt von rechts ein silberner Pkw in die Nebenstraße ein, während sich dem Probanden von hinten ein überholendes Fahrzeug (nicht im Bild) nähert und kurz darauf mit geringem Seitenabstand passiert.

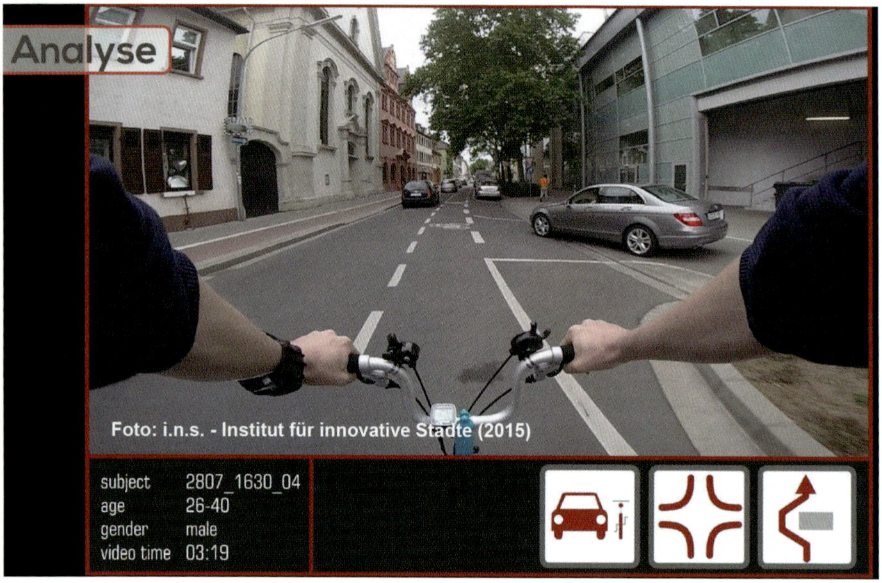

Abb. 3-2: Drei Faktoren (Schutzstreifen, ausfahrendes Kfz und überholendes Kfz) sorgen in dieser Verkehrssituation für Stress bei dem auf dem Schutzstreifen fahrenden Radler.

Offen bleibt, welche Faktoren genau dafür verantwortlich waren, dass der Proband diese Verkehrssituation als stressig empfunden hat. In der Regel kommen mehrere Faktoren zusammen, deren Effekte sich gegenseitig verstärken und in Summe zu Stress führen (*Synergieeffekt*).

Im aufgeführten Beispiel konnten drei mögliche Trigger festgestellt werden: das überholende Kfz, der Knoten mit dem ausfahrenden Pkw sowie die folgende Engstelle im Bereich der Längsparkstände. In der Studie der TU Kaiserslautern wurden vor allem die in Abb. 3-3 dargestellten Kombinationen an Stress-Triggern identifiziert.

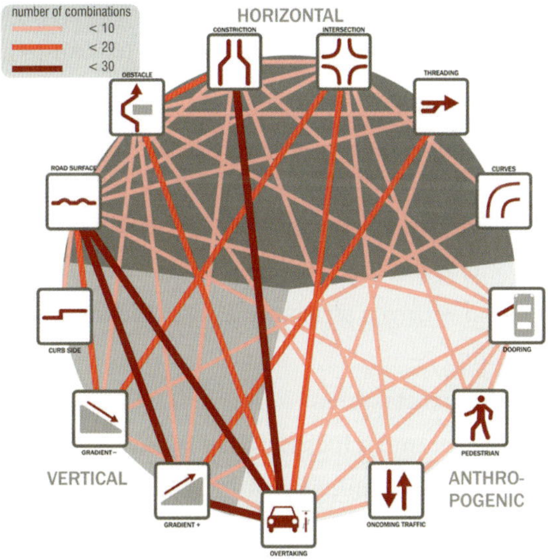

Abb. 3-3: Kategorien und Kombinationen von Stress-Triggern (Groß und Zeile 2016)

Zwei-Faktoren-Theorie nach Herzberg

Frederick Herzberg hat 1959 die gerade im Personalwesen sehr bekannte *Zwei-Faktoren-Theorie* aufgestellt. Sie gilt als eine der führenden Theorien zu den Entstehungsfaktoren von Motivation, speziell der Arbeitsmotivation, und besteht aus zwei Einflussgrößen. Ich wende sie nun erstmals auf den Bereich der Radverkehrsförderung an.

Hygienefaktoren verhindern nach der Zwei-Faktoren-Theorie, dass Unzufriedenheit entsteht. Klassische Beispiele im Personalwesen sind Lohn und Gehalt oder ein gutes zwischenmenschliches Verhältnis zu Kollegen und Vorgesetzten. Sie werden als selbstverständlich betrachtet und erzeugen daher Unzufriedenheit, wenn sie fehlen. Sie können jedoch selbst keine Motivation hervorrufen, sondern bestenfalls einen neutralen Gemütszustand („keine Unzufriedenheit") erzeugen.

Während Hygienefaktoren also Unzufriedenheit verhindern, können die von Herzberg als *Motivatoren* bezeichneten Faktoren tatsächlich Arbeitsmotivation hervorrufen. So werden im beruflichen Kontext Verantwortung, Anerkennung, Leistung und Erfolg üblicherweise als positiv erlebt und motivieren zu Leistung am Arbeitsplatz. Motivatoren verstärken also die Zufriedenheit, ihr Fehlen führt jedoch nicht zwangsläufig zu Unzufriedenheit.

Hieraus ergeben sich vier grundsätzliche Kombinationsmöglichkeiten aus Hygiene- und Motivationsfaktoren (jeweils in der Ausprägung stark und schwach):

1. Starke Hygienefaktoren, schwache Motivatoren: die Mitarbeiter sind zufrieden, verfügen allerdings über eine geringe Arbeitsmotivation
2. Starke Hygienefaktoren, starke Motivatoren: die Mitarbeiter sind zufrieden und verfügen gleichzeitig über eine hohe Arbeitsmotivation (Idealsituation)
3. Schwache Hygienefaktoren, schwache Motivatoren: die Mitarbeiter sind unzufrieden und schlecht motiviert (Worst-Case)
4. Schwache Hygienefaktoren, starke Motivatoren: die Mitarbeiter sind motiviert, jedoch werden grundlegende Arbeitsbedingungen als negativ beurteilt und führen zu Unzufriedenheit

Die Zwei-Faktoren-Theorie von Herzberg gilt nach dem heutigen Wissenstand in Teilen als überholt – speziell die strikte Trennung von Hygienefaktoren und Motivatoren. Das Prinzip von Herzberg kann für eine nutzerorientierte Radverkehrsförderung allerdings einen sehr wertvollen Beitrag liefern, weil es zum besseren Verständnis der Nutzerbedürfnisse beiträgt.

Hygienefaktoren und Motivatoren im Radverkehr

Übertragen auf das Verkehrsmittel Fahrrad sind Hygienefaktoren solche, die von (potenziellen) Nutzern als selbstverständlich angesehen werden und erfüllt sein müssen, damit das Fahrrad von ihnen überhaupt als realistische Alternative zu anderen Verkehrsmitteln angesehen wird. Dazu muss die Unzufriedenheit mit dem Verkehrsmittel Fahrrad gering ausfallen oder sollte im besten Fall gar nicht erst vorhanden sein.

Unzufriedenheit in diesem Sinne ist mehrdimensional, insbesondere gehören auch die empfundene Sicherheit und das Stressniveau dazu. Wird die *Sicherheit* als ausreichend wahrgenommen, ist der Hygienefaktor Sicherheit erfüllt (keine Unzufriedenheit). In der Heat-Map (Abb. 10) können vor allem die roten Hot-Spots (Verkehrssituationen mit besonders hohem Stressempfinden) als Hygienefaktoren verstanden werden. Sie erzeugen negative Reaktionen des Körpers (Unzufriedenheit) und können dazu führen, dass das Fahrrad seltener oder gar nicht mehr als Verkehrsmittel gewählt wird. Radverkehrsförderung muss deshalb zum einen an diesen Hot-Spots ansetzen, zum anderen aber auch an den vielen kleinen Stressoren, die in Summe ein hohes Maß an Unzufriedenheit hervorrufen können. Wenn – wie im Beispiel der Heat-Map – bei rund 80 Prozent der Fahrstrecke Stress entstehen kann, ist das eindeutig zu viel, die Hygienefaktoren werden nicht erfüllt. Für die Radverkehrsförderung bedeutet das aber auch:

Die Entschärfung der großen und kleinen Stressoren für Radfahrer verhindert Unzufriedenheit, für eine Motivation der Nutzer bedarf es jedoch zusätzlicher Anstrengungen.

Als wichtigsten Hygienefaktor thematisiert dieses Buch den Aspekt der objektiven und subjektiven Sicherheit. Hierbei handelt es sich um einen reinen Hygienefaktor. Eine als sicher wahrgenommene (!) Radinfrastruktur ist also die grundlegende Voraussetzung für mehr Radverkehr in Städten und Gemeinden, sowie in der Fläche. Tatsächliche Veränderungen sind jedoch nur möglich, wenn Radverkehrsförderung zusätzlich auf die Motivatoren abzielt. Die verschiedenen Stellschrauben sind Bestandteil des Hygge-Modells und werden in diesem Fachbuch vorgestellt. Es sei darauf hingewiesen, dass sich manche der beschriebenen Handlungsfelder – je nach Erfüllungsgrad – sowohl den Hygienefaktoren, als auch den Motivatoren zurechnen lassen. Abb. 3-4 zeigt dennoch als Anhaltspunkt eine mögliche Einteilung in Hygienefaktoren und Motivatoren.

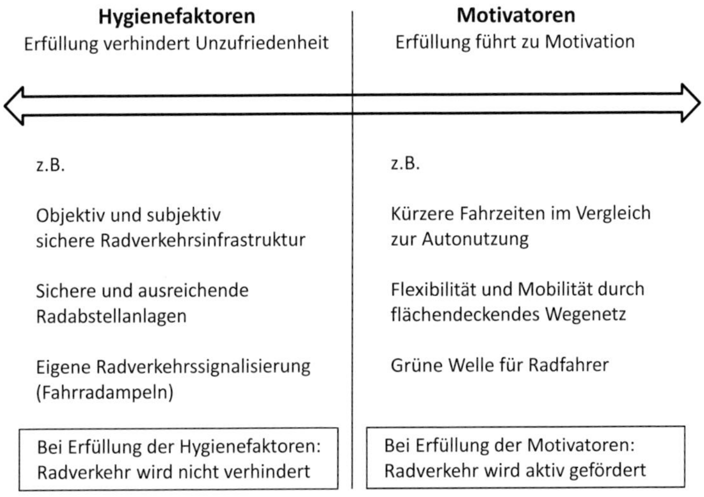

Abb. 3-4: Die Zwei-Faktoren-Theorie nach Herzberg am Beispiel einer wirkungsvollen Radverkehrsförderung

4

Zielgruppen
der Radverkehrsförderung

Zielgruppen der Radverkehrsförderung

Um zu verstehen, wie Hygienefaktoren und Motivatoren in der Planungspraxis umgesetzt werden können, müssen wir die Nutzer in den Mittelpunkt der Betrachtung rücken.

Identifikation der Zielgruppen

Für wen betreiben Kommunen eigentlich Radverkehrsförderung? Wen haben Verkehrsplaner und Entscheider im Blick, wenn sie über Führungsformen oder Marketingmaßnahmen entscheiden? Erfahrungsgemäß fällt es kommunalen Vertretern oder von ihnen beauftragten Büros sehr schwer die Frage zu beantworten, wer eigentlich die Menschen sind, für die sie tätig werden. Dabei ist die Antwort auf diese Frage elementar, wenn wir die Menschen mit unseren Maßnahmen erreichen wollen. Denn nur dann sind auch Veränderungen im Modal Split möglich.

Sinn und Zweck der Zielgruppendefinition

Bei Unternehmen der freien Wirtschaft dreht sich fast alles um diese Frage. Sie verwenden viel Energie darauf, für sie interessante Zielgruppen zu identifizieren, deren Bedürfnisse sowie Verhaltensmuster zu beschreiben und Maßnahmen auszuarbeiten, die eine gezielte Ansprache ermöglichen. Was sich zunächst relativ trivial anhört, ist in der Praxis oftmals eine größere Herausforderung.

Unter einer Zielgruppe versteht man allgemein eine bestimmte Menge von Menschen, die sich auf Basis bestimmter Merkmale zu mehr oder weniger einheitlichen Gruppen zusammenfassen lässt. Diese Merkmale können dabei ganz unterschiedlicher Natur sein: demografisch (z.B. Alter, Geschlecht, Wohnort, Familienstatus), sozio-ökonomisch (z.B. Bildung, Beruf, Einkommen), Kaufverhalten (z.B. preissensitiv, qualitätsbewusst) oder psychografisch (z.B. Einstellung, Motivation). Auf Basis solcher Merkmale existiert eine Vielzahl an Möglichkeiten eine Zielgruppe zu definieren. Als Beispiel sei hier die Zielgruppe der *LOHAS* (*Lifestyle of Health and Sustainability*) genannt. Hierunter werden Menschen verstanden, die einen gesunden und an Nachhaltigkeit orientierten Lebensstil pflegen und über ein überdurchschnittliches Einkommen verfügen. Personen dieses Konsumententyps könnten besonders offen sein für Angebote zu nachhaltiger Mobilität, Nahrungsmitteln aus biologischer Erzeugung oder kulturellen Angeboten. Die Definition von Zielgruppen ermöglicht Unternehmen (und Kommunen) eine maßgeschneiderte Ansprache der Menschen mit Marketing- und Kommunikationsmaßnahmen, die den eigenen Produkten und Dienstleistungen offen gegenüber stehen könnten. Die Gruppe der *LOHAS* könnte beispielsweise für Anbieter im Bereich des Fahrradtourismus interessant sein und dort umworben werden, wo dieser Personenkreis real oder virtuell (im Internet) anzutreffen ist.

Ein Unternehmen (oder eine Kommune) kann dabei durchaus auch mehrere Zielgruppen gleichzeitig ansprechen. Die Automobilhersteller machen das vor. Mittlerweile hat fast jeder Hersteller ein so breites Sortiment, dass oftmals alle relevanten Kundengruppen abgedeckt werden: Es gibt Kleinstwagen, Kleinwagen, Mittelklassefahrzeuge, Limousinen, Coupés, Cabrios, SUVs in diversen Größenklassen (*Sport Utility Vehicle*), Transporter, Kleinbusse und Vieles mehr. In den vergangenen Jahren wurden immer neue Fahrzeugtypen „erfunden", die es bis dato nicht gab – immer mit dem Ziel, möglichst jede Kundengruppe mit eigenen Produkten abzudecken. Ein SUV ist ein Zwitter zwischen dem klassischen Geländewagen und einer Limousine.

So mancher Automobilhersteller hat dabei auch Traditionen über Bord geworfen. Porsche war einst der Inbegriff für teure Sportwagen – heute sind auch SUVs in zwei Größenklassen im Angebot. BMW hat mit der 2er-Reihe erstmals in der Unternehmensgeschichte einen Kompakt-Van (auch eine neue Gattungsbezeichnung) auf den Markt geworfen und Jaguar mit einem Modell der Mittelklasse günstigere Preiskategorien erschlossen.

Interessant bei dieser Entwicklung ist eines: Als Kunden haben wir diese neuen Fahrzeuggattungen nicht verlangt, wir waren mit der bekannten Kategorisierung und den Produkten zufrieden. Keine Kundenbefragung hätte ergeben, dass es einen Markt für SUVs gibt. Ein Geländewagen für asphaltierte Straßen, der mehr Kraftstoff benötigt als eine Limousine und den gleichen Komfort bietet? In einer Befragung wäre der SUV glatt durchgefallen! Eine bestehende Kundengruppe fehlte dafür auch. Weshalb wurde er dennoch auf den Markt gebracht? Die völlige Neuentwicklung und Markteinführung eines neuen Modells ist schließlich mit Milliardeninvestitionen und erheblichen Risiken verbunden. Offenbar hat die

Analyse der potenziellen Käufer, mit ihren Lebensgewohnheiten, -umständen und Wünschen, in den Chefetagen zu der Einschätzung geführt, dass für diese Fahrzeuggattung ein großes Kundenpotenzial vorhanden ist – und ein neuer Markt geschaffen werden kann. Der Erfolg des SUV gibt ihnen Recht: Die Zulassungszahlen steigen seit Jahren an. Auch in der Radverkehrsförderung bietet der Blick auf die Nutzer (unsere Zielgruppen) mit ihren Bedürfnissen die Chance, neue Ideen zu entwickeln und zielgerichtete Angebote umzusetzen.

Die Zielgruppe in der Planungspraxis: *Der Radfahrer*

Die Frage nach den Zielgruppen fällt in der Radverkehrsförderung deshalb so schwer, weil es im deutschsprachigen Raum in der Planungspraxis schlicht keine definierten Zielgruppen gibt (die Planungsliteratur macht zumindest den Versuch, indem zwischen Alltagsradfahrern und Freizeitradverkehr unterschieden wird. Die Untergruppen orientieren sich an objektiven Merkmalen, insbesondere dem Alter). Fahrradfahrer **sind** die Zielgruppe. Hier kommt das Denken in Verkehrsmitteln zum Ausdruck.

Da gibt es im Individualverkehr *den Autofahrer, den Radfahrer, den Fußgänger*. Radfahrer wären demnach eine homogene Gruppe, die wiederum eine Teilmenge aller Verkehrsteilnehmer ist. Entsprechend zeigt beispielsweise auch die ERA verschiedene Führungsformen auf, lässt aber die Frage offen, welche davon im Hinblick auf die Zielgruppe(n) umgesetzt werden sollte. Die Entscheidung obliegt dem Planer, der anhand der örtlichen Gegebenheiten und vorgegebenen Prioritäten entscheidet. Das führt häufig zu Lösungen bei der Radverkehrsführung, die an den Bedürfnissen der Zielgruppe vorbeigeht.

Wer den Modal Split verändern möchte, muss umdenken. Weg vom Verkehrsmittel und hin zum Menschen. Jeder Mensch hat Mobilitätsbedürfnisse – und er wählt das Verkehrsmittel, das seine Bedürfnisse subjektiv am besten erfüllt. Schafft dies das Fahrrad am besten, ist die Wahrscheinlichkeit hoch, dass er das Fahrrad wählt. Ist es aber das Auto, wird er wohl mit dem Auto fahren. Anstatt getrennt in Verkehrsträgern zu denken, müssen Planer und Entscheider denken in: *Menschen mit Mobilitätsbedürfnissen*.

Menschen wählen das Verkehrsmittel, welches ihre Bedürfnisse am besten erfüllt. Das Denken in einzelnen Verkehrsträgern führt in die Sackgasse. Im Mittelpunkt steht vielmehr der Mensch mit einem Mobilitätsbedürfnis.

Um Mobilitätsbedürfnisse zu identifizieren, hilft ein Blick auf mögliche Zielgruppen – man könnte auch sagen: Untergruppen aller Radfahrenden. Ansatzpunkte gibt es viele, zum Beispiel nach folgenden Kriterien:

- Mobilitätsverhalten: Radfahrer, Nicht-Radfahrer
- Fähigkeiten: Geübte und ungeübte Radfahrer
- Alter: Kinder, Jugendliche, Erwachsene, Senioren
- Geschlecht: männlich, weiblich
- Anlass: Alltagsverkehr (z.B. Fahrt ins Büro, zum Einkauf), Freizeitverkehr (z.B. sportliche Betätigung, Tourismus)
- Körperliche Charakteristika: mit und ohne Mobilitätseinschränkung
- Art der Fahrradnutzung: privat, gewerblich
- Fahrzyklus: täglich, wöchentlich, monatlich, seltener

Die Aufzählung zeigt bereits: ***Den*** Radfahrer gibt es nicht! Der männliche Pendler auf dem Weg zur Arbeit unterscheidet sich fundamental von dem Senior auf dem Weg zum nächsten Lebensmittelgeschäft. Auch Radfahrer sind eine heterogene Gruppe an Menschen, die zunächst einmal nur eine Sache eint: Sie bewegen sich mit Muskelkraft auf (zwei) Rädern vorwärts. Radverkehrsförderung adressiert also ***immer*** verschiedene Zielgruppen.

Bedürfnisse von Radfahrern

Was bedeutet die Existenz unterschiedlicher Zielgruppen für die Radverkehrsförderung? Sind alle gleich wichtig? Macht es Sinn und ist es überhaupt möglich, allen Zielgruppen gleichzeitig gerecht zu werden?

Einer Zielgruppe wird man gerecht, indem man ihre Bedürfnisse kennt und diese erfüllt. Bei näherer Betrachtung wird schnell offensichtlich, dass die einzelnen Bedürfnisse so unterschiedlich sind, wie die einzelnen Zielgruppen selbst. Dabei passiert es durchaus, dass sich die Bedürfnisse einzelner Zielgruppen gegenseitig widersprechen. Während unser männlicher Pendler vermutlich möglichst schnell auf direktem Weg von seinem Wohnsitz zur Arbeitsstätte kommen möchte und dabei auch Mischverkehr oder Radfahrstreifen akzeptiert, sind ruhige Wohnstraßen oder ein separat geführter Radweg für unseren Senior ein absolutes Muss – auch wenn dafür ein kleiner Umweg gegenüber der kürzesten Strecke erforderlich wird.

Stetige versus situative Bedürfnisse

Stellen Sie sich vor, Sie werden gefragt welche Werte und Charaktereigenschaften Ihnen wirklich wichtig sind. Sie erhalten eine Liste mit Antwortmöglichkeiten und wählen hieraus acht Aussagen aus. Werden Sie sich für dieselben acht Werte entscheiden, wenn Sie den gleichen Test zwölf Monate später noch einmal machen? Sicher nicht! Je mehr Zeit seit der ersten Beantwortung vergeht, desto größer ist die Wahrscheinlichkeit, dass Ihre Antworten voneinander abweichen. Einige Antworten werden jedoch auch über einen langen Zeitraum gleich bleiben. Weshalb ist das so?

Jeder Mensch verfügt über Werte die für ihn sehr wichtig sind – so wichtig, dass sie dauerhaft Bestand haben. Viele davon werden durch unsere Eltern und andere Einflusspersonen bereits früh in unserer Kindheit geformt. Wer einmal Toleranz als hohes Gut kennengelernt hat und damit aufgewachsen ist, der wird darauf auch viele Jahre später noch großen Wert legen, sein eigenes Verhalten danach ausrichten und andere Personen danach beurteilen. Dieser Teil des Wertesystems ist äußerst stabil und ändert sich meist bestenfalls über einen längeren Zeitraum. Wir sprechen hier auch von grundlegenden Einstellungen, den Grundwerten einer Person. Andere Werte können dagegen sehr flexibel sein und sich in Abhängigkeit von der Lebenssituation oder der persönlichen Gefühlslage verändern.

Genauso verhält es sich auch mit menschlichen Bedürfnissen. Einige sind äußerst stetig und stabil. Eine Person, die beim Radfahren ein großes Bedürfnis nach Sicherheit verspürt, wird dies auch nächste Woche, nächsten Monat oder nächstes Jahr erfüllt sehen wollen. Solch dauerhaft vorhandene Bedürfnisse haben für die Radverkehrsförderung einen großen Vor- und einen großen Nachteil. Letzteres, weil eine Nichterfüllung des Bedürfnisses häufig dazu führt, dass sich der Nutzer grundsätzlich gegen das Fahrrad als Alltagsverkehrsmittel entscheidet und Mobilitätsgewohnheiten jenseits des Drahtesels herausbildet. Schließlich ist es für ihn ja ein sehr wichtiges Anliegen. Und ist es unerfüllt, bleibt es das oft dauerhaft oder zumindest für einen längeren Zeitraum. Das ist auch darauf zurückzuführen, dass stetige Bedürfnisse häufig gleichzeitig Grundbedürfnisse sind – wie das nach Sicherheit vor dem fließenden Kfz-Verkehr. Diese zu erfüllen, braucht manchmal einen längeren Atem. Vorteilhaft an stetigen Bedürfnissen ist: Sie können leichter identifiziert werden, und werden durch eingeleitete Maßnahmen Verbesserungen (höherer Erfüllungsgrad) erreicht, ist dieser Effekt sehr nachhaltig.

Der überwiegende Teil der Nutzerwünsche lässt sich jedoch den situativen Bedürfnissen zuordnen. Sie schwanken in Abhängigkeit von Einflussfaktoren, insbesondere der Lebenssituation (z.B. Single, Familie mit Kindern, Senioren), Jahreszeit (z.B. Winterkälte, Glätte), Tageszeit (z.B. Dunkelheit), Wettersituation (z.B. Regen, Hitze), der Strecke (z.B. Topographie, Entfernung, Beschaffenheit, Wegweisung) und des Anlasses (z.B. Fahrt zur Schule oder ins Büro). Das Bedürfnis beim Ritt im Sattel trocken zu bleiben wird üblicherweise nur bei regnerischem Wetter auftreten.

Je nach Situation kann ein und dieselbe Person unterschiedliche oder sogar konträre situative Bedürfnisse haben. Während einem Berufspendler auf dem Weg zwischen Wohnung und Arbeitsstätte schnelle und direkte Wegeverbindungen wichtig sein mögen, bevorzugt er beim sonntäglichen Weg zum Bäcker, bei der Fahrt mit der Familie oder im Urlaub sehr wahrscheinlich eher ruhigere und landschaftlich schönere Wegeverbindungen. Auf dem Weg ins Büro sind ihm möglicherweise sichere Abstellanlagen wichtig, weil er mit seinem teuren Fahrrad unterwegs ist, während er die Brötchen mit dem alten Familienfahrrad holt, das unverschlossen vor dem Geschäft geparkt wird.

Kumulation von singulären Bedürfnissen

In aller Regel hat ein Nutzer gleichzeitig immer mehrere Bedürfnisse. Diese setzen sich aus den stetigen und situativen Bedürfnissen zusammen. Bei zwei Jugendlichen mögen zu dem Bedürfnis nach Sicherheit vor dem Kfz-Verkehr (stetiges Bedürfnis) noch die Bedürfnisse nach sozialer Interaktion (während der Fahrt miteinander reden können) und Selbstbestimmung (eigenständig und flexibel mobil sein können) als situative Bedürfnisse hinzukommen.

Die K.O.-Bedürfnisse

Besonders große Beachtung in der Radverkehrsförderung sollten K.O.-Bedürfnisse finden. Das sind solche Bedürfnisse, deren Existenz für sich allein genommen ausreicht, um eine bestimmte Handlung (z.B. Radfahren) zu verhindern. Das meistgenannte Beispiel dafür ist ein Mangel an gefühlter Sicherheit, weil sich Radfahrer vor nahem und zu schnellem Kfz-Verkehr fürchten. Jedoch können auch viel harmlosere Gründe vorliegen – Regenwetter, extreme Temperaturen, Topographie sind klassische Beispiele dafür. K.O.-Bedürfnisse sind es wert, dass sich die Radverkehrsförderung auf sie fokussiert. Sie sind die größte Barriere auf dem Weg zu einer echten Fahrradstadt. Stellen Sie sich vor, eine Fahrt mit dem Rad bei regnerischem Wetter ist für eine Person ein K.O.-Kriterium. Allein schon um die eigene Mobilität in jeder Wettersituation sicherstellen zu können, muss immer eine Mobilitätsalternative jenseits des Fahrrades vorgehalten werden. Das kann der Öffentliche Personennahverkehr (ÖPNV) sein, oftmals ist es aber ein eigenes Kfz – mitunter in Form eines Zweitwagens. K.O.-Bedürfnisse laufen deshalb der Reduzierung des Kfz-Bestandes zuwider. Auch wissen wir, dass ein höherer Kfz-Bestand zu einer stärkeren Nutzung der Fahrzeuge führt und Mobilitätsalternativen seltener genutzt werden (z.B. Gribble und Douglas 2014).

Typische Nutzerbedürfnisse

Die Bedürfnisse Radfahrender sind genauso heterogen wie die Menschen selbst, sowie die jeweiligen Situationen denen sie ausgesetzt sind. Bei Befragungen habe ich oft festgestellt, dass es ein zentrales Bedürfnis nach Sicherheit gibt und ansonsten eine unglaubliche Vielfalt an Antworten auftritt. Die Palette reicht von der Frisur, die auf gar keinen Fall zerstört werden darf (weshalb das Fahrrad häufig als Option ausfällt), über den Laptop, den es geschützt vor Witterung und Erschütterungen zu transportieren gilt, bis hin zum Wunsch, Zeit zu sparen. Hinter all dieser Vielfalt sind jedoch auch einige klare Grundbedürfnisse erkennbar, die uns vielversprechende Handlungsfelder für die Radverkehrsförderung vorgeben. Diese sind die Grundlage des *Hygge-Modells* im vorliegenden Handbuch.

Vorab: Ein grundlegendes Bedürfnis ist das nach Mobilität („Von A nach B kommen"). Das Fahrrad dient als Verkehrsmittel, um von einem Start- zu einem Zielpunkt (und wieder zurück oder weiter zu einem Ort C) zu gelangen und dort einer Beschäftigung (z.B. Arbeit, Einkauf, Freizeitgestaltung) nachzugehen. Das Zweirad ist Mittel zum Zweck. Es gibt seinem Nutzer die Möglichkeit, eine weitere Tätigkeit auszuführen. Sie ist der eigentliche Anlass dafür, dass überhaupt ein Mobilitätsbedürfnis entsteht. Begleitende Bedürfnisse beziehen sich auf die Rahmenbedingungen, unter denen Mobilität stattfindet – dem Wunsch nach (gefühlter) Sicherheit, Zeitersparnis und -effizienz, Komfort oder einfache Nutzbarkeit des Fahrrades im Alltag.

Produkte der Radverkehrsförderung

Welche Produkte und Dienstleistungen erbringt die Radverkehrsförderung für ihre Zielgruppen? Es erscheint zunächst einmal logisch, die durchgeführte Maßnahme selbst als Produkt anzusehen: den Radfahrstreifen, den Radweg, die Beschilderung, die Radabstellanlage. Doch ist es tatsächlich das, was der Nutzer „kauft", wenn er sich für das Rad als Verkehrsmittel entscheidet?

Ein besseres Verständnis für die Produkte der Radverkehrsförderung erhalten wir, wenn wir uns ein Beispiel aus einer anderen Branche ansehen. Welches Produkt erwirbt jemand, der sich einen BMW kauft? Ein Auto? Sicher nicht. Wäre die Antwort so einfach, würde er den BMW mit den Modellen anderer Hersteller vergleichen, die ähnliche Ausprägungen hinsichtlich Größe, Ausstattung, Leistung oder anderer Merkmale aufweisen, die ihm wichtig sind. Er würde dabei feststellen, dass es günstigere Autos als den BMW gibt und ein solches wählen. Das ist die klassische Ansicht vom rational denkenden und handelnden Menschen. Trotzdem entscheiden sich viele Fahrzeugkäufer für einen BMW. Der Käufer erwirbt nämlich nicht einfach ein Auto, dessen Zweck als Kraftfahrzeug zunächst einmal „nur" die Beförderung von Personen oder Gegenständen über Entfernungen hinweg ist. Vielmehr kauft er zusätzlich *Freude am Fahren* (Werbe-Slogan von BMW), also einen emotionalen Zusatznutzen, für den er bereit ist einen entsprechenden Mehrpreis zu zahlen. Ein mit dem BMW assoziierter Zusatznutzen ist Prestige, der positive Gefühle beim Eigentümer des Fahrzeugs hervorruft. Ein Fahrzeug dieser Marke trägt also dazu bei, dass sein Fahrer sein Bedürfnis nach sozialer Anerkennung besser erfüllen kann. Mit der Marke werden auch die Werte *Dynamik* und *Sportlichkeit* verbunden, die sich in der Eigen- und Fremdwahrnehmung auch auf den Fahrzeugeigentümer übertragen sollen.

Der Radfahrstreifen ist deshalb genauso wenig ein Produkt der Radverkehrsförderung, wie es im aufgeführten Beispiel aus der Automobilindustrie das Auto ist. Um die tatsächlichen Produkte zu identifizieren, hilft ein Blick auf die Nutzerbedürfnisse. Ein Bürgermeister erzählte mir bei einem meiner Vorträge, die Schweißbildung, durch die körperliche Betätigung, sei seiner Erfahrung nach das größte Hemmnis für den Ausbau des Radverkehrs. In der Tat zählt dieser Aspekt zu den wichtigsten Einflussfaktoren für die Mobilitätsentscheidung. Weshalb genau Menschen diesen Zustand vermeiden möchten, kann unterschiedlich sein: Feuchte Kleidung, getrockneter Schweiß auf der Haut, die damit verbundenen Gerüche oder die Notwendigkeit duschen und sich umziehen zu müssen, sind für die Person selbst unangenehm oder lästig. In bestimmten Situationen kann der eigentliche Grund auch bei anderen Personen liegen, beispielweise bei einer geschäftlichen Zusammenkunft, bei der ein gepflegtes Auftreten erwartet wird. Hier spielen sozialen Normen eine Rolle, bei der implizite oder vermutete Erwartungen anderer das eigene Verhalten beeinflussen.

All die genannten Gründe, weshalb Menschen Schweiß vermeiden möchten, lassen sich auf einen Punkt zurückführen: Schweiß bedeutet eine Einschränkung beim Komfort. Feuchte Kleidung schränkt den empfunden Komfort der betroffenen Person ein oder führt zur Notwendigkeit duschen zu müssen (umständlich, „Zeitfresser"). Das eigentliche Bedürfnis – und damit auch das Produkt der Radverkehrsförderung – ist deshalb in diesem Fall der Komfort. Radverkehrsförderung, die diese Zielgruppe auf das Rad bringen möchte, muss Radfahren so komfortabel wie möglich machen. Sie muss Maßnahmen ergreifen, die Schwitzen bestmöglich verhindern.

Aus diesem Verständnis heraus, dass das Produkt der Radverkehrsförderung in diesem Beispiel die Steigerung des Komforts ist, lassen sich konkrete Handlungsfelder und Maßnahmen ableiten. Dies können sein:

- **Konstantes Fahren:** Besonders viel Muskelkraft muss aufgewendet werden, um ein Rad aus dem Stillstand oder niedrigen Geschwindigkeiten zu beschleunigen. Die Folge: eine stärkere Schweißproduktion. Zielführend sind deshalb alle Maßnahmen, die es Radfahrern ermöglichen, mit möglichst konstanter Geschwindigkeit energiesparend unterwegs zu sein: ein durchgehendes Radverkehrsnetz, grüne Welle für den Radverkehr, vorgelagerte Anforderungstaster vor Lichtsignalanlagen, Vorfahrtsregelungen, Counter und Restzeitanzeigen an Lichtsignalanlagen, Überholmöglichkeiten für den Radverkehr.

- **Geringer Rollwiderstand:** Auch die Kraft, die ein Radfahrer für eine bestimmte Fahrgeschwindigkeit aufbringen muss, entscheidet über das Maß seiner Schweißbildung. Neben personen- (Fitness, Körpergewicht) und fahrradbezogenen (Reifen, Gewicht) Faktoren ist dabei auch die Beschaffenheit der Radinfrastruktur entscheidend. Maßnahmen zur Verbesserung des Komforts können sein: eine Oberfläche mit geringem Rollwiderstand, eine ebene Oberfläche ohne schadhafte Stellen, eingelassene Kanaldeckel oder Kanten (z.B. unter standardisierter Nutzung von Nullabsenkungen ohne Materialkante), so dass mit konstanter Geschwindigkeit gefahren werden kann.
- **Topographie:** Fahrten bergab sind toll. Blöderweise gibt es eine einfache Bauernregel, die so mancher Radler bestätigen kann: „Wo Abfahrten sind, da ist der nächste Anstieg nicht weit." Ohne Elektroantrieb sorgen schon kleine Erhebungen dafür, dass der Körper zusätzliche Wärme abgibt, um damit die Körpertemperatur zu regulieren. Radverkehr sollte deshalb möglichst in flachem Gelände geführt werden. Auch bei bestehender Topographie gibt es Möglichkeiten, Anstiege zu minimieren, z.B. durch Ausweisung von Umfahrungsstrecken oder Alternativrouten, plangleiche Querungen für den Radverkehr oder Nivellieren von Radwegen bei Neubauten.
- **Kurze, direkte Wegeverbindungen:** Die Länge einer Wegstrecke hat erheblichen Einfluss darauf, ob und wie stark ein Radfahrer ins Schwitzen gerät. Als Schwellenwert gilt eine Entfernung von 7 Kilometern. Ab dieser Streckenlänge steigt die Zahl der Radfahrer deutlich an, die sich am Zielort duschen und umkleiden möchte. Situative oder örtliche Einflussfaktoren wie Wetter (Hitze), Topographie oder häufige Stopps können dazu führen, dass auch bereits bei deutlich kürzeren Strecken der Punkt erreicht wird, an dem eine Einschränkung des Komforts entsteht. Die Bereitstellung von kurzen und möglichst direkten Wegeverbindungen ist auch deshalb ein wichtiges Ziel der Radverkehrsförderung.
- **Pedelectaugliche Radinfrastruktur:** Die Unterstützung durch einen Elektroantrieb (Pedelec, S-Pedelec) erleichtert es Radfahrern auch bei längeren Strecken, heißen Temperaturen oder Höhenunterschieden (Anstiege), die Schweißbildung auf ein für sie erträgliches Maß zu verringern. Fahrräder mit Elektromotor stellen jedoch teils andere Anforderungen an die Infrastruktur. Unterstützende Maßnahmen durch Kommunen sollten daher sein: Bereitstellung hochwertiger Abstellanlagen

an Quell- und Zielorten (z.B. durch Regelungen in der kommunalen Stellplatzsatzung, Initiierung von betrieblichen Mobilitätsmanagement-Prozessen bei örtlichen Unternehmen, Errichtung von Radabstellanlagen im eigenen Verantwortungsbereich), Ladestationen, Radinfrastruktur für Geschwindigkeiten von 25 km/h und Überholmöglichkeiten.

- **Dusch- und Umkleidemöglichkeiten am Zielort:** Ein Gespräch mit einem Triathlet ist mir in besonderer Erinnerung geblieben. Der junge Mann pendelte täglich 20 km (einfache Strecke) zwischen Wohnung und Arbeitsstätte – mit dem Auto. Für seine Wettkämpfe trainierte er nach der Arbeit und an Wochenenden. Warum er denn nicht den Arbeitsweg zum Anlass nähme mit dem Rad zu fahren. „Das würde ich gerne, aber im Büro fehlt mir eine Möglichkeit, mich umzuziehen und zu duschen. Ich muss aber im Anzug erscheinen." Umkleiden, Duschen und die Möglichkeit, frische sowie benutzte Kleidung aufzuhängen bzw. aufzubewahren, sind ein wichtiges Element der Radverkehrsförderung für alle Personen, die mehr als 7 km entfernt wohnen.
- **Verknüpfung mit dem ÖPNV:** Durch eine Kombination von ÖPNV und Fahrrad können attraktive Alternativen zum Auto etabliert werden. Kommunale Handlungsmöglichkeiten sind z.B. qualitativ hochwertige (ggf. bewachte) Radabstellanlagen an den Schnittstellen sowie an weiteren Quell- und Zielorten, Möglichkeiten zur Fahrradmitnahme in Bus und Bahn oder attraktive Fahrradverleihsysteme.

Die Auflistung zeigt beispielhaft Optionen der Radverkehrsförderung, um den Komfort von (potenziellen) Radfahrern zu erhöhen. Erfolgreiche Fahrradstädte zeichnen sich dadurch aus, dass sie durch Befragungen und Verhaltensbeobachtungen stets die Bedürfnisse und Anforderungen der Zielgruppe kennen und danach streben, Radfahren für sie noch attraktiver und annehmbarer zu machen. Irgendwo gibt es immer Barrieren oder Probleme, die einem weiteren Ausbau des Radverkehrs im Wege stehen. Auch tun sich, beispielsweise durch technischen Fortschritt, gesellschaftlichen Wandel oder neue Förderprogramme, immer wieder neue Lösungswege auf. Ein Wasch- und Bügelservice, der die Hemden von Geschäftsleuten direkt an den Arbeitsplatz bringt, kann eine Barriere für Fahrradpendler abbauen. Wem die Dusche im Betrieb fehlt, setzt auf eine *One-way-Mitfahrgelegenheit* – morgens lässt er sich ins Büro mitnehmen, abends geht es mit dem Zweirad nach Hause.

Radverkehrsförderung ist ein stetiger Verbesserungsprozess des Status Quo.

Weitere Produkte der Radverkehrsförderung sind beispielsweise das persönliche Sicherheitsempfinden, Zeiteffizienz, das Pflegen sozialer Kontakte oder Flexibilität und Unabhängigkeit. Die wesentlichen Bedürfnisse und Produkte werden in diesem Handbuch anhand der drei Kernaufgaben der Radverkehrsförderung ausführlich beschrieben.

Die 4 Nutzertypen im Radverkehr

Mit der Beschreibung von Zielgruppen, ihrer Bedürfnisse sowie dem Verständnis für die Produkte der Radverkehrsförderung, haben wir die Grundlage gelegt, um die klassischen Nutzertypen im Radverkehr zu betrachten. Mit der Zusammenfassung der Zielgruppen zu vier Nutzertypen erhalten Planer und Entscheider ein System an die Hand, mit dem sie zielgerichtet Maßnahmen der Radverkehrsförderung planen und umsetzen können.

Die Klassifizierung von Radfahrenden in Nutzertypen ist noch relativ neu. In der Praxis wurden Nutzer als *Kröten* oder *Hasen* bezeichnet – je nachdem, ob sie eher langsam und geschützt im Seitenraum oder lieber auf der Fahrbahn unterwegs waren. Erste wissenschaftliche Ansätze nutzten ein ABC-Schema, das Radfahrer nach ihren Fahrfähigkeiten in die drei Klassen einordnet (Mekuria et al. 2012):

- Klasse A: Radfahrer mit sehr guten Fähigkeiten, die sich auch auf Hauptverkehrsstraßen gut im Mischverkehr mit Kfz bewegen können.
- Klasse B: Erwachsene Radfahrer mit durchschnittlichen Fähigkeiten, die bei höheren Kfz-Geschwindigkeiten oder Schwerlastverkehr eine Separierung vom Kfz-Verkehr erforderlich machen.
- Klasse C: Kinder und Radfahrende mit geringeren Fähigkeiten im Umgang mit dem Kfz-Verkehr als solche der Klasse B.

Nach der Logik dieser Klassifizierung müsste sich die Radverkehrsförderung vor allem darauf konzentrieren, Radfahrer durch Qualifizierungsmaßnahmen in die jeweils höhere Klasse „zu heben". Mit Schulungen könnten demnach die Fähigkeiten, Rad zu fahren und sich mit dem Kfz-Verkehr zu arrangieren, ausgebaut werden. Radfahrer der Klasse B könnten sich in die Klasse A „hocharbeiten“ und so auch ohne Radinfrastruktur unterwegs sein. Auch in der gegenwärtigen Planungsliteratur werden Gruppen von Radfahrenden beschrieben, die sich an objektivierbaren Merkmalen orientieren. Im Bereich des Alltagsradverkehrs wird anhand demografischer Faktoren zwischen Kindern und Jugendlichen, Erwachsenen und älteren Menschen differenziert. Dem Freizeitradverkehr werden mit Freizeitradlern, Radtouristen und sportlichen Radfahrern ebenfalls drei Personengruppen zugeordnet. Diese Denkweise ist zunächst einmal vorteilhaft, weil sie eine objektive Einteilung und Abgrenzung ermöglicht sowie leicht vorgenommen werden kann. Sie ignoriert dabei jedoch komplett die psychologischen Prozesse, die in einem Menschen ablaufen und das menschliche Verhalten steuern. Es ist offensichtlich, dass beispielsweise die Gruppe *Erwachsene* im Alltagsradverkehr eine in sich sehr inhomogene Gruppe mit ganz unterschiedlichen Bedürfnissen und Anforderungen an die Radverkehrsförderung ist.

Neuere Ansätze zielen deshalb genau hierauf ab: Nicht die Fähigkeiten oder soziodemografischen Merkmale der Radfahrer, sondern ihr Stressempfinden im Straßenverkehr ist ausschlaggebend, um sie einer Nutzergruppe zuzuordnen und hieraus zielführende Maßnahmen abzuleiten. Stress wird als Barriere für den Radverkehr erkannt. Die Beurteilung der Radinfrastruktur erfolgt also danach, welchen Stress sie bei den Nutzern auslöst. Als wegweisend gilt hier eine Einordnung von Roger Geller, der sich als Radverkehrsbeauftragter in Portland intensiv mit der Frage beschäftigt hat, wie der Radverkehrsanteil ausgebaut werden kann (Geller 2009). Seine zentrale Erkenntnis:

Radfahren darf keinen Mut erfordern!

Immer wieder werde die Angst vor dem Kfz-Verkehr (Stressor) als der Hauptgrund genannt, weshalb Menschen auf das Fahrrad verzichten. Nicht die Gefahr durch andere Radfahrer, Fußgänger oder durch einen Eigenunfall verletzt zu werden, halte vom Fahrrad ab – sondern die Furcht vor fahrenden Autos. Noch viel zu häufig würden sowohl Radfahrer, als auch Nicht-Radfahrer, der Aussage zustimmen: Radfahren erfordert Mut! Genau das unterscheide herkömmliche Städte von echten Fahrradstädten in Dänemark oder der Niederlande.

Zielgruppen der Radverkehrsförderung sind nach ihrem Stressempfinden zu unterscheiden.

Die etwas hemdsärmelige Grundlagenarbeit von Roger Geller wurde in zwei wegweisenden Studien zwischenzeitlich wissenschaftlich bestätigt (Dill und McNeil 2012, Dill und McNeil 2016) und deckt sich mit meinen eigenen Erhebungen im Zuge der durchgeführten Befragungen in Deutschland. Aufbauend auf dem aktuellen Erkenntnisstand der Forschung beschreibe ich die Nutzertypen mit ihren Bedürfnissen, ihren besonderen Anforderungen an die Infrastruktur und ihrem jeweiligen Potenzial. Wir können vier klassische Nutzertypen identifizieren: der *Furchtlose*, der *Gewohnheitsfahrer*, der *Interessierte* und der *Nicht-Fahrer*. Die Zusammenfassung von (potenziellen) Radfahrern in vier Gruppen dient dabei der Systematisierung und ermöglicht es, zielgerichtete Maßnahmen der Radverkehrsförderung abzuleiten. Selbstverständlich gibt es auch Pedalritter, die sich keiner Gruppe exakt zuordnen lassen, sondern Merkmale unterschiedlicher Nutzertypen aufweisen. Auch ist die Einordnung der Radfahrenden in eine Gruppe eine große Herausforderung. Die Zuordnung erfolgt auf Grundlage von Befragungen: Die Teilnehmer der Studie beantworten die Frage, wie sicher oder unsicher sie sich in bestimmten Verkehrssituationen mit und ohne Radverkehrsinfrastruktur fühlen. Dabei werden ihnen Bilder mit unterschiedlichen Netzelementen gezeigt, z.B. eine Hauptverkehrsstraße (1) ohne Radverkehrsanlage, (2) mit Radfahrstreifen und (3) mit einem separierten Radweg. Auf Grundlage der Antworten werden die Befragten einem Stress-Level (LTS) und damit einem der vier Nutzertypen zugeordnet.

Es gibt vier Nutzertypen (Zielgruppen) im Radverkehr: Furchtlose, Gewohnheitsfahrer, Interessierte und Nicht-Fahrer.

Der Furchtlose *(sicher und souverän)*

Diese Radfahrer bilden die mit Abstand kleinste Gruppe. Je nach Studie können den Furchtlosen bis zu 4 Prozent der Bevölkerung zugerechnet werden, realistischer erscheinen jedoch eher 2 Prozent. In jedem Fall handelt es sich bei den *Furchtlosen* um eine sehr kleine Randzielgruppe. Sie sind aktive Radfahrer, verfügen über eine ausgezeichnete Beherrschung ihres Gefährts und fühlen sich in jeder Verkehrssituation sicher. Radfahren im Mischverkehr ist für sie auch auf Hauptverkehrsstraßen mit einem hohen und schnellen Anteil des Kfz-Verkehrs absolut akzeptabel und oft auch explizit gewünscht. Sie bevorzugen tendenziell den Mischverkehr, der ihnen in der Regel eine höhere Fahr- und Durchschnittsgeschwindigkeit ermöglicht, als eine (in der Realität häufig schlechte) Radinfrastruktur. Deshalb ist für sie auch die Führung des Radverkehrs gemeinsam mit dem Fußverkehr eine subjektiv schlechte Lösung. Der typische furchtlose Radler ist männlich, jung und fährt sehr oft (täglich) mit dem Fahrrad.

Maßnahmen der Radverkehrsförderung für diesen Typ sind relativ einfach, da er wenig eigene Infrastruktur benötigt. Mit zeitgemäßen Abstellanlagen, Umkleide- und Duschmöglichkeiten am Arbeitsplatz, Aufhebung der Radwegebenutzungspflicht, Schutz vor *Dooring* oder das Freihalten von Radfahrstreifen von stehenden Kfz, können Kommunen für die Furchtlosen einiges tun. Derartige kommunale Maßnahmen wirken sich jedoch weniger auf die Anzahl der Fahrten aus, sondern befördern vielmehr die Einhaltung von Verkehrsregeln und das geordnete Abstellen der Drahtesel.

Die 4 Typen: Der große Anteil der Bevölkerung – etwa 60 Prozent – sind interessiert am Radfahren, aber besorgt um ihre Sicherheit. Hier liegt das Potential, um das Mobilitätsverhalten in einer Kommune spürbar zu verändern. Von links nach rechts sind dargestellt: die Furchtlosen (sportiv), die Gewohnheitsfahrer (überzeugt), die Interessierten (besorgt) und die Nicht-Fahrer (verweigert).

Der Gewohnheitsfahrer *(selbstbewusst, aber besorgt wegen Sicherheit)*

Zu den Radfahrenden dieser Kategorie zählen gleichermaßen Männer und Frauen – und zwar aller Altersklassen und in allen Lebenssituationen. Sie nutzen das Fahrrad beispielsweise für Alltagsfahrten im Quartier, bei geeigneter Distanz und Strecke auch auf dem Weg zur Arbeit sowie vorzugsweise tagsüber und bei gutem Wetter. Auch sie bevorzugen zügige Verbindungen von A nach B, wenngleich sie im Vergleich zum typischen furchtlosen Radfahrer bereits ein ungleich höheres Sicherheitsbedürfnis haben.

Dies betrifft insbesondere komplexe Verkehrssituationen (z.B. Kreuzungen, Mischverkehr mit Schwerlastverkehr, Bussen oder Straßenbahnen). Sie benötigen Sicherheitsräume, mindestens durch ausreichend breite und wahrnehmbare Radfahrstreifen, sofern die tatsächliche Geschwindigkeit des motorisierten Verkehrs max. 50 km/h beträgt. Eher angenommen werden verkehrsarme Straßen mit niedriger Fahrgeschwindigkeit (max. 30 km/h) sowie ausreichend dimensionierte Radwege. Besonders hohe Anforderungen an die Sicherheit haben Gewohnheitsfahrer, wenn sie mit Kindern unterwegs sind – wie übrigens auch die Furchtlosen. Zur Gruppe der Gewohnheitsfahrer gehören ca. 5 Prozent der Menschen.

In einem meiner Seminare über die psychologischen Aspekte der Radverkehrsplanung erzählte mir ein Teilnehmer, Radverkehrsbeauftragter einer mittelgroßen Stadt in Deutschland: Er werde oft von Menschen angesprochen, weil sie sich mehr Radwege wünschten. Auf der Straße fühlten sie sich mit dem Fahrrad gefährdet, weil die Autos zu nah und zu schnell überholten. Der (männliche) Radverkehrsbeauftragte berichtete von einem Tipp, den er diesen Menschen gebe. Sie sollten mit dem Rad weiter in der Fahrbahnmitte fahren, so dass die Autofahrer nur überholen könnten, wenn die Gegenfahrbahn frei sei. Die Angst sei im Kopf und sie müssten sich davon lösen, erklärte er ihnen. Auf Nachfrage bestätigte mir der Teilnehmer, dass er täglich auf dem Fahrrad sitze, sich auch im Mischverkehr sicher fühle und selbstverständlich selbst auch regelmäßig großen Abstand zum Randstein halte. „Das ist eine Frage der Gewohnheit, man muss es einfach machen“, erzählte er sinngemäß. Offensichtlich gehörte unser Radverkehrsbeauftragte in die Kategorie der Furchtlosen. Sein (mentales) Kreuz war breit genug, um sich den Autofahrern „in den Weg zu stellen“ und auch den mentalen Druck auszuhalten, wenn sich die Autos hinter ihm stauen (*Kolonnendruck*).

Damit gehört er jedoch eindeutig zu einer Minderheit. Die anderen 98 Prozent der Bevölkerung fühlen sich in dieser Situation deutlich unwohl oder gehen ihr gleich aus dem Weg – beispielsweise indem sie auf dem Gehweg radeln, einen Umweg fahren oder gleich ein anderes Verkehrsmittel wählen. Auch unsere Gewohnheitsfahrer können hier schon dazu gezählt werden.

Der Nicht-Fahrer *(wollen nicht, können nicht)*

Jeder kennt Mitmenschen, die nie oder nur im Einzelfall mit einem Drahtesel fahren. Rund ein Drittel der Bevölkerung kann der Gruppe der Nichtnutzer zugerechnet werden. Sie fahren in der Regel gar nicht Fahrrad und wenn doch, fühlen sie sich sehr unsicher. Meistens steigen sie in der Stadt gar nicht auf, sondern nur bei touristischen Fahrten im Grünen. Die Gründe für die fehlende Fahrpraxis können ganz unterschiedlich sein: sie wollen nicht, sie haben kein Fahrrad, sie haben nie Rad fahren gelernt, sie dürfen nicht (z.B. Kinder), sie können nicht mehr (z.B. Alter, Krankheit), sie sind ohne Rad aufgewachsen (z.B. Migranten), ihre Transportbedürfnisse sind mit dem Rad nicht vereinbar oder die zurückzulegende Distanz ist zu weit.

Ein getrenntes Radverkehrsnetz ist für diese Nutzergruppe eine elementare Voraussetzung, wenngleich sich manche der Nicht-Fahrer auch dort noch unsicher fühlen – z.B. durch die Interaktion mit Fußgängern und anderen Radfahrenden oder weil sie per se eine sehr schlechte Kontrolle über ihr Gefährt haben und anfällig für Alleinunfälle sind. Maßgeschneiderte Trainingskurse für Kinder, Migranten, Ältere, Fahren mit Kindern oder E-Bike-Fahrer können helfen, die Fahrpraxis zu verbessern. Das Nutzerverhalten zu verändern gleicht einer Sisyphos-Arbeit und ist eher selten von Erfolg gekrönt. Für diese Zielgruppe ist das eigene Auto oft die einzige annehmbare Option.

Der Interessierte *(interessiert, aber besorgt)*

Wer mitgerechnet hat wird feststellen: Etwa 40 Prozent der Bevölkerung können einer der drei bisher genannten Gruppen zugerechnet werden. Das heißt aber auch: 60 Prozent bleiben noch übrig. Damit sind wir bei der Bevölkerungsgruppe mit dem größten Potenzial zur Steigerung des Radverkehrsanteils: den *Interessierten*. Bei ihnen ist eine Verhaltensänderung am wahrscheinlichsten, schließlich schwingen sich *Furchtlose* und *Gewohnheitsfahrer* bereits regelmäßig in den Sattel, während die *Nicht-Fahrer* besonders schwer zu aktivieren sind. Die *Interessierten* brauchen für eine Verhaltensänderung geeignete Rahmenbedingungen: vor allem eine flächendeckende und durchgängige Radinfrastruktur mit baulicher Trennung vom Kfz-Verkehr (z.B. Dill und McNeil 2016).

Das Fahrrad ist bei dieser Nutzergruppe bisher kein Bestandteil der Alltagsmobilität. Sie stehen dem Rad jedoch aufgeschlossen gegenüber, haben häufig positive Erinnerungen an das Fahrrad aus ihren Kinder- und Jugendtagen und benötigen eine Initialzündung von außen, um das Rad zukünftig auch im Alltag zu nutzen. Menschen, die dem Nutzertyp Interessierte zugeordnet werden können, fahren weniger gerne Fahrrad als andere Gruppen (Dill und McNeil 2016) und sind auf dem Drahtesel weniger souverän.

Ihre Geschwindigkeit orientiert sich mehr an der von Gehenden als der von Autos, weshalb sie manchmal auch als *Fußgänger auf zwei Rädern* bezeichnet werden. Mit zunehmender Fahrpraxis werden aber auch sie souveräner und sind zügiger unterwegs. Um Interessierte zu aktivieren, sind drei Schlüsselfaktoren elementar: (1) eine stressarme Infrastruktur (Strecken und Knotenpunkte) und ein durchgängiges Netz für den Radverkehr, (2) eine Minimierung von Distanzen durch kurze, direkte Wege und (3) eine kompakte Stadtplanung.

Zu diesem Nutzertyp gehören Menschen aller sozio-demografischen Gruppen, wenngleich Frauen und nicht (mehr) berufstätige Menschen überproportional vertreten sind. Auch (potenzielle) Wiedereinsteiger gehören dazu. Interessierte haben spezielle Bedürfnisse im Hinblick auf die Radverkehrsinfrastruktur sowie Informations- und Serviceangebote. Mischverkehr wird als unsicher empfunden, eine baulich getrennte Radinfrastruktur ist für diese Nutzergruppe elementar. Verkehrsarme Straßen und Wege können eine Alternative sein.

Zielgruppenspezifische Maßnahmen sind: baulich getrenntes Radverkehrsnetz, Kreuzungsdesign nach dem niederländischen Standard, zu Hause sichere Radabstellanlagen mit einem schnellen und einfachen Zugriff auf das Rad, intuitive und flächendeckende Wegführung und -weisung, kurze Wegeverbindungen, komfortable Radverkehrsnetze, Informations- und Beratungsangebote zu allen Fragen rund um das Fahrrad und Radfahren (z.B. Kaufberatung, Kleidung, Verhalten im Verkehr, Fahrsicherheitstrainings), Mobilitätsmanagement, dichtes Servicenetz (Wartung und Reparaturen), öffentliche Fahrradverleihsysteme für den Wiedereinstieg.

Die Klassifizierung der vier Nutzertypen im Radverkehr und ihre Anteile an der Gesamtbevölkerung

	Furchtlose	Gewohnheitsfahrer	Interessierte	Nicht-Fahrer
Bevölkerungsanteil (Potenzial)	2%	5%	60%	33%
Stress-Toleranz (LTS Stress-Level)	hoch (LTS 4)	mittel (LTS 3)	gering (LTS 2)	sehr gering (LTS 1)
Subjektives Sicherheitsbedürfnis	gering	mittel	hoch	sehr hoch
Typische Personen mit diesem LTS-Level	Hartgesottene Vielfahrer (oft männlich)	Personen, die tagsüber und bei trockenem Wetter Kurzstrecken im Alltag zurücklegen	Großteil der Erwachsenen	Kinder, Senioren, Unerfahrene
Besondere Bedürfnisse	• Schnelles Vorankommen ("freie Fahrt") • Abstand zum Fußverkehr	• Sicherheitsräume zum KFZ-Verkehr • Zügige Wegeverbindungen • Führung in komplexen Situationen	• Stressarme Radinfrastruktur • durchgängiges Radverkehrsnetz • kurze Distanzen • Abstand zum KFZ-Verkehr • bauliche Trennung auf der Strecke und insbesondere in Knoten • schneller und einfacher Zugriff auf das Fahrrad	• Wege mit wenig Konfliktpotenzial (KFZ-Verkehr, Fußgänger, andere Radfahrer)
Beispielmaßnahmen	• Aufhebung der Radwegebenutzungspflicht • Grüne Welle für Radfahrer • Hochwertige Radabstellanlagen • Sicherheit gegen Dooring • Freihalten von Radfahrstreifen • Umkleide- und Duschmöglichkeiten	• Radfahrstreifen • Maßnahmen zur Reduzierung der KFZ-Geschwindigkeiten im Mischverkehr • Beschilderung des Radverkehrsnetzes • Hauptroutennetz • Radschnellwege • Fahrradschleusen • Direktes Linksabbiegen	• baulich getrennte Radverkehrsführung • Kreuzungsdesign nach CROW-Standard • indirektes Linksabbiegen • Netz an hochwertigen Radabstellanlagen • Haupt- und Nebenroutennetze • Radschnellwege • Intuitive Verkehrsführung • Auffällig gestaltete Netzelemente • Geschwindigkeitsreduzierende Maßnahmen für den KFZ-Verkehr • Schneller, einfacher Zugriff auf das Rad	• Fahrsicherheitskurse • Verkehrsberuhigte Bereiche • Netze für Fuß- und Radverkehr innerhalb von Quartieren • Breite, komfortable Wege • Durchfahrtsbeschränkungen für KFZ

Tab. 4-1: Anteile, Merkmale und Bedürfnisse der vier Nutzertypen mit Beispielmaßnahmen

Die Nutzertypen und das Potenzial des Radverkehrs

Die wissenschaftlichen Studien zu den vier Nutzertypen unter den Radfahrenden bestätigen die Realität in europäischen Fahrradstädten. Im Radverkehr schlummert ein gewaltiges Potenzial zur Reduzierung des Kfz-Verkehrs – mit all seinen positiven Auswirkungen für die Lebensqualität und Gesundheit der Einwohner. Aus diesen Datenquellen lässt sich als Regel ableiten, dass bis zu zwei Drittel der Bevölkerung (inklusive einiger Nicht-Fahrer) für den Alltagsradverkehr gewonnen werden können. Entscheidend ist, dass Kommunen die richtigen Zielgruppen adressieren sowie Maßnahmen identifizieren und realisieren, welche die Bedürfnisse der Zielgruppen bestmöglich erfüllen. Mit einem Anteil von 2 Prozent können das weder die *Furchtlosen* sein, noch macht es Sinn, sich mit der Gruppe der *Nicht-Fahrer* auf die schwierigen und hoffnungslosen Fälle zu konzentrieren.

Bis zu zwei Drittel der Menschen können mit der richtigen Radverkehrsförderung aktiviert werden!

Die Kernzielgruppe der Radverkehrsförderung sind die Personen, die zu den Interessierten zählen. Einerseits, weil sie mit 60 Prozent die mit Abstand größte Gruppe sind, andererseits weil von ihnen nur ein kleiner Teil das Fahrrad hin und wieder auch im Alltag nutzt. Beides macht sie zu dem Personenkreis, mit dem der Radverkehrsanteil entweder auf vergleichsweise niedrigem Niveau stagniert oder aber signifikant ansteigt. Die *Gewohnheitsfahrer* sind ebenfalls als Bestandteil der Kernzielgruppe definiert, weil sie zwar bereits regelmäßig das Fahrrad nutzen und auch eine hohe Affinität zu diesem Verkehrsmittel haben, ihre Bedürfnisse und Anforderungen jedoch weiterhin angemessen berücksichtigt werden sollten.

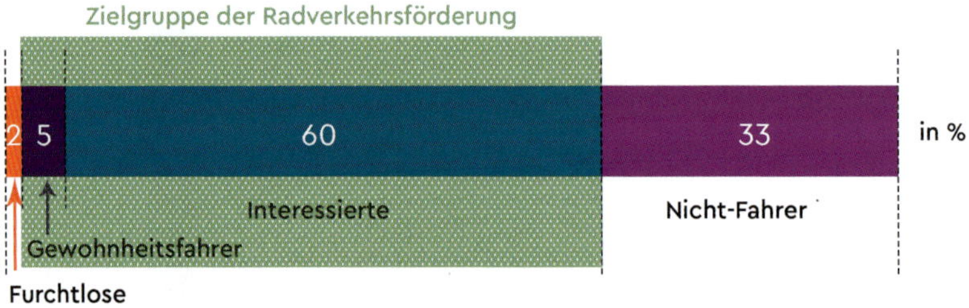

Die Kernzielgruppe der Radverkehrsförderung sind die Gewohnheitsfahrer und die Interessierten. Sie bilden zusammen zwei Drittel der Bevölkerung und verfügen damit gemeinsam über ein erhebliches Potenzial.

Viele Kommunen, darunter auch kleinere und mittlere Städte und Gemeinden, erreichen bereits heute einen Radverkehrsanteil von 10 Prozent und mehr. Ich werde deshalb hin und wieder gefragt, inwiefern diese Realität im Einklang mit den genannten prozentualen Anteilen der Nutzertypen steht. Immerhin machen die *Furchtlosen* und die *Gewohnheitsfahrer* zusammen nur 7 Prozent aus. Grundsätzlich sind die aufgeführten Anteile als Richtwerte anzusehen, die realistisch sind, jedoch einigen Limitationen unterliegen. Zum einen ist eine trennscharfe Einordnung von Personen in die einzelnen Gruppen schwierig und vom Untersuchungsdesign abhängig. Zum anderen schwanken die Anteile in Abhängigkeit der örtlichen Gegebenheiten und im Zeitablauf. Es ist durchaus denkbar, dass Personen aus dem Nutzerkreis *Interessierte* in die Gruppe der Gewohnheitsfahrer „rutschen". Ein Wechsel vollzieht sich ausschließlich, wenn sich das Stressempfinden (Stress-Toleranz) einer Person verändert. Beispielsweise ist es denkbar, dass sich einzelne Personen, die häufiger Fahrrad fahren als zuvor, durch die Fahrpraxis sicherer fühlen und nun auch Netzelemente akzeptieren, die für sie vorher tabu waren oder die sie nur mit großem Widerwillen genutzt haben. Solche Veränderungen sind jedoch eher die Ausnahme. Bei den meisten Menschen nimmt zwar mit zunehmender Fahrpraxis auch das Fahrkönnen zu, ihre Sicherheitsbedürfnisse bleiben aber im Wesentlichen gleich. Wer sich bei zu großer Nähe und Geschwindigkeit von Kfz unwohl fühlt, behält diese Empfindungen auch mit steigender Fahrpraxis bei. Radverkehrsanteile von 10 Prozent und mehr deuten demnach darauf hin, dass es dieser Kommune gelungen ist, zumindest einen kleinen Teil der *Interessierten* für die ein oder andere Alltagsfahrt zu gewinnen. Ein tieferer Blick offenbart meistens, dass auch bei diesen Personen noch viel zu holen ist, weil das Fahrrad noch längst kein hinreichender Bestandteil ihrer Alltagsmobilität ist. Sie nutzen das Fahrrad regelmäßig, aber punktuell und situationsbezogen. Regnet es, bleibt das Rad in der Garage. Ist es zu heiß oder muss etwas mehr eingekauft werden, ist doch das Auto mit der Klimaanlage und dem großen Kofferraum das Mittel der Wahl.

Nutzerorientierte Infrastrukturmaßnahmen

Wir haben gesehen, dass die einzelnen Nutzertypen sehr unterschiedliche Anforderungen an die Radinfrastruktur stellen. Maßnahmen, die für *Gewohnheitsfahrer* völlig ausreichen, stellen für *Interessierte* möglicherweise bereits eine mentale Barriere dar. Die jeweiligen Anforderungen an die bebaute Umwelt leiten sich aus der individuellen Stress-Toleranz einer Person ab. Menschen mit einer niedrigen Stress-Toleranz empfinden eher, und in stärkerem Ausmaß Stress, als Personen mit einer hohen Stress-Toleranz. Sie benötigen höhere Standards, um sich sicher zu fühlen und das Fahrrad als Alternative anzunehmen. Oberste Priorität haben für sie eine physische Trennung vom Kfz-Verkehr sowie geschwindigkeitsreduzierende Maßnahmen auf Streckenabschnitten und in Knotenpunkten.

Um die Stress-Toleranz in der Planungspraxis berücksichtigen zu können, ist eine weitere Systematisierung notwendig. Mekuria et al. (2012) haben ein wegweisendes Konzept entwickelt, mit dem jedem Nutzertyp ein Stress-Level (engl. *Levels of traffic stress*, kurz: LTS) zugewiesen wird. Die Stress-Level sind folglich in vier Stufen eingeteilt, die als LTS 1 bis LTS 4 bezeichnet werden. Eine niedrige Stress-Toleranz bedeutet, dass eine Person ein hohes Bedürfnis nach subjektiver Sicherheit hat. Aufbauend hierauf können für jede Nutzergruppe geeignete Infrastrukturmaßnahmen identifiziert werden, die ihrem jeweiligen Stressempfinden gerecht werden.

LTS 1 beschreibt dabei eine Radinfrastruktur, die so wenig Stress auslöst, dass sie nahezu für alle (potenziellen) Radfahrer, darunter Kinder, annehmbar und attraktiv ist – selbst potenziell für die Gruppe der **Nicht-Fahrer**. Anwendungsbereich: Zielgruppen mit sehr geringer Stress-Toleranz.

Eine **LTS 2**-Radinfrastruktur verursacht wenig Stress und ist für die meisten erwachsenen Radfahrer gut geeignet. LTS 2 entspricht dem hohen niederländischen Standard für Radverkehrsanlagen. Mit LTS 2 kann der Nutzertyp **Der Interessierte** erreicht werden. Anwendungsbereich: Zielgruppen mit geringer Stress-Toleranz.

Radinfrastruktur mit **LTS 3** bedeutet für die Nutzer mehr Stress als LTS 2, beispielsweise durch ungeschützte Radfahrstreifen oder Schutzstreifen. Mit LTS 3 werden **Gelegenheitsfahrer** angesprochen. Anwendungsbereich: Zielgruppen mit mittlerer Stress-Toleranz.

LTS 4 fasst alle Stress-Level zusammen, die LTS 3 überschreiten – in der Regel Führungen im Mischverkehr. Sie sind bestenfalls für den Nutzertyp **Der Furchtlose** noch annehmbar. Anwendungsbereich: Zielgruppen mit hoher bis sehr hoher Stress-Toleranz.

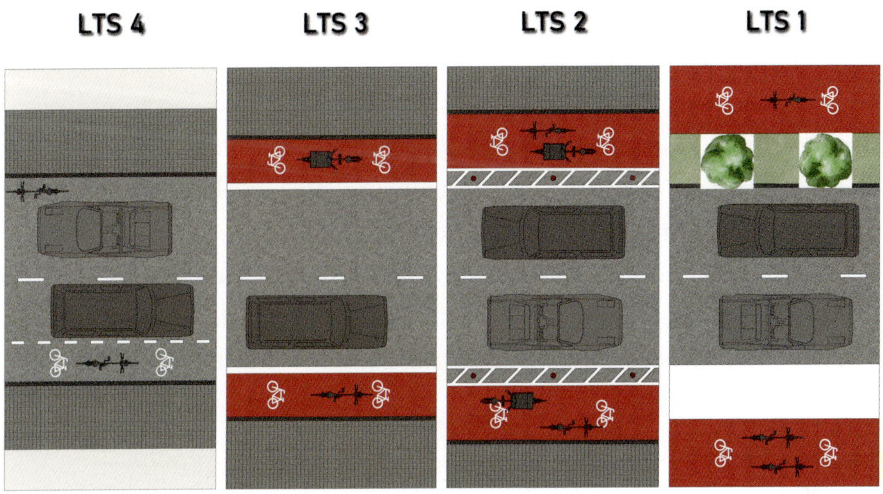

Typische Führungsformen des Radverkehrs und zugehörige LTS-Einstufung

Die unterschiedlichen Anforderungen der vier Nutzertypen können zu einer Herausforderung für die Planung werden, weil Handlungsfelder unterschiedliche Priorität haben oder sich Maßnahmen auch diametral widersprechen können. Ein furchtloser Alltagsradfahrer fährt am liebsten auf der Fahrbahn, wo er zügiger vorankommt und es vermeiden kann, in Konflikte mit langsamen Fußgängern zu geraten. Seine Geschwindigkeit und sein Fahrverhalten sind dem von Kfz näher als dem von Gehenden. Er ist deshalb ein Verfechter des Fahrbahnfahrens und empfindet die Radwegebenutzungspflicht als Schikane. *Gewohnheitsfahrer* dagegen brauchen schon etwas mehr Sicherheit und nutzen gerne Schutz- und Radfahrstreifen, die den Kfz-Verkehr einigermaßen auf Abstand halten. Unsere Kernzielgruppe der *Interessierten* kommt jedoch erst mit einer baulichen Trennung zurecht und lehnt das Radeln auf der Fahrbahn (Mischverkehr und Radfahrstreifen) in vielen Fällen komplett ab. Antworten auf diese unterschiedlichen Anforderungen und ihrem Umgang damit finden sich ausführlich in diesem Handbuch. Ein Mix aus verschiedenen Netzelementen ist dabei nur sehr bedingt geeignet. Auf Basis der bisherigen Erkenntnisse ergibt sich bereits eine wichtige Empfehlung zu dieser Fragestellung: Fokussieren Sie sich auf die Kernzielgruppe – die *Interessierten*! „Allen Menschen recht getan, ist eine Kunst, die keiner kann", ist ein bekanntes Sprichwort. Es trifft auch hier den Nagel auf den Kopf. Die Handlungsmaßnahmen in diesem Handbuch beruhen in hohem Maße auch auf den Erkenntnissen aus etablierten Fahrradstädten. Diese sind sehr erfolgreich damit, ihre Radinfrastruktur an den Bedürfnissen der breiten Bevölkerung – den *Interessierten* – auszurichten und erreichen damit häufig sogar die Personen, die wir als *Furchtlose* bezeichnen. Ein schnelles Vorankommen – ein wichtiger Aspekt für jene Gruppe – wird in Kopenhagen, Utrecht und Groningen nicht durch Radeln auf der Fahrbahn, sondern ein Radwegenetz sichergestellt, das leistungsfähig ist, Radverkehr an vielen Stellen priorisiert und kurze Wege bietet. Schnelligkeit bedeutet dort nicht hohe Fahrgeschwindigkeiten, sondern eine Optimierung des Verkehrsflusses – dem der Radfahrenden wohlgemerkt! Sich zunächst widersprechende Anforderungen können so manchmal durchaus in Einklang gebracht werden.

Um die große Nutzergruppe der *Interessierten* zu aktivieren, ist eine Radinfrastruktur erforderlich, die mindestens LTS 2 erfüllt. Das entspricht dem niederländischen Planungsstandard mit baulich getrennten Wegeverbindungen und Knotenpunkten.

Die meisten Menschen fühlen sich auf dem Rad wohl und sicher, wenn sie separiert vom Kfz-Verkehr fahren können oder dieser langsam unterwegs ist. Je mehr die Geschwindigkeiten und Verkehrsmengen zunehmen, desto eher ist eine Separation erforderlich. Wertvolle Erkenntnisse zur Nutzergruppe der *Interessierten* und ihren Anforderungen an die Radverkehrsführung liefern Jennifer Dill und Nathan McNeil (Dill und McNeil 2016). Sie haben in ihrer Studie einen detaillierten Blick auf die Anforderungen der einzelnen Nutzertypen geworfen und den Fokus dabei auf die Interessierten gelegt. Auf einer Hauptstraße mit Radfahrstreifen fühlen sich nahezu alle Nutzer aus den Gruppen *Furchtlos* und *Gewohnheitsfahrer* sehr sicher oder zumindest mehr oder weniger sicher. Bei den Interessierten antworten nur ein Drittel (32 Prozent), dass sie sich dort mehr oder weniger sicher fühlen, während kein einziger angibt, sich sehr sicher zu fühlen (Abb. 4-1). Diese Personen benötigen separierte Wege oder stark verkehrsberuhigte Neben- und Fahrradstraßen, um für sie annehmbare Rahmenbedingungen vorzufinden. Ganze 60 Prozent der *Interessierten* (und sie stellen die immerhin größte Einzelgruppe) antworten, dass sie sich auf baulich getrennten Radwegen sehr sicher fühlen, weitere 26 Prozent fühlen sich dort noch mehr oder weniger sicher. Das bedeutet, dass für 86 Prozent der Befragten dieses Nutzertyps separierte Radwege ein ausreichend sicheres und attraktives Netzelement darstellen. Stolze 82 Prozent sind auf geschwindigkeitsreduzierten

Fahrradstraßen mit wenig Kfz-Verkehr subjektiv sicher unterwegs („sehr sicher“, „mehr oder weniger sicher“), auf Radverkehrsverbindungen entlang von Hauptstraßen mit einer baulichen Abgrenzung immerhin noch 62 Prozent.

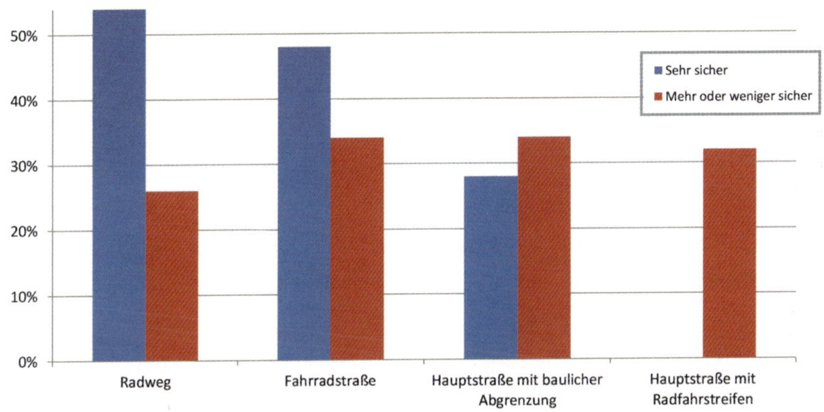

Abb. 4-1: Sicherheitsempfinden der Nutzergruppe *Interessierte* auf unterschiedlichen Netzelementen

Es gibt einen Zusammenhang zwischen nicht erfüllten Anforderungen (Bedürfnissen) und Regelmissachtungen (Leben 2014). Wer sich auf der Fahrbahn unsicher fühlt oder auf einem Kopfsteinpflaster durchgeschüttelt würde, nutzt beispielsweise deutlich eher verbotswidrig den Gehweg.

Die Stresskarte: Netzplanung auf Basis der LTS-Stress-Level

Die LTS-Systematik stellt die Radverkehrsplanung im deutschsprachigen Raum auf den Kopf. Dort wird bestenfalls unterschieden in Streckenabschnitte mit und ohne Radinfrastruktur. Oft werden Netzlücken als notwendiges Übel einfach hingenommen oder noch immer in dieser Form geplant. Gerade in Knotenpunkten fehlt häufig jegliche Infrastruktur für Radfahrende. Die Qualität der bestehenden oder neu zu errichtenden Infrastruktur und die Frage, ob Menschen mit einem hohen Sicherheitsbedürfnis (entspricht einer geringen Stress-Toleranz) überhaupt eine geeignete Radverkehrsverbindung für eine Wegstrecke haben, ist dabei weitgehend unbekannt. In der Planungspraxis wird dann für „die Radfahrer“ beispielsweise eine nach objektiven Kriterien sichere Verbindung in Form eines Radfahrstreifens angelegt. Ein Blick auf die LTS-Systematik zeigt aber: Radfahrstreifen fallen in die Kategorie LTS 3 und sind somit nur für die Nutzertypen *Furchtlose* und *Gewohnheitsfahrer* gut geeignet. Vor allem die große Nutzergruppe der *Interessierten* wird aber ausgeschlossen.

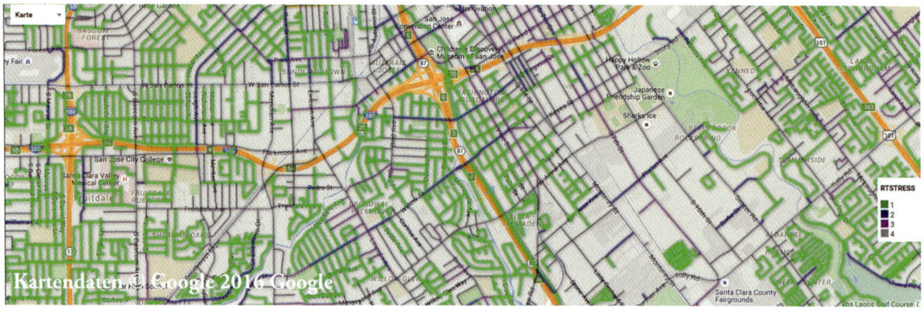

Abb. 4-2: Die Stadt San José weist allen Straßen und Wegen ein LTS-Level zu. Der Kartenausschnitt enthält alle Stress-Level (LTS 1-4) und ist deshalb in diesem Umfang nur für den Nutzertyp *Furchtlose* nutzbar (Quelle: Kartendaten © 2016 Google).

Im Ausland gibt es bereits Städte, die ihre Radinfrastruktur nach der LTS-Systematik planen. Abb. 4-2 zeigt den Ausschnitt einer Stadtkarte von San José (Kalifornien, USA), in dem die Radverkehrsverbindungen nach den unterschiedlichen Stress-Level LTS 1–4 differenziert und eingetragen sind (*Stresskarte*). Grün sind dabei alle Verbindungen der Kategorie LTS 1, insbesondere verkehrsberuhigte Nebenstraßen sowie Fuß- und Radwegeverbindungen in den Wohnvierteln. Blau sind Infrastrukturelemente der Kategorie LTS 2, also solche nach dem niederländischen CROW-Standard. Hierzu gehören baulich getrennte Radwege. In lila dargestellte Wege entsprechen LTS 3, hier wird der Radverkehr auf der Fahrbahn geführt, z.B. auf Radfahrstreifen. Grau sind Verbindungen der Kategorie 4 (LTS 4), worunter Hauptverkehrsstraßen und mehrspurige Straßen mit Führung auf der Fahrbahn sowie hohen Geschwindigkeitsunterschieden zwischen Rad- und Kfz-Verkehr fallen können. Die Karte gibt einen ersten Überblick über die Qualität des Netzsystems im Hinblick auf die Stress-Level. Dieses dargestellte Straßen- und Wegenetz können in diesem Umfang nur die *Furchtlosen* nutzen, da sie sich trauen überall zu fahren. Es ist in dieser Form daher nur für 2 Prozent der Bevölkerung geeignet.

Eine Stresskarte zeigt Wegeverbindungen anhand ihrer Stress-Level auf.

Abb. 18 zeigt denselben Kartenausschnitt, jedoch wurden alle Verbindungen der Kategorie LTS 4, also jene die am meisten Stress hervorrufen, ausgeblendet. Weggefallen sind beispielsweise mehrspurige Straßen, oder einspurige (je Fahrtrichtung) Hauptstraßen mit einem hohen Kfz-Aufkommen und ohne Radverkehrsinfrastruktur.

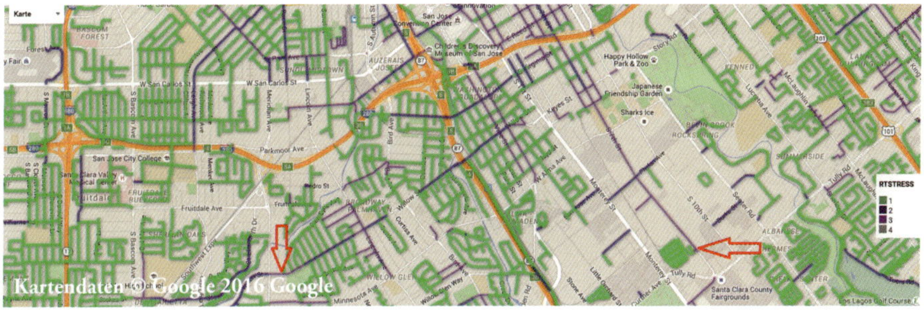

Abb. 4-3: Wegeverbindungen in San José ohne LTS-Level 4 (Quelle: Kartendaten © 2016 Google).

Das jetzt sichtbare Netzsystem ignoriert also solche Verbindungen, die einzig der Nutzertyp *Der Furchtlose* noch akzeptiert. Enthalten sind insbesondere noch Radwegeverbindungen mit baulicher Trennung, Nebenstraßen oder Hauptverkehrsstraßen mit einer Radverkehrsinfrastruktur (z.B. Radfahrstreifen). Dieses Beispiel kommt damit der Situation in vielen Kommunen im deutschsprachigen Raum nahe, die in den letzten Jahren sukzessive und punktuelle Verbesserungen bei der Radverkehrsinfrastruktur vorgenommen haben.

In dem Kartenausschnitt sind zwei rote Pfeile eingezeichnet. Der rechte Pfeil weist auf ein kleines Gebiet hin, das von grünen Verbindungen durchzogen wird. Hier entsteht nur sehr wenig Stress (LTS 1). Radfahrer mit einer sehr geringen bis geringen Stress-Toleranz (LTS 1, LTS 2) sind in diesem Gebiet jedoch „gefangen" oder können es von außen nicht erreichen. Denn die Verbindungen nach außen sind nur über Straßen mit einem höheren Stress-Level möglich: die nach Norden führende LTS 3-Verbindung (lila), die bestenfalls für *Gewohnheitsfahrer* noch eine Alternative ist, sowie die LTS 4-Verbindung nach Süden für die *Furchtlosen* (erkennbar in Abb. 4-3). Gebiete und Bereiche, deren Zuwege nur für *Gewohnheitsfahrer* und *Furchtlose* noch ausreichend subjektive Sicherheit bieten, sind somit nur noch für rund 7 Prozent der Gesamtbevölkerung auf zwei Rädern zu erreichen, während 93 Prozent (*Interessierte* und *Nicht-Fahrer*) ausgegrenzt werden und auf andere Verkehrsträger angewiesen sind. Der linke Pfeil verweist auf eine Ost-West-Verbindung zwischen zwei „grünen Gebieten", die streckenweise nur dem Standard LTS 3 entspricht.

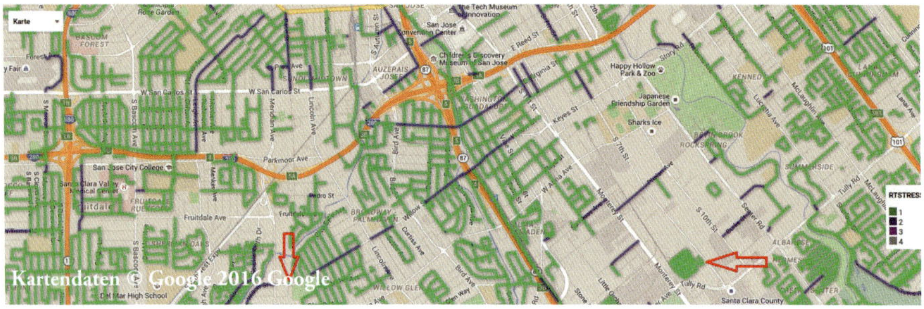

Abb. 4-4: Der Kartenausschnitt zeigt nun noch Verbindungen nach dem Niveau an, das LTS 1 und LTS 2 entspricht. Es entstehen Lücken im Wegenetz und Inseln im Stadtgebiet (Quelle: Kartendaten © 2016 Google).

In Abb. 4-4 ist zu sehen was passiert, sobald diese LTS 3-Verbindungen ebenfalls ausgeblendet werden. Nun fallen auch Streckenabschnitte weg, bei denen der Radverkehr z.B. mittels Radfahrstreifen auf der Straße geführt wird. Der Kartenausschnitt zeigt nun nur noch die Radwegeverbindungen mit den niedrigsten Stress-Level LTS 1 und LTS 2 an. Enthalten sind nur noch Straßen und Wege, die über eine Separierung vom Kfz-Verkehr verfügen oder stark verkehrsberuhigt sind. Jetzt wird sichtbar, welche Auswirkungen es hat, wenn Verbindungen mit LTS 3 wegfallen, weil sie die Stress-Toleranz vieler Menschen übersteigen. Das Gebiet, auf das der rechte Pfeil deutet, ist von der Umgebung abgeschnitten und deutlich als Insel im Stadtgebiet erkennbar. Die andere Wegeverbindung (linker Pfeil) ist unterbrochen, die beiden Gebiete östlich und westlich davon unerreichbar voneinander getrennt. Auch an anderen Stellen des Ausschnitts sind diese Effekte zu beobachten. Deutlich wird zudem, dass sich die Wegstrecken zwischen zwei Punkten verlängern. Das Fahrrad wird damit als Verkehrsmittel unattraktiver. Auch sind viele Gebiete vollkommen unerreichbar geworden, hier sind virtuelle Inseln entstanden.

In einem letzten Schritt wurden auch die Verbindungen der Klasse LTS 2 entfernt. Abb. 4-5 zeigt jetzt nur noch LTS 1-Verbindungen mit dem niedrigsten Stress-Level. Dies sind vor allem Straßen und Wege gänzlich ohne Kfz-Verkehr und verkehrsberuhigte Straßen (z. B. Spielstraße). Die Karte ist fast schon übersäht von Inseln, die voneinander abgetrennt sind. Ein Netzsystem ist nicht erkennbar, mit entsprechenden Folgen hinsichtlich Fahrzeit, Fahrstrecke und Erreichbarkeit von Zielen.

Radfahrende, die für ihr Sicherheitsempfinden eine LTS 1-Wegestruktur benötigen, müssen oft erhebliche Umwege in Kauf nehmen und sind mit Querungsstellen und Abschnitten konfrontiert, die sie als zu gefährlich einschätzen und die deshalb Barrieren darstellen. Dadurch entstehen im Stadtgebiet virtuelle, stressarme Inseln, die sie nicht erreichen oder verlassen können. Ihr Wegenetz ist kompliziert und unvollständig. Nur mit einer ausgezeichneten Wege- und Ortskenntnis können sie sich dort bewegen, wo sie geeignete Strukturen vorfinden.

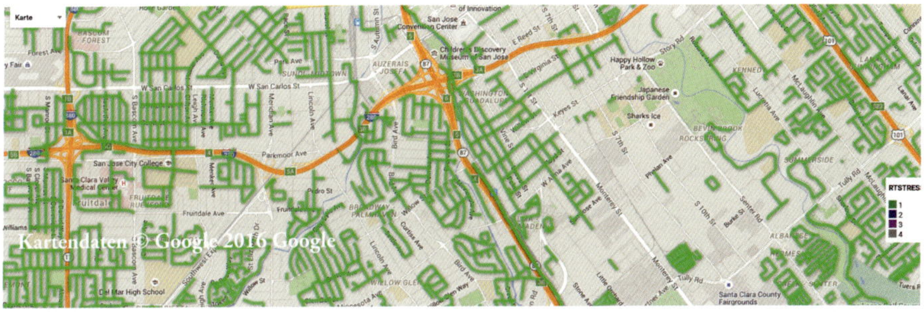

Abb. 4-5: Für Personen mit einer sehr niedrigen Stress-Toleranz (LTS 1) entsteht ein sehr lückenhaftes Wegenetz, das zu Umwegen führt, unerreichbare Inseln schafft und eine gute Orts- und Wegekenntnis voraussetzt. Solche Rahmenbedingungen sind große Barrieren für den Radverkehr (Quelle: Kartendaten © 2016 Google).

Radfahrende, die für ihr Sicherheitsempfinden eine LTS 1-Wegestruktur benötigen, müssen oft erhebliche Umwege in Kauf nehmen und sind mit Quer-ungsstellen und Abschnitten konfrontiert, die sie als zu gefährlich einschätzen und die deshalb Barrieren darstellen. Dadurch entstehen im Stadtgebiet virtuelle, stressarme Inseln, die sie nicht erreichen oder verlassen können. Ihr Wegenetz ist kompliziert und unvollständig. Nur mit einer ausgezeichneten Wege- und Ortskenntnis können sie sich dort bewegen, wo sie geeignete Strukturen vor-finden.

Durch Barrieren entstehen virtuelle Inseln in der Kommune

Während neben den *Furchtlosen* auch die *Gewohnheitsfahrer* in vielen Städten und Gemeinden ein mehr oder weniger hinreichendes (wenngleich nicht attraktives) Routennetz vorfinden (Abb. 18), fehlt für die *Interessierten* (und die Gruppe der *Nicht-Fahrer*) in den meisten Kommunen ein durchgängiges Wegenetz, das ihren Sicherheitsbedürfnissen entspricht und kurze Wege ermöglicht. Vielmehr entstehen virtuelle Inseln und die Notwendigkeit von Umwegen (Abb. 19), um z.B. eine Hauptverkehrsstraße an einer signalisierten Kreuzung oder an einer Überquerungsstelle für Fußgänger und Radfahrer queren zu können. Das macht Radfahren subjektiv unsicher und objektiv sehr unattraktiv, weil weite Wege und sehr gute Ortskenntnisse erforderlich sind. Dabei sind es drei Arten von natürlichen, oder von Menschen errichteten Barrieren, die in der Praxis relevant sind (Mekuria et al. 2012):

(1) Schnellstraßen, Fernstraßen (Autobahnen), Schienenwege, Gewässer
(2) Hauptverkehrsstraßen, insbesondere in der Kombination aus einem starken, schnellen Kfz-Verkehr und als unsicher empfundenen Querungsmöglichkeiten bzw. Knotenpunkten. Über- und Unterführungen sind sowohl im innerstädtischen, als auch im außerörtlichen Umfeld eher rar, und auch Lichtsignalanlagen werden in größeren Abständen vorzugsweise dort eingesetzt, wo wiederum Straßen mit einem hohen Verkehrsvolumen kreuzen.
(3) Das Wegenetz in Wohnstraßen, das an vielen Stellen undurchlässig ist, um Durchgangsverkehr zu unterbinden. In der Folge werden oft auch Radfahrende auf die Hauptverkehrsstraßen geleitet. Durchstiche für Zweiräder und Radwege durch Grünanlagen können für Durchlässigkeit des Netzes sorgen. Allerdings können z.B. Parks zu bestimmten Tageszeiten für Teile der Radfahrenden wiederum eine Barriere darstellen.

Bei einer Klassifizierung von Wegeverbindungen nach dem LTS-Prinzip fällt auf, dass viele kleinere Städte und Gemeinden bereits über einen vergleichsweise hohen Anteil an Straßen und Wegen verfügen, die wenig Stress auslösen. Das liegt in erheblichem Maße an der Ausweisung von Zonengeschwindigkeiten (*Tempo 20* und *Tempo 30*) jenseits der Hauptverbindungen, kleinen Wegeverbindungen in Quartieren oder Radwegen. Selbst in der Großstadt San José, mit ihren mehr als eine Million Einwohnern, sind nach Berechnungen 64 Prozent aller Wege stressarm (LTS 1) (Mekuria et al. 2012). Allerdings genügen nur weitere 3 Prozent der Straßen dem LTS 2-Level nach niederländischem Standard. Für die Gruppe der *Interessierten* sind somit nur 67 Prozent der Wege akzeptabel, während ein Drittel ihre persönliche Stress-Toleranz-Schwelle überschreitet. Dies verlängert Wege genauso wie die Fahrtzeiten und lässt virtuelle Inseln entstehen. Die ersten Erfahrungen im deutschsprachigen Raum deuten an, dass dieses Verhältnis an nutzbaren und nicht-nutzbaren Wegeverbindungen im Verhältnis 2:1 auch auf Kommunen bei uns übertragen werden kann.

Exkurs: Stress-Levels, Barrieren und Inseln auf außerörtlichen Verbindungen

Die bisherigen Erkenntnisse gelten genauso für überörtliche Wege zwischen Kommunen, und zwar gleichermaßen für den Alltags- als auch den Freizeitradverkehr (inklusive Tourismus). Die Prioritäten können natürlich unterschiedlich sein; während Pendlern direkte, schnelle und ganzjährig befahrbare Routen wichtig sind, mögen Radtouristen Wert auf Verbindungen legen, die unter der Saison ein komfortables, landschaftlich ansprechendes Vorankommen ermöglichen, und dafür auch Umwege in Kauf nehmen. Aufgrund dieser divergierenden Bedürfnisse, können bei den beiden Zielgruppen unterschiedliche Trigger Stress erzeugen. Eine nach touristischen Gesichtspunkten gestaltete Route mag ein Pendler als stressig empfinden, weil er Umwege fahren muss oder auf Schotterpisten unterwegs ist. Eine gründliche Zielgruppendefinition und Beschreibung ist daher auch auf überörtlichen Verbindungen sehr wichtig.

Die vier Nutzertypen, die wir bereits kennengelernt haben, nehmen Bezug auf den innerstädtischen und überörtlichen Alltagsradverkehr und klammern Radtouristen aus. Diese Vorgehensweise ist durchaus sinnvoll, weil sich auch Freizeitradfahrer immer einem der vier Stress-Level (LTS 1 bis LTS 4) zuordnen lassen.

Erfahrungsgemäß entfällt ein erheblicher Teil des Zuwachses beim Radtourismus auf Personen, die zur Gruppe der *Interessierten* oder sogar der *Nicht-Fahrer* gezählt werden können – darunter zahlreiche Senioren. Also auf Menschen, die ein hohes bis sehr hohes Sicherheitsbedürfnis haben, so dass eine Planung nach LTS 1 oder LTS 2 anzustreben ist. Diese Standards können durch gezielte Zusatzmaßnahmen ergänzt werden, um die spezifischen Anforderungen des Freizeitradverkehrs zu erfüllen (z.B. Radler-Rastplätze, Service-Stationen, touristische Beschilderung zur einfachen Orientierung).

Ein qualitatives Netz an überörtlichen Radwegeverbindungen wird auch für den Alltagsradverkehr immer wichtiger. Die mit dem Fahrrad zurückgelegten Distanzen nehmen seit Jahren zu, unter anderem als Folge des technischen Fortschritts bei E-Bikes. In Deutschland waren im Jahr 2015 bereits 15 Prozent aller Fahrradfahrten im Alltag länger als 10 km. Mit einem Ausbau des Wegenetzes, allen voran den in vielen Ballungsgebieten geplanten Radschnellwegen, werden Distanzen und Fahrten weiter zunehmen.

Gerade im ländlichen Bereich spielen Stress-Toleranz und dadurch entstehende Barrieren und Inseln eine große Rolle. Außerorts sind Vorrangregelungen und bauliche Strukturen zu Gunsten des Kfz-Verkehrs ausgelegt, und Querungen vielfach plangleich ohne Signalsteuerung oder Über- bzw. Unterführungen ausgeführt. Verkehrsachsen werden so eher zu Barrieren als im bebauten Raum. Zudem sind Fernstraßen, Schienenverbindungen oder natürliche Barrieren (z.B. Gewässer, topographische Erhebungen) ein Faktor, der Länge von Wegen und damit die Attraktivität des Fahrrades stärker beeinflusst als im innerstädtischen Bereich. Die in diesem Handbuch besprochenen Lösungen sind deshalb auch bei überörtlichen Verbindungen vorzusehen.

Die schwächste Stelle bestimmt das LTS-Level

Grundsätzlich bemisst sich die Einordnung einer Wegeverbindung immer an dem Punkt oder Streckenabschnitt mit dem höchsten Stressfaktor (LTS-Wert). Denn Nutzer beurteilen eine Wegeverbindung nicht an einem fiktiven Durchschnittswert, sondern anhand des Abschnittes, der ihnen am gefährlichsten erscheint. Übersteigt die individuelle Risikoeinschätzung für diesen Abschnitt die persönliche Risikobereitschaft einer Person, wirkt sich das negativ auf das Mobilitätsverhalten aus: Das Fahrrad wird stehen gelassen.

Beispiel 1: Eine Wegeverbindung zwischen einem Wohngebiet (Startpunkt) und der Innenstadt (Zielort) ist mit einem baulich getrennten Radweg, der LTS 2 entspricht, ausgestattet. Auf einem Streckenabschnitt wird dieser Radweg von einem Radfahrstreifen (LTS 3) unterbrochen. Als Folge ist die gesamte Wegeverbindung mit dem höheren LTS 3-Wert einzustufen. Denn für den Abschnitt mit dem Radfahrstreifen – und mag er auch noch so kurz sein – ist eine Stress-Toleranz gemäß LTS 3 erforderlich. In die Bewertung werden dabei grundsätzlich Strecken und Knoten einbezogen. Eine LTS 2-Strecke muss auch dann als LTS 3 deklariert werden, wenn ein Knotenpunkt auf dieser Strecke nur LTS 3 entspricht.

Beispiel 2: Eine Wegeverbindung hat einen Stresswert von LTS 3, während ein auf dieser Strecke befindlicher Knotenpunkt stressarm gestaltet ist und auch Radfahrern mit einer niedrigeren Risikobereitschaft (Stress-Toleranz) von LTS 2 gut gerecht wird. Trotzdem wird die gesamte Wegeverbindung mit dem schlechteren LTS 3 eingestuft. Hat der Knotenpunkt jedoch die schlechte Einstufung LTS 4, beispielsweise weil ein Radfahrstreifen (LTS 3) vor dem

Knotenpunkt endet und Radfahrer im Mischverkehr (LTS 4) mitschwimmen müssen, ist dieser Wert ausschlaggebend – die Wegeverbindung wird nun als LTS 4 eingestuft, weil der Knotenpunkt mit seinem stressigen LTS-Wert den Ausschlag gibt.

Eine Wegeverbindung wird immer anhand des Abschnittes mit dem schlechtesten Stresswert beurteilt.

Der Kreuzungseffekt

Wie erfolgt die Einordnung, wenn sich zwei Straßen mit unterschiedlicher Kategorie (z. B. LTS 2 und LTS 3) plangleich kreuzen? Beispiel: Eine als Radverkehrsachse genutzte Fahrradstraße (LTS 2) wird durch eine Hauptverkehrsstraße mit Radfahrstreifen (LTS 3) unterbrochen.

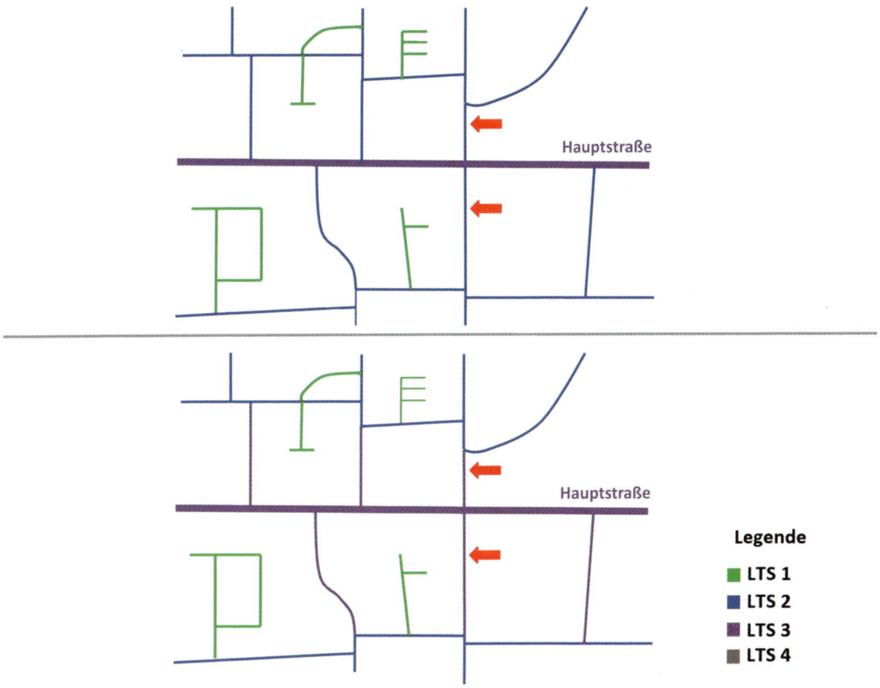

Abb. 4-6: Ohne Berücksichtigung des Kreuzungseffektes ist die gekennzeichnete Radwegeverkehrsachse (rote Pfeile) als LTS 2 eingestuft. Mit Kreuzungseffekt sind ganze Abschnitte als LTS 3 gekennzeichnet – wie auch die Parallelstraßen (unten).

Radfahrer auf der Fahrradstraße müssen die Hauptverkehrsstraße an einem Knotenpunkt queren, bevor sie auf der LTS 2-Achse weiterradeln können.

Die Fahrradstraße wird nicht zwangsläufig wie die Hauptverkehrsstraße als LTS 3 eingeordnet. Schließlich ist für die Beurteilung nicht die Fahrt auf der Hauptverkehrsverbindung ausschlaggebend, sondern der Stress-Level bei ihrer Querung. Je nach Ausgestaltung der Querungsstelle (z.B. Anzahl der Fahrspuren, Signalsteuerung, Mittelinsel) kann die Querung besser (bestenfalls LTS 2), gleich (LTS 3) oder sogar schlechter (LTS 4) als die Hauptverkehrsstraße eingestuft werden. Die schlechteste Bewertung aus Strecke (Fahrradstraße mit LTS 2) und Knoten (Querung der Hauptverkehrsstraße) entscheidet im vorliegenden Beispiel, wie die gesamte Wegeverbindung eingestuft wird (*Kreuzungseffekt*).

Diese Situation zeigt Abb. 4-6: Die zur Hauptstraße führenden Nebenverbindungen (z.B. Fahrradstraße, ruhige Wohnstraße mit Zonengeschwindigkeit von höchstens 30 km/h) sind blau markiert, was im Beispiel LTS 2 entspricht (Abbildung oben). Diese Einstufung kann nur beibehalten werden, wenn auch die Querungsstelle der Hauptstraße dieses hohe Niveau erfüllt. Ist dies nicht der Fall, werden bei Berücksichtigung des Kreuzungseffekts auch die an die Hauptstraße angrenzenden Abschnitte der Nebenverbindungen als LTS 3 gewertet. Dadurch wird sofort ersichtlich, dass im Kartenausschnitt jegliche Verbindung zwischen dem Nord- und Südteil der Hauptstraße fehlt – zumindest, wenn ein LTS 2-Level eingehalten werden soll. Mit einer Aufrüstung des Knotenpunktes Hauptstraße/Fahrradstraße auf LTS 2 kann zumindest an dieser Stelle eine sichere Verknüpfung hergestellt werden.

Netzplanung mit LTS in Deutschland

Die LTS-Systematik kann auch in Deutschland dabei helfen, subjektiv sichere und durchgehende Radverkehrsnetze zu planen. Das i.n.s. – Institut für innovative Städte, Herausgeber dieses Handbuches, nutzt die Systematik bei der Netzentwicklung. Zusammen mit einer Quell-Ziel-Analyse, bei der die Wegebeziehungen innerhalb eines Planungsraumes abgebildet werden, lassen sich damit objektive und subjektive Handlungsbedarfe ableiten. Die Vorgehensweise entspricht dabei der dargestellten Form, lediglich die Farbskala wurde abgewandelt und an das Ampelsystem angepasst: Die gefühlt sicheren Abschnitte mit LTS 1 und LTS 2 werden grün dargestellt, LTS 3 orange und LTS 4 rot.

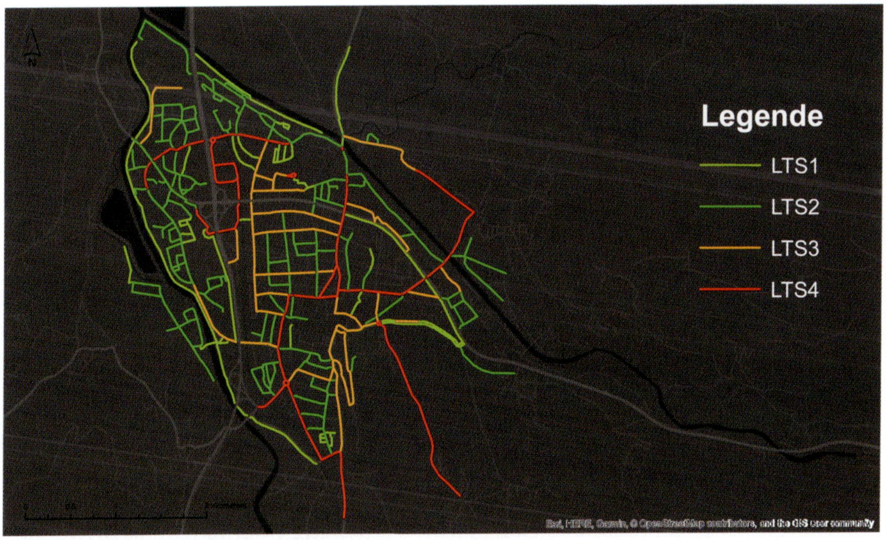

LTS-Karte einer Kleinstadt in Deutschland

Was verursacht Stress im Radverkehr (Trigger)?

Die Hauptursache für Stress (Angst, Unwohlsein) bei Radfahrenden ist das Sicherheitsgefühl. Hierauf habe ich auf den vorangegangenen Seiten den Fokus gelegt. Mangelnde subjektive Sicherheit ist ***der*** Grund, weshalb das Fahrrad für das Gros der Bevölkerung als alltägliches Transport- und Verkehrsmittel ausscheidet. Alle planerischen Maßnahmen müssen sich deshalb an dem Sicherheitsempfinden der beschriebenen Nutzertypen ausrichten. Es griffe jedoch zu kurz, würden wir die Entstehung von Stress ausschließlich an dem Sicherheitsaspekt festmachen. Wie ich in diesem Handbuch im Hygge-Modell noch zeigen werde, spielen weitere Faktoren eine Rolle. Auch sie gilt es, wenngleich untergeordnet zur subjektiven Sicherheit, bei der Planung von Radverkehrsinfrastruktur zu berücksichtigen.

Ein Beispiel vorab: Ein durchgängiges, logisches und auch für ungeübte Radfahrer einfach zu nutzendes Radverkehrsnetz in einer Kommune, ist die absolute Ausnahme. Die Nutzer werden nicht zu ihrem Ziel geführt, wie wir es vom Netzsystem des Kfz-Verkehrs kennen, sondern sollen ihren Weg aus einem Mix an Netzelementen selbst suchen. Auch in einer kleineren Gemeinde können sich Nebenstraßen mit Mischverkehr und Tempo 30 (Zonengeschwindigkeit), Gehwege mit Zusatzschild *Radfahrer frei*, kombinierte Geh- und Radwege, Querung von Hauptverkehrsstraßen oder abseits geführte Radwege abwechseln. Ein solches Insider-System bedeutet Stress, selbst wenn formal eine durchgehende Verbindung nach dem LTS 2-Standard vorhanden sein sollte.

Die stressarme Infrastruktur

Ziel muss deshalb eine Radinfrastruktur sein, die Stress konsequent minimiert und dafür den verfügbaren Mix aus Werkzeugen und Maßnahmen nutzt. In diesem Handbuch erfahren Sie, welche Handlungsbereiche dafür relevant sind und erhalten Empfehlungen sowie erfolgreiche Praxisbeispiele aus dem In- und Ausland. In North Santa Clara County (USA) steht im *Bike Vision Plan* folgende Vision einer stressarmen Radinfrastruktur: „Residents of all abilities, from ages 8 to 80, feel safe and comfortable riding a bicycle" (Kidd et al. 2015). Sinngemäß auf Deutsch: „Alle Menschen von 8 bis 80 Jahren, unabhängig von ihren individuellen Fähigkeiten, fühlen sich beim Radfahren sicher und wohl". Mit diesem Satz im Hinterkopf von Planern und Entscheidern, ergibt sich eine stressarme Radinfrastruktur fast automatisch – weil sich viele gängige Planungen, wie die Führung auf Radfahrstreifen von vorneherein verbieten, während sich neue, innovative und attraktive Lösungsansätze nahezu aufdrängen. Übrigens, der *Bike Vision Plan* entstammt der Feder eines weltweit tätigen Konzerns, der dort Standorte unterhält und noch mehr Mitarbeiter auf das Fahrrad bringen möchte. Der Plan basiert zur Gänze auf der Stress-Toleranz der vier Nutzertypen.

„Residents of all abilities, from ages 8 to 80, feel safe and comfortable riding a bicycle"
(Google Bike Vision Plan, North Santa Clara County, USA)

Planen Sie für Laura!

Zum Schluss ein heißer Tipp: Die einfachste und wirksamste Möglichkeit zur Umsetzung einer subjektiv sicheren Radverkehrsinfrastruktur ist: Laura.
Laura ist ein fiktives Mädchen, zehn Jahre alt. Sie hat ganz andere Bedürfnisse und Anforderungen an die Verkehrswelt, als ein sportlicher Mittdreißiger auf seinem Rennrad – um einmal das Klischee des Furchtlosen Radfahrenden zu bedienen. Eine Radinfrastruktur aber, die auch der zehnjährigen Laura gerecht wird, auf der sie auch allein mit Freundinnen sicher und komfortabel Radfahren kann, die wird für jede Person geeignet und einladend sein. Laura steht damit sinnbildlich für alle, die zur Zielgruppe der Interessierten gehören und die wir für das Radfahren im Alltag gewinnen möchten.

Gleichzeitig können sie auf lange Anforderungsprofile verzichten; geben Sie Ihren Planerinnen und Planern aus der Kommune oder dem beauftragten Büro einfach mit: „Plant für Laura. Sie ist zehn Jahre. Prüft bei jeder Maßnahme, die ihr plant, ob Laura dort sicher und bequem Fahrrad fahren kann.“ Ist es für Laura zu gefährlich: zurück auf „Los“ und neu planen.

Planen Sie für Laura, 10 Jahre.

5 Erste Kernaufgabe

Erste Kernaufgabe: Gestalten Sie eine auffallende und einladende Radinfrastruktur!

Der erste Schritt zur Vermarktung eines Produktes ist, es bei seiner Zielgruppe bekannt zu machen. Marketingfachleute sprechen dann davon, es im *Relevant Set* der Kunden zu verankern. Dabei handelt es sich um eine Auswahl an Produkten, derer sich ein Kunde bewusst ist und die er somit bei seinem Kauf berücksichtigen kann. Nur die Produkte also, die im *Relevant Set* der Zielgruppe sind (die sie kennt), können von ihr gekauft werden. Genauso verhält es sich bei einer Mobilitätsentscheidung. Nur aus den Mobilitätsoptionen, die sich im *Relevant Set* eines Menschen befinden, kann und wird er auswählen. Erfahrungsgemäß wird dieser Aspekt von Planern und Entscheidungsträgern völlig ausgeblendet. Es herrscht der Gedanke vor, bereits jedes Kind wisse was ein Fahrrad ist und was es damit machen kann. Diese Sichtweise ist richtig und doch zugleich ein fataler Trugschluss!

Zielgruppen des Marketings

Mit einem gedanklichen Kniff lässt sich dieser Widerspruch gut nachvollziehen. Gehen wir einmal davon aus, wir hätten im Bereich der Mobilität nicht ein einziges, sondern zwei *Relevant Sets*: eines für die Alltagsmobilität und eines für die Freizeit. Wo wäre das Fahrrad enthalten? Im Alltags-Set, im Freizeit-Set, in keinem oder in beiden? Die Antwort hängt davon ab, welchen Nutzertypen wir betrachten (Tab. 5-1). Für *Furchtlose* und *Gewohnheitsfahrer* ist die Antwort relativ einfach. Sie nutzen das Fahrrad bereits regelmäßig, das Fahrrad ist in beiden Sets präsent. Für sie ist das Fahrrad demnach immer eine Mobilitätoption. Bei *Nicht-Fahrern* ist die Sache schon weniger eindeutig. Nach der Definition dieses Nutzertyps gehören sowohl Menschen dazu, die gar nicht radeln, als auch solche, die nur äußerst selten und dann unter ganz bestimmten Umständen auf das Fahrrad steigen (z.B. beim Urlaub im Grünen). Je nach Situation ist das Fahrrad bei ihnen also entweder in keinem Set oder aber eingeschränkt im Set für den Freizeitradverkehr enthalten.

Nutzertyp	Anteil an der Gesamtbevölkerung	Fahrrad im Relevant Set für Freizeitmobilität	Fahrrad im Relevant Set für Alltagsmobilität
Furchtlose	2%	Ja	Ja
Gewohnheitsfahrer	5%	Ja	Ja
Interessierte	60%	Ja	Nein
Nicht-Fahrer	33%	teilweise	Nein

Tab. 5-1: Die grünen Zahlen machen deutlich, wo der Fokus liegen muss. Bei der Nutzergruppe mit dem größten Potenzial ist das Fahrrad als Verkehrsmittel nur im Relevant Set für die Freizeitmobilität verankert, nicht jedoch in dem für die Alltagsmobilität (eigene Darstellung).

Die wirklich spannende Zielgruppe für die Radverkehrsförderung ist der Nutzertyp *Interessierte,* weil ihm rund 60 Prozent der Gesamtbevölkerung zugerechnet werden können. Gemäß Definition können diese Personen Radfahren und sind grundsätzlich offen dafür, das Fahrrad vermehrt und auch im Alltag zu verwenden. Aus verschiedenen Gründen nutzen sie jedoch andere Verkehrsmittel, obwohl sie die sonntägliche Fahrt zum Bäcker, die Feierabendtour mit Freunden oder einen Familienausflug gerne mit dem Rad bestreiten. Echte Alltagsfahrten mit dem Fahrrad sind bei ihnen selten, meist kurz und finden bei schönem Wetter statt. Der Drahtesel ist bei den *Interessierten* somit durchaus fester Bestandteil im Freizeit-Set, in dem für den Alltag fehlt er jedoch. Das Fahrrad ist für diese Menschen mehr Freizeitgerät als ein echtes Verkehrsmittel für den Alltag. Die Hauptaufgabe der Radverkehrsförderung im Handlungsfeld *Wahrnehmung* (erste Kernaufgabe im Hygge-Modell) ist es deshalb, dass Fahrrad bei den *Interessierten* im Relevant Set für die Alltagsmobilität zu verankern.

Das Fahrrad ist beim Nutzertyp *Interessierte* als Alltagsverkehrsmittel im Relevant Set zu verankern. Es muss von ihnen nicht nur als Freizeitgerät, sondern vielmehr als Verkehrsmittel wahrgenommen werden.

Die motivierende Radinfrastruktur

Um die Aufmerksamkeit der Zielgruppe zu erlangen, muss diese das Fahrrad als Mobilitätsoption wahrnehmen. Dabei kommt der Radverkehrsinfrastruktur eine Schlüsselrolle zu, macht sie doch 80 Prozent der Radverkehrsförderung aus. Alle Marketingmaßnahmen, jede Kommunikations-Kampagne oder Service-Angebote sind Schall und Rauch, wenn im Straßenraum nur Netzelemente für den Kfz-Verkehr oder Fußgänger sicht- und erkennbar sind. Die erste Kernaufgabe der Radverkehrsförderung lautet daher: Gestalten Sie eine auffallende und einladende Radinfrastruktur! Sie motiviert Menschen.

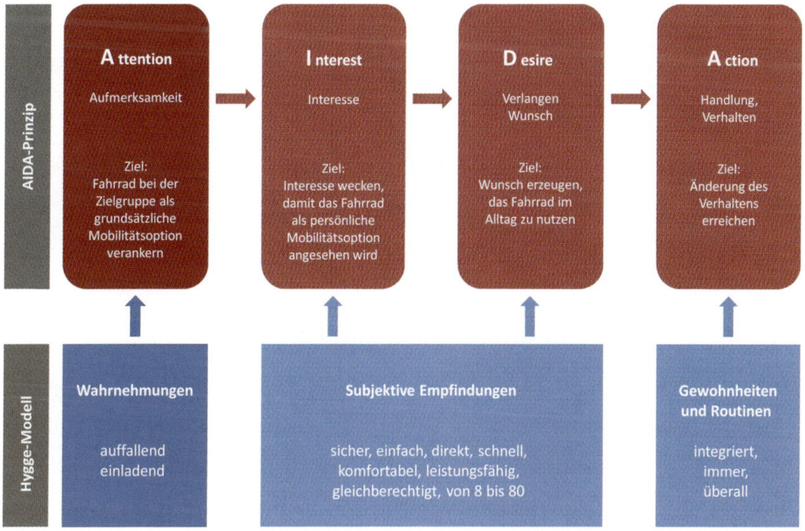

Um die Aufmerksamkeit auf das Fahrrad als vollwertiges Verkehrsmittel zu lenken, muss die Radinfrastruktur im Raum wahrnehmbar sein. Dazu ist sie auffallend und einladend zu gestalten.

Die erste Kernaufgabe lautet:
Gestalten Sie eine auffallende und einladende Radinfrastruktur!

Das enge Zusammenspiel von Infrastruktur und Raum

Ein attraktives Umfeld ermuntert Menschen mit dem Fahrrad zu fahren oder zu Fuß zu gehen (z. B. Wang et al. 2014), weshalb Stadtplaner und Architekturpsychologen eine Wechselwirkung zwischen gebauter Umwelt und dem Menschen feststellen (z. B. Gehl 2015, Toplak-Páll 2016). So kann das Zusammenspiel von Umgebung und Architektur entspannend, stressreduzierend und anregend wirken. Belebte Straßen und Plätze, gemischt genutzte Gebäude und von Anwohnern gepflegte Gemeinschaftsflächen haben zudem eine kriminalitätsverhindernde Wirkung, sie erhöhen die soziale Sicherheit aller Menschen, die sich dort aufhalten (z. B. Gehl 2015). Je mehr Menschen sich im Freien aufhalten, desto höher ist die soziale Sicherheit. Das genaue Gegenteil sind umzäunte Wohnquartiere, teils mit Sicherheitsschleusen versehen, in denen nur Bewohner oder Personen mit Besucherausweisen eingelassen werden – derartige Konzepte existieren beispielsweise in Istanbul oder in Nordamerika.

Die Radinfrastruktur als Marketinginstrument

Das beste Marketinginstrument für den Radverkehr sind keine Apps, Broschüren oder Wettbewerbe, sondern die Infrastruktur selbst. Sie ist die Visitenkarte des Fahrrades. Von ihr hängt ab, ob Menschen das Fahrrad als Mobilitätsoption wahrnehmen und akzeptieren. Gerade deshalb ist es so wichtig die Infrastruktur unter Marketinggesichtspunkten zu sehen und zu gestalten.

Das beste Marketinginstrument ist die Radinfrastruktur selbst!

Handlungsbereiche für eine motivierende Infrastruktur

Um die Radinfrastruktur als Marketinginstrument zu nutzen, sind Maßnahmen in drei Handlungsfeldern zu ergreifen (Abb. 5-1). Zunächst muss überhaupt erst einmal eine Radinfrastruktur vorhanden sein. Nur was existiert, kann schließlich die Aufmerksamkeit auf sich ziehen. Damit dies gelingt, sind die Elemente der Radinfrastruktur auffällig und einladend zu gestalten. Wenn die Infrastruktur – auch aus dem Auto heraus – wahrgenommen wird, kann das Fahrrad als Mobilitätsalternative im Gehirn abgespeichert werden. Der dritte Schritt umfasst die ansprechende Gestaltung des Raumes, da auch das Umfeld Einfluss auf die Attraktivität des Radfahrens hat.

Abb. 5-1: Die Radinfrastruktur als Marketinginstrument (Handlungsbereiche)

Kongruenz von Werbebotschaft und Wahrnehmung

Ein ganz wesentliches Merkmal erfolgreichen Marketings ist die Kongruenz von Werbebotschaft und Wahrnehmung: Die Werbeaussage und das Bild, das die Zielgruppe von dem Produkt hat, müssen zusammenpassen. Je weiter Botschaft und subjektive Wahrnehmung auseinander liegen, desto unglaubwürdiger wirken die Marketingmaßnahmen. Im Automobilsektor hat sich der Premiumhersteller BMW im Jahr 1969 den bis heute aktuellen Slogan *Freude am Fahren* gegeben. Damit ist auch ein Versprechen an die (potenziellen) Kunden verbunden – und eine Erwartung geweckt, die es zu erfüllen gilt. BMW ist auch deshalb so erfolgreich, weil es ihm seit vielen Jahren gelingt, das Produktversprechen mit Leben zu füllen. *Freude* ist der Markenkern, um den weitere Markenwerte kreisen: dynamisch, sportlich, herausfordernd oder kultiviert. Diese Werte spiegeln sich in den Fahrzeugen von BMW wider, so dass die Kunden sie erleben können. Auf die gleiche Weise ist der Automobilhersteller AUDI erfolgreich, dessen Leitschnur seit 1971 der Slogan *Vorsprung durch Technik* ist. Technische Errungenschaften wie der Quattro-Antrieb oder die Aluminiumkarosserie kommen aus Ingolstadt und füllen den Werbespruch mit Leben.

Von diesen Erfolgen können viele konkurrierende Hersteller nur träumen. Der Hersteller OPEL hatte spätestens seit den 1990er-Jahren für mehr als zwei Jahrzehnte mit einem erheblichen Imageproblem zu kämpfen – als bieder, altbacken und unzuverlässig galten die Autos aus Rüsselsheim, bis OPEL ab dem Jahr 2013 langsam wieder an Boden gewann. Tina Müller, die im Jahr 2014 als Marketingvorstand zu OPEL kam, erklärte das so (Kupetz und Dietzold 2015): Die zwei Kernelemente *Qualität* und *Design* hätten OPEL einst groß gemacht, seien jedoch dann zunehmend vernachlässigt worden. Zwischen den Jahren 1987 und 2016 hat der Hersteller sechs Slogans bemüht: *Technik, die begeistert* (1987–1989), *Freude durch Technik* (1990–1993), *Wir haben verstanden* (1994–2001), *Frisches Denken für bessere Autos* (2002–2006), *Entdecke OPEL* (2007–2008) und ab 2009 war *Wir leben Autos* en vogue. Bei diesem Durcheinander ist es unmöglich sicherzustellen, dass Werbebotschaft und Produkte stimmig sind. Der Slogan kann weder nach innen wirken, noch nach außen. Die Folgen sind bekannt: Den Mitarbeitern in der Entwicklung, in der Designabteilung, im Marketing oder im Verkauf fehlt eine klare Leitlinie, an der sie sich ausrichten können, die Marke und ihre Produkte werden beliebig. Das merken auch die Kunden, ihnen fehlt eine klare Vorstellung davon, wer oder was OPEL ist und für welche Eigenschaften die Autos stehen. Mit der Werbekampagne *Umparken im Kopf* hat das Unternehmen im Jahr 2014 eine vorläufige Trendwende eingeleitet. Über OPEL existierten zahlreiche Klischees, beschreibt Tina Müller die Ausgangssituation, die Fahrzeuge waren fest in eine Schublade eingeordnet. Aus dieser wollte man raus. Die *Umparken-Kampagne* konzentrierte sich deshalb zunächst auf das Image, ohne einen konkreten Bezug zu OPEL herzustellen. Die Kampagne griff gesellschaftliche Klischees auf und hielt den Menschen den Spiegel vor. Beispielsweise hieß es: „78 Prozent der Deutschen verbinden Hamburg mit Regenwetter. Dabei regnet es in Köln deutlich öfter." Oder: „68 Prozent aller Männer halten rothaarige Frauen für feuriger. Dabei haben 90 Prozent noch nie eine kennengelernt."

In einer zweiten Phase griffen die Marketingexperten anschließend die Klischees über OPEL auf, um deutlich zu machen, dass OPEL ganz anders ist, als viele denken. Die Aktion wurde von bekannten Persönlichkeiten begleitet, „denn der Mensch sucht Referenzpunkte" (Tina Müller). Die Werbekampagne war originell und ungewöhnlich, erfolgreich konnte sie aber nur aus einem Grund sein: Die kommunizierte Botschaft passte zu der aktuellen Produktpalette, die zuvor komplett überarbeitet worden war und sich an ganz klar definierten Werten orientierte. Botschaft und Produkt bildeten in der Wahrnehmung plötzlich eine Einheit.

Die Radinfrastruktur muss sich an der Marke und ihren Werten orientieren.

Was hat diesen Erfolg letztlich möglich gemacht? Tina Müller hat darauf eine klare Antwort: „Die Entwicklung unserer Autos muss sich an der Marke und ihren Werten orientieren." Übertragen auf die Radverkehrsförderung bedeutet das: Zuerst sind die Bedürfnisse der Zielgruppe zu identifizieren und aufbauend darauf zu entscheiden, welche Anforderungen (Werte) an die Radinfrastruktur gestellt werden und wofür der Radverkehr in der Außenwahrnehmung stehen soll (Marke). Also: „Die Entwicklung der Radinfrastruktur muss sich an der Marke und ihren Werten orientieren."

Leuchtturmprojekte als Markenbotschafter

Um bei Automobilherstellern zu bleiben: Haben Sie sich schon einmal gefragt, weshalb die meisten Hersteller ein oder zwei ganz besondere Produkte im Angebot haben, die sich zwar schlecht bis gar nicht verkaufen, dafür aber umso innovativer und teurer sind? Sie sorgen durch ihre Besonderheit für Aufmerksamkeit bei der Zielgruppe und sollen ihre Eigenschaften (z.B. sportlich, fortschrittlich) in der Kundenwahrnehmung auf die gesamte Produktpalette übertragen. Sie sind imagebildend und in diesem Sinne Markenbotschafter. Herausragende Projekte (*Leuchtturmprojekte*) können auch dem Radverkehr einen Schub geben, wenn sie das Potenzial haben, die Aufmerksamkeit auf das Fahrrad als Alltagsverkehrsmittel zu lenken – beispielsweise Radschnellwege, Rad-Stationen, Fahrradparkhäuser oder ein Schülerradroutennetz.

Diese Fahrradbrücke über das Hafenbecken in Kopenhagen verkürzt die Fahrtzeiten für Radfahrende deutlich. Durch ihre elegante Gestaltung ist sie ein echter Hingucker und ein europaweit bekanntes Leuchtturmprojekt.

Bilder im Kopf

Unser Gehirn denkt in Bildern. Die Worte *laufen, rennen, gehen, stolzieren, schleichen, schreiten* oder *stampfen* bezeichnen allesamt eine Situation, in der sich eine Person auf ihren zwei Beinen fortbewegt.

Und doch entstehen bei Ihnen als Leser unterschiedliche Bilder im Kopf. Bei dem Begriff *rennen* haben Sie vermutlich jemanden vor Augen, der sich sehr schnell fortbewegt, vielleicht sogar einen Sprinter im sportlichen Dress. Oder einen kleinen Jungen, der etwas ausgefressen hat und nun das Weite sucht. Bei dem Wort *schleichen* sehen Sie vor Ihrem geistigen Auge wahrscheinlich eine Person, die sich leise und langsam auf ihren Zehenspitzen bewegt. Autoren auf der ganzen Welt arbeiten mit diesen sprachlichen Feinheiten, um Geschichten spannend, abwechslungsreich und lebhaft zu gestalten.

Als Buchleser sind wir dann manchmal enttäuscht, wenn wir später den Film zum Buch ansehen – weil wir uns doch die handelnden Personen oder Örtlichkeiten ganz anders ausgemalt haben als jene, die wir dann im Film sehen. „Das habe ich mir irgendwie anders vorgestellt", habe ich Menschen schon ein ums andere Mal sagen hören.

Wenn Menschen motiviert werden sollen mit dem Fahrrad zu fahren, sind Bilder ein Schlüsselfaktor. Das Wort *Motivation* gehört ganz selbstverständlich zu unserem allgemeinen Sprachgebrauch, ohne dass wir uns weitere Gedanken über das machen, was dahinter steckt. Ein näherer Blick darauf lohnt sich jedoch. Im Begriff *Motivation* steckt das Wort *Motiv*. Ein Kriminaler versteht unter einem Motiv einen Beweggrund, also den Anlass einer Person für eine bestimmte Handlung. Personen, die ein Motiv – also einen Grund – für eine Tat haben, geraten ganz schnell ins Visier der Ermittler. Für einen Künstler oder Fotografen hat ein Motiv wahrscheinlich weniger mit einem Kriminalfall zu tun, für sie ist ein Motiv ein Bild.

Für uns können wir aus der Semantik (Bedeutungslehre) ableiten: Wer Menschen zu etwas motivieren möchte, muss ihnen einen Grund geben. Wenn uns ein Grund fehlt, sagen wir beispielsweise: „Das kann ich mir nicht vorstellen." Wenn sie das von jemandem hören, können Sie davon ausgehen, dass sie schlechte Karten haben Ihr Ziel zu erreichen.

Erst wenn wir ein Bild davon haben, was auf uns zukommt oder was eine bestimmte Handlung für uns bedeutet, erhalten wir eine Vorstellung und können uns vorstellen, etwas zu tun. Nicht von ungefähr kommt die Redewendung, *sich ein Bild von etwas zu machen*. Wenn Menschen also dazu motiviert werden sollen zu Radeln, müssen wir ihnen ein Bild, eine Vorstellung davon geben, was es bedeutet auf zwei Rädern unterwegs zu sein.

Werfen Sie einen Blick auf das Foto rechts (Abb. 5-2): Was zeigt dieses Bild?

Abb. 5-2: Auch ohne weitere Informationen erkennen Sie, was dieses Foto zeigt.

Abb. 5-3: Diesen Radweg können Sie als solchen nur durch die Beschilderung erkennen.

Auf dem Foto ist eine Straße zu sehen, die von Kraftfahrzeugen befahren wird. Obwohl Sie keine weiteren Angaben haben und auch keine Beschilderung sehen können, werden Sie erkannt haben, dass es sich um eine Autobahn handelt. Weshalb ist das so? Eine Autobahn verfügt – zumindest in Deutschland – immer über zwei baulich voneinander getrennte Richtungsfahrbahnen mit jeweils mindestens zwei Fahrspuren. Die Auf- und Abfahrten sind planfrei mit Beschleunigungs- und Verzögerungsstreifen ausgestattet, in diesem Bereich ist der obligatorische Pannenstreifen üblicherweise unterbrochen. Standardisiert sind auch die Markierungen, mit denen die Spuren voneinander getrennt werden. Kurz: Eine Autobahn weist immer charakteristische Merkmale auf, die sie von anderen Netzelementen unterscheidet. Auf die gleiche Weise gelingt es uns, mit einer hohen Trefferquote Bundesstraßen, Ortsverbindungsstraßen, innerörtliche Hauptverkehrsstraßen, Nebenstraßen und auch Wege des Fußverkehrs zu erkennen. Das Experiment funktioniert sogar umgekehrt: In einer Straßenbefragung habe ich einmal Personen gebeten, eine Autobahn zu skizzieren. Auch selbsternannte Nicht-Künstler haben das mit Bravour bestanden – zumindest so gut, dass Dritte die Skizze wiederum als Autobahn identifizieren konnten. Das ist nur möglich, weil wir von der Autobahn ein klares Bild im Kopf haben und wissen, wie eine Autobahn aussieht. Spannend wurde es, als ich die Teilnehmer anschließend bat, einen Radweg zu skizzieren. Fragen Sie nicht was dabei herauskam! Eine Person versuchte sich immerhin an einem Radfahrstreifen mit Fahrradsymbol, was andere wiederum mehr oder weniger richtig als „Radweg" erkannten. Der Rest war eine interessante Mixtur an allem Möglichen, leider misslang der Versuch die Skizzen als Radweg zu identifizieren ganz fürchterlich. An den Laien-Künstlern konnte das allerdings nicht liegen, gelang ihnen doch die Autobahn bereits im ersten Anlauf recht gut.

Der Radverkehr muss in den Köpfen der Zielgruppe ein konkretes Bild hervorrufen. Bilder sind die Voraussetzung für Handlungen.

Weshalb wir eine Autobahn gut und einen Radweg so miserabel zeichnen, hat einen ganz simplen Grund: Davon, wie eine Autobahn aussieht, haben wir eine klare Vorstellung. Von der Autobahn haben wir ein Bild im Kopf, das bei uns allen auch noch mehr oder weniger ähnlich ausgeprägt ist. Zwei mehrspurige Richtungsfahrbahnen, Mittelleitplanke und kreuzungsfrei sind die Kernelemente. Anders bei einem Radweg. Die Varianten sind selbst innerhalb einer einzigen Kommune so vielfältig, dass es absolut unmöglich ist, sich eine klare Vorstellung davon zu machen. Meist fehlt gar eine separierte Führung der Radfahrenden und sie müssen auf „fremden" Netzelementen (Straße, Gehwege) unterwegs sein, die in erster Linie für den Kfz-Verkehr oder Gehende geplant wurden (Abb. 5-3).

Auffallend

Unternehmen entwerfen für jedes Produkt, das von den Kunden gekauft werden soll, ein ansprechendes Design – bis hin zu der Verpackung, die das Produkt umgibt. Das genaue Gegenteil machen viele Kommunen und Planer beim Produkt *Radverkehr*. „Bloß nicht auffallen!" scheint das Motto zu sein. In jedem Unternehmen wäre der verantwortliche Marketingchef längst gefeuert worden!

Auffällig und einladend: Die Radwege in den Niederlanden, die an einen roten Teppich erinnern.

Auch in Deutschland wird Radinfrastruktur zunehmend auffällig gestaltet. Die Funktion dieser Fahrradstraße in Neu-Ulm ist klar erkennbar.

Es ist geradezu fahrlässig, das Potenzial einer auffällig gestalteten Radinfrastruktur zu ignorieren und Netzelemente langweilig, grau und möglichst unscheinbar zu „designen". Um Aufmerksamkeit zu erzeugen, ist Radinfrastruktur im Raum so zu gestalten, dass sie auffällt – und zwar unabhängig davon, mit welchem

Verkehrsmittel oder in welcher Situation die Zielgruppe unterwegs ist. Beziehen Sie dazu alle Sinne ein!
Eine Studie der Technischen Universität Delft hat bereits früh gezeigt, dass niederländische Radfahrer die rote Asphaltoberfläche der Radwege, die Gestaltungselemente zur Verkehrsführung, die Wahrnehmbarkeit der Routenführung sowie die Kontinuität im Design besonders zu schätzen wissen und dies erheblich zur Attraktivität der Radwege beiträgt (Van Goeverden und Goodefroi 2011). Zwischenzeitlich gibt es auch in Deutschland erste Untersuchungen zur subjektiven Wirkung von Radverkehrsanlagen, die durchgehend farbig eingefärbt sind. Demnach wirkt sich die Einfärbung signifikant positiv aus. Eine visuell deutlich wahrnehmbare Oberfläche ist der größte Hebel, um die Radinfrastruktur im Raum sichtbar zu machen – was übrigens auch der Verkehrssicherheit förderlich ist.

Abb. 5-4 zeigt die unterschiedlichen Wirkungen, die durch eine auffallende Gestaltung der Oberfläche erzielt werden können. Im linken Bild ist aufgrund der baulichen Strukturen denkbar, dass es sich (1) um einen getrennten Geh- und Radweg handelt, (2) um einen Zweirichtungsradweg mit Mittellinie zur Trennung der Fahrtrichtungen oder (3) theoretisch sogar um einen Gehweg mit Markierungen. Tatsächlich ist dort ein getrennter Geh- und Radweg (1) ausgewiesen, wobei der Fußgänger auf dem Foto gerade auf dem (zu schmalen) Zweirichtungsradweg läuft und die Radfahrerin nach rechts auf den Gehweg ausweicht. Dieses Design ist weder auffällig, noch selbsterklärend oder attraktiv. Das rechte Bild zeigt dieselbe Stelle nach einem Umbau: Der (immer noch schmale) Zweirichtungsradweg ist jetzt auffallend, einfach zu befahren und grenzt sich durch die Farbgebung sowie die Materialwahl (Asphalt und Pflaster) baulich von dem angrenzenden Gehweg ab.

Abb. 5-4: Mit der auffälligen Gestaltung von Radwegen (rechts) kann die Aufmerksamkeit auf die Verkehrsalternative Fahrrad gelenkt werden. Im Bild links, das vor dem Umbau entstand, ist der Radverkehr fast schon unsichtbar – vor allem aus der Windschutzperspektive der Autofahrer.

Die auffallende Gestaltung sollte dabei alle Elemente der Radinfrastruktur umfassen. Abbildung 5-5 zeigt die Einfahrt zu einem Fahrradparkhaus in Kopenhagen. Auffällig ist hier einerseits das rote Tor mit dem überdimensionalen Fahrradpiktogramm selbst, andererseits aber auch die Platzierung in unmittelbarer Nähe des Eingangs. Auch andere Besucher passieren auf dem Weg in oder aus dem Einkaufszentrum somit das gut sichtbare Fahrradparkhaus.

Abb. 5-5: Einfahrt zu einem Fahrradparkhaus in einem Kopenhagener Einkaufszentrum

Zulässigkeit von Roteinfärbungen

Radverkehrsanlagen (z.B. Radwege, Fahrradstraßen) dürfen im gesamten Streckenverlauf rot markiert werden. Hierüber kann der jeweilige Baulastträger frei entscheiden. Das bedeutet, dass bei gemeindlichen Wegen der Gemeinde- bzw. Stadtrat eine durchgehende Roteinfärbung verbindlich beschließen kann – z.B. indirekt durch Bereitstellung der Mehrkosten für eine Roteinfärbung im kommunalen Haushalt oder direkt im Zuge eines Grundsatzbeschlusses zur Gestaltung von Radverkehrsanlagen im Ortsgebiet.

Immer wieder kommt es in der Praxis allerdings zu der Aussage, eine Roteinfärbung sei nur in Konfliktbereichen zulässig – also dort, wo sich die Wege von Radfahrenden und Kfz-Verkehr kreuzen und eine erhöhte Gefahr vermutet werden kann (z.B. an Einmündungen und Grundstückszufahrten). Diese Aussage ist falsch. Richtig ist, dass die für die Radverkehrsplanung gültigen Regelwerke (ERA, RASt) eine Roteinfärbung nur für Konfliktstellen empfehlen. Dahinter steht folgender Gedanke:

Die Roteinfärbung soll alle Verkehrsteilnehmenden auf eine potenzielle Gefahr aufmerksam machen und das geht nur, wenn sich diese Konfliktstellen von den restlichen, sichereren Streckenabschnitten unterscheiden. Für diese Theorie gibt es allerdings keinerlei Belege. So existiert beispielsweise keine einzige Studie, in der diese These auch nur ein einziges Mal wissenschaftlich untersucht wurde. Trotzdem findet diese These nach wie vor viele Anhänger.

Ich vertrete die umgekehrte These: Eine durchgehende Roteinfärbung erhöht die Verkehrssicherheit. Begründung: Wenn die Radverkehrsführung bereits im Streckenverlauf auffällig und gut erkennbar ist, dann rechnen Autofahrer beim Abbiegen viel eher mit Radfahrenden. Auch dies ist jedoch nur eine These, weil auch dies (in Deutschland) noch nicht untersucht wurde.

Ein Radweg mit einer roten Asphaltoberfläche ist aus dem Auto heraus deutlich besser wahrnehmbar als grauer Asphalt. Dies erhöht die Verkehrssicherheit und ist gleichzeitig Marketing für die Mobilitätsalternative Fahrrad.

Erste Städte lösen diesen Konflikt auf ihre eigene Weise: So haben beispielsweise Berlin oder Freising (Bayern) entschieden, dass sie ihre Radverkehrsanlagen grundsätzlich flächig Grün markieren, die Konfliktbereiche jedoch weiterhin in Rot. Meine Empfehlung ist es jedoch, sich ausschließlich auf Rot zu konzentrieren: Dies mindert den Bauaufwand und vor allem werden rote Straßen und Wege automatisch mit dem Fahrrad verbunden.

Fahrradstraße in Bremen mit flächiger Roteinfärbung

Geschützter Radfahrstreifen in Grün mit Rotfärbung der Konfliktbereiche (Berlin)

Umwelt- und Bewegungswahrnehmung

Wie wir unser Umfeld wahrnehmen, hängt wesentlich davon ab, wie wir uns fortbewegen (*Bewegungswahrnehmung*). Als Autolenker sind wir üblicherweise schneller unterwegs, als zu Fuß oder mit dem Rad. Je höher die Geschwindigkeit, desto stärker fokussieren wir uns auf weiter vor uns liegende Punkte. Wir richten uns visuell zunehmend nach vorne aus (*Zug nach vorn*) und engen unseren Blickwinkel ein. Dadurch verlieren wir die Breitendimension und den Blick für den Seitenraum. Autofahrer nehmen das Umfeld jenseits des Straßenraums anders wahr als Radfahrer und Fußgänger. Wer zu Fuß oder mit dem Rad unterwegs ist, hat deshalb auch höhere Ansprüche an eine attraktive Gestaltung des Seitenraums sowie an Gebäude mit ihren Strukturen. An einer kahlen, fensterlosen Betonfassade ist ein Autofahrer schnell vorbei – im Gegensatz zu einem Radfahrer. Ob sich ein Radfahrer auf einem Radweg wohlfühlt, hängt deshalb nicht nur von dessen Breite oder Oberflächenstruktur ab, sondern auch von der Gestaltung der Rand- und Seitenbereiche.

Die trojanische Infrastruktur

Das trojanische Pferd in der griechischen Mythologie hat es zu einiger Berühmtheit gebracht. Die Geschichte besagt, dass der griechische Krieger Odysseus die langjährige Belagerung der Stadt Troja siegreich beenden konnte, als er ein großes hölzernes Pferd erbauen ließ und sieben tapfere Krieger in dessen Bauch versteckte. Nach dem vermeintlichen Rückzug der Griechen zogen die Trojaner das angeblich heilige Pferd in ihre Stadt und gewährten damit ungewollt den gegnerischen Truppen Einlass in ihre Stadtmauern. Diese Sage ist der Namensgeber für die als Trojaner bekannten Computerprogramme, die als nützliche Anwendungen getarnt werden, jedoch für den Anwender oft unbemerkt Schaden anrichten. Mit Trojanern werden deshalb üblicherweise negative Gefühle verbunden, obwohl das grundlegende trojanische Prinzip zunächst lediglich ausdrückt: Ein bei der Zielgruppe bekanntes und begehrtes Objekt (in der Ursprungsgeschichte war dies das hölzerne Pferd) wird geschickt genutzt, um die Zielgruppe etwas anderes, für sie neues, näher zu bringen (die gegnerischen Krieger im Bauch). Das Neue wird also platziert, indem man es mit dem Gewohnten verknüpft.

In seiner positiven Ausprägung ist das trojanische Prinzip ein wichtiges Element der Radverkehrsförderung. Wir machen es uns dann zu Nutze, wenn die bestehenden Strukturen anderer Verkehrsträger (z. B. Auto) dazu genutzt werden, um die Zielgruppe an die Mobilitätsalternative Fahrrad heranzuführen. Ein straßenbegleitender Radweg, der so geführt wird und gestaltet ist, dass er von Autofahrern während der Fahrt wahrgenommen werden kann, greift auf diese Mechanismen zurück. Hier wird das Bekannte – die Wegeverbindung für den Kfz-Verkehr – verwendet, um die Autofahrer (Zielgruppe) mit der Alternative *Fahrrad* vertraut zu machen. Ein abseits der Hauptverkehrsstraße geführter Radweg mag landschaftlich attraktiver oder ruhiger sein, er schafft es jedoch nicht in die Wahrnehmung der Autofahrer. Eine trojanische Infrastruktur holt die Zielgruppe also dort ab, wo sie sich befindet, indem die alten, bekannten Strukturen (Straße) mit dem neuen Produkt (Radverkehrsverbindung) verbunden werden.

Trojanische Infrastruktur: Der Radweg wird direkt an der Hauptverkehrsstraße geführt und fällt aus dem Auto heraus auf.

Auch das ist trojanisch: Auf dem Weg zum Bahnsteig kommen die Fahrgäste automatisch an der Fahrrad-Station vorbei (Delft).

Radverkehr als eigene Marke

Produkte befriedigen nicht nur Bedürfnisse, sondern sind auch Ausdruck des eigenen Lebensstils. Ob Kleidung, Automobil oder Smartphone – das Produkt gibt Aufschluss über die Person, die es kauft und verwendet. Das gelingt nur, weil erfolgreiche Marken für Werte stehen, mit denen sich ein bestimmter Kreis an Menschen identifizieren kann. Der Mensch ist ein soziales Wesen und die Zugehörigkeit zu einer Gruppe macht für ihn einen wesentlichen Bestandteil seiner Identität aus. Er ist deshalb bereit, für „seine" Markenprodukte einen höheren Preis zu bezahlen. Der Inhaber der Marke erzielt dadurch einen Wettbewerbsvorteil gegenüber seinen Konkurrenten.

Welche Bedeutung hat das Marken-Phänomen für den Radverkehr in einer Kommune?

Hauptaufgabe von Marken ist es, Produkte und Dienstleistungen „beziehungsfähig" zu machen (Wala 2013), also Produkte und Menschen zusammenzuführen. Erfolgreiche Marken erzeugen Aufmerksamkeit, gewinnen das Vertrauen ihrer Zielgruppe und sorgen für ein Wir-Gefühl – alles wichtige Ziele für eine Vermarktung des Produktes *Fahrrad*.

Ein Element für den Aufbau einer Marke sind Farben. Die Stadt Offenburg hat im Jahr 1980 erstmals grüne Markierungen verwendet, um Radwege zu kennzeichnen. Bis heute wird die grüne Farbe als Erkennungszeichen im öffentlichen Raum für das Fahrrad und allgemein für die Angebote der Nahmobilität verwendet. Die Einwohner der Stadt assoziieren Grün somit mit dem Fahrrad. Neben Radwegen oder Radfahrstreifen können auch alle anderen Bestandteile der Radinfrastruktur, z.B. Radabstellanlagen oder Service-Einrichtungen, mit dem gleichen Grünton versehen werden. Vermutlich auch deshalb schimmert die Außenfassade des automatischen Fahrradparkhauses am Bahnhof auch in einem dezenten Grün (Abb. 5-6). Die Radverkehrsinfrastruktur wird damit noch stärker im Raum sichtbar und mit ihr die Mobilitätsalternative Fahrrad.

Seien Sie dabei durchaus kreativ, um eigene Lösungen zu entwickeln. Angenommen Sie möchten mehr Schülerinnen und Schüler in den Sattel bringen. Wie wäre es beispielsweise mit einem ausgewiesenen Schülerradroutennetz, das Kinder und Jugendliche auf einer blauen, roten, grünen oder lila Route sicher zur Schule geleitet – selbstverständlich mit einer farbigen Reifenspur für Jedermann gut im Straßenraum sichtbar.

Abb. 5-6: Die Farbe des Radverkehrs in Offenburg ist ein helles Grün. Im Bild: Die grüne Leitlinie verläuft im Vordergrund parallel zur weißen Schmalstrichmarkierung des Schutzstreifens, im Hintergrund ist das grün schimmernde Radhaus, eine automatische Fahrradparkanlage, zu sehen.

Eine weitere sehr gute Möglichkeit ist die spezielle Kennzeichnung wichtiger Radrouten mit einem wiedererkennbaren Markenlogo. Erfolgreiche Städte wie Freiburg oder Groningen (Niederlande) haben ein eigenes Logo entwickelt (Abb. 5-7, Abb. 5-8). Um zu vermeiden, dass jede Stadt, jede Gemeinde oder jeder Landkreis mit einem hohen Aufwand ein eigenes Markenlogo entwickeln muss, habe ich das Routenlogo entwickelt (Abb. 5-9). Es steht allen Kommunen kostenfrei zur Verfügung. Ein einheitliches Markenlogo für alle Kommunen in Deutschland gewährleistet auch die Wiedererkennbarkeit.

Abb. 5-7: Die Stadt Freiburg hat dieses Logo für ihre Velorouten entwickelt. Die mit „FR" bezeichneten Routen sind durchnummeriert.

Abb. 5-8: Die Stadt Groningen nutzt dieses Markenlogo. Die jeweiligen Routen haben selbsterklärende Bezeichnungen (hier die Bahnhof-Route).

Das Routenlogo (www.routenlogo.de) hat die Grundfarbe Grün und orientiert sich damit an der seit 2021 aktuellen Systematik der technischen Regelwerke in Deutschland. Fester Bestandteil des Logos ist eine Person auf einem Fahrrad, die erkennbar schwungvoll unterwegs ist. Hierbei werden unterschwellig die besonderen Vorteile einer Radhauptverbindung bzw. Radvorrangroute kommuniziert, auf denen Radfahrende möglichst zügig, komfortabel und sicher vorankommen sollen. Dieses Piktogramm ist - genauso wie die Farbwahl - in ganz Deutschland identisch, um einen hohen Wiedererkennungswert zu garantieren. Verändern können Sie allerdings die Routenbezeichnung, die unter dem Piktogramm abgebildet ist und sich über eine oder auch zwei Zeilen erstrecken kann. Hier hat jede Kommune die Möglichkeit, eigene Akzente zu setzen und ihre Radrouten zu benennen und auch durchzunummerieren – z.B. Veloroute 2, VR2, Innenstadtroute oder Vorrangroute 5. Das Logo kann als Markierung auf dem Asphalt aufgebracht (Abb. 5-10) oder als auffälliges Hinweisschild (Abb. 5-11) im Verkehrsraum angebracht werden. Über Einschubplaketten ist es mit der Radwegweisung nach dem Standard der FGSV kompatibel (Abb. 5-12).

Abb. 5-9: Das Routenlogo verfügt über feste Bestandteile, um in ganz Deutschland eine Wiedererkennbarkeit zu gewährleisten, sowie der Routenbezeichnung als variabler Bestandteil, so dass jede Kommune diese individuell festlegen kann.

Abb. 5-10: Das Routenlogo wird als Markierung auf der Fahrbahn oder der Radverkehrsanlage aufgebracht. Ergänzende Richtungspfeile in Weiß zeigen die Fahrtrichtung an (Bild: Fotomontage).

Abb. 5-11: Mit Hinweisschildern, die Richtungspfeile enthalten, kann die Routenführung verdeutlicht werden – zusätzlich zur Markierung auf der Fahrbahn oder alternativ hierzu. Anders als Markierungen sind die Hinweisschilder auch bei Schnee sichtbar.

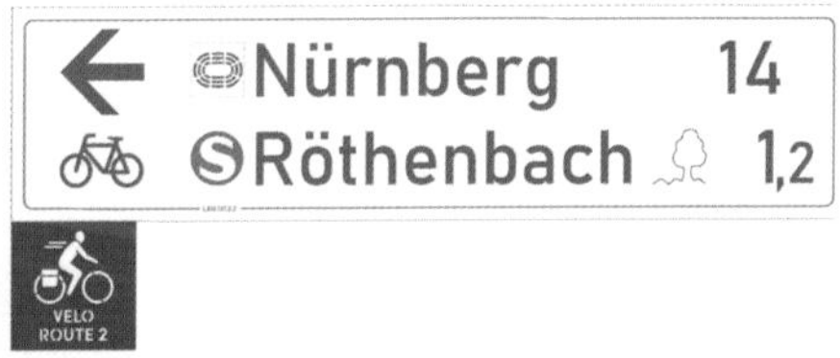

Abb. 5-12: Einschubplaketten (Signets) ermöglichen die Integration in die Radwegweisung nach dem Standard der FGSV. Diese Variante kommt ausschließlich ergänzend zu Markierungen und/oder Hinweisschildern zum Einsatz.

Einladend

Eine auffällige Radinfrastruktur allein ist zu wenig. Sie muss auch Lust darauf machen sie zu nutzen, also einladend sein. Der Gesamteindruck der Infrastruktur entscheidet darüber, ob Radfahren sexy genug ist.

Neben einer ansprechenden und einladenden Gestaltung gehört auch dazu, potenzielle mentale Barrieren zu erkennen und auszuräumen. Hängen Sie die psychologischen Hürden einfach tiefer! Die Beschilderung zu Zielen des Radverkehrs gibt üblicherweise die Entfernung an. Kilometerangaben sind jedoch für die meisten eine größere Hürde, als eine Zeitangabe. Eine 30-minütige Radtour klingt doch viel freundlicher als eine Distanz von 10 km. Auch das ist Marketing: Verpacken Sie Ihr Produkt immer möglichst leicht verdaulich und attraktiv!

Radwege müssen gebaute Einladungen sein.

Empfehlungsmarketing

Wem glauben sie eher: der Botschaft in einem Werbeprospekt oder der Empfehlung eines guten Freundes? Sie können in einem Werbeflyer noch so oft schreiben, wie toll und gesund Radfahren ist, wenn die Realität anders wahrgenommen wird. Umgekehrt können Sie auf Flyer (fast) verzichten, wenn sie eine einladende Infrastruktur anbieten. *Empfehlungsmarketing* bedeutet eine Radinfrastruktur zu errichten, die sich Nutzern durch ihr auffälliges und einladendes Design selbst empfiehlt. Das ist genauso vertrauenswürdig wie der Tipp eines guten Freundes.

Klassisches Empfehlungsmarketing: Diese Fahrradstraße empfiehlt sich der Zielgruppe durch ihre ansprechende Gestaltung und macht Lust darauf, auf ihr in Richtung Innenstadt und Bahnhof zu fahren (Sonthofen).

Subliminale Botschaften

Was verbinden Sie mit der Figur in Abb. 5-13? Sie sehen einen geschwungenen Halbkreis in U-Form mit einem kurzen Querbalken und einem Punkt, einem angedeuteten i-Tüpfelchen.

Abb. 5-13: Die abgebildete Figur enthält unterschwellige Signale.

Negative Botschaft: Für diese Zufahrt zu einem Privatgrundstück wird der Radweg optisch unterbrochen.

Wenn ich die Abbildung in einem Seminar zeige, finden sich unter Garantie immer Personen, die es mit dem Logo des Reiseveranstalters TUI in Verbindung bringen, das so ähnlich gestaltet ist. Das TUI-Logo bildet die drei Buchstaben des Unternehmens ab, ist aber vor allem in anderer Hinsicht interessant. Was geschieht mit Ihren Mundwinkeln, wenn Sie TUI laut aussprechen? Beim letzten Buchstaben ziehen Sie Ihre Mundwinkel nach oben, genau so wie es im Logo mit dem geschwungenen Halbkreis abgebildet wird. Nach oben gezogene Mundwinkel erzeugen ein Lächeln im Gesicht und ein Lächeln wird in jeder Kultur dieser Welt positiv bewertet. Ein mit einem Lächeln assoziiertes Gefühl ist z. B. *Freude*, was gut zu einem Reiseveranstalter wie TUI passt. Ein Logo mit nach unten gezogenen „Mundwinkeln" würde wohl eher schlecht geeignet sein und dürfte konkrete Auswirkungen auf das Image des Unternehmens, seine Produkte sowie die Kaufentscheidungen der Kunden haben.

Unterschwellige Signale: Im linken Bild wirkt die Pflasterung wie eine Barriere, rechts wurde am Übergang zwischen Zweirichtungsradweg und Fahrbahn auf eine Materialkante verzichtet, die Radverbindung ist vielmehr durchgehend asphaltiert.

Solche unterschwelligen Signale (*subliminale Botschaften*) begegnen uns täglich unzählige Male, ohne dass wir bewusst Notiz davon nehmen. Doch sie beeinflussen Entscheidungen, indem sie bereits vorhandene Grundeinstellungen verstärken. Niemand wird wegen des Logos allein einen Urlaub buchen, jedoch werden Urlaubswillige eher geneigt sein, (bei diesem Reiseveranstalter) einen Urlaub zu buchen (sofern auch die sonstigen Rahmenbedingungen für gut befunden werden). Für die Radverkehrsplanung bedeutet das: Augen auf und unterschwellige Botschaften bewusst im Sinne der Radverkehrsförderung nutzen!

„Herzlich Willkommen, lieber Radfahrer!", scheinen diese Fahrradständer zu sagen. Nachteilig ist allerdings die schlechte Funktionalität.

Es muss wohl Liebe sein: Kunst in der Fahrradstadt Delft.

Die Perspektive der ermüdenden Distanz

„Auch ein langer Weg beginnt mit einem ersten Schritt“, lautet eine bekannte Weisheit. Lange, weite Wege entmutigen uns meist schon, bevor wir sie überhaupt in Angriff genommen haben. Allein bei der Vorstellung oder dem Anblick, was alles auf uns zukommt, verlieren wir schon die Lust. Deshalb werden lange Wege oder große Aufgaben in kleinere Einheiten zerlegt. Nicht der lange, entmutigende Kraftakt soll im Fokus stehen, sondern der jeweils nächste Schritt. Das macht auch die Gesamtdistanz mental schaffbarer. *Die Perspektive der ermüdenden Distanz* beschreibt eine Situation in der Fuß- und Radverkehrsplanung, in der eine Person die ganze vor ihr liegende Strecke erfasst. „Der Weg ist gerade und scheinbar endlos, verspricht keine interessanten Anblicke am Wegesrand und ermüdet daher schon, bevor überhaupt der erste Schritt getan wurde“, beschreibt der dänische Stadtplaner Jan Gehl in seinem lesenswerten Buch *Städte für Menschen* (Gehl 2015).

Besser ist es, die Gesamtstrecke des Radfahrers in kleinere Abschnitte zu unterteilen, die das Gefühl erzeugen, dass ein Weg gut zu bewältigen ist. Anstelle eines Weges, der schnurgerade verläuft, können leichte Kurven eingebaut werden.

Abb. 5-14: Ermüdend: die gerade, scheinbar endlose Strecke macht wenig Lust, mit dem Fahrrad zu fahren.

Abb. 5-15: Leichte Verschwenkungen erzeugen den Eindruck, die Strecke besser schaffen zu können

Die Fotobeispiele führen vor Augen, wie eine Wegstrecke mit ermüdender Wir-kung (Abb. 5-14) bereits durch kleine Krümmungen (Abb. 5-15) optisch aufgewertet werden kann. Der Effekt kann verstärkt werden, wenn leichte Biegungen erzeugt werden, die nicht sofort eingesehen werden können und neugierig auf das machen, was sich dahinter versteckt (Abb. 5-16). Diese Maßnahmen entfalten ihre Wirkung auch bei Menschen, welche die Strecke regelmäßig fahren und somit kennen. Abzweige oder scharfe Kurven sind dafür übrigens nicht nötig, es genügt, den völlig geradlinigen Verlauf ein wenig zu unterbrechen. Leicht zu überschauende Abschnitte können ebenso mit Plätzen oder Aufenthaltsflächen geschaffen werden.

Die menschlichen Sinnesorgane benötigen etwa alle 5 Sekunden einen Reiz, um einen Ausgleich zwischen Reizlosigkeit und Reizüberflutung zu erzeugen (Gehl 2015). Bei Radfahrenden bedeutet das, bei einer Geschwindigkeit von 20–22 km/h, alle 100–110 m einen optischen Reiz zu setzen. Möglichkeiten bieten sich auch, indem diese am Wegesrand gesetzt werden: durch Bepflanzungen, interessante Gebäude, weiche Übergänge zwischen öffentlichem und privatem Raum (z.B. Vorgärten, Veranden, Balkone), Ladengeschäfte, Gebäudefassaden oder der Belebung des Raumes durch Menschen, die mobil sind oder sich dort aufhalten.

Auch die optische Gestaltung der Radverkehrsverbindung selbst trägt dazu bei, wie sie von Radfahrern empfunden wird. Eine glatte Oberfläche hat eine angenehmere Wirkung als Strecken, bei denen der Asphalt durch Baumwurzeln angehoben wurde oder die mit Kopfsteinpflaster versehen sind. Ebenso können zu schmale oder deutlich zu breite Radwege negative Gefühle erzeugen, weil sie entweder eine starke Aufmerksamkeit erfordern, oder ermüdend wirken.

Abb. 5-16: Biegungen und Bewuchs unterteilen eine Strecke optisch in kleinere Abschnitte und machen neugierig auf das, was dahinter kommt.

Farbenfroher Fußgängerüberweg in Utrecht: Warum nicht auch mal die Infrastruktur nutzen, um Anreize zu setzen?

Auch die optische Gestaltung der Radverkehrsverbindung selbst trägt dazu bei, wie sie von Radfahrern empfunden wird. Eine glatte Oberfläche hat eine angenehmere Wirkung als Strecken, bei denen der Asphalt durch Baumwurzeln angehoben wurde oder die mit Kopfsteinpflaster versehen sind. Ebenso können zu schmale oder deutlich zu breite Radwege negative Gefühle erzeugen, weil sie entweder eine starke Aufmerksamkeit erfordern oder ermüdend wirken.

Die psychologische Wirkung der Architektur

Detailreiche, abwechslungsreiche Fassaden und Vorgärten machen die Fahrt durch die Straßen interessanter. Vertikal gegliederte Gebäudefassaden setzen optische Reize, lassen einen Weg kürzer erscheinen und vermitteln unbewusst den Eindruck, er sei leichter zu bewältigen (Gehl 2015). Straßen, deren Läden am Abend mit Metallrollos gesichert werden, wirken kalt und abweisend (und unsicher).

Vertikale Strukturen, sanfte Übergänge und halbprivate Flächen erhöhen die Aufenthaltsfunktion wie hier im Freiburger Quartier Vauban.

Horizontale Strukturen zu beiden Seiten (Gebäude und Hochbahn) und harte Übergänge zwischen öffentlichem und privatem Raum begleiten diesen schnurgeraden Radweg.

Gestalterische Elemente, die einen Bezug zwischen den Innenbereichen von Gebäuden und den Randbereichen der Straße herstellen, machen Gehen und Radfahren attraktiver. Sowohl die Infrastruktur, als auch die Gebäude beeinflussen Menschen und ihr Verhalten. Das menschliche Wahrnehmungsfeld ist dabei äußerst vielfältig. Wir erkennen Konturen, Texturen, Farben und Kontraste.

Die detailreiche Fassade mit ihrer vertikalen Struktur regt das Auge an und lässt die Strecke kürzer erscheinen, als bei horizontaler, einheitlicher Fassadenstruktur.

Menschen gehen dorthin, wo andere Menschen sind

Neben den klassischen Bewegungsräumen, wie Straßen, Gassen, Geh- oder Radwegen, gehören Erlebnisräume zu den wichtigen Elementen der Stadtplanung. Dazu zählen Plätze, Parks oder Seitenräume, die zum Verweilen einladen. Die Erhöhung der Aufenthaltsfunktion in einer Kommune, speziell im Umfeld von Verbindungen des Fuß- und Radverkehrs, ist ebenfalls eine Maßnahme der Radverkehrsförderung. Dort, wo sich mehr Menschen im öffentlichen Raum aufhalten, steigt die Sicherheit, und sind mehr Menschen zu Fuß oder mit dem Fahrrad unterwegs (Gehl 2015). Menschen ziehen weitere Menschen an.

Belebte Plätze sind wichtige Anziehungspunkte.

Neben der Attraktivierung des öffentlichen Raumes kommt vor allem den privaten Räumen eine entscheidende Rolle zu – Wohnungen, Häuser, Geschäfte und Büros. In ihnen halten sich Menschen rund um die Uhr auf. Die Nähe von Wohnungen ist beispielsweise wichtig für das soziale Sicherheitsgefühl im Straßenraum. Weiche Übergänge zwischen Innen und Außen, wie Vorgärten, Terrassen oder Veranden, sind ein wichtiger Schutz, den Menschen brauchen, um Kontakte zu knüpfen und die Straße zu beleben; mit Pflasterungen, Grünflächen, Mobiliar, Hecken, Pforten, Höhenunterschieden, Treppeneingängen oder Vordächern können weiche Übergänge gestaltet werden (Gehl 2015, Holzapfel 2012). Schlecht sind deshalb rückseitig angeordnete Aufenthaltsflächen. Das Gebäude und das Leben der Bewohner sollten sich hin zur Straße orientieren, mit belebten Erdgeschossen und halbprivaten Flächen vor dem Haus. In diesen Übergangszonen halten sich Menschen vorzugsweise auf und von ihnen gehen auch am ehesten Aktivitäten in den öffentlichen Raum über. Die Beliebtheit einer Aufenthaltsfläche ergibt sich nicht nur aus der Anzahl der Personen, die sich dort aufhalten, sondern auch aus deren Verweildauer. Straßenzüge mit weichen Übergängen sind zwei bis drei Mal belebter als solche mit festen Grenzen und harten Übergängen (Gehl 2015).

Bei Plätzen üben deren Randbereiche eine elementare Funktion als Aufenthalts- und Kommunikationsflächen aus. Randbereiche sind die Flächen an den Außenrändern, beispielsweise vor den Gebäudefassaden oder der Umgrenzung eines Platzes. Wer sich dort aufhält, dessen Rücken ist geschützt und er hat gleichzeitig einen guten Überblick über das Geschehen. Der halbprivate, ebenerdige Raum unmittelbar vor der Hauswand ist auch in Neubaugebieten für die Belebung der Straße wichtig, z.B. durch Vorgärten mit Sitzgelegenheiten und schöner Begrünung.

6

Zweite Kernaufgabe

Zweite Kernaufgabe: Berücksichtigen Sie subjektive Empfindungen!

Die erste Kernaufgabe zielte darauf ab, die Aufmerksamkeit der Zielgruppe durch eine auffallende und einladende Radverkehrsinfrastruktur zu erlangen und das Fahrrad im *Relevant Set* als ein Verkehrsmittel für den Alltag zu verankern. Damit eine Person das Fahrrad auch für sich selbst als Mobilitätsform in Betracht zieht, müssen wir ihr Interesse wecken und den Wunsch erzeugen, das Fahrrad im Alltag zu nutzen. Der Schlüssel dazu sind die subjektiven Empfindungen – zur Sicherheit beim Radfahren, zur Schnelligkeit, zum Organisationsaufwand oder zum Komfort. Insgesamt acht Handlungsbereiche identifiziert das Hygge-Modell. Bei der zweiten Kernaufgabe geht es deshalb darum, die subjektiven Empfindungen zu kennen und zu berücksichtigen, um mit einer stressarmen Infrastruktur die nötigen Bedingungen dafür zu schaffen, dass die Zielgruppen der Radverkehrsförderung das Fahrrad für sich entdecken. Denn wie wir die Nutzung einzelner Verkehrsmittel empfinden, entscheidet wesentlich unser Mobilitätsverhalten.

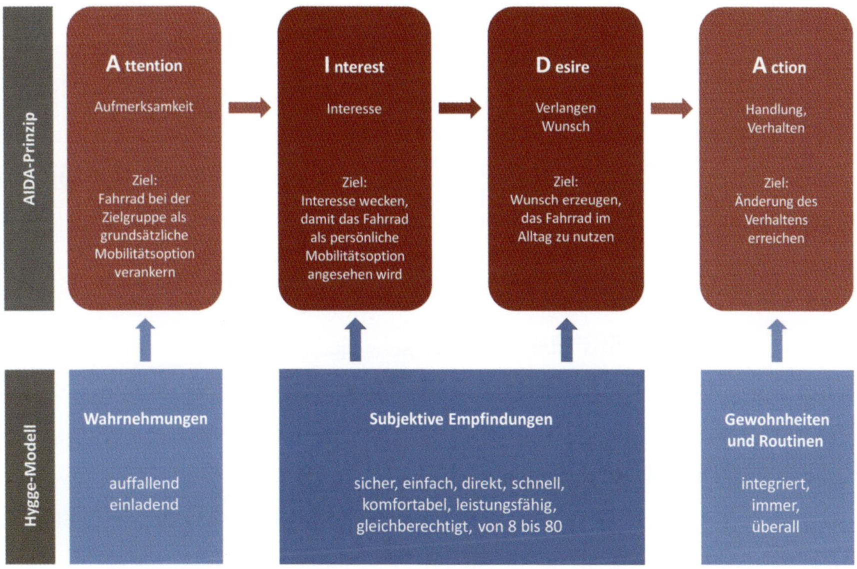

In der zweiten Kernaufgabe werden die subjektiven Empfindungen zum Radverkehr angesprochen, um das Interesse und den Wunsch bei der Zielgruppe zu wecken.

Sicher

Sicherheit und Stabilität gehören zu den wichtigsten menschlichen Bedürfnissen. Versicherungskonzerne in aller Welt setzen jedes Jahr Milliarden damit um, ihre Kunden gegen alle (un-)denkbaren Schadensfälle abzusichern. Und als Verbraucher nehmen wir diese Angebote mit Kusshand an, ganz gleich wie wahrscheinlich oder folgenreich ein bestimmtes Schadensereignis – nüchtern betrachtet – tatsächlich ist. Hauptsache wir fühlen uns gut, für diese Eventualität abgesichert zu sein.

Das gleiche gilt für die Mobilitätsentscheidung. Die Nutzer pfeifen auf eine gute Unfallstatistik, wenn sie das Fahrrad subjektiv als risikobehaftetes Verkehrsmittel empfinden. Die **gefühlte** Sicherheit ist der Faktor, der mit Abstand den größten Einfluss darauf hat, ob sich Menschen für oder gegen das Fahrrad als Verkehrsmittel entscheiden (z.B. Pucher und Buehler 2012, Wang et al. 2014, Winters et al. 2011). Alle Maßnahmen zur Gewährleistung der Verkehrssicherheit haben drei Adressaten: Fahrer von Kraftfahrzeugen, Fußgänger und Radfahrer. Die Infrastruktur gibt den Rahmen vor, innerhalb dem sich die Verkehrsteilnehmer bewegen. Sie beeinflusst damit Verhalten unmittelbar.

Das Sicherheitsbedürfnis ist mehrdimensional

Wenn es im deutschsprachigen Raum um Sicherheit im Radverkehr geht, steht die klassische Verkehrssicherheit des Radfahrers im Fokus, der sich auf seinem Drahtesel durch den Raum bewegt. Der Blick richtet sich darauf, wie Radfahrer im Straßenraum objektiv sicher geführt werden können, um Anzahl und Folgen von Unfällen zu reduzieren. Im Zentrum der Bemühungen von Radverkehrsplanern stehen somit drei Aspekte: (1) der Radfahrer, (2) der Fahrverkehr und (3) die objektive Sicherheit.

Das Sicherheitsbedürfnis der Nutzer geht jedoch darüber hinaus, es ist mehrdimensional. Auch die Angst vor einer Panne, vor Vandalismus und Diebstahl oder die Furcht vor dem Kfz-Verkehr beeinflussen wesentlich die persönliche Einschätzung, wie sicher das Fahrrad als Mobilitätsalternative ist. Es ist erwiesen, dass sich Menschen gegen das Fahrrad entscheiden, wenn sichere Abstellanlagen am Zielort fehlen oder sie glauben, im Falle einer Panne irgendwo hilflos zu stranden. Obwohl Defekte an einem Fahrrad üblicherweise einfacher behoben werden können, als solche bei einem Auto, benötigt die breite Masse fachliche Hilfe im Notfall. Die vom ADFC in Deutschland im Jahr 2016 eingeführte

Pannenhilfe für Radfahrer schließt hier eine wichtige Lücke, ist jedoch noch viel zu wenig bekannt.

Mit einer Radverkehrsplanung, deren Ziel auch die Optimierung der technischen Sicherheit des Fahrrades, des ruhenden Verkehrs sowie der subjektiven Sicherheitsbedürfnisse der Radfahrenden ist, können die intuitiven Anforderungen der Zielgruppe noch besser erfüllt werden. Ein sicheres Umfeld für Radfahrer im Sinne des Hygge-Modells umfasst deshalb folgende Dimensionen (*360°-Sicherheit*):

(1) Fahrradfahrer und Fahrrad
(2) Fahrverkehr und ruhender Verkehr
(3) Objektive und subjektive Sicherheitsaspekte

Mit dieser Fehlplanung sind Plattfüße vorprogrammiert: Diese Altglascontainer grenzen direkt an einen Radfahrstreifen an, der regelmäßig von Glasscherben übersäht ist.

Wie können gekaufte Waren bei Reiheneinkäufen sicher zwischengelagert werden? Die wenigsten verfügen über abschließbare Boxen wie dieses Lastenrad.

Die Spezifika des Radverkehrs

„Radverkehr ist Fahrverkehr und gehört deshalb auf die Straße", lautete bisher das Grundprinzip von Verkehrsplanern im deutschsprachigen Raum. Gegenüber (mehrspurigen) Kraftfahrzeugen weist der Fahrradverkehr allerdings eine Reihe von Besonderheiten auf, die es in der Planungspraxis zu berücksichtigen gilt (Wijlhuizen et al. 2014): Als einspurige Fahrzeuge müssen Fahrräder in jeder Verkehrssituation im Gleichgewicht gehalten werden, unabhängig vom Zustand der jeweiligen Infrastruktur – Radfahren ist damit von Natur aus riskanter als Autofahren. Die Studie von Wijlhuizen et al. bestätigt das mit Blick auf die niederländische Unfallstatistik. Demnach sind 75 Prozent aller Unfälle mit Radfahrern, die der Polizei gemeldet werden und im Krankenhaus enden, Alleinunfälle der Radfahrer. Bei der Analyse konnten folgende Ursachen festgestellt werden:

(1) **Infrastruktur (52 Prozent)**
z. B. Kollisionen mit Hindernissen, Abkommen vom Weg, schlechte Oberflächenqualität
(2) **Kontrollverlust (30 Prozent)**
z. B. niedrige Geschwindigkeit, Transport von Gegenständen, Fehleinschätzung und -verhalten
(3) **Technische Ursachen des Fahrrades (6 Prozent)**
z. B. mangelnde Beleuchtungseinrichtung, Schäden und Defekte
(4) **Andere/unbekannt (12 Prozent)**

Besondere Herausforderungen ergeben sich für Pedalritter bei niedrigen Fahrgeschwindigkeiten (z. B. an Anstiegen), wenn der Vorderreifen wegzurutschen droht (z.B. auf Sand in Kurven, bei Glätte und nassem Laub), an Engstellen (z.B. Fahrbahnverengung, Mischverkehr) und bei Notbremsungen, die in einem Sturz über den Lenker enden können. Wijlhuizen et al. formulieren deshalb drei wesentliche Anforderungen an Fahrradfahrer: Sie müssen in der Lage sein, (1) das Gleichgewicht zu halten, wenn sie Anstiege und Abfahrten oder das Anfahren und Anhalten meistern, (2) proaktiv zu agieren, um in jeder Situation Kollisionen vermeiden und sichere Ausweichmanöver durchführen zu können, sowie (3) das Fahrrad bei drohendem Kontrollverlust schnell wieder auszubalancieren.

Der Radverkehr stellt andere Anforderungen an die Infrastruktur als der Kfz-Verkehr.

Eine spezielle Zielgruppe sind Kinder, für die Mischverkehr aufgrund ihrer Körpergröße, kognitiven Fähigkeiten und plötzlichen, unerwarteten Handlungen gefährlich ist. Sie benötigen eine separierte Führung abseits vom Kfz-Verkehr (Pucher und Buehler 2012).

Auch mit zunehmendem Alter treten vermehrt körperliche Einschränkungen auf, die bei einer Interaktion mit Kraftfahrzeugen Probleme bereiten: langsame Reflexe, Gebrechlichkeit, Schwerhörigkeit, nachlassende Sehkraft. Eine besondere Herausforderung für die Radverkehrsplanung sind Senioren, die als Wiedereinsteiger mit Pedelecs (Fahrräder mit Elektroantrieb) fahren und immer häufiger im Straßenraum anzutreffen sind. Sie verunfallen überproportional (oft Alleinunfälle).

Eindringlinge in den persönlichen Raum (soziales Raumverhalten)

Als Kind habe ich bei Abwesenheit mein Zimmer mit einer selbst gebauten Alarmanlage gegen den unbefugten Zutritt meiner Eltern gesichert. Die Markierung und der Schutz des eigenen Territoriums gehören ganz selbstverständlich zum gesellschaftlichen Zusammenleben dazu. Genauso wie im Tierreich Territorien mit Kot, Urin oder verbalen Lauten voneinander abgegrenzt werden, markieren Menschen aus aller Herren Länder und sozialen Schichten ihr privates Reich mit Grenzen: Aufpflasterungen, Zäune, Hecken, Treppen, Schilder, Türen, Wände, Vorhänge und vielem mehr. Jedes Land ist ein Territorium, das klar abgegrenzt und notfalls mit Waffengewalt verteidigt wird und sich in viele weitere untergeordnete Territorien gliedert: z.B. Bundesländer, Regionen, Bezirke, Landkreise, Städte, Stadtteile, Quartiere, Straßen, Siedlungen, Gebäude, Wohnungen bis hin zum kleinen Kinderzimmer mit der Alarmanlage.

In den 1960er-Jahren hat der amerikanische Anthropologe Edward T. Hall (1914–2009) festgestellt, dass auch jeder Mensch ein unsichtbares persönliches Territorium hat, das ihn umgibt. Abgeleitet vom lateinischen Adjektiv *proximus* (dt. *sehr nahe*) hat er die darauf aufbauende Lehre zum zwischenmenschlichen Raum- und Distanzverhalten als *Proxemik* benannt. Das, was hinter dieser Theorie steht, kennen wir aus eigenem Erleben. Wenn uns Menschen räumlich zu nahe kommen, fühlen wir uns unwohl und treten instinktiv einen Schritt zurück. Dieses Phänomen hat sogar in unseren Sprachgebrauch Einzug gefunden, beispielsweise wenn wir davon sprechen, dass uns jemand *auf die Pelle rückt*. Welche Distanz uns tatsächlich zu nah ist, kann dabei sehr verschieden sein. Ein guter Freund darf sich uns stärker nähern als eine Person, die wir nur flüchtig kennen. Ebenso ist es situativ bedingt, wie wir die Nähe anderer Menschen empfinden: Bei einem völlig Fremden werden wir kaum Körperkontakt zulassen – außer er ist Arzt, Physiotherapeut oder Frisör, dann begeben wir uns vertrauensvoll in seine Hände.

Das unsichtbare Territorium um uns herum, das wir brauchen um uns wohl zu fühlen, besteht aus so genannten *Distanzzonen* (Abb. 6-1). Jede Zone steht für einen räumlichen Bereich um uns herum (Radius), in den ausschließlich die Personen hinein dürfen, die wir dort dulden. In die *Intimzone* (bis ca. 45 cm) dürfen nur Personen eindringen, die uns sehr nahe stehen – der eigene Partner, Geliebte, Eltern, Kinder, sehr gute Freunde. Die nächste Abstandszone, die *persönliche Zone*, halten wir bei Menschen ein, mit denen wir einen vertrauensvollen, freundschaftlichen Umgang pflegen – z.B. bei gemütlichen Treffen mit Freunden, Cocktailpartys oder Betriebsfeiern. Hier beträgt die Distanz 45–120 cm. Im direkten gesellschaftlichen Kontakt mit fremden Personen und solchen, zu denen wir kein persönliches Verhältnis haben, sind uns größere Abstände (120–360 cm) angenehm, z. B. gegenüber dem Postboten, an der Kasse im Lebensmittelgeschäft oder bei einem Monteur, der zu uns nach Hause kommt (*gesellschaftliche Distanz*). Größere Abstände (mehr als 360 cm) sind solche, die wir im öffentlichen Raum einhalten, wenn wir uns ohne direkten Kontakt zu anderen aufhalten (*öffentliche Distanz*), z.B. am Bahnhof, auf einem Marktplatz oder in einem Park. Die aufgeführten Distanz-Angaben sind repräsentativ für Durchschnittspersonen in Nordeuropa, denn wie Nähe zu bestimmten Personengruppen empfunden wird, ist auch eine Frage der Kultur. In Südeuropa sind die Abstände eher kleiner als im Norden. Auch das Alter oder Geschlecht beeinflussen, wie wir die Nähe zu anderen Menschen empfinden (*Nähe-Toleranz*).

Im zwischenmenschlichen Kontakt behalten wir Distanzen unter 120 cm Personen vor, die uns nahe stehen.

Distanzen unter 120 cm um uns herum sind also sehr persönliche Bereiche, bei denen wir sensibler sind. Das Wissen um die menschlichen Distanzzonen erklärt unser Verhalten in Alltagssituationen. In einem Restaurant mit mehreren freien Tischen wählen wir Sitzplätze, die den größtmöglichen Abstand zu anderen Personen garantieren. Mit diesem Verhalten fühlen wir uns selbst wohler, achten aber auch auf die Empfindungen der anderen Gäste. Setzen wir uns direkt neben den einzigen besetzten Tisch, so kann dies schnell die Harmonie im Raum stören. Der Klassiker sind Situationen in einem Aufzug. Dort herrscht üblicherweise eine beklemmende Stille, die Blicke sind auf die Fahrstuhlanzeige oder die eigenen Fußspitzen gerichtet. Ungeschriebene Regeln scheinen zu besagen: Vermeide jeden Augenkontakt, vertiefe Dich in Dein Smartphone und rede mit niemandem, auch nicht, wenn ihr Euch kennt oder zusammen unterwegs seid! Aufzüge sind Orte, an denen die individuellen Distanzzonen in den seltensten Fällen eingehalten werden können. Die Folge sind Unwohlsein und irrationales Verhalten. Wir setzen ein Pokerface (eine „Maske") auf, tun so, als seien wir in unser Smartphone vertieft oder gedanklich ganz woanders.

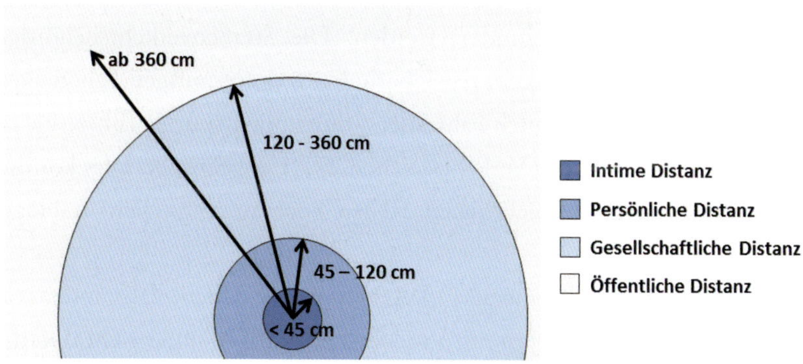

Abb. 6-1: Menschliche Distanzzonen für Mittel- und Nordeuropa nach Edward T. Hall

Distanzen von weniger als 120 cm halten wir also ausschließlich den Personen vor, die uns nahestehen. Andere Menschen, die nicht dazu zählen und zu denen wir ein distanzierteres Verhältnis haben, dringen dann bereits in unsere „Privatsphäre" ein – wir fühlen uns unwohl und gehen sprichwörtlich auf Distanz. Wohlgemerkt: Die Rede ist von anderen **Menschen** – Lebewesen, Individuen wie wir selbst, von denen – in aller Regel – keinerlei Gefahr für uns ausgeht. Im Straßenverkehr scheint es dagegen ganz normal und akzeptiert zu sein, dass Radfahrer selbst Autos und Lastkraftwagen, die ihnen in Masse und Geschwindigkeit hoffnungslos überlegen sind, durch ihre persönlichen Distanzzonen rauschen lassen müssen.

Seitenabstand beim Überholen

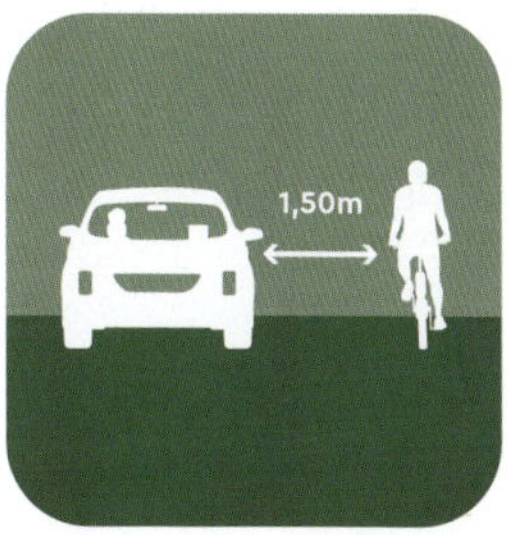

Mit nichtamtlichen Hinweisschildern kann im Verkehrsraum auf einen ausreichenden Überholabstand hingewiesen werden – hier ein Hinweisschild aus dem Angebot des Fahrradverlags (www.fahrradverlag.de)

Das Verkehrszeichen 277.1 untersagt das Überholen einspuriger durch mehrspurige Fahrzeuge. Es wurde mit der StVO-Novelle 2020 neu eingeführt.

Seit der Novelle der Straßenverkehrsordnung (StVO) von 2020 haben Kraftfahrer beim Überholen von Radfahrenden innerorts einen Seitenabstand von mindestens 1,5 m einzuhalten. Außerorts erhöht sich der erforderliche Überholabstand auf 2,0 m. Zudem dürfen Radfahrende beim Überholvorgang nicht behindert werden. Die Straßenverkehrsbehörden haben zudem die Möglichkeit, das Überholen von einspurigen Fahrzeugen – und hierzu zählen eben auch Fahrräder – durch mehrspurige Fahrzeuge zu untersagen. Dazu wird das Verkehrszeichen 277.1 angeordnet. Dies kommt beispielsweise an unübersichtlichen Stellen oder an Engstellen in Frage.

Die *Bundesanstalt für Straßenwesen (BASt)* hat die Überholabstände von Autofahrern gegenüber Radfahrern mit Videobeobachtungen untersucht und die Ergebnisse in einem Bericht veröffentlicht (Ohm et al. 2015). Auf zweistreifigen Querschnitten hielten Fahrzeugführer Seitenabstände zu Radfahrern zwischen 85 cm und 105 cm ein (Seitenabstand bezeichnet hier den „lichten Abstand" zwischen Spiegelaußenkante und der Fahrlinie des Radfahrers, reduziert um die halbe Lenkerbreite von angenommenen 30 cm). Gegenverkehr hat nur einen relativ geringen Einfluss auf den Überholabstand: Bei entgegenkommenden Fahrzeugen fiel der Seitenabstand im Schnitt um 17 cm geringer aus als ohne. Sogar in günstigen Situationen, mit einer freien Gegenfahrbahn und einem breiten Straßenquerschnitt, stellten die Beobachter zu enge Seitenabstände fest. Für Deutschland fordert die Rechtsprechung mindestens 150 cm. Auf Straßen mit Breiten ab 7,5 m nimmt der Abstand deutlich auf über 100 cm zu. Andere Studien weisen darauf hin, dass der Seitenabstand dann geringer ausfällt, wenn Radfahrer weiter in der Fahrbahnmitte fahren, sie einen Helm tragen oder männlich aussehen; vor allem die Fahrer von Lastkraftwagen und Bussen fahren in diesen Fällen enger an Radfahrenden vorbei (Walker 2006). Das lässt den Schluss zu, dass Personen, die weniger schutzbedürftig wirken, dem Kfz-Verkehr stärker ausgesetzt sind.

**Bei der Führung auf der Straße dringt der Kfz-Verkehr in die persönlichen Distanzzonen der Radfahrer ein.
Die Verletzung dieses Schutzraumes erzeugt Stress.**

Die Ergebnisse der BASt-Studie bestätigen vor allem eines: Im Mischverkehr ist es Standard, dass der Kfz-Verkehr in die persönlichen Schutzzonen von Radfahrenden eindringt. Vor diesem Hintergrund lässt sich erklären, weshalb bei mehr als der Hälfte (55 Prozent) der 73 Studienteilnehmer des EmoCycling-

Projektes der TU Kaiserslautern in Worms Stress in Situationen aufgetreten ist, in denen sie von Kraftfahrzeugen überholt wurden. Die Verletzung der individuellen Distanzzone erzeugt Stress.

Bislang fehlen belastbare Erkenntnisse dazu, welcher Mindestabstand notwendig wäre, damit die Distanzzonen von Radfahrern im Mischverkehr eingehalten werden und Stress vermieden wird. Wenn allerdings bereits im zwischenmenschlichen Kontakt ein Abstand von mindestens 120 cm erforderlich ist, um im Kontakt mit weniger vertrauten Personen die Privatsphäre zu wahren (*gesellschaftliche Distanz*), ist offensichtlich, dass im Hinblick auf Kraftfahrzeuge ein deutlich größerer Überholabstand notwendig ist, wenn Stress vermieden werden soll. Meine These auf Basis dessen, was wir bisher über das Sicherheitsempfinden von Menschen im Straßenverkehr wissen: Ohne bauliche Trennung muss der Abstand bei höheren Kfz-Geschwindigkeiten (30 km/h und mehr) der *öffentlichen Distanzzone* entsprechen – das sind mindestens 360 cm!

Bei fehlender baulicher Trennung wird Stressfreiheit bei Radfahrern erst ab einem Abstand des Kfz-Verkehrs von mindestens 360 cm erreicht.

Die Distanzzonen sind dabei weitgehend unabhängig vom Nutzertyp, unterschiedlich ist dagegen das spezifische Empfinden einer Verkehrssituation. Ein *Furchtloser* empfindet weniger Angst und hat gelernt sich mit Fahrzeugen zu arrangieren, die nah und schnell überholen, während *Gewohnheitsfahrer* sich sichtlich unwohl fühlen mögen und *Interessierte* auf den Gehweg ausweichen.

Stress durch den Kolonneneffekt

Auf der Fahrbahn radelnde Fahrradfahrer können von Autofahrern normalerweise nur dann regelgerecht überholt werden, wenn diese bei dem Manöver die Gegenfahrbahn nutzen. Bei Gegenverkehr oder auf schmalen Fahrbahnen kann zu wenig Platz zur Verfügung stehen, um den vorgeschriebenen Sicherheitsabstand einzuhalten. Das Verhalten von Autofahrern hängt in diesen Situationen vor allem von zwei Faktoren ab: (1) der Dauer der erwarteten Verzögerung sowie (2) dem Verkehrsaufkommen hinter dem eigenen Fahrzeug. Bei der Fahrt in einer Kolonne kann ein Gruppendruck zum Überholen entstehen, wenn andere Fahrer schneller vorankommen möchten oder der Fahrer des vordersten Fahrzeugs das

Gefühl hat, er halte durch sein Zögern andere auf. Diese Situation bezeichne ich als *Kolonneneffekt*.

Der Kolonneneffekt erzeugt einen Überholdruck und Stress bei Auto- und Radfahrern, die dadurch zu nah überholen oder in den Seitenraum auf den Gehweg ausweichen.

Abb. 6-2: Diese bauliche Situation führt zwangsläufig zu einem Kolonneneffekt, wenn Rad- und Autofahrer aufeinander treffen – trotz Nebenstraße und Tempo 30 kann hier temporär eine LTS 4-Situation entstehen.

Ein besonders hoher Druck kann festgestellt werden, wenn der Radfahrer bereits zuvor von anderen Fahrzeugen überholt worden ist. Das Verständnis der anderen, dass ein Auto aus der Kolonne nicht überholt und stattdessen langsam hinterher fährt, ist in vielen Fällen gering ausgeprägt. Den Gruppendruck des Kolonneneffekts nehmen üblicherweise mindestens zwei Personen wahr: der vorderste Autofahrer in der Kolonne und der Radfahrer, der sich als eigentliche Ursache des Staus wahrnimmt. Der Kolonneneffekt erzeugt Stress.

Tritt ein Kolonneneffekt auf, so können in der Praxis zwei gängige Reaktionen festgestellt werden. Entweder weichen Radfahrer, die in dieser Situation selbst Stress empfinden, verbotswidrig in den Seitenraum (Gehweg) aus oder der Druck auf den ersten Fahrzeugführer ist so groß, dass er den Fahrradfahrer trotz mangelndem Sicherheitsabstand überholt. Der Überholanteil kann selbst dann bei mehr als 80 Prozent liegen, wenn Radfahrer auf Schutzstreifen und auf schmalen Kernfahrbahnen von 4,5–5,0 m unterwegs sind (Ohm et al. 2015).

Der Kolonneneffekt tritt nicht nur auf Hauptverkehrsstraßen mit einem hohen Verkehrsaufkommen und Geschwindigkeiten auf, sondern auch auf verkehrsberuhigten Nebenstraßen. Erforderlich ist dafür lediglich eine Situation, in der sich mindestens zwei Autofahrer hinter einem oder mehreren Zweiradfahrern stauen und ein Überholdruck entsteht (für das Empfinden des Radfahrers genügt bereits ein einzelnes Auto, das überholen möchte). Diese Situation übt auch gegenüber dem Radfahrer Druck aus, der bei ihm in Stress mündet. Der Kolonneneffekt ist dem höchsten Stress-Level (LTS 4) zuzuordnen, so dass selbst auf verkehrsberuhigten Nebenstraßen situativ ein Stress-Level von LTS 4 entstehen kann. Prädestiniert sind dafür Straßen mit baulichen Gegebenheiten, bei denen auf einem endlos erscheinenden Abschnitt keine regelgerechte Überholmöglichkeit besteht (Abb. 6-2).

Die Psychologie des Mischverkehrs

Die Unfallfolgen für Radfahrer und Fußgänger hängen wesentlich von der kinetischen Energie (*Bewegungsenergie*) ab, die bei einem Zusammenstoß mit einem Kraftfahrzeug auf sie einwirkt (Pucher und Buehler 2012). Die kinetische Energie ist dabei das Produkt aus Masse und Geschwindigkeit. Die Überlebenswahrscheinlichkeit eines Fußgängers liegt bei lediglich 20 Prozent, wenn er von einem Auto erfasst wird das mit 50 km/h fährt. Ist das Fahrzeug dagegen mit 30 km/h unterwegs, erhöht sich die Chance des Fußgängers, den Aufprall zu überstehen, exponentiell auf 90 Prozent (Evers 2015, Rosén und Sander 2009). Schweden hat sich im Jahr 1997 als erstes Land der Welt das Ziel gesetzt, die Zahl der Verkehrstoten bis zum Jahr 2050 auf null zu senken (*Vision Zero*). Ein wesentlicher Baustein in dem Sicherheitskonzept ist die Reduzierung der tatsächlich gefahrenen Geschwindigkeiten des Kfz-Verkehrs durch Geschwindigkeitsbegrenzungen und deren strikte Überwachung (verbunden mit teils drastischen Strafen).

Angst verhindert, dass aus Wertvorstellungen Taten werden.

Angst verhindert, dass aus Wertvorstellungen konkrete Handlungen und Verhaltensweisen werden. In mehr als 90 Prozent aller tödlichen Unfälle von Radfahrern sind Kraftfahrzeuge involviert (Pucher und Buehler 2012, Pucher und Dijkstra 2000). Zwar sind schwere Unfälle vergleichsweise selten, doch sie brennen sich ins Gedächtnis ein, verringern das Sicherheitsempfinden und halten Menschen dadurch vom Radfahren ab. In Deutschland endet jeden Tag mehr als eine Fahrradfahrt tödlich (im Jahr 2018 sind 445 Radfahrer tödlich verunglückt) (Statistisches Bundesamt 2019). Männer sind üblicherweise etwas risikofreudiger als Frauen, jüngere stärker als ältere Menschen – diese Gruppen akzeptieren den subjektiv gefährlicheren Mischverkehr eher als risikoaverse Menschen. Frauen bevorzugen in sehr starkem Maße Radwege, die sie baulich vom Kfz-Verkehr schützen; in Städten mit separierter Radverkehrsführung, fahren deshalb mehr Frauen mit dem Fahrrad (Garrard et al. 2008, Pucher und Buehler 2012). Der Anteil der weiblichen Radfahrenden am gesamten Radverkehrsaufkommen ist ein Indikator für die gefühlte Sicherheit (Baker 2009).

Die Autoren der BASt-Studie schreiben, dass Schutzstreifen unter Radfahrern die Akzeptanz der Fahrbahnnutzung erhöhen und dazu führen, dass diese vermehrt vom Seitenraum auf die Fahrbahn wechseln. Allerdings konnten sie auch eine Zunahme der Unfalldichte auf der Fahrbahn und eine Tendenz zu geringeren Überholabständen feststellen (Ohm et al. 2015). Offenbar verleitet die Markierung des Schutzstreifens Autofahrer dazu, die restliche Fahrbahn als „ihren“ Hoheitsbereich anzusehen oder zu dem Glauben, der übliche Sicherheitsabstand gelte bei Schutzstreifen nicht.

Sind Radfahrstreifen eine Lösung oder Teil des Problems?

Als Alternative zum Mischverkehr (und auch zu separierten Radwegen) werden im deutschsprachigen Raum vermehrt Radfahrstreifen realisiert. Können sie eine Lösung sein, um Radfahrenden das so dringend benötigte Sicherheitsgefühl zu geben?

Die Ergebnisse aus Studien, Befragungen, Verhaltensbeobachtungen und Modal Split-Daten sind eindeutig. Auf einem (qualitativ hochwertigen) Radfahrstreifen fühlen sich Radfahrer zwar sicherer als im Mischverkehr (Sanders et al. 2012). Der Sicherheitsgewinn durch den Radfahrstreifen ist allerdings nur gering: signifikante Veränderungen beim Sicherheitsempfinden werden nur durch eine bauliche Trennung erreicht (Abb. 6-3) (z. B. Parkin et al. 2007, Pucher und Buehler 2012).

Subjektive Sicherheit wird nur über Separation erreicht.

Weshalb ist das so? Blicken wir auf Deutschland, wo die ERA 2010 für Radfahrstreifen eine Mindestbreite von 185 cm vorsieht (FGSV 2010). Die laterale Position eines Fahrradfahrers auf einem Radfahrstreifen ist von verschiedenen Faktoren abhängig, z.B. dessen Breite, dem Oberflächenzustand (Schachtdeckel, schadhafte Stellen), der Existenz von Längsparkstreifen und Sicherheitstrennstreifen, der Geschwindigkeit des Kfz-Verkehrs, dem Schwerlastanteil, dem Radverkehrsaufkommen, der eigenen Lenker- und Fahrzeugbreite (mehrspurige Gefährte). Der tatsächliche Überholabstand ist deutlich geringer als die Breite des Radfahrstreifens und unterschreitet vielfach sogar die persönliche Distanzzone von 120 cm. Sichere Überholvorgänge von Radfahrern untereinander sind sowohl objektiv, als auch subjektiv ausgeschlossen (bei einspurigen Fahrrädern gilt eine Breite von 100 cm als absolutes Mindestmaß, um einigermaßen sicher manövrieren zu können). Ausgehend von der Annahme, dass Radfahrern erst ein Abstand von 360 m ein stressfreies Radeln ermöglicht, können Radfahrstreifen niemals ein attraktives Netzelement für die breite Masse sein.

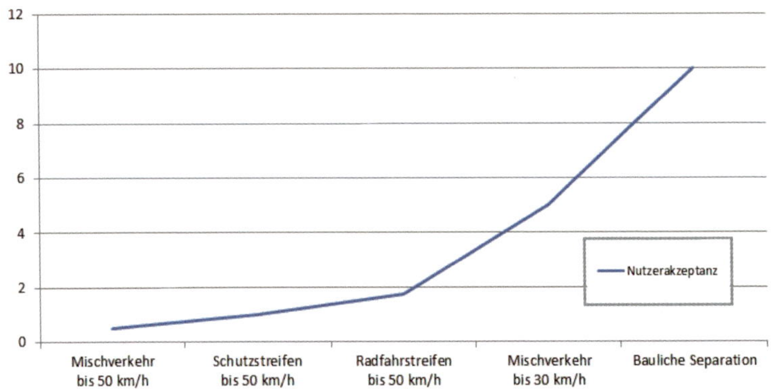

Abb. 6-3: Prinzipiendarstellung zur Akzeptanz von Führungsformen unter Radfahrern (eigene Erhebung). Die vertikale Achse ist ein fiktiver Faktor, um den sich die Akzeptanz der Führungsformen unterscheiden.

Neben den Überholabständen lassen sich bei Radfahrstreifen weitere Stressoren identifizieren:

(1) **Auffahrunfall:** Stark ausgeprägt ist die Angst, während der Fahrt übersehen und von hinten erfasst zu werden. Die Furcht ist darauf zurückzuführen, dass bei diesem Unfallhergang erhebliche Verletzungen verbunden sind und Radfahrer diese Situation nicht kontrollieren können. Das Sicherheitsempfinden wird zusätzlich negativ beeinflusst, wenn, aufgrund von Dunkelheit, Niederschlag oder einen ungünstigen Stand der Sonne (Gegenlicht), eingeschränkte Sichtverhältnisse bestehen. Planerisch gibt es für diese Situationen nur eine Lösung: Der Radverkehr braucht eine bauliche Trennung!

(2) **Mischverkehr light:** Radfahrstreifen stellen erhöhte Anforderungen an Radfahrer, da eine stärkere Interaktion mit dem Kfz-Verkehr (inklusive Schwerlastanteil) erforderlich ist, z.B. durch ein- und ausparkende Fahrzeuge bei Längsparkständen, Dooring oder die Verletzung der persönlichen Distanzzone. Radfahrstreifen sind lediglich „Mischverkehr light".

(3) **Linksabbiegen:** Ein großes Manko bei Radfahrstreifen sind fehlende Möglichkeiten, subjektiv sicher nach links abbiegen zu können. Radfahrstreifen sehen meistens nur eine Führung geradeaus vor, so dass Radfahrer sowohl beim Rechts- als auch beim Linksabbiegen auf sich allein gestellt sind. Vereinzelt werden an signalgesteuerten Knotenpunkten Maßnahmen umgesetzt, um dem Radverkehr ein geschütztes Abbiegen zu ermöglichen (z.B. indirektes Abbiegen mit Aufstellstreifen und Radverkehrssignal, Fahrradschleuse). Für eine objektiv und subjektiv sichere Infrastruktur gehört jedoch die Möglichkeit, an jedem Knotenpunkt geschützt nach links abbiegen zu können – gerade auch bei fehlender Lichtsignalanlage. Bei einer getrennten Führung auf Radwegen können dagegen direkte Querungen mit Aufstellflächen im Seitenraum die gewünschte Sicherheit gewährleisten (Abb. 6-4).

(4) **Falschparker:** Fahrzeugführer in aller Welt halten und parken grundsätzlich möglichst weit rechts am Fahrbahnrand, wenn sie ihr Fahrzeug auf der Straße abstellen – selbst wenn dort ein Radfahrstreifen verläuft. Das Radverkehrsaufkommen müsste schon gewaltig sein, dass der Streifen freigehalten wird. Für dieses Verhalten gibt es eine psychologische Erklärung: Menschen werden immer versuchen, die eigene Nutzergruppe (hier: die Autofahrer) möglichst wenig zu behindern und die Nachteile auf andere abzuwälzen. Deshalb parken Autofahrer selbst in Nebenstraßen lieber die Gehwege zu, als eine Engstelle auf der Straße zu erzeugen. Radfahrer überholen andere Radler auf dem angrenzenden Gehweg, obwohl der Radweg ausreichend breit für einen Überholvorgang ist. Falschparker werden auf Radfahrstreifen deshalb ein dauerhaftes Ärgernis bleiben. Sogar in niederländischen Kommunen, mit ihren hohen Radverkehrsanteilen und ihrem Bewusstsein für die Bedürfnisse von Radfahrern, werden die noch bestehenden Radfahrstreifen regelmäßig von parkenden Autos und haltenden Lieferwägen blockiert (Abb. 6-5).

An diesem parkenden Auto in Delft ging ein Außenspiegel zu Bruch. Radfahrer fürchten sich vor solchen Situation auch auf Radfahrstreifen.

Schlechte Sichtverhältnisse durch Gegenlicht, Dunkelheit oder Niederschlag beeinträchtigen das Sicherheitsempfinden von Radfahrern auf der Straße.

Abb. 6-4: Sicheres und komfortables Linksabbiegen bei baulich getrennten Radwegen.

Abb. 6-5: Radfahrstreifen werden auch in der Fahrradstadt Amsterdam zugeparkt.

Radfahrstreifen werden bei Niederschlag deutlich seltener genutzt als bei trockenen Straßenverhältnissen, da Fahrradfahrer bei Regen und Schnee andere Routen bevorzugen. Im Winter sind Radfahrstreifen oft nur eingeschränkt nutzbar, weil der Schnee vom Winterdienst an den Straßenrand geräumt wird. Bei Regen sind die Pedalritter – wie beim Mischverkehr auch – dem Wassernebel ausgesetzt, den der Kfz-Verkehr aufwirbelt. Radfahrstreifen sind also nicht nur etwas für Mutige, sondern auch für Schönwetterfahrer.

Die Ausrüstung als Zeichen des Sicherheitsempfindens

Die von Radfahrern verwendete Ausrüstung ist ein erstes, von außen leicht zu beobachtendes Indiz dafür, wie sicher sich Personen auf dem Fahrrad fühlen. Je höher das vermutete Unfallrisiko, desto eher wählen Menschen Ausrüstungsgegenstände, die ihnen (subjektiv) einen besseren Schutz bieten – z.B. Beleuchtungseinrichtung, Fahrradhelm oder Warnweste (Leben 2014). Auch die Art des Ausrüstungsgegenstandes gibt Aufschluss über das wahrgenommene Risiko. Die Verwendung einer Warnweste ist ein Zeichen, dass eine Umgebung als übermäßig risikoreich eingestuft wird. Sie dient ausschließlich dazu, sich für den schnellen, gefährlichen Kfz-Verkehr sichtbarer zu machen und sich dadurch vor einem Unfall zu schützen. In keiner einzigen der klassischen Fahrradstädte ist mir ein Radfahrer mit Warnweste begegnet, während sie in den meisten anderen Kommunen regelmäßig anzutreffen sind.

Auch Fahrradhelme zeugen von einem mangelnden Sicherheitsempfinden, jedoch in weit geringerem Maße als Warnwesten. Helme schützen ihre Nutzer nicht nur bei Kollisionen mit Kraftfahrzeugen, sondern auch bei Zusammenstößen mit Fußgängern, anderen Pedalrittern sowie Eigenunfällen. Sie können damit auch Ausdruck der eigenen Fahrfähigkeiten sein, während eine Warnweste Alleinunfälle weder verhindert noch deren Folgen mindert. Interessante Unterschiede bei der Helmnutzung habe ich zwischen einzelnen Fahrradstädten festgestellt. Während in niederländischen Kommunen bestenfalls ausländische Touristen einen Helm tragen und alle anderen (darunter Kinder, Senioren, Familien) ohne unterwegs sind, sind Fahrradhelme in Kopenhagen durchaus Bestandteil des Straßenbildes – wenngleich nur ein kleiner Anteil der heimischen Alltagsradler damit durch die Straßen düst (ca. 10-20 Prozent). Immerhin fühlt sich nach einer Untersuchung der Stadtverwaltung in Kopenhagen das Gros der Radfahrer sicher (The City of Copenhagen 2014)

Utrecht: 16 von 16 Radfahrern auf diesem Foto verzichten auf einen Helm.

Kopenhagen: Von 9 Radfahrern sind drei Personen (Pfeile) mit Helm unterwegs.

Die unterschiedliche Helmnutzung zwischen niederländischen Radfahrenden und solchen in Kopenhagen ist vor allem deshalb interessant, weil zwar alle Kommunen den Radverkehr mit einer eigenen, baulich getrennten Infrastruktur aktiv fördern (und alle damit erfolgreich sind), sich die Planungsprinzipien jedoch in Teilen erheblich unterscheiden – was vermuten lässt, dass die niederländischen Standards im Vergleich zu denen in Kopenhagen als sicherer wahrgenommen werden. Vier wesentliche Unterschiede in der Planungssystematik sind dabei zu nennen:

(1) Während in den Niederlanden sowohl Ein- als auch und Zweirichtungsradwege errichtet werden, setzt Kopenhagen mit Verweis auf die Sicherheit ausschließlich auf Einrichtungsradwege (Ausnahmen gibt es auf überörtlichen Verbindungen).
(2) Der Grad der baulichen Separierung von Rad- und Kfz-Verkehr ist unterschiedlich: Kopenhagen nutzt entlang von Hauptstraßen Bordsteinradwege, schickt Radfahrer an Knotenpunkten jedoch häufig in den Mischverkehr. So teilen sich Radfahrer an vielen Knoten mit dem Kfz-Verkehr die Fahrspur für Rechtsabbieger (diese Führungsform steht auf dem Prüfstand) und beim indirekten Linksabbiegen stellen sich die Zweiradfahrer vor dem wartenden Querverkehr auf der Fahrbahn auf. Anders in den niederländischen Kommunen. Hier werden Kfz- und Radverkehr durch bauliche Maßnahmen vollständig voneinander getrennt – gerade auch in Knotenpunkten.
(3) Niederländische Verkehrsplaner nutzen stärker als ihre Kollegen in Dänemark die Möglichkeit, potenzielle Konflikte von Rad- und Kfz-Verkehr durch eine getrennte Signalisierung zu vermeiden.
(4) Im Gegensatz zu Kopenhagen setzt die Niederlande stärker auf geschwindigkeitsreduzierende Maßnahmen für Kraftfahrzeuge, z.B. durch die Anrampung der Straße auf das Niveau des Radwegs und/oder durch Aufstellräume für ein- und ausfahrende Kfz an Einmündungen zwischen Straße und Radweg.

Erinnern Sie sich an meinen früheren Hinweis: „Die schwächste Stelle bestimmt das LTS-Level“? Damit ist gemeint, dass Personen die Sicherheit einer Wegeverbindung immer anhand der Stelle beurteilen, die ihnen am gefährlichsten erscheint.

In Kopenhagen werden Radfahrer in Knoten mitunter in den Mischverkehr geschickt und Kraftfahrzeuge können an Einmündungen vergleichsweise zügig unterwegs sein. Denn die Straße wird nicht, wie in den Niederlanden, auf das Niveau des Radwegs angehoben, sondern umgekehrt fahren die Radfahrer auf dem Niveau der Straße. Sowohl der Mischverkehr, als auch die höheren Geschwindigkeiten von Kraftfahrzeugen in Konfliktbereichen, verursachen mehr Stress bei Radfahrern und können zu einer Höherstufung des LTS-Levels einer Wegeverbindung führen. Ein höheres LTS-Level beeinflusst auch die Wahl der Ausstattung, so dass mehr Radfahrer einen Helm aufsetzen.

Ein weiteres sehr deutliches Indiz für die subjektive Sicherheit des Radfahrens in einer Kommune ist übrigens die Anzahl der Personen, die verbotswidrig im Seitenraum (Gehweg) radelt.

Build it and they will come

Zahlreiche Studien und Befragungen belegen, dass Menschen Mischverkehr ablehnen und nach einer eigenen Radinfrastruktur verlangen (z.B. Sanders et al. 2012). In Deutschland steht der Bau von Radwegen mit einer Zustimmung von 60 Prozent an erster Stelle der Wunschliste an die Kommunalpolitik (Sinus Markt- und Sozialforschung 2019). Kommunen mit einem hohen Radverkehrsanteil führen ihren Erfolg ganz wesentlich auf die vorhandene Radverkehrsinfrastruktur zurück. Eine baulich getrennte Führung ist dabei in allen etablierten Fahrradstädten Standard – mindestens entlang von Hauptverbindungen. Wissenschaftliche Untersuchungen bestärken sie darin. Diese kommen zu dem Ergebnis, dass ein Ausbau der Radverkehrsinfrastruktur die Zahl der Radfahrer erhöht (Birk und Geller 2005) oder dass auf Radwegen zweieinhalb Mal so viele Radfahrer unterwegs sind als im Mischverkehr auf der Fahrbahn (Lusk et al. 2011). Um eine eigene Infrastruktur nutzen zu können, nehmen Radfahrer auch kleinere Umwege in Kauf (Dill und Gliebe 2008). Fehlt dagegen eine subjektiv sichere Infrastruktur für den Radverkehr, wirken gerade viel befahrene Straßen als Barrieren und die Menschen wählen andere Verkehrsmittel (Schlossberg und Brown 2003). Ein Maximum an baulicher Trennung ist gerade für Frauen, Kinder und Senioren ein K.O.-Kriterium (Garrard et al. 2008).

Alle Kommunen mit einem hohen Radverkehrsanteil separieren Radfahrer vom Kfz-Verkehr.

Der Bau von subjektiv sicheren Radwegen führt dazu, dass sich mehr Menschen für das Fahrrad entscheiden. Ein attraktives Angebot erzeugt Nachfrage, das ist die Kernbotschaft der als *Build it and they will come* bezeichneten Strategie der Radverkehrsförderung (sinngemäß: *Baue Radwege und die Menschen werden sie nutzen*), mit denen die Vorzeigekommunen den Radverkehrsanteil signifikant erhöht haben.

Objektiv gesehen ist Radfahren sicherer als Kochen

Das tatsächliche Risiko eines tödlichen Unfalls ist sehr gering. Ein normaler Radfahrer müsste 33 Mio. km fahren (oder 21.000 Jahre), bis er – statistisch gesehen – verunglückt (Cavacuiti 2012). Mit Blick auf die tödlichen Unfälle ist das Risiko im Haushaltsbereich zu verunglücken um das 22-fache höher als beim Radfahren (Bundesanstalt für Arbeitsschutz und Arbeitsmedizin 2015). Gemessen am objektiven Unfallrisiko ist die Angst, als Radfahrer im Straßenverkehr Schaden zu erleiden, also unverhältnismäßig groß. Die größten Abweichungen, zwischen der tatsächlichen Wahrscheinlichkeit zu verunfallen und dem empfundenen Risiko, bestehen im Mischverkehr und auf Radfahrstreifen. Die Angst entsteht dabei durch die wahrgenommene Gefahr, verletzt oder getötet zu werden – die dort als real empfunden wird, wo der Kfz-Verkehr subjektiv zu nah und zu schnell ist (Fishman et al. 2012).

Was die Unfallstatistiken nicht zeigen, sind die Stressoren im Radverkehr und die Folgen von Beinaheunfällen auf das individuelle Sicherheitsempfinden. Beide Faktoren beeinflussen jedoch die Mobilitätsentscheidung ganz wesentlich, auch, weil sie subjektiv sehr intensiv erlebt werden (Gribble und Douglas 2014). Gerade als stressig wahrgenommene Verkehrssituationen und Beinahekollisionen führen zu Angst und halten vom Radfahren ab. Erinnern wir uns das Eisberg-Modell: Menschen lassen sich bei ihren Entscheidungen zu 80 Prozent von ihren Gefühlen leiten!

In den Unfallstatistiken fehlen Beinaheunfälle.
Sie beeinflussen das Sicherheitsgefühl jedoch entscheidend.

Radfahren ist für den Einzelnen umso sicherer, je öfter er im Sattel sitzt. Wer wöchentlich zwei Fahrten anstatt einer absolviert, reduziert sein persönliches Unfallrisiko um die Hälfte, denn er baut seine Fähigkeiten aus und entwickelt ein besseres Gespür für die Interaktion mit dem Kfz-Verkehr (Bauman et al. 2008). Demnach verbessern alle Maßnahmen, welche die subjektive Sicherheit von Radfahrenden erhöhen und die dazu verleiten mehr Rad zu fahren, auch die objektive Sicherheit.

Gravierende Unterschiede sind zwischen den offiziellen Unfallstatistiken Deutschlands und den der Niederlande feststellbar. In den Niederlanden sind 75 Prozent aller Unfälle von Radfahrern, die ins Krankenhaus eingeliefert werden mussten, Eigenunfälle ohne Fremdeinwirkung (Wijlhuizen et. al 2014). Die hieraus resultierenden Verletzungen sind meistens geringer als bei Zusammenstößen mit anderen Verkehrsteilnehmern, insbesondere mit Kraftfahrzeugen. In Deutschland kommt aber genau das besonders häufig vor: 74,1 Prozent aller verunfallten Radfahrer kollidierten mit einem Pkw – und meistens (75 Prozent) war der Fahrer des Kraftfahrzeuges der Hauptverursacher (Statistisches Bundesamt 2019). Wenn also in die meisten schweren Fahrradunfälle Kraftfahrzeuge verwickelt sind und ihre Fahrer das Gros dieser Unfälle auch noch verursacht haben, müssen die wesentlichen Maßnahmen zur Verbesserung der Verkehrssicherheit auch beim Kfz-Verkehr ansetzen!

Interessant ist ein Blick auf die Hauptunfallursachen (Tab. 6-1).

Hauptverursacher	Unfallursache (absteigend)	Handlungsfelder (Maßnahmen)
Verhaltensfehler des Kfz-Verkehrs	Fehler beim Abbiegen	Reduzierung der Kfz-Geschwindigkeit, Verbesserung von Sichtbeziehungen, einheitliche Infrastrukturgestaltung, Erhöhung des Radverkehrsanteils (*Safety in numbers*)
	Missachtung der Vorfahrt des Radverkehrs	Reduzierung der Kfz-Geschwindigkeit, Verbesserung von Sichtbeziehungen, Visualisierung der Vorfahrtsregelung, einheitliche Infrastrukturgestaltung, Erhöhung des Radverkehrsanteils (*Safety in numbers*)
	Einfahren in den fließenden Verkehr	Reduzierung der Kfz-Geschwindigkeit, Verbesserung von Sichtbeziehungen, Visualisierung der Vorfahrtsregelung, einheitliche Infrastrukturgestaltung, Erhöhung des Radverkehrsanteils (*Safety in numbers*)
	Zu geringer Überholabstand von Kraftfahrzeugen	Reduzierung der Kfz-Geschwindigkeit, Separation Kfz- und Radverkehr
	Dooring	Sicherheitstrennstreifen, Parkverbot, Separation Kfz- und Radverkehr, Erhöhung des Radverkehrsanteils (*Safety in numbers*)
Verhaltensfehler von Radfahrenden	Fahren entgegen der Fahrtrichtung	Fahrtzeiten und Distanzen des Radverkehrs minimieren, Separation Kfz- und Radverkehr
	Fahren auf dem Gehweg	Separation Kfz- und Radverkehr

Tab. 6-1: Unfallursachen nach Hauptverursacher und Handlungsfelder zur Verbesserung der Verkehrssicherheit

Bei Kfz-Lenkern entstehen Fehler vor allem beim Abbiegen, durch die Missachtung der Vorfahrt des Radfahrers, beim Einfahren in den fließenden Verkehr, durch zu geringe Überholabstände sowie durch das unachtsame Öffnen von Fahrzeugtüren (*Dooring*). Losgelöst von örtlichen Besonderheiten gibt es eine Handvoll Maßnahmen, mit denen diese Unfallursachen wirkungsvoll bekämpft werden können. Die wichtigsten sind getrennt nach Unfallursache in der Tabelle aufgeführt. Vor allem die Senkung von Kfz-Geschwindigkeiten, die Sicherstellung guter Sichtbeziehungen, eine einheitliche Gestaltung der Infrastruktur (inkl. Führungsformen) sowie eine Steigerung des Radverkehrsanteils drängen sich auf. Radfahrer verursachen die meisten Unfälle, weil sie auf Radwegen entgegen der vorgeschriebenen Fahrtrichtung unterwegs sind oder Gehwege befahren. Beides ist in erheblichem Maße eine Folge einer ungeeigneten oder fehlenden Infrastruktur für Radfahrer, z.B. durch unnötige Querungen, lange Fahrtzeiten oder subjektiv gefährliche Streckenabschnitte.

In die meisten Fahrradunfälle sind Kraftfahrzeuge verwickelt. Die Fahrzeuglenker verursachen den Großteil dieser Unfälle. Maßnahmen zur Verkehrssicherheit müssen deshalb vor allem beim Kfz-Verkehr ansetzen.

Der Vergleich von Äpfeln mit Birnen

In den Niederlanden gilt die Führung des Radverkehrs auf baulich getrennten Radwegen als wichtigstes Element, um die Verkehrssicherheit für Radfahrer zu erhöhen; so senkt ein steigender Grad an Trennung die Zahl der Radfahrer signifikant, die bei Unfällen mit Kraftfahrzeugen schwer verletzt oder getötet werden (Ministerie van Verkeer en Waterstaat 2009, Wijlhuizen et al. 2014). Die Niederlande setzen deshalb dort, wo Kraftfahrzeuge mit mehr als 30 km/h unterwegs sind, konsequent auf eine bauliche Trennung beider Verkehrsarten. Durch eine sichere Gestaltung von Knotenpunkten sowie planfreien Lösungen (Unterführungen und Überführungen) werden Konfliktpunkte entschärft. In Deutschland dagegen wird Radverkehr nach dem Motto *Radverkehr ist Fahrverkehr* seit einigen Jahren konsequent vom Seitenraum auf die Straße geholt und idealerweise auf Radfahrstreifen geführt. Die Hauptbegründung lautet: Nur auf der Fahrbahn könne die Verkehrssicherheit der Radfahrer hinreichend gewährleistet werden, da dort die Sichtbeziehungen zwischen Auto- und Radfahrern gegeben seien. Als Beleg für die Gefährlichkeit von baulich getrennten Radwegen im Seitenraum wird die Unfallstatistik ins Feld geführt, die für die Lösung auf der Straße spreche.

Nachdem die Menschen eindeutig eine Separation vom Kfz-Verkehr bevorzugen, besteht die Gefahr, mit der Radverkehrsführung auf der Straße (Mischverkehr, Schutz- und Radfahrstreifen), Bedingungen zu schaffen, welche die Stress-

Toleranz (LTS-Level) der Zielgruppe übersteigen. Anstatt einer akzeptablen Lösung, wird für das Gros der Zielgruppe eine neue Barriere geschaffen. Unnötigerweise, wie das Beispiel der Niederlande zeigt, wo in der Praxis seit Jahren unter Beweis gestellt wird, dass baulich getrennte Radwege sehr wohl sicher sind. Die Behauptung, baulich getrennte Radwege seien per se unsicher und Radfahrer müssten stattdessen auf der Straße geführt werden, ist bei näherer Betrachtung aus mehreren Gründen falsch. Es werden Äpfel mit Birnen verglichen:

Erstens: Ein Großteil der existierenden Radwege ist völlig veraltet und das Design weit entfernt von heutigen Standards. Separierte Radwege waren ein Element der autogerechten Stadtplanung, bei der Radfahrer von der Straße verbannt wurden, damit der Kfz-Verkehr freie Bahn hatte. Erst ab Anfang der achtziger Jahre gab es für diese Radwege überhaupt erste Normen. Das Ergebnis dieser Strategie sind die klassischen *Handtuchradwege*, die zwischenzeitlich mangels ausreichender Erhaltungsmaßnahmen zudem in einem schlechten baulichen Zustand sind. Abb. 6-6 zeigt einen typischen *Handtuchradweg* ohne Benutzungspflicht in einer Kommune in Niedersachsen, der etwa zwei Meter von der Hauptstraße abgesetzt ist. Der Einmündungsbereich ist aufgrund der baulichen Ausgestaltung sowie des Straßenbegleitgrüns (Einschränkung der Sichtbeziehungen) prädestiniert für Konfliktsituationen. Ein weiteres Beispiel liefert Abb. 6-7, bei dem der Radverkehr zwischen (regelwidrig) parkenden Fahrzeugen hindurchfährt und die Sichtbeziehungen an den zahlreichen Grundstückszufahrten durch die Längsparkstände erheblich eingeschränkt sind. Vor allem aber fehlen jegliche Maßnahmen, die Fehlverhalten von Auto- und Lkw-Fahrern verhindern und die in Tab. 5 aufgeführt sind (z.B. bauliche Maßnahmen zur Geschwindigkeitsreduzierung im Konfliktbereich, Verbesserung von Sichtbeziehungen, Visualisierung der Radverkehrsführung).

Unfälle auf genau solchen völlig inakzeptablen Radwegen fließen jedoch in die offiziellen Unfallstatistiken ein und trüben die Sicherheitsbilanz des Netzelements *Baulich getrennter Radweg*. Radfahrstreifen dagegen sind noch ein vergleichsweise neues Phänomen und werden vor allem erst seit der Novelle der StVO im Jahre 1997 zunehmend eingesetzt (Deutschland). Sie sind seit Mitte der neunziger Jahre nach den jeweils geltenden Standards (z.B. hinsichtlich ihrer Breite) geplant und daher auch baulich in einem tendenziell besseren Zustand als die alten Radwege. Gerade die Oberflächenbeschaffenheit gilt als wichtiges Kriterium für die Verkehrssicherheit eines Netzelementes, u.a. weil eine gute Oberfläche es Radfahrern in stärkerem Maße ermöglicht, sich auf das Verkehrsgeschehen zu konzentrieren.

Abb. 6-6: Veraltetes Radwegedesign in einer Kleinstadt in Niedersachsen

Abb. 6-7: Gefährliche Gestaltung eines Radwegs in einer bayerischen Großstadt

Zweitens: Getrennte Radwege werden besonders von Kindern, Familien, Wiedereinsteigern, Wenigfahrern und Personen mit wenig Erfahrung befahren, während die erfahrenen, souveränen und reaktionsschnellen Radfahrer vor allem auf Radfahrstreifen vorzufinden sind. Diese Präferenz der Netzelemente, in Abhängigkeit des Nutzertyps, spiegelt sich auch in den Unfallraten wider. Die wenigsten Unfälle sind in der Gruppe der 25–65-Jährigen zu verzeichnen, obwohl sie das Gros der Radfahrenden ausmachen. In einer Untersuchung des Gesamtverbands der Deutschen Versicherungswirtschaft (2015) wies diese Gruppe mit Abstand die niedrigste Unfallrate (9,0) auf, obwohl ihr die meisten der Radfahrenden angehören (67,4 Prozent). Dagegen sind es die jüngeren und die älteren Verkehrsteilnehmer, die zwar nur einen Bruchteil aller Radfahrenden stellen, jedoch mit Abstand am häufigsten verunglücken. So ist die Unfallrate bei Kindern bis 10 Jahren mit 157,6 am höchsten, während sie nur 1,1 Prozent aller Radfahrenden stellen. Auch ältere Kinder sowie Senioren über 65 Jahre sind überproportional in Unfälle verwickelt (Abb. 6-8). Für all diese Nutzer sind nicht Radfahrstreifen die richtige Lösung, sondern sichere Radwege, gestaltet nach modernen Standards.

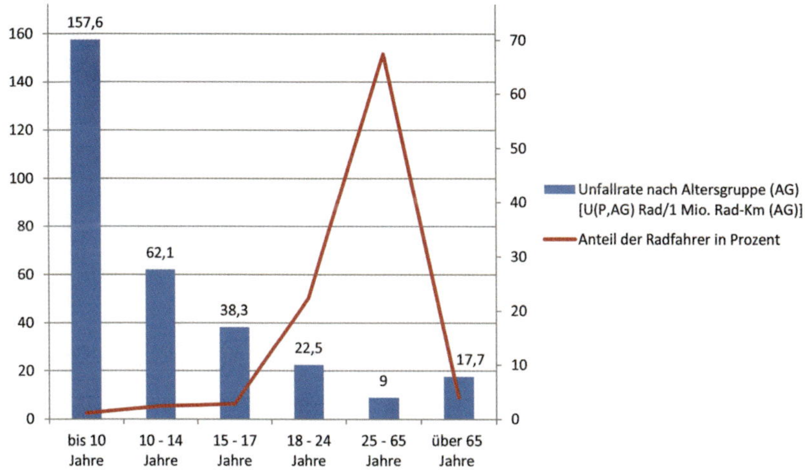

Abb. 6-8: Unfallrate nach Altersgruppen der Radfahrenden in einer Untersuchung zur Verkehrssicherheit von Radwegen und Radfahrstreifen (Gesamtverband der Deutschen Versicherungswirtschaft 2015).

Separierte Radverkehrsführung ist sicher!

Ein ehrlicher Blick auf die Unfallzahlen der Niederlande, Dänemark und Deutschland offenbart, dass es möglich ist, baulich getrennte Radwege für alle Nutzertypen sicher zu gestalten. Sichere Radwege sind ausschließlich eine Frage der Gestaltung potenzieller Konfliktbereiche, insbesondere der Knoten.

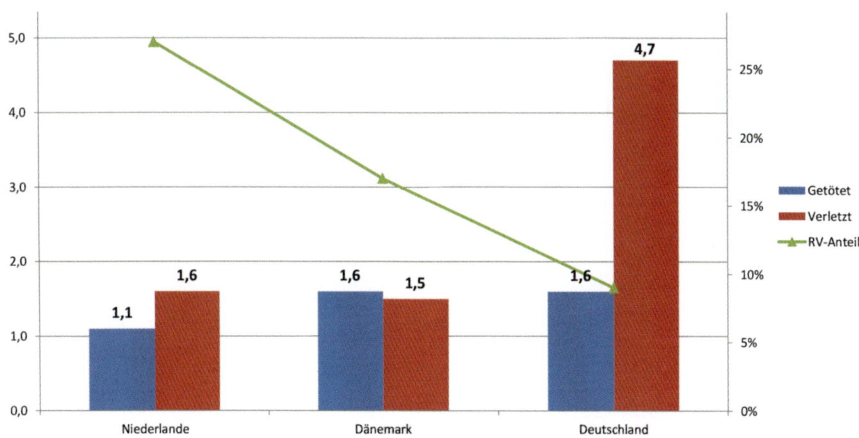

Abb. 6-9: Anzahl getöteter und verletzter Radfahrer je 100 Mio. Fahrradkilometer in den Niederlanden, Dänemark und Deutschland sowie landesweite Radverkehrsanteile im Modal Split (The Dutch Cycling Embassy 2015, Pucher und Buehler 2010).

Vor allem die Niederlande setzen seit mehreren Jahrzehnten überall dort konsequent auf eine separierte Führung des Radverkehrs, wo der Kfz-Verkehr mit mehr als 30 km/h unterwegs ist. Ein direkter Vergleich zwischen verunfallten Radfahrern in den Niederlanden und in Deutschland zeigt: Radfahrer in Deutschland verunglücken deutlich öfter! Je 100 Mio. Fahrradkilometer sind in den Niederlanden 1,1 getötete Radfahrer zu verzeichnen, in Deutschland dagegen 1,6. Weitaus häufiger werden Personen in Deutschland verletzt: 4,7 Menschen gegenüber „nur" 1,6 Personen in den Niederlanden – das ist die dreifache Zahl an Verletzten in Deutschland! (Abb. 6-9)!

Die Unfallstatistiken weisen jene Verkehrsunfälle aus, in denen Schadensereignisse mit Radfahrern der Polizei gemeldet wurden. Nicht enthalten sind somit kleinere Unfälle, die nicht angezeigt wurden, und vor allem alle Beinaheunfälle und sonstigen Vorfälle. Sie machen es schwer, Sicherheit vollumfänglich zu beurteilen. Beinaheunfälle beeinträchtigen aber sehr wohl in erheblichem Maße das Sicherheitsempfinden von Radfahrern und beeinflussen Mobilitätsentscheidungen. Eine Studie hat nachgewiesen, dass Beinaheunfälle psychisch sehr intensiv erlebt werden und Verhalten damit stärker beeinflussen als tatsächliche Kollisionen (Gribble und Douglas 2014).

Beinaheunfälle und andere gefährliche Situationen wirken sich signifikant negativ auf die Radnutzung aus.

Verhalten von Autofahrern

Das Verhalten von Autofahrern beeinflusst die Wahrscheinlichkeit eines Unfalls mit Fußgängern und Radfahrern in hohem Maße (Jacobsen 2003). Das niederländische *Institute for Road Safety Research (SWOV)* hat bereits im Jahr 2001 festgestellt, dass die fehlende Kommunikation zwischen Verkehrsteilnehmern ein wesentliches Element im Unfallhergang ist (Wittink 2001). Das erklärt, weshalb Fahrradfahrer untereinander und in der Interaktion mit Fußgängern, selbst in dichtestem Gewusel und querenden Verkehrsströmen, sehr gut miteinander harmonieren und die Unfalldichte sehr gering ist. Mit Autofahrern ist die Kommunikation schon allein aufgrund der sie umgebenden Fahrzeughülle schwierig; ein größerer Einflussfaktor ist jedoch die Geschwindigkeit. Eine autogerechte Verkehrsplanung, die höhere Fahrgeschwindigkeiten ermöglicht, erhöht auch die Risiken für Zweiradfahrer und Fußgänger (Bauman et al. 2008, Wittink 2001).

Geringe Geschwindigkeiten in Konfliktbereichen verbessern die zwischenmenschliche Kommunikation und sorgen für Sicherheit.

Die bauliche Gestaltung von Straßen und Einmündungen bestimmt die gefahrenen Geschwindigkeiten des Kfz-Verkehrs.

Das Verhalten eines Kfz-Lenkers wird zudem in erheblichem Maße von seiner Erwartung und der wahrgenommenen Verkehrssituation beeinflusst. Autofahrer lernen, wo und wann sie Radfahrer im Straßenraum erwarten können und passen ihr Verhalten entsprechend an (*Lerneffekt*) (Schepers 2013). Eine einheitliche Radverkehrsinfrastruktur ist deshalb eines der wichtigsten und wirksamsten Instrumente der Verkehrsplanung, um die Sicherheit zu erhöhen. Ein bunter Mix aus Mischverkehr, Schutzstreifen, Radfahrstreifen, Radwegen, kombinierten Geh- und Radwegen und Gehwegen mit Freigabe für Radfahrer ist genau der falsche Weg, um einen Lerneffekt zu erzeugen – zumal viele dieser Radverkehrsverbindungen aus dem Auto heraus gar nicht als solche erkennbar sind. Unfallstatistiken sind auch vor diesem Hintergrund zu interpretieren.

Drei Faktoren beeinflussen wesentlich das Verhalten von Autofahrern: Geschwindigkeit, Erwartung und wahrgenommene Verkehrssituation.

Die Frage, wie Verkehrsteilnehmer eine Verkehrssituation wahrnehmen, entscheidet über ihr Fahrverhalten. Auf einer schmalen Straße oder engen Einmündungen wird langsamer gefahren als auf breiten Straßen und bei großzügig bemessenen Kurvenradien. Eine unebene oder kurvenreiche Straße reduziert Geschwindigkeiten, während eine gerade verlaufende Strecke mit ebener Oberfläche dazu verleitet schneller zu fahren. In den Niederlanden sind viele Nebenstraßen, in denen Radfahrer im Mischverkehr fahren, baulich so gestaltet, dass Autofahrer sich automatisch an die zulässige Höchstgeschwindigkeit halten oder sogar langsamer fahren. Das mitunter größte Risiko für Radfahrer besteht an Knotenpunkten – neben der Sicherstellung guter Sichtbeziehungen zwischen Rad- und Kfz-Verkehr ist die visuelle Gestaltung des Konfliktbereichs der

Schlüssel zu einer objektiv sicheren Verkehrslösung. Der Konfliktbereich muss für den Autofahrer als solcher wahrnehmbar sein.

Ist eine Separation immer „Pflicht“?

Erst eine eigene Radinfrastruktur mit Separation schafft für die risikoaverse Zielgruppe der *Interessierten* die notwendige subjektive Sicherheit, die sie brauchen, um das Fahrrad für sich als Mobilitätsoption zu entdecken. Eine Radverkehrsführung auf der Straße ohne eine bauliche Trennung (z.B. Schutz- und Radfahrstreifen) kann und wird ihren Anforderungen niemals gerecht werden können, sondern nur Randzielgruppen – die *Furchtlosen, Gewohnheitsfahrer* und bestenfalls einen kleinen Teil der *Interessierten* – erreichen. Radfahrstreifen sind dem LTS 3-Level zuzuordnen, der die Stress-Toleranz der meisten Personen übersteigt. Radfahrstreifen sind also dann eine Option, wenn eine Wegeverbindung tatsächlich nur für eine begrenzte Zahl von Personen mit LTS 3 geplant werden soll. Gemessen an der Zahl der Radfahrenden, die eine LTS 3-Verbindung erreichen kann, sind Radfahrstreifen aber dennoch eine teure Lösung.

Safety in numbers

Je mehr Menschen Fahrrad fahren, desto sicherer sind sie davor, in einen Unfall verwickelt zu werden. Ein Sicherheitsgewinn für Radfahrer lässt sich demnach erreichen, wenn die Anzahl der Radfahrer in einer Stadt oder Region steigt. Dies ist die Kernbotschaft einer als *Safety in numbers* bekannten Theorie. Es gibt sehr starke Indizien aus Wissenschaft und Praxis, dass diese Annahme richtig ist.

Wegweisend ist eine Untersuchung von Peter Jacobsen aus den USA (Jacobsen 2003). Er fand anhand von Daten aus 68 Städten in Kalifornien (USA) heraus, dass das Unfallrisiko des einzelnen Fahrradfahrers umso niedriger ausfällt, je höher die Gesamtzahl der Radfahrer ist. Das Unfallrisiko ist dabei definiert als das Verhältnis aus der Anzahl der verletzten/getöteten Radfahrer zur Gesamtanzahl der Radfahrer. Erfasst sind dabei nur die Unfälle, die in die offizielle Statistik eingeflossen sind. Das Ergebnis war eindeutig: Je höher der Radverkehrsanteil, desto geringer die Gefahr des einzelnen Radfahrers, verletzt oder gar getötet zu werden.

In einem nächsten Schritt konnte Jacobsen nachweisen, dass sich diese Ergebnisse auch auf Europa übertragen lassen. Bei der Analyse von Unfalldaten aus 14 europäischen Ländern bestätigte sich der *Safety in numbers*-Effekt auch hier. Sehr anschaulich zeigt sich das am Beispiel der Niederlande; zwischen 1980 und 1998 stieg die Zahl der jährlich mit dem Fahrrad zurückgelegten Kilometer an – von rund 10 Milliarden Kilometer auf etwa 13 Milliarden Kilometer. Gleichzeitig sank die Zahl der getöteten Radfahrer von 42 auf 15 Personen je Milliarde Fahrradkilometer.

Jacobsen entwickelte in seiner Studie folgende Formel:

Bei einer Verdopplung des Radverkehrs sinkt das Unfallrisiko je Kilometer um 34 Prozent.

Bei einer Halbierung des Radverkehrs steigt das Unfallrisiko je Kilometer um 52 Prozent.

Diverse andere Studien kommen ebenfalls zu dem Ergebnis, dass ein *Safety in numbers*-Effekt existiert und ein Ausbau des Radverkehrs auch unter Sicherheitsaspekten sinnvoll ist. Dies entspricht den offiziellen Positionen in den Niederlanden und in Kopenhagen, wo der Radverkehr seit vielen Jahren aktiv gefördert wird und belastbare Unfallstatistiken vorliegen. In einer Vorher-Nachher-Untersuchung wurde in den Niederlanden gemessen, wie sich die Umgestaltung von Knotenpunkten auf das Radverkehrsaufkommen und die Sicherheit auswirkten (Leden et al. 2005). Dabei wurden folgende bauliche Maßnahmen ergriffen: Im Konfliktbereich wurde die Straße auf das höhere Niveau des Radwegs angehoben, so dass sich die Geschwindigkeit des Kfz-Verkehrs reduzierte. Zudem führten die Anhebung sowie farbige Markierungen des Knotenpunktes dazu, dass der Konfliktbereich besser visualisiert wurde. Nach der Umgestaltung stieg die Sicherheit um 20 Prozent an, wobei dieser Sicherheitsgewinn darauf zurückgeführt wurde, dass die Knotenpunkte von mehr Radfahrern genutzt wurden (safety in numbers). Als Gründe für die Zunahme des Radverkehrs konnten zwei wesentliche Aspekte identifiziert werden: Die Nutzer fühlten sich nun sicherer als vorher (subjektive Sicherheit) und die Neugestaltung führte zu einem besseren Verkehrsfluss, so dass sich die Fahrzeit verkürzte. Beides machte die Knotenpunkte für den Radverkehr attraktiver.

Erklären lässt sich der *Safety in numbers*-Effekt durch zwei wesentliche Faktoren, die nachfolgend eingehend aufgezeigt werden.

Der Radfahrer als außergewöhnliche Erscheinung

Als Radler werden Sie die Situation kennen. Sie sind auf einer Wohnstraße unterwegs und vor Ihnen tritt unvermittelt ein Fußgänger auf die Fahrbahn, ohne nach dem Verkehr zu sehen – und erschrickt sich, als er Sie plötzlich hinter sich bemerkt. Was ist passiert? Schon als Kind lernen wir doch, dass auf der Straße Autos fahren und wir als Fußgänger gut beraten sind, uns zuerst zu vergewissern, dass die Straße auch wirklich frei ist. Natürlich weiß das auch der durchschnittliche Fußgänger und er berücksichtigt das durchaus. Jedoch weiß er aus Erfahrung: Ein Fahrzeug wird durch einen Verbrennungsmotor angetrieben und dieser erzeugt zusammen mit dem Rollwiderstand Geräusche. Somit verzichten manche Menschen auf eine absichernde visuelle Wahrnehmung und Vertrauen allein auf ihr Gehör. Sie fühlen sich damit ausreichend sicher.

Nun weiß unser durchschnittlicher Fußgänger schon, dass es neben Autos mit Verbrennungsmotor mittlerweile auch solche mit Elektroantrieb gibt – genauso wie Radfahrer im Straßenraum vorkommen. Beide treten aber in den meisten Städten so selten auf, dass sie von vielen Menschen nicht als realistische Gefahr wahrgenommen werden. Fahrer von Elektrofahrzeugen kennen diese Situation ebenso wie Radfahrer.

In Fahrradstädten wie Amsterdam oder Kopenhagen gibt es eine berüchtigte Gefahrenquelle für die zahlreichen Radfahrer: Touristen. Während Radfahrer für einheimische Fußgänger und Autofahrer ganz normal sind (sie rechnen ständig mit einem Radfahrer und passen ihr eigenes Verhalten an), ist die Situation für Auswärtige ungewohnt. Sie haben Radfahrer meist „nicht auf dem Schirm“ und betreten Straßen und Radwege, ohne auf mögliche Zweiräder zu achten. Unser Radfahrer ist eine außergewöhnliche Erscheinung, ein seltenes Ereignis.

Die Beispiele aus der Praxis zeigen: Die Häufigkeit, in der ein Ereignis (ein Radfahrer) auftritt, entscheidet darüber, ob wir mit diesem Ereignis (eher) rechnen – oder eben nicht. Je mehr Radfahrer im Straßenraum präsent sind, desto eher wird er von einer außergewöhnlichen Erscheinung zum normalen Bestandteil, mit dem andere Verkehrsteilnehmer ganz automatisch rechnen. Mehr Radfahrer bedeuten so ein Mehr an Sicherheit.

Wenn Autofahrer zu Radfahrern werden

In Deutschland gibt es etwa 70 Millionen Fahrräder, aber etwa nur halb so viele Autos. Rund 80 Prozent aller Haushalte verfügen über mindestens ein *Fahr*rad. In vielen Fällen ist das Fahrrad jedoch eher ein *Steh*rad – während das Auto oft das Rückgrat des eigenen Mobilitätsverhaltens ist, wird das Fahrrad als Freizeitgerät bestenfalls in den Sommermonaten hervorgeholt, um nach Feierabend oder am Wochenende ein paar Kilometer bewegt zu werden. Entsprechend gering ist die Fahrpraxis der Bevölkerung auf zwei Rädern.

Wer in der Fahrschule seinen Führerschein macht, lernt zweierlei: die sichere Beherrschung des selbst gesteuerten Fahrzeugs sowie das Verhalten anderer Verkehrsteilnehmer möglichst gut und frühzeitig zu antizipieren, also vorherzusehen. Diese Fähigkeiten bauen wir dann mit steigender Fahrpraxis weiter aus. Springt vor uns eine Ampel auf Rot, können wir davon ausgehen, dass die Fahrzeuge vor uns langsamer werden. Wir sind bremsbereit. Steht ein Fußgänger an einer Fußgängerampel, rechnen wir damit, dass sie für uns in Kürze Rot anzeigt. Je nach Situation und Fahrertyp geben wir entweder noch einmal Gas oder stellen uns darauf ein, anhalten zu müssen.

Das Verhalten von Pkw-Fahrern können wir in der Regel besser einschätzen als das von Lkw-Fahrern (außer wir fahren selbst regelmäßig solche Fahrzeuge). Zum einen, weil wir im Straßenverkehr häufiger mit Pkw konfrontiert sind, zum anderen, weil wir selbst einen Pkw steuern und wissen, wie sich das anfühlt. Beispielsweise schätzen Autofahrer den Bremsweg eines Pkw in aller Regel realistischer ein als den eines Lkw (und sind oft überrascht, dass ein Lkw auf einer trockenen Fahrbahn den gleichen Bremsweg hat wie ein Kleinwagen). Genauso wie es einem durchschnittlichen Autofahrer schwerer fällt, das Fahrverhalten eines Lkw einzuschätzen, ergeht es ihm mit einem Radfahrer. Manche Menschen sitzen genauso oft hinter dem Steuer eines Lkw wie im Sattel eines Fahrrads – nämlich nie. Und haben deshalb auch ganz einfach zu erklärende Schwierigkeiten, das Verhalten von Radfahrern zu antizipieren.

Saftey in numbers bedeutet, dass der Radverkehr im Modal Split ansteigt, Menschen also von anderen Verkehrsmitteln wie dem Auto auf das Rad umsteigen – zumindest für manche ihrer alltäglichen Fahrten. Bei den Umsteigern nimmt die Fahrpraxis auf zwei Rädern zu. Sind sie mit dem Auto unterwegs, rechnen sie eher damit anderen Fahrradfahrern zu begegnen und ihre Fähigkeit steigt, das

Verhalten der Radfahrer zu antizipieren. Als Folge reduzieren sie beispielsweise eher ihre Geschwindigkeit, sind bremsbereit oder vergewissern sich bei ihrem Abbiegevorgang, dass der Konfliktbereich frei ist. Auch bei solchen Autofahrern, die selbst weiterhin ausschließlich mit dem Pkw unterwegs sind, steigt die Fähigkeit, Konflikte mit Radfahrern eher zu erkennen bzw. ganz zu vermeiden.

Kritische Stimme zu *Safety in numbers*

Gleichwohl gibt es auch kritische Stimmen, die davon überzeugt sind, dass die *Saftey in numbers*-Theorie falsch ist. Die Kritik kann insbesondere auf zwei Faktoren zurückgeführt werden: der Anstieg der absoluten Verunfallten sowie die Notwendigkeit von Infrastrukturmaßnahmen.

Absolute Zahl der verunglückten Radfahrer

Jeder Verkehrsteilnehmer ist grundsätzlich dem Risiko ausgesetzt, im Straßenverkehr verletzt oder getötet zu werden. Die Höhe des Risikos ist dabei variabel und hängt von verschiedenen Faktoren wie dem gewählten Verkehrsmittel oder der Infrastruktur ab. Dies gilt selbstverständlich auch für Fahrradfahrer. Eine steigende Zahl von Radfahrern kann deshalb grundsätzlich auch zu mehr verletzten oder getöteten Radfahrern führen.

Saftey in numbers bedeutet dabei, dass der Anstieg des Radverkehrsanteils größer ist als die Zahl der zusätzlich verunfallten Radfahrer. Für den einzelnen Radfahrer ist die Fahrt mit dem Fahrrad sicherer geworden. Die SWOV (*Institute for Road Safety Research*, Niederlande) hat im Jahr 2010 in einer Studie ermittelt, wie sich eine Erhöhung des Radanteils am Modal Split auswirkt (SWOV 2011). Angenommen wurde, dass 10 Prozent der Pkw-Fahrten bis 7,5 km durch das Fahrrad substituiert werden. Man schätzte, dass dies folgende Auswirkungen auf den Radverkehr hätte: Die Zahl der…

- …tödlich verletzten Radfahrer steigt um 4–8 Personen im Jahr
- …schwer verletzten Radfahrer steigt um 500 Personen im Jahr
- …tödlichen Verletzungen sinkt, wenn die Umsteiger jünger als 35 Jahr alt sind. Dagegen nimmt sie zu, wenn die Pkw-Fahrer älter als 35 Jahre alt sind.

Die Autoren führen dabei an, dass ihre Berechnung eine „erste grobe Schätzung" sei und nicht auf Ist-Daten beruhe. Auch seien folgende Effekte unberücksichtigt geblieben: die Kategorie der Straßen, die Qualität der Fahrradinfrastruktur, die kürzeren Wege für den Radverkehr, Mitfahrer in den Kfz, die Tageszeit. Die Zunahme beruhe, so die Autoren, vor allem auf Alleinunfällen. Die Ursachen können in einer mangelnden Fahrpraxis der „Neu-Radfahrer" (Umsteiger) ebenso liegen wie in einer qualitativ schlechten Infrastruktur. Eine sichere, flächendeckende und einfach zu verstehende Radinfrastruktur kann dabei ebenso für ein Mehr an Sicherheit sorgen, wie spezielle Service-Angebote für Umsteiger (z. B. Fahrkurse).

Zielgröße einer (Rad-)Verkehrsplanung muss es daher immer sein, die relative Sicherheit zu erhöhen. Zu minimieren ist somit nicht die absolute Zahl der verunfallten Radfahrer, sondern die Zahl der verunfallten Radfahrer in Relation zur Kilometerleistung sowie der Schwere der Verletzungen.

Der Gesundheitsnutzen als Zielgröße der Radverkehrsplanung

Radverkehrsplaner beschäftigen sich täglich mit der Fragestellung, wie Radverkehr sicher geführt werden kann, um Unfälle zu vermeiden. Dahinter steht der hehre Ansatz, die Gesundheit der Verkehrsteilnehmer zu erhalten. Die Idee klingt ja zunächst logisch: Jeder vermiedene Unfall trägt entscheidend zum Erhalt der Gesundheit bei. Immerhin sind Fußgänger und Radfahrer besonders gefährdet, Kollisionen mit Kraftfahrzeugen können erhebliche negative Auswirkungen auf ihre Gesundheit haben – temporär oder sogar dauerhaft. Die Zielgröße von Planern und Entscheidern ist deshalb eine möglichst gute Unfallstatistik, also eine, die möglichst wenig verletzte oder getötete Radfahrer vorweisen kann. Diese Vorgehensweise greift jedoch viel zu kurz. Die Gesundheit eines Menschen wird von weit mehr Faktoren beeinflusst.

Es ist wissenschaftlich erwiesen, dass regelmäßige körperliche Betätigung sich positiv auf die Gesundheit auswirkt und die Mortalitätsrate senkt. Wer Rad fährt, stärkt die körpereigenen Abwehrkräfte und beugt Erkrankungen vor, welche Lebensqualität und Lebenserwartung einschränken können – z. B. Fettleibigkeit, Krebs, Schlaganfall, Diabetes oder Asthma. Radverkehrsförderung ist deshalb immer auch eine Investition in die Gesundheit der Bevölkerung. Wissenschaftler haben festgestellt, dass die Vorteile des Fahrradfahrens die Nachteile mehr als ausgleichen (z. B. de Hartog et al. 2010, Fishman et al. 2012, Pucher und Buehler 2010). Radfahren hat demnach einen positiven Nettonutzen. Als Nachteile wurde insbesondere in Betracht gezogen, dass Radfahrer stärker als Autofahrer der Schadstoffbelastung durch den MIV ausgesetzt sind sowie ein höheres Unfallrisiko tragen. De Hartog (2010) verweist darauf, dass die gesamtgesellschaftlichen Vorteile sogar noch größer sind als die des einzelnen Radfahrers, da die Schadstoffbelastung mit steigendem Radverkehrsanteil abnimmt und hiervon alle Bürger profitieren. Ein Umstieg von Autofahrern auf das Fahrrad verringert zudem das Risiko für andere Verkehrsteilnehmer, da weniger Kraftfahrzeuge im Straßenverkehr unterwegs sind, die Schaden anrichten können.

Eine Studie, die im Fachjournal *Injury Prevention* veröffentlicht wurde, nennt interessante Ergebnisse (Litman und Fitzroy 2015). Die Wissenschaftler haben untersucht, wie sich es sich auswirkt, wenn 1 Prozent der Autofahrten durch Fahrten mit dem Fahrrad substituiert werden (Modal Split-Änderung). Das Resultat war eindeutig: Der Nutzen des Umstiegs ist drei Mal so hoch wie dessen Kosten (z.B. gesundheitliche Schäden). Zwar hätten die Umsteiger zunächst ein höheres Unfallrisiko, da sie nun mit einem anderen Verkehrsmittel unterwegs sind und tendenziell über eine geringere Fahrpraxis verfügen als Radfahrer, die bereits regelmäßig fahren. Dies gleicht sich mit steigender Fahrpraxis sowie steigenden Radverkehrsmengen jedoch wieder an. Ein sofortiger Gesundheitseffekt ergibt sich aus dem Umstieg für andere Personen. Das Risiko für die Allgemeinheit sinkt, weil weniger Fahrzeuge im Straßenverkehr unterwegs sind und die Umsteiger mit dem Fahrrad oft auch Abkürzungen nehmen können. Sie legen damit weniger Kilometer zurück als mit dem Auto.

Mehr Radfahrer haben einen positiven Gesundheitseffekt. Der gesellschaftliche Nutzen ist größer als die durch Unfälle und Schadstoffe entstehenden Nachteile.

Die Verkehrsplanung bedarf deshalb einer grundlegenden Neuorientierung! Nicht die Unfallstatistik allein, sondern alle die Gesundheit der Verkehrsteilnehmer beeinflussenden Faktoren müssen Bestandteil der Verkehrsplanung werden! Anstatt nur die objektive Sicherheit im Blick zu haben, gilt es, die Verkehrsplanung an den subjektiven Empfindungen der Menschen zu orientieren. Erst dann steigen vermehrt Menschen auf das Fahrrad um, erst dann greifen die positiven Gesundheitseffekte der aktiven körperlichen Bewegung.

Gedankenexperiment: Die Messung von Lebensqualität

Die Weltbank hat im Jahr 1993 in ihrem Weltentwicklungsbericht erstmals die Lebensqualität von Menschen in verschiedenen Ländern erfasst. Mit dem Konzept wurde erstmals nicht nur die Sterblichkeitsrate von Krankheiten berücksichtigt, sondern auch, inwieweit eine Krankheit die Lebensqualität betroffener Personen im Vergleich zu gesunden, beschwerdefrei lebenden Menschen beeinträchtigt. In diesem Sinne wird dieses Konzept als *Disability-adjusted life years (DALY)* bezeichnet, was sinngemäß *behinderungsbereinigte Lebensjahre* bedeutet – also die Lebensjahre, die eine Person beschwerdefrei verbringen kann. Dahinter steht der Gedanke, dass nicht die Anzahl der Lebensjahre allein das erstrebenswerte Ziel ist, sondern die Maximierung der beschwerdefreien Lebensjahre. Ein kürzeres Leben kann demnach zielführender sein als ein längeres, wenn dafür die Lebensqualität höher ist.

Im Wissen, dass ein höherer Radverkehrsanteil die allgemeine Gesundheit verbessert und damit mehr Lebensqualität bringt, weil Menschen gesünder, agiler, leistungsfähiger und glücklicher sind: Ist es wirklich zielführend, sich allein auf die Minimierung der Unfallzahlen zu fixieren? Wäre die richtige Zielgröße nicht eher die Maximierung der Lebensqualität aller Verkehrsteilnehmer? Die Konsequenz daraus wären zwei Bestrebungen der Radverkehrsplanung:

(1) Die Optimierung der subjektiven Empfindungen, so dass mehr Menschen Fahrrad fahren und von den positiven Gesundheitseffekten profitieren (wobei ein höherer Radverkehrsanteil wiederum die objektive Sicherheit erhöht).
(2) Fokussierung auf Maßnahmen zur Vermeidung tödlicher und schwerer Verletzungen, die nachhaltig negative Folgen für die Betroffenen und die Gesellschaft haben – vorrangig vor der Vermeidung von Unfällen, die 'nur' zu leichten Verletzungen führen.

Notwendigkeit von Infrastrukturmaßnahmen

Damit kommen wir zum zweiten Kritikpunkt, der im Zusammenhang mit der *Safety in numbers*-Theorie häufig genannt wird: der Infrastruktur. Klassisch geht *Safety in numbers* davon aus, dass sich der Zugewinn an Sicherheit für die Radfahrer allein daraus ergibt, dass Autofahrer bei steigendem Radverkehrsanteil eher mit den Pedalrittern rechnen und deren Verhalten besser antizipieren können. Diverse Wissenschaftler und auch ich sehen in dieser Sichtweise nur die halbe Wahrheit. Denn um überhaupt einen deutlichen Anstieg beim Radverkehrsaufkommen erzielen zu können, müssen die Rahmenbedingungen geschaffen werden, dass es überhaupt dazu kommt. Wir müssen Verhalten verändern. Notwendig ist insbesondere eine Infrastruktur, die den Bedürfnissen der (potenziellen) Radfahrer entspricht. Der korrekte Kausalzusammenhang lautet demnach:

Je besser die Infrastruktur aus der Sicht der Radfahrer (subjektiv!), desto höher der Radverkehrsanteil.
Je höher der Radverkehrsanteil, desto höher die Sicherheit des einzelnen Radfahrers.

Genau auf den Ausgangspunkt dieses Kausalzusammenhangs zielt das in diesem Handbuch vorgestellte Hygge-Modell ab: eine subjektiv als sicher und attraktiv wahrgenommene Radverkehrsinfrastruktur, die auch objektiv ein hinreichendes Maß an Verkehrssicherheit bietet.

Untermauert wird diese Ansicht durch die Realität. Klassische Fahrradstädte, die einen hohen Anteil des Fuß- und Radverkehrs am Modal Split und gleichzeitig eine vorzeigbare Unfallstatistik haben, haben eines gemeinsam: eine stringente Radverkehrspolitik mit massiven Investitionen in den Fuß- und Radverkehr – bei einer stetigen Ausrichtung an den Bedürfnissen der Nutzer.

Auswirkung einer Helmpflicht

In regelmäßigen Abständen kommt die Idee auf, eine Helmpflicht für Radfahrer einzuführen. Beispiele aus anderen Ländern zeigen, dass sich eine solche Pflicht negativ auf den Radanteil im Modal Split auswirkt. Der *Safety in numbers*-Theorie zu Folge müsste demnach das Radfahren für die verbliebenen Radfahrer unsicherer werden – trotz Helm. Ist dem tatsächlich so?

Australien erlebte in den 1980er Jahren einen spürbaren Anstieg der Radnutzung. Zwischen 1990 und 1992 führte das Land dann sukzessive eine

Helmpflicht für Radfahrer ein, mit dem Ziel die Sicherheit zu erhöhen. Als Folge ging die Zahl der Radfahrer, die bei einem Unfall Kopfverletzungen erlitten, zurück. Interessant ist aber, dass auch die Zahl anderer Verletzungsmuster bei Radfahrern abnahm – und zwar in gleicher Höhe wie die der Kopfverletzungen. Offenbar nahmen die Unfälle von Radfahrern allgemein ab, ganz einfach, weil weniger Menschen in den Sattel stiegen.

Eine Studie bestätigte diese Vermutung (Robinson 2005). Im Jahr 1992 waren insgesamt 27 Prozent weniger Radfahrer unterwegs als noch 1990 – vor Ein-führung der Helmpflicht. Für knapp ein Drittel der Fahrradfahrer war der Helm scheinbar der Grund, das Rad ganz oder öfter stehen zu lassen. Bei der Ermittlung der Veränderung in der Radnutzung achteten die Macher der Studie darauf, dass die Daten vergleichbar sind. So wurden diese witterungsbereinigt und die Zählungen fanden vor und nach der Einführung der Helmpflicht an den gleichen Stellen statt.

Und das Unfallgeschehen? Zwar sank die Zahl der Unfälle von Radfahrern im Straßenverkehr, jedoch in geringerem Umfang als die Anzahl der Radfahrer zurückging. Die verbliebenen Radfahrer wurden demnach häufiger in Unfälle verwickelt, sie waren einem höheren Unfallrisiko ausgesetzt als vor der Helmpflicht. Die Studie bestätigt damit explizit die *Safety in numbers*-Theorie.

Einfach

„Cycling in Copenhagen is so easy“ (dt. *Radfahren in Kopenhagen ist so einfach*), war die häufigste Antwort der Kopenhagener auf meine Frage, weshalb sie das Fahrrad als Verkehrsmittel wählen. Umfragen und Analysen bestätigen das. Alle zwei Jahre erhebt die Stadtverwaltung wichtige Daten zum Mobilitätsverhalten von Bürgern und Pendlern. Konstant stimmen dort 50 Prozent der Befragten der Aussage zu, dass sie Rad fahren, weil dies für sie schlicht und ergreifend einfacher sei, als die Nutzung anderer Verkehrsmittel (The Bicycle Account 2019). Es ist damit der am häufigsten aufgeführte Grund, dicht gefolgt von der Aussage, die Fahrt mit dem Fahrrad sei im Vergleich schneller (46 Prozent). Womit wir bei der spannenden Frage sind: Was macht Radfahren für unsere Zielgruppe denn eigentlich einfach?

Als einfach empfinden wir alles, was uns „in Fleisch und Blut übergegangen ist“, wir somit automatisch abspulen können: die Gewohnheiten und Routinen. In unserem Gehirn sind in einer Art Handlungsgedächtnis, den Basalganglien, feste Verhaltensmuster gespeichert. Diese haben sich im Laufe der Zeit herausgebildet und sind individuell sehr unterschiedlich ausgeprägt, denn sie hängen von den Erfahrungen ab, die wir bisher gemacht haben. Gute Erfahrungen, also positive Erlebnisse, sind dabei eine Belohnung für das Gehirn. Eine Belohnung kann beispielsweise das Gefühl sein, mit dem Auto schnell und bequem zur Arbeit gelangt zu sein. Diese Erfahrung, dass die Fahrt mit dem Auto (Verhalten) zu einer Belohnung (kurze Fahrzeit) führt, erzeugt ein neuronal verankertes Verlangen dieses Verhalten zu wiederholen – ähnlich wie bei einer Sucht. Dadurch bilden sich Gewohnheiten heraus und ein Mobilitätsverhalten manifestiert sich. Ein Großteil unseres Verhaltens basiert auf Gewohnheiten:

Bis zu 50 Prozent unseres täglichen Handels geschieht auf Grundlage von Gewohnheiten und Routinen.

Gewohnheiten und Routinen machen uns erst richtig handlungsfähig. Müssten wir jeden Morgen überlegen, ob und wie wir uns die Zähne putzen, wie wir zur Arbeit kommen oder was bestimmte Verkehrszeichen bedeuten – unser Gehirn liefe ständig auf Hochtouren. Forscher haben in Experimenten nachgewiesen, dass die Gehirnaktivität immer dann rapide abnimmt, wenn wir routinierte Abläufe verrichten. Sobald wir mit einer gewohnten Aktivität beginnen, kann sich unser Gehirn etwas erholen und schaltet auf Sparflamme. Erst wenn wir das gewohnte Verhalten wieder beenden oder aber eine zweite, für uns neue oder ungewohnte Aktivität hinzukommt, nimmt die Gehirnaktivität wieder zu.

Wenn also die Kopenhagener Radfahren als einfach empfinden, dann heißt das: die äußeren Rahmenbedingungen zum Fahrradfahren sind so gestaltet, dass die Fahrt mit dem Rad zur reinen Routine werden konnte. Und zwar über alle Nutzertypen hinweg. Es existiert eine Vielzahl an Maßnahmen und Möglichkeiten, um im öffentlichen und privaten Raum solche Rahmenbedingungen zu schaffen. In diesem Abschnitt werden diejenigen dargestellt, welche die Verkehrsinfrastruktur selbst betreffen. Der enge Zusammenhang von Wohnen und Mobilität ist Gegenstand eines nachfolgenden Kapitels.

Orientierung in der Kommune

In unserem Alltag legen wir viele Wege zurück, wenn wir einkaufen gehen, zur Arbeit fahren oder den Stadtpark aufsuchen. Dies tun wir ohne Irrwege, ohne Stadt- oder Landkarten sehr zielstrebig. Wir wissen im wahrsten Sinne des Wortes, wo es lang geht. Selbst lange oder verwinkelte Strecken meistern wir routiniert, sobald sie einmal erlernt sind. Dies ist möglich, weil wir uns ein internes Bild unserer Umwelt anlegen. Durch die Bewegung im Raum (Mobilität) nehmen wir Informationen über die geografische Umwelt auf, kodieren und speichern sie. Wenn wir das nächste Mal mobil sind, rufen wir diese Informationen wieder ab. Diese mentalen Bilder unserer Umwelt werden auch als *kognitive Karten* bezeichnet. Kognitive Karten ermöglichen uns eine räumliche Orientierung und eine zielgerichtete Fortbewegung.

Um kognitive Karten zu erstellen, speichert unser Gehirn Informationen über räumliche Einheiten, wie Parks, Plätze, Stadtteile, Wegenetze und Straßen, und verknüpft diese anschließend miteinander. Je leichter es uns fällt die einzelnen Bestandteile zu einer zusammenhängenden kognitiven Karte zu verbinden, desto lesbarer ist die Umwelt für uns. Das menschliche Gehirn nutzt dabei fünf Schlüsselelemente der Umwelt, um kognitive Karten zu erstellen (Flade 2013):

(1) **Merkzeichen**,
z. B. markante Gebäude, Denkmäler, Brunnen

(2) **Zentrale Plätze und Knotenpunkte**,
z. B. Straßenkreuzungen, Bahnhöfe, Marktplätze

(3) **Abgegrenzte Gebiete**,
z. B. Stadtteile, Ortsteile, räumliche Bereiche mit einem spezifischen Charakter

(4) **Begrenzungen**,
z. B. Böschungen, Stadtmauern, Hecken, Flussufer

(5) **Wege**,
z. B. Pfade, Gehwege, Radwege, Straßen, Autobahnen

Eine auffallende Radinfrastruktur und intuitive Wegeführung ermöglichen eine leichte Orientierung und unterstützt den Umstieg auf das Fahrrad. Illustration aus: Absurdes aus der Verkehrsplanung (www.fahrradverlag.de)

Die Einordnung der Umweltmerkmale in die aufgeführten fünf Gruppen liefert uns eine grundlegende Systematik. In der Praxis ist die feste Zuordnung eines Merkmals zu einer Kategorie jedoch schwierig. So ist eine Straße für einen Autofahrer ein Weg (Schlüsselelement Nr. 5), während sie für ein Kind eine Barriere darstellen kann (Nr. 4). Kognitive Karten hängen demnach nicht allein von den objektiven Umweltmerkmalen ab, sondern auch davon, wie sie individuell erlebt werden. Unterschiedliche Aktivitäten, persönliche Interessen und Absichten, Lebenssituationen, Routen und Fortbewegungsarten können sich so in unterschiedlichen kognitiven Karten niederschlagen (Flade 2013). So werden Hauptverkehrsachsen bei einem Autofahrer fester Bestandteil seiner kognitiven Karte sein, während er mit dem Radwegenetz oder verkehrsarmen Nebenstraßen eher schlecht vertraut ist. Das erklärt, weshalb ein Autofahrer eine Fahrt mit dem Kfz als einfach empfindet, die mit dem Fahrrad hingegen als komplex. Diese wahrgenommene Komplexität beeinflusst das Mobilitätsverhalten. Für die (Rad-)Verkehrsplanung ergibt sich daraus eine wichtige Erkenntnis:

Kognitive Karten enthalten das räumliche Wissen einer Person. Von diesem Wissen hängt ab, welche Angebote (z.B. Verkehrsmittel) die Person wählt und wie sie ihr Alltagsleben gestaltet.

Da kognitive Karten durch Mobilität im Raum herausgebildet werden, manifestiert sich auf diese Weise auch ein bestimmtes Mobilitätsverhalten. Um

Veränderungen im Modal Split zu erreichen, müssen die existierenden mentalen Karten um solche Elemente ergänzt werden, die unsere Zielgruppen für Fahrten mit dem Rad benötigen. Denn eine wesentliche Barriere für einen weiteren Anstieg des Radverkehrsanteils in Kommunen ist, dass den meisten Menschen das räumliche Wissen zur fahrradspezifischen Infrastruktur fehlt oder zumindest nur unbewusst vorhanden ist.

Kommunen haben über die Stadt- und Verkehrsplanung vielfältige Möglichkeiten, um eine Ergänzung der kognitiven Karten bei der Zielgruppe der Radverkehrsförderung anzustoßen. Dazu gehören insbesondere

- der konsequente quantitative und qualitative Ausbau der Radinfrastruktur
- Maßnahmen zur besseren Wahrnehmung der Radinfrastruktur im Raum
- Verknüpfung der Radinfrastruktur mit den bestehenden kognitiven Karten sowie
- Systeme und Elemente zur einfachen Orientierung in einem Radverkehrsnetz

Diese vier Handlungsfelder mit Ansatzmöglichkeiten werden im weiteren Verlauf sukzessive im Detail beschrieben.

Das menschliche Gehirn verwendet markante Elemente des Raums, um kognitive Karten zu erstellen (hier: Marktplatz in Delft).

Etablierte Fahrradstädte wie hier in Utrecht errichten Radwegeverbindungen bewusst an Hauptachsen des Kfz-Verkehrs.

Verläuft die Wegstrecke zwischen zwei Orten in Abhängigkeit des gewählten Verkehrsmittels ganz oder teilweise unterschiedlich, macht dies mentale Karten komplex. Wer immer mit dem Kfz unterwegs ist, dem genügt für seine

Alltagswege die Kenntnis über einzelne Wegstrecken (*path knowledge*), die ihn zu seinen Zielen bringen.

Der zunehmende Einsatz von Navigationsgeräten in den Fahrzeugen tut sein übriges, dass die Kenntnis über zusammenhängende räumliche Strukturen immer mehr verloren geht. Eine Fahrt mit dem Rad erfordert in der Praxis jedoch die Fähigkeit, sich umzuorientieren und abweichende Wegstrecken befahren zu können (*Konfigurationswissen*) – also unterschiedliche kognitive Karten für einzelne Verkehrsmittel ausbilden und abrufen zu können. Unser Gehirn ist dazu durchaus in der Lage, denn es kann komplexe und unübersichtliche Wegestrukturen erlernen. Die eigentliche Barriere kommt bereits vor diesem Prozess des Lernens. Um kognitive Karten des Radwegenetzes zu bilden, müssen wir uns mit dem Fahrrad im Raum bewegen, die Informationen erfassen und abspeichern. Bei einer lückenhaften, schlecht wahrnehmbaren, unattraktiven und als gefährlich empfundenen Radinfrastruktur scheitert es häufig bereits in dieser Phase. Die Folge sind kognitive Karten, die vorrangig an den Wegen des Kfz-Verkehrs ausgerichtet sind. Getrennte Routenführungen für Kfz- und Radverkehr widersprechen demnach dem Prinzip der Einfachheit.

Kognitive Karten sind komplex, wenn die Routen je nach Verkehrsmittel unterschiedlich verlaufen.

Auffällig ist, dass Kommunen mit einem hohen bis sehr hohen Anteil des Radverkehrs in dieser Hinsicht eines gemeinsam haben: Radverkehr wird bewusst entlang von Hauptverkehrsstraßen geführt. Auf diese Weise wird die Radinfrastruktur geschickt mit den existierenden kognitiven Karten der Zielgruppe verknüpft. Ein Umstieg vom eigenen Auto auf das Fahrrad fällt deutlich leichter, wenn wir unseren gewohnten Routen folgen können. Wichtige Verkehrsadern sollten deshalb in jeder Kommune, egal welcher Größe, fester Bestandteil des Radverkehrsnetzes sein.

Hauptverbindungen des Kfz-Verkehrs sind gezielt mit einer (als sicher empfundenen) Radinfrastruktur auszustatten.

Welche Alternativen haben Verkehrsplaner und Kommunen, wenn dennoch eine Route abseits von Hauptverbindungen realisiert werden muss? Für alle Maßnahmen gilt dabei: Je stärker Radrouten von den bestehenden kognitiven Karten des durchschnittlichen Verkehrsteilnehmers abweichen, desto klarer muss diese Route auch aus dem Kfz heraus als Radtrasse erkennbar und wahrnehmbar sein. Gerade dann ist die häufig zu beobachtende Praxis unzureichend, in Gemeinden, Städten und Landkreisen lediglich eine herkömmliche Fahrradwegweisung anzubringen und die Strecke in einem Fahrradstadtplan zu vermerken.

Das mag eine Hilfe für aktive Radfahrer sein, als Motivation für die Zielgruppe der *Interessierten*, ihre kognitiven Karten um die Radinfrastruktur zu erweitern, ist es jedoch viel zu wenig. Vielmehr ist es richtig,

- eine feste Trasse (Route) zu definieren
- dieser Trasse einen Namen oder eine Bezeichnung zu geben
- sie an ihren Endpunkten sowie im Streckenverlauf als solche deutlich zu kennzeichnen und
- baulich als Trasse erkenn- und erlebbar zu machen.

Eine Kombination mehrerer Trassen kann dabei ein Netz von Hauptrouten bilden. Diese sollten die wichtigsten Quell- und Zielorte innerhalb einer oder zwischen Kommunen verbinden und Verkehr bündeln. Die Definition einer festen Trasse mit Start- und Endpunkt, sowie möglichen Zwischenzielen im Streckenverlauf, hat dabei wesentliche Vorteile gegenüber einem undefinierten Radwegenetz. Auch Personen mit einer schlecht ausgebildeten kognitiven Fahrradkarte können auf einen Blick erfassen, dass es eine gute und sichere Wegeverbindung zwischen bestimmten markanten Orten im Stadtgebiet oder sogar darüber hinaus gibt.

Klar definierte Trassen geben Nutzern, für die das Rad ein noch eher ungewohntes Verkehrsmittel ist, das so wichtige Gefühl, dass eine durchgängige und sichere Verbindung besteht, auf welcher sie (zum Ziel) geleitet werden. Entsprechend ist die Trasse durch die Kommune baulich und durch Symbole sowie Wegweisung so zu gestalten, dass diese Anforderung in der Wahrnehmung der Nutzer erfüllt wird. Trassen eignen sich in besonderem Maße für Marketingmaßnahmen und geben auch der Verwaltung und Politik nach innen eine Orientierung. Der Begriff Trasse meint in diesem Zusammenhang eine definierte Radwegeverbindung zwischen zwei Orten, die als solche (auch aus dem Kfz heraus) wahrnehmbar ist und auch ortsfremde Radfahrer ohne eigene Hilfsmittel zum jeweiligen Endpunkt leitet.

In einem Netz von Radverkehrsverbindungen kann ein **Knotenpunktsystem** Orientierung geben. Vorreiter sind die Niederlande, die ein landesweit verknüpftes Knotenpunktsystem etabliert haben, das Radfahrer sowohl innerhalb von Kommunen, als auch überregional durch das Radverkehrsnetz lotst. Auch in Deutschland werden zunehmend Knotenpunktsysteme realisiert. Es handelt sich dabei um kein eigenständiges System, sondern um ein optionales Zusatzelement, das nur in Kombination mit der wegweisenden Beschilderung für den Radverkehr (grün-weiße oder rot-weiße Wegweiser) eingesetzt werden kann. Die wegweisende Beschilderung mit ihren Standardelementen dient dabei als Trägersystem, in das die Knotenpunktsystematik integriert wird.

Kennzeichen des Systems sind definierte Knotenpunkte im Netz, von denen jedem Punkt eine fortlaufende Nummer zugeordnet ist (Abb. 6-10). Die Standorte der Knotenpunkte befinden sich an den Schnittstellen von Radrouten. An jedem Knotenpunkt befindet sich immer ein Hinweis auf die individuelle Nummer des jeweiligen Knotenpunktes (Knotenpunktnummer), eine Übersichtskarte mit dem Radverkehrsnetz inklusive den Knotenpunkten im Umgriff, sowie eine Beschilderung zu den angrenzenden Knotenpunkten (Abb. 6-12). Die Knotenpunktnummer wird als Knotenpunkthut an der Spitze des Rohrpfostens befestigt. Das Knotenpunktsystem ist in sich geschlossen. Verwendet wird nur der Zahlenraum von 1 bis 99, so dass in einem größeren Planungsraum mehr als ein System zum Einsatz kommen kann. In diesem Fall wird darauf geachtet, dass zwei gleichlautende Knotenpunktnummern hinreichend weit auseinanderliegen. Für die Knotenpunktnummerierung werden rote Wegweiser mit weißer Schrift verwendet.

Damit ist es Radfahrern auch ohne Hilfsmittel wie Radwegekarte oder GPS möglich, zu ihrem Ziel zu navigieren. Abb. 6-10 veranschaulicht dieses Prinzip: Das dargestellte Netz verbindet diverse Knotenpunkte miteinander. Nicht alle Punkte sind dabei zwingend miteinander verbunden. So sind u.a. die Punkte 82 und 99 nur indirekt über die Punkte 77, 67 und 55 oder 43 und 17 miteinander verknüpft. Die Gründe hierfür können vielfältig sein: entweder besteht gar keine physische Verbindung für Fahrräder, zum Beispiel aufgrund von Barrieren (Gewässer, Schienen- und Verkehrswege) oder die Radinfrastruktur ist noch lückenhaft (quantitativ und/oder qualitativ). Ziel sollte immer ein engmaschiges Netz sein, so dass die angrenzenden Punkte auf direktem Weg erreicht werden können.

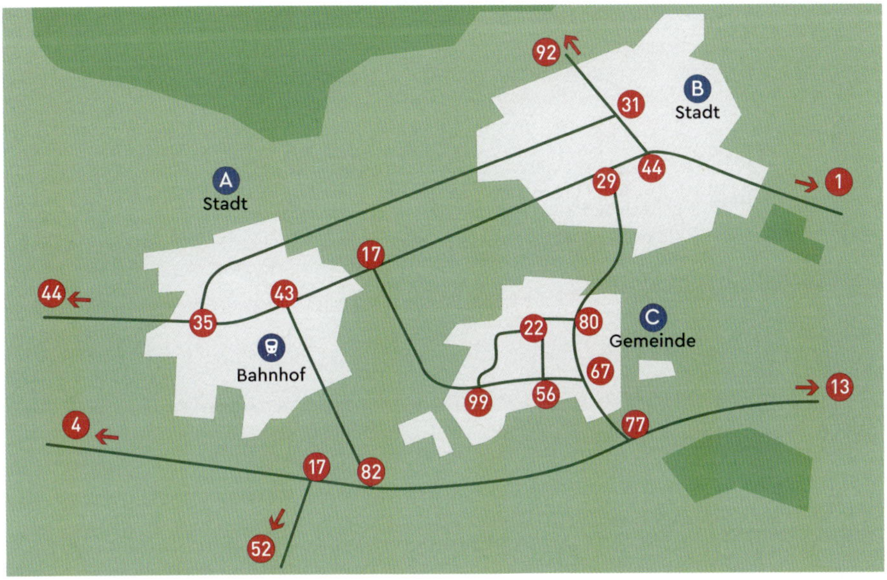

Abb. 6-10: Prinzip des Knotenpunktsystems

Die Darstellung zeigt, wie Radfahrende in einem Knotenpunktsystem leicht navigieren können. Wer in der C-Gemeinde an Punkt 56 startet, wird über die Nummernfolge 99-17-43 sicher zum Bahnhof in A-Stadt (bzw. dessen Nähe) geleitet. Auch andere Kombinationen sind denkbar. Die Systematik hilft sowohl Ortsfremden, als auch Einheimischen, denen die kognitive Fahrrad-Karte fehlt.

Das beispielhafte Knotenpunktsystem bestand bislang aus einem Netz an individuellen Routen, die über die Schnittstellen miteinander zu einem Netz verbunden waren. Eine weitergehende Logik war nicht erkennbar und hat gefehlt. Durch eine zusätzliche Definition und Ausweisung bestimmter Routen innerhalb des Knotenpunktsystems erhalten (potenzielle) Nutzer zusätzliche Orientierung – die Wahrscheinlichkeit steigt, dass sich mehr Personen für eine Fahrt mit dem Fahrrad entscheiden.

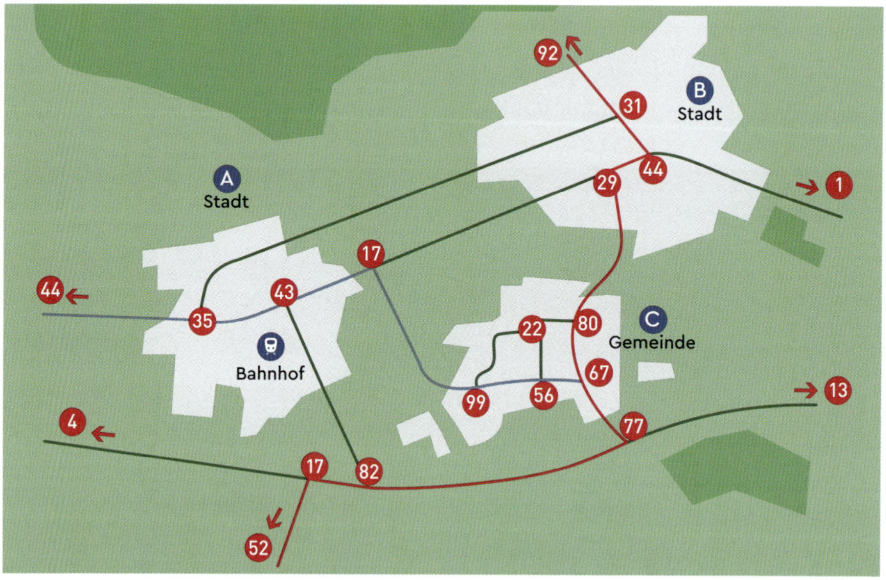

Abb. 6-11: Definition und Benennung von Routen innerhalb eines Knotenpunktsystems.

In Abb. 6-11sind zwei Routen definiert: die rote Route verläuft in Nord-Süd-Beziehung und erschließt B-Stadt und C-Gemeinde mit den angrenzenden Quellen und Zielen (Knoten 92-31-44-29-80-67-77-82-17-52), die blaue Route verläuft von Knotenpunkt 44 kommend über A-Stadt in die C-Gemeinde und endet dort (Nummernfolge 44-35-43-17-99-56-67). Bei Knotenpunkt 67 schneiden sich beide Routen. Definierte Routen sollten anschauliche und eingängige Bezeichnungen oder Namen erhalten. Genauso wie ein großes schwedisches Möbelhaus alle seine Produkte mit einem Namen versieht, hat die Stadt Malmö ihren Radwegen Namen gegeben, um sie für die Nutzer voneinander unterscheidbar zu machen.

Ein eigenes Knotenpunktsystem ist bereits für Kommunen ab 10.000 Einwohnern sinnvoll – immer dann, wenn für Kfz- und Radverkehr unterschiedliche kognitive Karten ausgebildet werden müssen.

Das Knotenpunktsystem ist für alle Gebietskörperschaften geeignet – auch kleinere Kommunen oder Landkreise. Sinnvoll ist es, die Systematik überörtlich in interkommunaler Kooperation zu etablieren. In Kommunen ab etwa 10.000 Einwohnern kann ein kleines Knotenpunktsystem jedoch bereits in Eigenregie zielführend sein. In der Regel ist hier bereits eine Verkehrsinfrastruktur vorhanden, in der unterschiedliche kognitive Karten für Kfz- und Radverkehr ausgebildet werden.

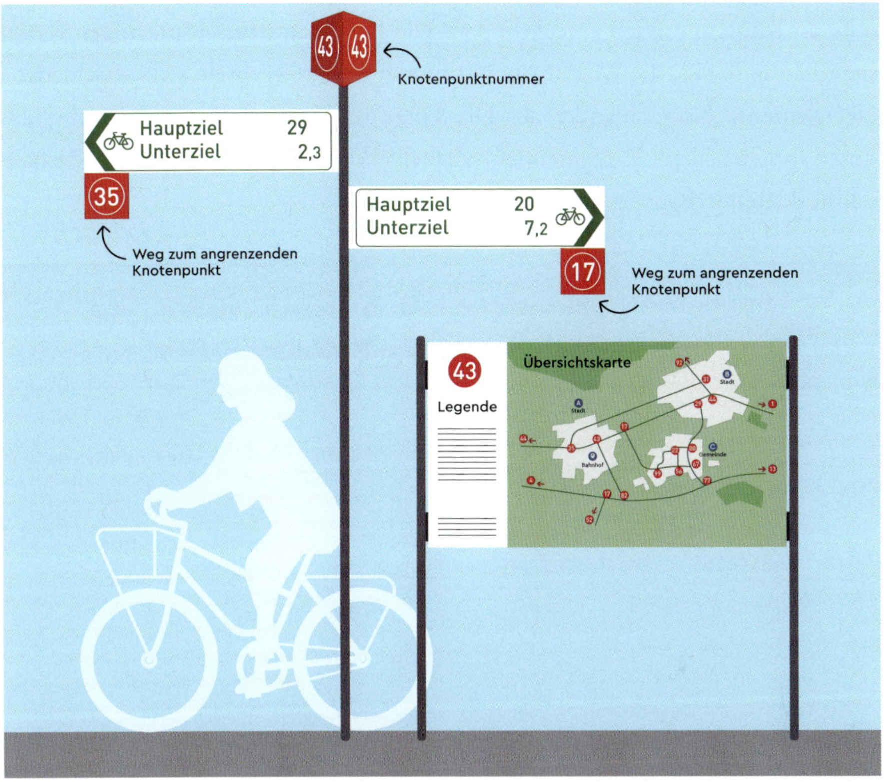

Abb. 6-12: Ausstattungselemente eines Knotenpunktstandortes (Nr. 43): Eine Übersichtskarte zeigt den Standort mit Umgebung und die Radverbindung zu den angrenzenden Knotenpunkten (hier: Nr. 17 und 35). Das Knotenpunktsystem ist in die grün-weiße wegweisende Beschilderung integriert.

Selbsterklärende Radwegenetze

In einem meiner Seminare erklärte ein Teilnehmer, Radverkehrsbeauftragter in einer 30.000 Einwohner-Stadt, ein steter Grund für Konflikte im Straßenverkehr sei folgender: „Viele Menschen wissen gar nicht, dass Radfahrer oft auch auf der Straße fahren dürfen." Eine Umfrage im Auftrag der Unfallforschung der Versicherer (UDV) bestätigt das; demnach glauben 85 Prozent der Befragten, ein baulicher Radweg müsse immer benutzt werden. Wir können sogar noch einen Schritt weitergehen und als ein Grund im Hinblick auf das Phänomen Kampfradler feststellen: „Viele Menschen wissen gar nicht, dass Radfahrer oft auch auf dem ‚Gehweg' fahren dürfen (oder müssen)." Konflikte sind demnach auch eine Folge von Unkenntnis auf allen Seiten: bei Radfahrern ebenso wie bei Autofahrern und Fußgängern. Zur Orientierung im Raum gehört mehr, als eine (möglichst effiziente) Verbindung zwischen zwei Orten zu finden. Ebenso wichtig ist die Orientierung auf der Mikro-Ebene, also die Frage, wo sich Radfahrende im Raum bewegen (Straße versus Seitenraum), als auch wie sie sich auf der Strecke oder an Knotenpunkten zurechtfinden. Die Praxis im deutschsprachigen Raum sieht häufig so aus: die Wegführung ist unklar und es wechseln sich verschiedene Netzelemente hintereinander ab. Die Folge ist Verwirrung und Unsicherheit unter (potenziellen) Radfahrenden. Ziel der Verkehrsplanung müssen deshalb selbsterklärende Radwegenetze sein.

Ein selbsterklärendes Radwegenetz ist logisch aufgebaut und intuitiv nutzbar. Es macht das Radfahren einfach.

Radwegebenutzungspflicht

In Deutschland regelt die Straßenverkehrsordnung (StVO) in §2 Abs. 4, dass Radfahrende vorhandene Radverkehrsanlagen (z.B. Radwege, Radfahrstreifen) nutzen müssen, wenn dies durch Beschilderung vorgeschrieben ist (Radwegebenutzungspflicht). Die Anordnung erfolgt durch Zeichen 237, 240 oder 241. Radverkehrsanlagen, bei denen diese Beschilderung fehlt, dürfen (müssen aber nicht) benutzt werden – d.h. Radfahrer haben hier Entscheidungsfreiheit. Eine Benutzungspflicht anzuordnen ist nur gerechtfertigt, wenn

(1) auf der Fahrbahn für Radfahrer gemäß §45 Abs. 9 Satz 2 StVO ein besonderes Gefährdungspotential besteht **und**

(2) die baulichen Anforderungen an die Radverkehrsanlage (z.B. Breite, Beschaffenheit von Strecke und Knotenpunkten, Flächen für den Fußverkehr) gegeben sind.

Die Ausweisung einer Benutzungspflicht ist demnach eine Einzelfallentscheidung. Schätzungen gehen davon aus, dass sie nur für 25 Prozent der innerörtlichen Radwege begründet werden kann.

Die Radwegebenutzungspflicht ist ein Zeichen dafür, dass die vorhandene Radverkehrsinfrastruktur an den Bedürfnissen der (potenziellen) Nutzer ganz oder zumindest teilweise vorbeigeht. Radverkehrsanlagen sollten so gestaltet sein, dass sie von allen Nutzern akzeptiert und freiwillig genutzt werden. Menschen nutzen automatisch die Optionen, die ihre Anforderungen bestmöglich erfüllen. Wer Radfahrende dazu zwingen muss, von der (objektiv und/oder subjektiv) gefährlicheren Straße in den Seitenraum auszuweichen, sollte seine Radinfrastruktur an die Bedürfnisse der Nutzer anpassen.

Zeichen 237:
Radweg

Zeichen 240:
gemeinsamer Fuß- und Radweg

Zeichen 241:
getrennter Fuß- und Radweg

Während der Fahrt erfüllt ein Radfahrer drei Aufgaben (in Anlehnung an Litman 2008):

(1) **Kontrolle:** Diese Aufgabe erfolgt ganz automatisch, ohne dass der Radfahrende ständig neue Entscheidungen trifft. Hierzu zählt beispielsweise das Gleichgewicht, die Geschwindigkeit oder den Abstand zu anderen Radfahrern zu halten. Der Fahrer wird dabei kognitiv nur in geringem Maße beansprucht und hat geistige Kapazitäten frei, um sich auf das Verkehrsgeschehen zu konzentrieren, die Umgebung zu betrachten oder sich mit einem anderen Radfahrer zu unterhalten.

(2) **Lenkung:** Bei dieser Aufgabe steuert der Radfahrer sein Gefährt im Verkehr und interagiert mit anderen Verkehrsteilnehmern, z.B. um Abbiege- oder Überholvorgänge zu vollziehen. Hierbei werden dem Radfahrer laufend Entscheidungen abverlangt, die mentale Beanspruchung ist hoch. Es besteht eine erhöhte Gefahr bestimmte Situationen zu übersehen.

(3) **Navigation:** Um sein Ziel (auf möglichst effiziente Weise) zu erreichen, muss ein Verkehrsteilnehmer jederzeit über zwei Informationen verfügen: „Wo befinde ich mich?" (Lokalisation) und „Wo muss ich weiterfahren?" (Orientierung). Für diese dritte Aufgabe nutzt er auf der Makro-Ebene kognitive Karten und auf der Mikro-Ebene Symbole, Signale und Informationen (z. B. Verkehrszeichen, Wegweiser, Piktogramme, bauliche Strukturen wie Radwegebegrenzungen oder Oberflächenstrukturen). Die Navigation durch den Raum erfordert die volle Aufmerksamkeit und ein sehr hohes Maß an kognitiver Kapazität.

Praxisbeispiel: Ein Radfahrer ist entspannt auf einem Radweg unterwegs (er befindet sich im Modus *Kontrolle*) und nähert sich der Verkehrssituation auf dem nachstehenden Bild.

Der Knotenpunkt, die vorgelagerten Hindernisse und die Frage der Wegführung erfordern von ihm eine erhöhte Aufmerksamkeit und er sucht nach Informationen (Modus *Lenkung*).

Bleibt die Situation für ihn ganz oder teilweise unklar, geht er in den Modus *Navigation* über und sucht nach Anhaltspunkten, die ihm Sicherheit über die Situation vor ihm geben können – beispielsweise Verkehrszeichen, Pfeile oder Markierungen. Die Wahrscheinlichkeit ist sehr hoch, dass dieser Fall eintritt. Auf kombinierten Geh- und Radwegen fehlt meist eine klare Führung des Radverkehrs. Im Bild führt der richtige Weg links am Baum vorbei auf die Straße. Ein selbsterklärender Radweg würde dem Nutzer eine klare Orientierung geben und verhindern, dass das Gehirn des Fahrers überhaupt in den Modus *Navigation* umschalten muss, um den Weg zur Radfahrerfurt zu finden.

Diese drei kognitiven Aufgaben sind für alle Verkehrsteilnehmer gültig, auch für Fußgänger oder Fahrer von Kraftfahrzeugen. Es ist deshalb nachvollziehbar, dass

(1) **selbsterklärende Radwege** zur Sicherheit im Straßenverkehr beitragen, weil Radfahrer ihre Aufmerksamkeit dem eigentlichen Verkehrsgeschehen widmen können, während Kfz-Lenker überdies das Verhalten des Radverkehrs viel leichter vorhersehen können.

(2) **selbsterklärende Straßen** zur Sicherheit im Straßenverkehr beitragen, weil auch Kfz-Lenker mehr mentale Leistung zur Verfügung haben, um das Verkehrsgeschehen wahrzunehmen.

Für die Sicherheit des Radverkehrs ist beides erforderlich: selbsterklärende Straßen und Radwege.

Um selbsterklärende Radwegenetze zu schaffen, stehen insbesondere folgende Handlungsfelder zur Verfügung, die im Anschluss eingehender beschrieben werden:

- **Bauliche Strukturen** (erste Priorität)
- Verwendung von **Markierungen** (zweite Priorität)
- Wegweisende **Beschilderung** (dritte Priorität und nur ergänzend zu den beiden erstgenannten Handlungsfeldern)

Die Führung des Radverkehrs durch klare **bauliche Strukturen** hilft bei der Orientierung – und zwar allen Verkehrsteilnehmern. Als Menschen brauchen wir Orientierung. Das gibt uns Sicherheit. Was geschieht, wenn uns solche Referenzpunkte plötzlich fehlen, merken wir wenn es geschneit hat und die Straßen mit Schnee bedeckt sind. Wir sind langsamer unterwegs als normal und es fällt uns schwerer, uns in der Interaktion mit anderen Verkehrsteilnehmern korrekt zu verhalten – z.B. auf unserer eigenen Fahrspur zu bleiben. Ein Grund dafür ist neben der Straßenglätte vor allem eines: die gewohnten Fahrbahnmarkierungen sind verschwunden; bei stärkerem Schneefall fehlen möglicherweise noch weitere Referenzpunkte, wie die Begrenzung der Straße durch den Bordstein.

Die folgenden Fotos zeigen das typische Dilemma in unseren Städten und Gemeinden: Für den Radverkehr fehlen eigene bauliche Strukturen oder sie werden an Bushaltestellen, Engstellen oder an Knotenpunkten unterbrochen. Gerade dort wäre eine klare und selbsterklärende Radverkehrsführung jedoch besonders wichtig.

Eigene bauliche Strukturen für den Radverkehr, mit einer klaren Trennung sowohl zum Kfz-Verkehr als auch zu Fußgängern, ist eines der wichtigsten Elemente der Radverkehrsförderung. Die folgenden Praxisbeispiele aus den Niederlanden führen uns vor Augen, welche Wirkung bauliche Strukturen darauf haben, ob eine Infrastruktur als einfach wahrgenommen wird. Erst durch die bauliche Gestaltung eigener Netze werden Konflikte mit anderen Verkehrsteilnehmern

(Fußgänger!) minimiert sowie Orientierung ermöglicht. Die Wegeführung ist logisch und intuitiv – in alle relevanten Fahrtrichtungen.

Diese Radfahrerfurt (linkes Bild) mündet direkt in die Haltezone vor einer Bushaltestelle, während Zweiräder in Erfurt (rechtes Foto) zunächst auf einen kombinierten Geh- und Radweg gelenkt werden, wo sie sich den Raum als Shared Space mit festen und mobilen Hindernissen, sowie Fußgängern teilen. müssen, die im Aufstellungsraum vor der Lichtsignalanlage warten.

Bereits die sich von Gehweg und Fahrbahn abhebende Oberfläche (Struktur und Farbgebung) des Radwegs sorgt für eine klare und eindeutige Führung des Radverkehrs (Den Haag).

Neben der baulichen Ausgestaltung der Radwege gehören der rote Asphalt, die Bodenmarkierungen sowie aus dem Kfz-Verkehr bekannte Verkehrszeichen in den Niederlanden zu den Standardmaßnahmen, um es Radfahren einfach zu machen.

Zu einer einfachen Orientierung tragen auch **Markierungen** bei. Sie sollten möglichst ergänzend zu selbsterklärenden baulichen Strukturen verwendet werden und diese ergänzen bzw. verstärken. Sehr vielversprechend sind dabei Maßnahmen, die an bestehendem Wissen anknüpfen. So sind das Markierungs- und Beschilderungssystem des Kfz-Verkehrs nahezu jeder Person geläufig. Es ist für sie einfach, diesen Symbolen und graphischen Informationen zu folgen. Sinnvoll ist es deshalb, sich diese Kenntnisse auch in der Radverkehrsplanung zu Nutze zu machen und die Radverkehrsinfrastruktur konsequent mit der Markierungssystematik des Kfz-Verkehrs zu versehen. Relevante Elemente sind dabei insbesondere:

- Richtungspfeile (ggf. in Kombination mit Fahrradpiktogramm)
- Markierte Abbiege- oder Fahrspuren
- Halte- und Wartelinien
- Radwegrandmarkierung (insbesondere außerorts)
- Aufstellflächen
- Parkmarkierungen
- Fußgängerüberweg (auch über Radwege)

Geradeaus- und Abbiegespur sind deutlich markiert und mit Richtungspfeilen versehen. Zufußgehende queren auf einem Fußgängerüberweg. Dieses Design ist logisch und selbsterklärend.

Analog zur Systematik auf einer außerörtlichen Straße für Kfz sollten Radwege mit einer beidseitigen Radwegrandmarkierung versehen werden. Dies erhöht auch die Orientierung bei Dunkelheit.

Radfahrende werden am Ende dieser Erschließungsstraße auf einem mittig angeordneten Radfahrstreifen und einer Radverkehrsfurt über die Hauptstraße auf den gegenüberliegenden Radweg geleitet.

Die Sperrflächenmarkierung auf dem Radweg sorgt für Klarheit: An einer Lichtsignalanlage wartende Radfahrer gewähren dem querenden Radverkehr freie Fahrt (Amsterdam). In Deutschland gibt es bislang keinen Standard für eine vergleichbare Markierung. Die in den Niederlanden übliche Markierung im Bild ist auf Radwegen allerdings auch bei uns zulässig. Mit dieser gut sichtbaren Markierung auf einem Radweg in Kopenhagen werden Radfahrende auf das Fahrradparkhaus und die Zufahrt dorthin aufmerksam gemacht.

Mit dieser gut sichtbaren Markierung auf einem Radweg in Kopenhagen werden Radfahrende auf das Fahrradparkhaus und die Zufahrt dorthin aufmerksam gemacht.

Dieser rot markierte Radweg durch eine „Fußgängerzone" macht die Radverkehrsachse für den Radverkehr sichtbar und sorgt für eine wirksame Trennung zwischen Zufußgehenden und Radfahrenden.

Am Ende der für den Radverkehr freigegebenen Fußgängerzone werden Radfahrende mit diesem roten Teppich intuitiv zur Radverkehrsfurt am Knotenpunkt im Hintergrund geführt. Der rote Streifen wird im Zweirichtungsverkehr befahren und ist Teil einer Hauptradroute.

Darüber hinaus können weitere Markierungen genutzt werden, beispielsweise um Routenverläufe sichtbar zu machen oder Verkehrsarten besser voneinander zu trennen. Beispiele hierfür sind:

- Fahrradpiktogramme
- Flächige farbige Markierungen
- Farbige Begleitlinien im Streckenverlauf
- Sperrflächen

Intuitive Überleitungen des Radverkehrs von einer Führungsform auf die nächste: Links von einer Erschließungsstraße auf eine gegenläufige Radverkehrsfurt mit Weiterführung auf einem Zweirichtungsradweg und rechts von einer Fahrradstraße auf einen kombinierten Geh- und Radweg.

Gewinnbringend sind auch vermeintliche Kleinigkeiten. Von links oben im Uhrzeigersinn: aufgeweitete Radverkehrsfurt, Abbiegspur (mit Induktionsschleife) auf einem kombinierten Geh- und Radweg, Führung auf einem Angebotsstreifen durch einen Modalfilter und Überleitung des linksabbiegenden Radverkehrs von einem Angebotsstreifen über die gesamte Fahrbahn auf eine markierte Linksabbiegerspur nur für den Radverkehr.

Ein besonderes Augenmerk sollte auf die zentralen Radverkehrsachsen (Hauptrouten, Radvorrangrouten, Radschnellverbindungen) gelegt werden. Diese sollten sich intuitiv von allen anderen Radverbindungen unterscheiden (*mehr zum Thema in Kapitel 9 – Aufbau von Radverkehrsnetzen*). Gemäß technischer Regelwerke werden Radvorrangrouten und Radschnellverbindungen mit einer auf beiden Seiten begleitenden grünen Linie (Schmalstrichmarkierung) gekennzeichnet. Bei Radvorrangrouten ist diese gestrichelt („unterbrochen"), bei Radschnellverbindungen durchgehend.

Die zentralen Haupt- und Radvorrangrouten können zudem mit dem Routenlogo (www.routenlogo.de) versehen werden. Dabei handelt es sich um ein deutschlandweit nutzbares Markenlogo, mit dem Städte, Gemeinden und Landkreise ihre Hauptradachsen sowie deren Routenverläufe gut sichtbar kennzeichnen können. Das Routenlogos ermöglicht es auch, in jeder Kommune eigene Routenbezeichnungen zu wählen. Beispiele wären: Bahnhofsroute, Vorrangroute 1, Schulroute, Innenstadtroute oder Radring.

Das Routenlogo ermöglicht die auffallende Kennzeichnung von Hauptrouten und Radvorrangrouten sowie deren Streckenverläufe.

Gerade an Knotenpunkten kann es zu Konflikten mit dem Querverkehr kommen, wenn Aufstellflächen für Radfahrer, die bei Rot warten müssen, nicht definiert oder falsch positioniert sind.

Mit zurückgesetzten Haltelinien sowie – idealierweise – auch einer zurückgesetzten Signalisierung kann Raum für querende Radfahrer freigehalten werden, wie die beiden Fotobeispiele aus Münster anschaulich zeigen. In den Niederlanden ist es üblich, diese Sperrbereiche mit einem Rechteck und Sperrmarkierungen zu versehen.

Fehlende Markierungen auf dem Radweg und der Radfahrerfurt führen dazu, dass bei Rotlicht wartende ein Hindernis für den Querverkehr darstellen (Erlangen).

An diesem Knotenpunkt in Nürnberg wurde die Haltelinie so weit nach vorn gesetzt, dass der Querverkehr blockiert wird – gerade auch im Zusammenspiel mit dem Ampelmast links im Bild.

Die Fahrradstadt Münster sichert dem Querverkehr durch eine zurückgesetzte Haltelinie freie Fahrt. Von links kommende Rechtsabbieger werden wenige Meter vor der Haltelinie nach rechts geleitet, so dass sie unabhängig von wartenden Radfahrern abzweigen können. Die Vorfahrt ist mittels Beschilderung geregelt.

Gute Lösung: Die Kombination aus zurückgesetzter Haltelinie und zurückgesetzter Lichtzeichenanlage für den Radverkehr garantieren, dass der Querverkehr frei fahren kann. Links im Bild ein Anforderungstaster für Grünlicht, sowie rechts der Haltelinie ein beschildertes freies Rechtsabbiegen mit Vorfahrtsregelung (Münster).

Zur leichteren Orientierung sollten diese grafischen, unbedingt durch verbale Informationen, wie **Wegweiser und Hinweisschilder**, ergänzt werden (Beschilderung).

Pfeilwegweiser stehen zentral an einem Standort im Knotenpunkt und weisen von dort in die unterschiedlichen Fahrtrichtungen. Dadurch sind die Richtungsanzeigen sehr spät erkennbar und schlecht geeignet, um ein intuitives und zügiges Fahren zu ermöglichen.

Tabellenwegweiser können bereits vor dem Knotenpunkt aufgestellt werden und zeigen dadurch frühzeitig die Fahrtrichtung (Münster). Sie eignen sich besonders auf Routen mit starken Radverkehrsströmen und höheren Geschwindigkeiten.

Eine Systematik liefert das *Merkblatt zur wegweisenden Beschilderung für den Radverkehr* der FGSV, das in einigen deutschen Bundesländern verpflichtend ist. Hierauf sei verwiesen. An dieser Stelle beschränke ich mich auf einige interessante Praxisbeispiele aus dem In- und Ausland, die teilweise über das genannte Regelwerk der FGSV hinausgehen.

Eine Radwegweisung sollte immer auf einer umfassenden Netzplanung aufbauen sowie einer einheitlichen Systematik folgen. In der Praxis beschränkt sich diese einheitliche Systematik häufig auf die Gestaltung der Wegweiser selbst – hinsichtlich Größe, Farben, Schriftart, Schriftgrößen, Symbolen, Zielangaben etc. Genauso wichtig ist eine Standardisierung in Bezug auf den Standort und die Logik der Beschilderung. Der Standort sollte so gewählt werden, dass die Wegweisung gut sichtbar (auffindbar) ist, während der Fahrt gelesen werden kann und ausreichend Zeit bleibt, sich rechtzeitig vor einem Knotenpunkt richtig einzuordnen. Die Verortung sollte einer festen und intuitiven Logik folgen. Merke: Wer nach Möglichkeit auf bestehende Infrastruktur (Verkehrszeichen, Laternenmasten etc.) zurückgreift, um die Radwegweisung anzubringen, der wird anstelle einer leicht verständlichen Logik ein Wirrwarr aus Einzellösungen haben. Die Folge sind Frust und Verunsicherung der Nutzer, die Wegweiser übersehen, zu spät erkennen oder Probleme haben, die Schilder auf der gegenüberliegenden Straßenseite zu entziffern. Eine gute Radwegweisung setzt frühzeitig vor Abbiegungen und Knotenpunkten Signale, nutzt Zwischenwegweisungen (z.B. Geradeauspfeil um zu signalisieren, dass sich der Radfahrende noch auf der richtigen Route befindet), begrenzt die Zahl der Schilder auf ein sinnvolles Maß und nutzt bekannte geografische Ziele.

So nicht! Die Beschilderung für den Radverkehr befindet sich außerhalb des Sichtfeldes, auf das sich ein Radfahrer bei der Fahrt konzentriert. Auch die Entfernung macht dieses Schild völlig nutzlos, zudem fehlen weitere optische Hilfen und bauliche Strukturen.

Umleitungsbeschilderungen für den Radverkehr müssen Standard sein, auch bei Nachtbaustellen. Umfahrungen sind bei Bedarf zu asphaltieren, wie hier im Landkreis Nürnberger Land.

Differenzierung der Wegweisung nach der Stress-Toleranz (LTS)
Bei der Radwegweisung sind für den Radverkehr geeignete Wegeverbindungen beschildert. Berücksichtigt werden dabei alle Netzelemente: Mischverkehr auf Haupt- und Nebenstrecken, Schutz- und Radfahrstreifen, straßenbegleitende und abseits geführte Radwege, kombinierte Geh- und Radwege sowie teilweise Waldwege und Gehwege mit Zusatzbeschilderung „Radfahrer frei".
Was dabei fehlt ist eine Systematik, die sich an den unterschiedlichen Nutzertypen orientiert und beispielweise der Zielgruppe der *Interessierten,* die für sie geeigneten Verbindungen (LTS-Level 2) aufzeigt. Genauso wie Autofahrer anhand der Beschilderung erkennen, ob sie auf einer Autobahn, einer Bundesstraße oder Gemeindestraße unterwegs sind, muss und wird es in Zukunft auch im Radverkehr unterschiedliche Klassifikationen geben. Mit Radschnellwegen als eigenständiges Netzelement wird in Deutschland bereits ein Anfang gemacht, während Zürich zwischen einem Haupt- und einem Nebenroutennetz unterscheidet. Beide Netztypen sprechen dabei unterschiedliche Zielgruppen an und erfüllen auch verschiedene Stress-Level. Es ist nur konsequent, ein LTS-orientiertes Netzsystem auch in der Beschilderung kenntlich zu machen.

Einheitliche Systematik zur Gestaltung der Radverkehrsinfrastruktur

Aktuelle Regelwerke zur Planung von Radverkehrsanlagen (z.B. ERA, örtliche Radverkehrskonzepte) zeigen Verkehrsplanern und Entscheidern eine Vielzahl an Varianten zur Führung des Radverkehrs auf. In der Praxis ist dies eine gängige Lösung, wie ein Beispiel aus dem Rhein-Erft-Kreis zeigt. In den lokalen *Standards für die Radverkehrsplanung* (Stand: 2007) heißt es: „Das gesamte Repertoire der (…) beschriebenen Führungsmöglichkeiten wird grundsätzlich zur Anwendung empfohlen." Mit dieser Vorgehensweise ist es natürlich möglich, für einen Großteil an inner- und außerörtlichen Verkehrssituationen unter Einhaltung der Regelwerke Lösungen zur Verkehrsführung zu finden. In der Praxis ergeben sich aus verkehrspsychologischer Sicht jedoch zwei Problemfelder:

1. Die unterschiedliche Stress-Toleranz der einzelnen Nutzertypen und ihre daraus resultierenden Bedürfnisse werden ignoriert. Der

Radverkehr soll (mit möglichst geringem Aufwand) in ein bestehendes, autozentriertes Verkehrssystem integriert werden, anstatt die Lösung umzusetzen, die den Bedürfnissen der Zielgruppen tatsächlich gerecht wird.

2. Das Netzsystem ist kompliziert und schwer lesbar, da in ihm eine Vielzahl unterschiedlicher Verkehrslösungen Anwendung findet. Das Ergebnis kann ein Insider-System sein, das gut ausgebildete kognitive Karten erfordert. Insider-Systeme verhindern Spontanfahrten und erhöhen die Einstiegsschwelle für die Nutzergruppe der *Interessierten* und *Nicht-Fahrer*.

Die Lösung ist einfach und doch ein sehr großer Schritt: Nämlich die Realisierung einheitlicher, flächendeckender, qualitativ hochwertiger Führungsformen für den Radverkehr.

Die Systeme zur Führung des Radverkehrs unterscheiden sich in Europas Fahrradstädten in wesentlichen Bereichen. Während in Kopenhagen grundsätzlich nur Einrichtungsradwege ausgewiesen werden, gehören Zweirichtungsradwege in den Niederlanden an vielen Stellen zum Stadtbild. Radfahrer biegen bei beiden Systemen indirekt links ab – in der dänischen Großstadt geschieht dies meist im Mischverkehr und unter Beachtung der Kfz-Signalisierung; in den Niederlanden können Radfahrende auf einer eigenen Radverkehrsanlage und unter dem Schutz einer eigenen Radverkehrssignalisierung queren.

Unabhängig von der gewählten Systematik fällt jedoch auf, dass beide Systeme einem zentralen Planungsprinzip folgen: Einheitlichkeit. Anstelle einer Aneinanderreihung von Einzellösungen, haben sich die Entscheider auf beiden Seiten einmal für bestimmte grundlegende Planungsprinzipien entschieden und setzen diese Standards konsequent um. Diese Standards umfassen alle relevanten Faktoren, wie Führungsform, Separation vom Kfz- und Fußverkehr, Qualität der Radverkehrsinfrastruktur und deren Dimensionierung.

Eine einheitliche Systematik zur Führung des Radverkehrs in einer Kommune wird als logisch und intuitiv empfunden. Sie macht das Radfahren einfach.

Weshalb das so ist, hat sehr viel mit Erwartungen zu tun. Jeder Verkehrsteilnehmer hat eine interne Wissensdatenbank, eine *bank of knowledge*, in der die positiven und negativen Erfahrungen und Erlebnisse aus dem bisherigen Mobilitätsverhalten abgespeichert sind (Helmers 2014). Als Autofahrer haben wir auf dieser Grundlage bei einer Straße, die durch einen Wald führt, die Erwartung schneller vorankommen zu können, verglichen mit einer Straße, die sich durch hügeliges Gelände schlängelt (Zeitersparnis) (Herrstedt 2010). Auch haben wir bestimmte Erwartungen wie eine Straße beschaffen ist. Schlaglöcher erwarten wir nicht auf einer Autobahn oder Bundesstraße, auf einer älteren Nebenstraße schon eher, auf einem geschotterten Waldweg fast automatisch. Wir erwarten auch, dass sich Straßen und Wege so fortsetzen, wie sie begonnen haben.

Widersprechen sich Erwartung und der wahrgenommene Ist-Zustand, entsteht Verunsicherung. Bei einem Radfahrer löst es deshalb Verwirrung aus, wenn er im Streckenverlauf mit unterschiedlichen Führungsformen konfrontiert wird. Solche Situationen stellen erhöhte kognitive Anforderungen an den Verkehrsteilnehmer und können zu Fehlverhalten führen, wenn sofortige Reaktionen erforderlich sind. Einheitliche Standards erhöhen gemäß diesen Erkenntnissen auch die Sicherheit. (Helmers 2014)

Das Verhalten eines Verkehrsteilnehmers ist immer das Ergebnis aus Erwartungen und Wahrnehmungen (Abb. 6-13, Gleichung I) (Herrstedt 2010). Dies gilt sowohl für das Reaktionsverhalten in spezifischen Verkehrssituationen, als auch für das Mobilitätsverhalten als Ganzes. Der Zusammenhang lässt sich auch anders ausdrücken: Das Verhalten ist immer das Ergebnis aus dem Grad der Einheitlichkeit der Radinfrastruktur und dem Ausmaß, in dem diese auch selbsterklärend ist (Gleichung II). Diese Schreibweise ist zulässig, weil uns eine einheitliche Infrastruktur ermöglicht, realistische Erwartungen über den Streckenabschnitt zu entwickeln der vor uns liegt. Eine selbsterklärende Radinfrastruktur wiederum erleichtert es uns, die Verkehrssituation korrekt wahrzunehmen. Es sei an dieser Stelle daran erinnert, dass das (Mobilitäts-)Verhalten auch ein Indiz für das Stress-Empfinden ist. Je stressiger das Radfahren für eine Person ist, desto höher ist die Wahrscheinlichkeit, dass sich diese für ein anderes Verkehrsmittel entscheidet. Wenn Verhalten und Stress-Empfinden gleichgesetzt werden können, entsteht die in der Abbildung dargestellte Gleichung III. Demnach beeinflussen die Einheitlichkeit sowie der Grad, in dem die Radinfrastruktur selbsterklärend ist, direkt das Stress-Empfinden und damit das Verhalten.

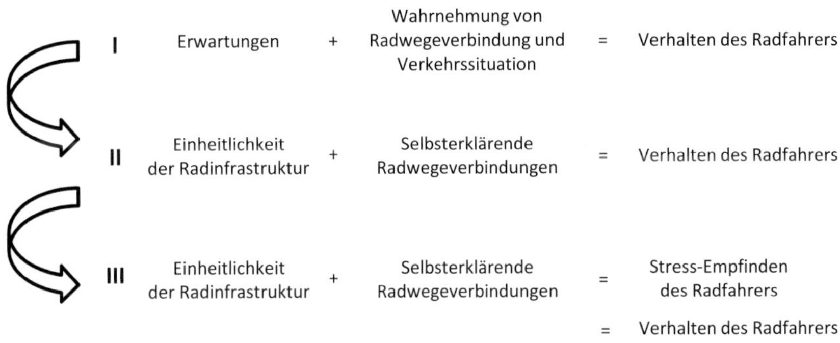

Abb. 6-13: Einflussfaktoren für das Verhalten von Verkehrsteilnehmern.

In Anlehnung an Helmers (2014) sollte eine Radinfrastruktur deshalb folgenden Anforderungen genügen:

(1) **Gestaltung (Design)**
Die Gestaltung der Radinfrastruktur ist intuitiv und selbsterklärend, so dass auch Nutzertypen mit einer niedrigen Stress-Toleranz (mindestens LTS 2), die an sie gestellten Anforderungen sofort erfassen.

(2) **Erwartungen**
Die Netzelemente für den Radverkehr sind so zu gestalten, dass sie klare Erwartungen hervorrufen und sich diese für den Nutzer erfüllen. Dies gibt Orientierung und erhöht die Verkehrssicherheit. So finden wir uns auch bei Dunkelheit gut zurecht, weil wir auf die Erfahrungen zurückgreifen können, die wir bei Tageslicht gemacht haben.

(3) **Einheitliche Standards**
Inkonsistenz bei der Gestaltung führt zu Unklarheiten, Mehrdeutigkeiten oder widersprüchlichen Informationen. Einheitliche Gestaltungsstandards stellen dagegen sicher, dass die Nutzer feste Vorstellungen (Erwartungen) der Radinfrastruktur aufbauen können.

(4) **Selbsterklärende Infrastruktur**
Das Design der Infrastruktur muss es dem Radfahrer möglichst schwer machen, Fehler zu begehen und leicht machen, sich korrekt zu verhalten.

(5) **Der Radweg als einzige Informationsquelle**
Im Idealfall ist der Radweg so gestaltet, dass ein Befahren rein intuitiv ohne zusätzliche symbolische Informationen (z.B. Markierungen und Verkehrszeichen) möglich wäre (hierbei handelt es sich um ein

theoretisches Konstrukt, um den Wert der baulichen Gestaltung deutlich zu machen. Symbolische Informationen sollten immer verwendet werden).

Durchgängiges Netzsystem für den Radverkehr

Auch wenn sich zunehmend die Erkenntnis durchsetzt, dass die Schließung von Netzlücken eine wichtige Maßnahme der Radverkehrsförderung ist, werden sie in der Praxis von Kommunen noch viel zu oft hingenommen. Die logische Führung von Radfahrern bedingt ganz zwangsläufig ein Netzsystem. Durchgehende Wegeverbindungen werden von Nutzern bevorzugt und sorgen für subjektive Sicherheit – plötzlich endende Radwege sind deshalb unbedingt zu vermeiden (Gribble und Douglas 2014). Quantitative *und* (!) qualitative Lücken im Radverkehrsnetz lassen das Stress-Level von Nutzern sprunghaft ansteigen – mit der Folge, dass Nutzertypen mit einer geringen Stress-Toleranz plötzlich Barrieren vor sich haben. Das (gefühlte) Risiko, auf dem Fahrrad einer oder mehrerer solcher Barrieren zu begegnen, verringert die Wahrscheinlichkeit, dass Menschen mit dem Rad fahren. Umgekehrt steigert die (gefühlte) Sicherheit, auf seinen Wegen immer ein ausreichend qualitatives Verkehrsnetz vorzufinden, die Wahrscheinlichkeit, dass tatsächlich das Rad gewählt wird. Merke: Wer die Wahl hat, wählt das Verkehrsmittel, das ihm subjektiv den höchsten Nutzen bietet. Stress verringert Nutzen dramatisch. Das Fotobeispiel aus Nürnberg zeigt den Negativeffekt einer Netzlücke. Der baulich getrennte Radweg bietet zunächst ein hohes Maß an gefühlter Sicherheit, das dem Stress-Level LTS 2 entspricht. An dem abgebildeten Knotenpunkt (T-Kreuzung) endet der Radweg unvermittelt mitten im Kurvenbereich eines lichtsignalgesteuerten Knotenpunktes. Der Radverkehr ist in diese Signalisierung nicht eingebunden. Durch diese Netzlücke ist der Radverkehr plötzlich mit hohen Anforderungen und einem Stress-Level LTS 4 konfrontiert. Es kann ein Gefühl des Alleingelassen-Seins entstehen. In einem stressorientierten Netzplan ist somit auch der zum Knotenpunkt führende Radweg als LTS 4 einzustufen. Anknüpfend hieran bedeutet durchgängiges Netzsystem nicht, dass überhaupt eine Radinfrastruktur vorhanden ist, sondern vielmehr, dass Personen mit einem spezifischen LTS-Level ein durchgehendes Netzsystem vorfinden.

Durchgängig ist eine Radwegeverbindung erst dann, wenn Personen mit einem definierten LTS-Level eine ihren Anforderungen entsprechende durchgehende Verbindung vorfinden.

Wie geht es weiter? Dieser Radweg (LTS-Level 2) in Nürnberg endet mitten in einem Knotenpunkt mit Lichtsignalanlage. Der Radverkehr ist aus der Signalisierung ausgenommen. Dadurch findet sich der Radfahrer plötzlich in einer Stress-Situation wieder, die LTS 4 entspricht. Rechts im Bild ein Überweg für den Fußverkehr.

Im Falle des Nürnberger Knotenpunkts haben Radfahrer die Möglichkeit vom Rad abzusteigen und legal die signalgesteuerte Querung für Gehende zu nutzen. Auch bei derartigen Alternativen wird das Kriterium der durchgehenden Wegeverbindung verfehlt. Netzelemente des Fußverkehrs, Treppen mit Fahrradrinnen und ähnlichen „Lösungen" mangelt es an Akzeptanz der Nutzer. Durchgehend sind Verbindungen erst dann, wenn sie (legal) fahrend bewältigt werden können. Wang et al. (2014) stellen dazu fest:

Eine gute, flächendeckende Radinfrastruktur ist einer der wichtigsten Motivationsfaktoren für mehr Radverkehr.

Zur Durchgängigkeit gehört auch, dem Radverkehr an Knotenpunkten ein geregeltes und sicheres Abbiegen in alle Fahrtrichtungen anzubieten. Gerade für Linksabbieger fehlen zumeist entsprechende Lösungen. Die nachstehenden

Fotobeispiele zeigen erprobte Umsetzungsmöglichkeiten an lichtsignalgesteuerten Knotenpunkten mit eigener Radverkehrsinfrastruktur. An Kreuzungen ohne Lichtsignalanlage kann die Führung nach der gleichen Systematik erfolgen. Bei Bedarf sind zusätzliche Elemente wie Mittelinseln vorzusehen. Ausführungsformen können den Regelwerken oder der Fachbroschüre *Querungsstellen für den Radverkehr* der AGFS in Nordrhein-Westfalen entnommen werden.

Links: An dieser T-Kreuzung biegt der Radverkehr bei Grünlicht zeitgleich mit den Fußgängern direkt links ab. Geradeausfahrende Rad- und Autofahrer haben während dieser Phase Rotlicht (Kopenhagen).

Oben: In den Niederlanden queren Radfahrer zunächst den Knotenpunkt als Geradeausfahrer, stellen sich dort auf der Linksabbiegespur auf und queren bei Grünlicht der Radfahrerampel in die gewünschte Fahrtrichtung (Amsterdam). Diese Form des indirekten Linksabbiegens ist die Standardform.

Berlin: Linksabbiegen für den Radfahrer vor der Kreuzung unter eigenem Signal mit Anforderungstaster. Das Lichtsignal für Linksabbieger und Geradeausfahrer ist im Bild rechts zu sehen. Die Geradeausfahrer reihen sich rechts auf und lassen Raum für Linksabbieger.

In der 45.000-Einwohner-Stadt Straubing biegen Radfahrer an diesem Knotenpunkt indirekt links ab, indem sie sich auf der Straße vor dem Kfz-Verkehr aufstellen. Das im Bild zu erkennende Rotlicht ist ein eigenes Lichtsignal für den abbiegenden Radverkehr.

In der Fahrradstadt Kopenhagen ist übrigens das flächendeckende, durchgängige Wegenetz ein Hauptgrund dafür, dass Radfahren so einfach ist. Nahezu jede Straße ist beidseitig mit einer Radverkehrsanlage (Bordsteinradweg) ausgestattet, so dass Radfahrende einfach „der Nase nach radeln" können. Wer Radfahren möchte, kommt mit einer relativ oberflächlich ausgebildeten kognitiven Karte aus. Diese Karte muss natürlich Informationen über die grundlegende räumliche Struktur der Stadt enthalten, nicht jedoch über das Radwegenetz.

Fallbeispiel Portland, Oregon (USA): *Build it and they will come*

Die Großstadt Portland in den USA (rund 620.000 Einwohner) hat Mitte der 1990er-Jahre begonnen, die *Build it and they will come*-Strategie umzusetzen. Handlungsfelder waren der konsequente Ausbau der Infrastruktur für den Radverkehr und damit einhergehende Marketingmaßnahmen. Die Stadt baute das Netz zwischen 1992 und 2005 um 215 Prozent aus: von 130 km Länge auf 420 km. Untersuchungen zum Mobilitätsverhalten der Bevölkerung zeigten, dass sich die Zahl der Menschen, die mit dem Rad zur Arbeit fahren, innerhalb von 10 Jahren verdoppelte (Vergleichszahlen von 1990 und 2000). Noch stärker war die Zunahme bei Kurzstreckenfahrten innerhalb des eigenen Wohnumfeldes. Beim Ausbau des Radverkehrsnetzes verfolgte Portland die Strategie, zunächst vier definierte Korridore über den Willamette River und den Columbia River (Gewässer) durchgängig befahrbar zu machen. Der Fokus lag auf folgenden Maßnahmen, die als ausschlaggebend für die Zunahme des Radverkehrs angesehen werden (Birk und Geller 2005):

- **Auf** den vier Brücken wurde der Rad- vom Kfz-Verkehr baulich separiert,
- Wichtige Wegeverbindungen zu den Brücken wurden für Radfahrer so ausgebaut, dass diese die vier Brücken und ihre Korridore gut und sicher erreichen konnten,
- Eine neue **Brücke für den Fuß- und Radverkehr** wurde errichtet, damit Radfahrer den Fluss ebenerdig überqueren können. Bei Nutzung der vorhandenen Brücke für den Kfz-Verkehr hätten Radfahrer einen Höhenunterschied überwinden müssen.

Diese drei Maßnahmen werden von Birk und Geller (2005) als wesentlicher Grund dafür angesehen, dass der Radverkehr im Betrachtungszeitraum so stark zugenommen hat. Sie betonen dabei, dass Quantität und Qualität des Radwegenetzes zwei wichtige Schlüsselfaktoren für Veränderungen im Modal Split sind.

Direkt

Sind wir faul? Menschen jeder Kultur sind äußerst sparsam, wenn es um den Verbrauch der eigenen Körperenergie geht. Sie vermeiden Umwege (horizontale Distanzen) genauso wie Hindernisse und Treppen (vertikale Distanzen). Dieses Verhalten ist natürlich und evolutorisch bedingt. Nach der Evolutionstheorie von Charles Darwin (1809–1882) überleben die Individuen, die sich am besten an die Bedingungen ihrer Umwelt anpassen (*Survival of the fittest – dt. Überleben der am besten angepassten Individuen*). Unsere Sinne und unser Gehirn haben sich im Laufe der Evolution so weiterentwickelt, dass wir aus unserem Umfeld die für uns wichtigen Informationen herausfiltern und uns darin zurechtfinden können. Das erklärt, weshalb wir unseren Namen wahrnehmen, obwohl wir doch gerade in ein anderes Gespräch vertieft sind und uns nur darauf konzentriert haben. Diese Fähigkeit hilft uns durch unseren Alltag – ob im Büro, wo wir Wichtiges von Unwichtigem zu unterscheiden lernen, oder im Straßenverkehr, wo wir uns auch dann sicher bewegen, wenn viele andere Verkehrsteilnehmer unterwegs sind.

Planung trifft Realität: Desire Line in einem Stadtpark.

Survival of the fittest bedeutet jedoch auch, dass wir unsere Tätigkeiten möglichst effizient verrichten (wollen). Die vermeintliche Faulheit ist eher eine Überlebensgarantie. Es geht uns darum, ein Ziel mit geringstem Aufwand zu erreichen. Genau das erklärt, weshalb wir den kürzesten Weg suchen oder Abkürzungen nehmen.

Im Radverkehr kann ein starker Zusammenhang zwischen der Länge einer Wegstrecke und der Attraktivität des Fahrrads als Verkehrsmittel festgestellt werden. Je länger die Strecke, desto länger (tendenziell) die Fahrzeit – und desto schlechter schneidet das Fahrrad ab. Der Effekt ist nach wissenschaftlichen Untersuchungen signifikant (also sehr deutlich nachweisbar) (Hunt und Abraham 2007). Es lässt sich festhalten:

**Die Länge der Wegstrecke hat einen signifikanten Einfluss auf die Attraktivität des Fahrrades.
Je kürzer die Distanz, desto attraktiver das Rad.**

Für die Radverkehrsplanung ergibt sich dabei als wichtiges Ziel: kurze Distanzen ermöglichen!

Wieviel länger darf ein Umweg sein?

Radfahrer sind zu geringen (!) Umwegen bereit, wenn sie dadurch auf einer Strecke unterwegs sein können, die sie als sicherer empfinden. Dabei steigt die Akzeptanz mit dem Grad der Separierung bzw. einer Geschwindigkeitsreduzierung des Kfz-Verkehrs (Dill und Gliebe 2008). Neben der gefühlten Sicherheit ist die Minimierung der Fahrzeit ganz entscheidend. Die Fahrzeit wird dabei in Abhängigkeit des Netzelementes (Mischverkehr, Radfahrstreifen, baulich getrennter oder abseits geführter Radweg) ganz unterschiedlich wahrgenommen. Die Sensitivität hinsichtlich der Fahrzeit auf den einzelnen Netzelementen ist abhängig von der Erfahrung des Nutzers und dem Grad des gefühlten Komforts im Mischverkehr. Je stärker beide Faktoren ausgeprägt sind, desto angenehmer wird die Zeit im Mischverkehr wahrgenommen (Hunt und Abraham 2007).

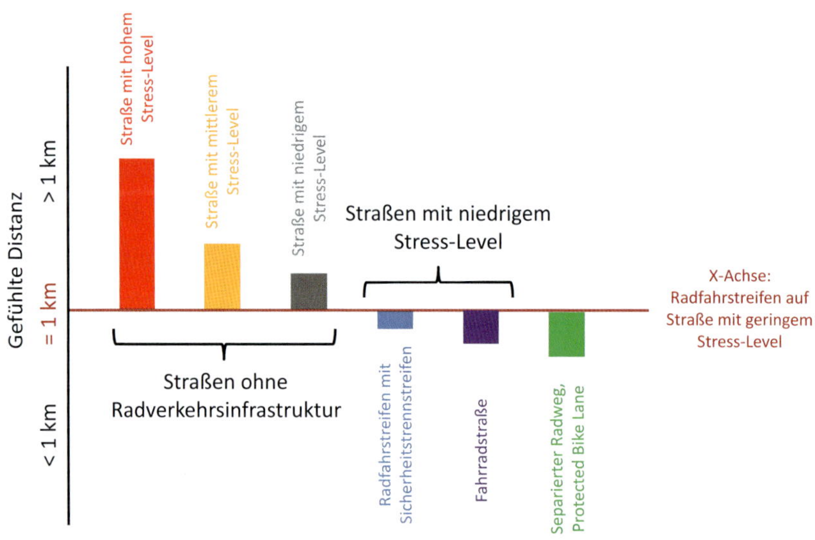

Abb. 6-14: Das Distanzempfinden ist abhängig von der Radverkehrsführung. Im Mischverkehr wird die Strecke als länger empfunden, als sie tatsächlich ist. Die Existenz von Radinfrastruktur führt dazu, dass der Weg als kürzer empfunden wird (Kidd et al. 2015).

Der Stress-Level einer Straße und die Führungsform des Radverkehrs beeinflussen ganz entscheidend, wie ein Radfahrer die Distanz wahrnimmt (Abb. 6-14). Die Führung auf einem Radfahrstreifen führt bei einer Straße, die wenig Stress verursacht, dazu, dass die Distanz realistisch eingeschätzt wird (im Beispiel 1 km). Fahrten im Mischverkehr kommen Radfahrenden länger vor, als sie tatsächlich sind. Je mehr Stress die Straße hervorruft, z.B. durch Verkehrsaufkommen und Geschwindigkeiten, desto länger wird die Strecke subjektiv. Kürzer wird eine Wegstrecke im Empfinden, wenn eine Radverkehrsinfrastruktur vorhanden ist und die Straße ein niedriges Stress-Level aufweist. Besonders gut sind die Werte für Führungsformen mit baulicher Trennung vom Kfz-Verkehr. Auf getrennten Radwegen wirkt die Strecke für den Radfahrer merklich kürzer, die Bewältigung der Distanz fällt leichter.

Befragungen ergeben immer wieder, dass Radfahren Spaß macht. Kann also eine längere Fahrzeit mit dem Fahrrad dadurch aufgewogen werden, dass die Zeit auf dem Rad als wertvoller wahrgenommen wird? Nein, denn die meisten Menschen schätzen den Wert der Reisezeit zu Fuß oder mit dem Drahtesel nur marginal höher ein als jene mit dem eigenen Auto (Rajamani et. al 2002). Eine längere Fahrzeit mit dem Fahrrad im Vergleich zum Auto kann also nicht dadurch kompensiert werden, dass der Fahrer die Fahrzeit als angenehmer empfindet.

Die Verkürzung der Reisezeit für Fußgänger und Radfahrer ist damit eines der wichtigsten Ziele des kommunalen Mobilitätsmanagements. Hier zeigen die in diesem Kapitel dargestellten Maßnahmen zu direkten Wegeverbindungen wertvolle Lösungen für die Praxis auf.

Welchen Umweg akzeptieren Radfahrer im Vergleich zur kürzesten Strecke, wenn sie dadurch auf einer Strecke unterwegs sein können, die für sie weniger Stress bedeutet? Also beispielsweise die Fahrt auf einem Radweg statt auf einem Radfahrstreifen oder gar im Mischverkehr. Als Richtwert gilt (Mekuria et al. 2012):

Eine Route mit weniger Stress darf maximal 25 Prozent länger sein!

Beispiel: Die kürzeste Verbindung (y) beträgt 2,0 Kilometer, so beträgt die vom Nutzer akzeptierte Routenlänge der Alternativstrecke (x) 2,5 Kilometer. Der Umweg darf also höchstens 500 Meter weit sein oder einer Fahrtdauer von 2 Minuten entsprechen. Hieraus lässt sich folgende Formel ableiten, die für Kurz- und Mittelstrecken angewendet werden kann:

$$\frac{\text{Vom Nutzer akzeptierte Routenlänge (x)}}{\text{Kürzeste Wegeverbindung (y)}} \leq 1{,}25$$

$$\frac{x}{2{,}0\ \text{km}} \leq 1{,}25$$

$$X \leq 2{,}5\ \text{km}$$

Ausnahmen bestätigen dabei die Regel! Diverse Studien deuten darauf hin, dass es durchaus ratsam sein kann, im Alltagsverkehr von geringeren Werten zwischen 10 und 16 Prozent auszugehen. Weitere Einflussfaktoren neben der reinen Streckenlänge sind auch Umgebungssituation, Oberflächenstruktur oder Lärmemissionen, sowie insbesondere die Fahrzeit, Topographie und das Empfinden, ob es sich bei der Strecke tatsächlich um einen Umweg handelt.

Selbst kurzen Umwegen kann es an Akzeptanz mangeln, wenn diese als Schikane, sinnlos oder als umständlich empfunden werden.

Diese Wahrnehmung haben viele Radfahrer einer mittelfränkischen 8.500-Seelen-Gemeinde. Trotz einer geschwindigkeitsreduzierenden Maßnahme durch eine Beschränkung der zulässigen Höchstgeschwindigkeit auf 30 km/h und Gestaltung der Oberflächenstruktur (Pflasterbelag), meiden Radfahrende die schmale Hauptstraße, auf der sie von Kfz teils mit geringem Seitenabstand überholt werden und weichen verbotenerweise auf den Gehweg aus. Eine etwa 150 m parallel verlaufende Alternativstrecke wird vor allem deshalb nicht akzeptiert, weil der tatsächliche Umweg aufgrund der Wegeführung auch als solcher wahrnehmbar ist. Abb. 6-15verdeutlicht diese Situation: Um die Alternativstrecke zu nutzen, müssen Radfahrer zunächst Richtung Norden auf die Parallelstrecke fahren, radeln auf dieser parallel zur Direktverbindung (Hauptstraße) und schwenken anschließend wieder auf diese zurück. Bei dieser Art der Verkehrsführung ist der Umweg unmittelbar als solcher spürbar, was selbst dann zu einer geringen Akzeptanz führt, wenn die direkte Verbindung und die Parallelstrecke räumlich nah zusammenliegen. Hier geht es nicht um die tatsächliche Zusatzdistanz (absolute Strecke), sondern um die psychologische Wirkung, zunächst in die falsche Richtung fahren zu müssen. Derartige Streckenführungen gibt es in vielen Kommunen, oft in kleinen und mittelgroßen Gemeinden, die von einer Hauptverkehrsstraße dominiert werden. Befinden sich entlang dieser Straße Geschäfte, erhöht sich die Zahl der Gehwegradler deutlich. Der Bürgermeister einer 10.000-Einwohner-Gemeinde klagte mir hierzu sein Leid. Dabei hatte die Kommune doch vorgesehen, dass die Radler über kleine Querverbindungen auf die parallel verlaufenden Wohnstraßen ausweichen, wenn sie die Hauptstraße meiden wollten.

Das Verhalten ist jedoch sehr einfach zu erklären. Man stelle sich vor, ein einkaufender Radfahrer möchte entlang dieser Hauptstraße vier Geschäfte aufsuchen, die jeweils maximal 300 m voneinander entfernt liegen. Sofern für diese kurzen Entfernungen überhaupt geeignete Querverbindungen vorhanden sind, müssten Radfahrer zwischen dem ersten und dem vierten Geschäft drei Mal zwischen Haupt- und Parallelstraße hin und her wechseln. Zeitlich mag dies in absoluten Zeiteinheiten (Minuten) irrelevant sein, psychologisch lässt sich jedoch sehr gut erklären, dass das von der Gemeinde vorgesehene Verhalten realitätsfremd ist. Die Lösung kann nur eine subjektiv sichere Radwegeverbindung entlang der Hauptstraße sein.

Besser sind Wegeführungen, bei denen der Umweg nicht oder kaum als solcher wahrgenommen wird. Besonders hilfreich ist es dafür, wenn Radfahrende von Beginn an in die gefühlt richtige Richtung radeln können. Ein Beispiel dafür liefert das Schema in Abb. 6-16, bei dem die rote Alternativstrecke zur Hauptstraße für den Radverkehr immerhin um 18 Prozent länger ist, als die schwarze Direktverbindung.

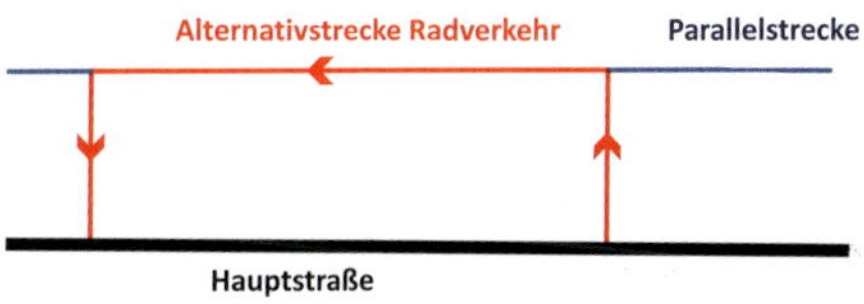

Abb. 6-15: Bei dieser Art der Umfahrung eines Abschnittes der Hauptstraße ist der Umweg für den Radfahrer deutlich wahrnehmbar, die Akzeptanz ist gering.

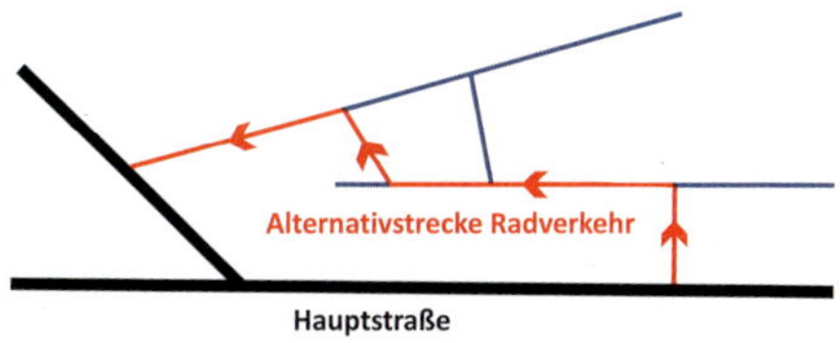

Abb. 6-16: Die rote Alternativstrecke ist um 18 Prozent länger als die direkte Verbindung (schwarz). Die Akzeptanz ist dennoch relativ hoch, weil der Umweg weniger offensichtlich ist.

Die Angaben für den Alltagsverkehr sind dabei vom Freizeitverkehr zu unterscheiden. Im Bereich des Tourismus und des Radsports ist das Fahren Selbstzweck, oft in Verbindung mit dem Wunsch, Sehenswürdigkeiten oder öffentliche Einrichtungen in der Umgebung anzufahren. Hier steht anstelle der Fahrzeit das Fahrerlebnis im Vordergrund, so dass für diese Zielgruppe landschaftlich schöne und vom Kfz-Verkehr weitgehend abseits geführte Verbindungen bevorzugt werden. Dafür können auch Umwege von mehr als 25 Prozent akzeptiert werden. Die Bedürfnisse von Freizeit- und Alltagsradfahrern unterscheiden sich demnach in vielen Bereichen. In Abhängigkeit der örtlichen Situation kann es deshalb notwendig sein, parallel zu bestehenden touristischen Radwegeverbindungen, weitere Verbindungen für den Alltagsradverkehr zu bauen, die ein direktes, zügiges und jederzeitiges (wetter- und tageszeitunabhängig) Vorankommen ermöglichen.

Desire lines (Trampelpfade) in der Stadt- und Verkehrsplanung

Verhaltensbeobachtungen leisten einen wichtigen Beitrag dazu, eine Infrastruktur zu schaffen, die den Bedürfnissen von Menschen gerecht wird. Das eingangs dieses Abschnitts abgedruckte Foto aus einem Stadtpark zeigt das Geh- und Fahrverhalten von Fußgängern und Radfahrern. Der Trampelpfad, im Englischen auch als *Desire Line (engl. desire: Wunsch, Verlangen, Begierde)* bekannt, gibt Aufschluss über die gewünschte Wegestruktur der Nutzer. Dieses Wissen kann sich auch die Rad- und Fußverkehrsplanung zu Nutze machen, wie die Beispiele aus den Niederlanden deutlich machen. Radfahrende werden so geführt, dass sie auf ihrer „Ideallinie" unterwegs sein können.

Den Haag: Aus der Nebenstraße (Position des Fotografen) kommende und in diese einfahrende Radfahrer werden auf ihrer jeweiligen Ideallinie geführt. Entlang der Hauptverkehrsstraße verläuft ein Einrichtungsradweg.

Von rechts die Hauptstraße querende Radfahrende können in Fahrtrichtung direkt geradeaus in das Wohngebiet einfahren (Den Haag).

Bei der Berücksichtigung von Desire Lines geht es nicht darum, „echte" Umwege zu vermeiden oder Fahrzeit zu minimieren. In der Regel spart sich ein Fußgänger oder Radfahrer nur wenige Meter. Vielmehr ist es eine psychologische Maßnahme, die jedoch einen signifikant positiven Beitrag zur Attraktivität des Fahrrades leistet. Es ist das Gefühl, effizient und bequem unterwegs sein zu können.

Eine Desire Line der besonderen Art: In Rjiswijk (Niederlande) können Radfahrer, die nach rechts weiterfahren wollen, eine Abkürzung nehmen. Wer links weiterfährt, erreicht nach etwa 150m (dort, wo das blaue Fahrzeug zu erkennen ist) einen kleinen Kreisverkehr, von wo aus ebenfalls die Möglichkeit besteht, die Fahrt nach rechts fortzusetzen. Das Schild rechts im Bild zeigt an, dass der Weg zum Knotenpunkt Nr. 68 führt.

Handlungsfelder und Praxisbeispiele

Wie können Stadt- und Verkehrsplaner direkte Wegebeziehungen in der Praxis umsetzen? Die wesentlichen Handlungsfelder werden nachfolgend dargestellt und anhand von Beispielen aus dem In- und Ausland veranschaulicht.

Durchstiche und Abkürzungen

Die Öffnung von Sackgassen oder Durchstiche anderer Art können Wege für Gehende und Radfahrende verkürzen. Kreativität ist gefragt! Das Beispiel aus Amsterdam zeigt: Radwege können selbst durch Gebäude hindurchführen.

Mitten durch das Rijksmuseum in Amsterdam führt ein Zweirichtungsradweg und ermöglicht Radfahrern (und zu Fußgehenden) eine kurze Wegeverbindung.

Dieser Durchstich erschließt ein Wohngebiet für den Radverkehr auf direktem Weg (Nürnberg).

Selbst kleine Abkürzungen sollten durch ihre bauliche Gestaltung und Markierung gut erkennbar und intuitiv sein.

Freigabe gesperrter Flächen und Plätze

Großes Potential für direkte Verbindungen liegt in vielen Städten und Gemeinden in Flächen wie Fußgängerzonen, Grünflächen und Erholungszonen (z.B. Parks) oder Busbahnhöfen. Gerade in Fußgängerzonen und auf Marktplätzen ist das Radfahren in Deutschland oft ganz untersagt oder nur außerhalb der Geschäftszeiten des Handels zugelassen. Im europäischen Ausland ist dies oftmals anders. Die Städte Wien, Amsterdam oder Den Haag erlauben das Befahren dieser Bereiche mit dem Fahrrad an vielen Stellen rund um die Uhr oder ermöglichen zumindest auf Hauptachsen eine Querung des Radverkehrs. Gute Erfahrungen haben diese Städte damit gemacht, die Fahrbereiche für die Radfahrer baulich festzulegen. Nur in wenigen Fällen gibt es einen echten Mischverkehr zwischen Gehenden und Radfahrenden (z.B. in Wien, Den Haag, Delft).

In Amsterdam können Radfahrer die Fußgängerzone auf einer baulich definierten Achse befahren.

Eine klare Trennung von Fuß- und Radverkehr auf Begegnungsplätzen oder in Fußgängerzonen ist in den Niederlanden Standard. Diese Lösung hat sich bewährt.

In Den Haag teilen sich Radfahrer auf diesem Zubringer zur Einkaufsmeile (Fußgängerzone) den Raum. Sie unterliegen mittels Beschilderung jedoch einer Geschwindigkeitsbeschränkung von 15 km/h. In der Einkaufsmeile selbst…

…gibt es wieder eine baulich getrennte Fahrspur – diesmal etwas dezenter ausgestaltet, jedoch genauso deutlich vom Bereich für den Fußverkehr getrennt.

In Friedrichshafen wird dieser Busbahnhof genutzt, um Radfahrenden eine kurze Verbindung zur bzw. von der Innenstadt zu bieten. Der Radverkehr wird über eine Beschilderung sowie mit Piktogrammen und Pfeilen geführt.

Diese Radwegeverbindung verläuft mitten durch ein Geschäftsviertel in Amsterdam, erschließt es und ermöglicht eine Durchfahrt zum nächsten Stadtteil.

Öffnung von Einbahnstraßen

Die Durchlässigkeit des Radverkehrsnetzes kann in Städten und Gemeinden gesteigert werden, indem für Radfahrende das Fahren gegen die Fahrtrichtung ermöglicht wird. In Deutschland kann dies nach Einzelfallprüfung mittels Zusatzzeichen erfolgen. Die bloße Öffnung der Einbahnstraße durch Beschilderung, führt bei dem durchschnittlichen Radfahrer jedoch zu einem erhöhten Unsicherheitsgefühl. Je nach örtlicher Situation kann diese Verkehrssituation als LTS 3 oder sogar höher eingestuft werden. Für die Zielgruppe der *Interessierten* (LTS 2) oder Familien mit Kindern bzw. Schulkindern (LTS 1) ist diese in Deutschland weit verbreitete Maßnahme deshalb eher schlecht geeignet. Sollen diese Zielgruppen ebenfalls angesprochen werden, so kann es erforderlich sein, eine bauliche Trennung mindestens für die Radfahrenden vorzusehen, die entgegen der Fahrtrichtung unterwegs sind – eine durchaus gängige Maßnahme in den etablierten Fahrradstädten.

In Delft führt ein baulich getrennter Radweg entgegen der Einbahnstraße. Er bietet ausreichend Platz zum Überholen. Radfahrende in Fahrtrichtung der Einbahnregelung fahren in diesem Praxisbeispiel auf der Straße.

Plangleiche Straßenquerungen

Kreuzen sich die Wege von Kfz- und Radverkehr auf der gleichen Ebene, sind es häufig die Radfahrenden, die von ihrer Ideallinie abweichen müssen. So ist es in Deutschland Standard, Radfahrer – oft gemeinsam mit dem Fußverkehr – einige Meter vom eigentlichen Knotenpunkt entfernt queren zu lassen. Wie die Praxisbeispiele zeigen, können Radfahrende in den Niederlanden an vielen Stellen direkt im Knotenpunkt kreuzen.

An diesem signalisierten Knotenpunkt in Den Haag queren Rad- und Fußverkehr nebeneinander fast schon diagonal.

Auch diese beiden Radfahrenden können die Hauptstraße einer Kleinstadt unmittelbar an dem Knotenpunkt innerhalb einer Radfahrerfurt queren. Sie befinden sich so auch gut im Sichtfeld des Kfz-Verkehrs.

Direkte Querungen für den Radverkehr werden gerade an kleinen Knotenpunkten oft durch bauliche Maßnahmen verhindert (siehe nachstehendes Bild rechts). Das Fotobeispiel links zeigt dagegen, wie es auch geht. Für den querenden Radverkehr ist eine bequeme und leicht zu erkennende Zu- und Abfahrt vorhanden.

Das Bild zeigt die Perspektive eines Radfahrers, der aus einer Nebenstraße ausfährt. Durch die Zufahrt auf der gegenüberliegenden Straßenseite kann er direkt queren und auf den Einrichtungsradweg auffahren (Niederlande).

So nicht! Die Abzweigung wurde mit baulichen Maßnahmen für den Durchgangsverkehr gesperrt. Der Radverkehr wurde bei Planung und Umsetzung jedoch vergessen (Deutschland).

Überwindung von Barrieren

Straßen mit hoher Verkehrsbelastung, Fernstraßen, Gewässer oder Bahnstrecken (Schienenverkehr) sind eine erhebliche Barriere für Gehende und Radfahrer. Sie können erhebliche Umwege verursachen. Auch wenn Brücken, Unterführungen oder im Einzelfall sogar Fähren (z.B. in Amsterdam) für Fußgänger und Radfahrer erhebliche Investitionen in die Infrastruktur erfordern, sind solche Maßnahmen sehr effektiv. Sie können Wege drastisch verkürzen und das Rad so erst zu einer Alternative zum Kfz werden lassen.

Die Stadt Kopenhagen investiert in den vergangenen Jahren verstärkt in Fahrradbrücken, um die Wege für den Radverkehr kürzer und das Fahrrad als Verkehrsmittel attraktiver zu machen.

Radwegenetz von „Tür zu Tür"

Zu einer direkten Wegeverbindung gehört auch, dass Radfahrende ihre Fahrt möglichst direkt am Quell- und Zielort starten und beenden können. Radabstellanlagen müssen deshalb so platziert werden, dass Umwege und größere Fußstrecken vermieden werden. Priorität hat deshalb die Errichtung dezentraler und flächendeckender Abstellplätze vor einzelnen, zentralen Abstellanlagen.

In Würzburg können Radfahrende direkt ins Stadtzentrum radeln und ihr Fahrrad wettergeschützt abstellen.

Auch Friedrichshafen bietet geschützte Abstellanlagen an den Zugängen zur Fußgängerzone. Sie werden gut genutzt.

Letztere können jedoch dort sinnvoll sein, wo punktuell ein hoher Parkdruck besteht, beispielsweise vor öffentlichen Einrichtungen mit Publikumsverkehr oder am Rande von Fußgängerzonen. Auch im privaten Raum (Wohnumfeld, Betriebe) ist ein schneller und direkter Zugriff auf Abstellmöglichkeiten – und damit auf das Fahrrad – entscheidend. Das Fahrradparken im Detail ist Gegenstand in einem nachfolgenden Kapitel.

Mikro-Maßnahmen

Diese Querungsinsel in Erlangen erlaubt im Zuge einer innerörtlichen Radhauptroute aufgrund ihrer Lage, Dimensionierung und durch eine Nullabsenkung der Borde ein schnelles, direktes und sicheres Überqueren einer Hauptstraße.

Oftmals können mit kleinen, punktuellen Maßnahmen Umwege vermieden oder die Überwindung vertikaler Hindernisse ermöglicht werden. Die Befahrbarkeit ist dabei sicherzustellen, d.h. Schieberinnen an Treppen fallen beispielsweise als Option aus, wenn Höhenunterschiede überwunden werden sollen. Die Maßnahmen beinhalten sowohl die Schaffung echter Abkürzungen (Ermöglichen einer alternativen, kürzeren Strecke), als auch direkte Fahrwege, z.B. bei Abbiegevorgängen in Knotenpunkten oder bei der Querung von Verkehrswegen.

Zweirichtungsradwege

Einrichtungsradwege sind tendenziell sicherer als solche, die in beide Richtungen befahren werden dürfen. Jedoch können sie Fahrstrecken und -zeiten deutlich verlängern. Insbesondere dann, wenn ein Radfahrer zwei Mal die Straßenseite wechseln muss, um regelgerecht in die entgegengesetzte Fahrtrichtung fahren zu können. Dies führt häufig zu mangelnder Akzeptanz und in der Folge zu Geisterradeln auf einem Einrichtungsradweg. Je kürzer die Distanz und je größer die Barriere durch die Straße (hinsichtlich Zeitbedarf und gefühlter Sicherheit), desto eher wird verbotswidrig gefahren oder das Fahrrad stehen gelassen. Zweirichtungsradwege können deshalb auch im innerstädtischen Bereich eine sinnvolle Maßnahme sein. Während Kopenhagen ausschließlich auf Einrichtungsradwege mit zügigen Querungsmöglichkeiten setzt, finden in den Niederlanden beide Systeme erfolgreich ihre Anwendung – abhängig von den definierten Wegeverbindungen, örtlichen Verhältnissen und dem Nutzerverhalten. Die Kür sind streckenbezogen beidseitige Zweirichtungsradwege.

Zweirichtungsradwege ermöglichen oftmals die Erschließung von Zielen auf direktem Weg, weil dieses ohne Umweg angefahren werden kann (Bahnhof in Utrecht).

Einrichtungsradwege wie hier in Zirndorf (Deutschland) können Wegeverbindungen und Fahrzeiten verlängern sowie das Fahren entgegen der Fahrtrichtung fördern.

Ein kurzer Zweirichtungsradweg von nur wenigen Metern ermöglicht in Nürnberg die Nutzung der Fußgängerampel (im Bild links). Für eine fahrrad- und gehfreundliche Lösung fehlen noch eine Entschärfung des Konfliktbereichs auf dem Gehweg und eine bauliche Ausgestaltung der Querung, so dass der Radverkehr in einer eigenen Furt fahrend queren kann.

Die Stadt Nürnberg hat diese Lösung mit Zweirichtungsverkehr gefunden, um aus dieser Nebenstraße ausfahrenden Radfahrern eine direkte Querung der Hauptverkehrsstraße (mit Straßenbahn) – an der Lichtzeichenanlage links im Bild – zu ermöglichen.

Kreisverkehre

Auch an Kreisverkehren können direkte Verbindungen geschaffen werden. Dieser Kreisverkehr in Norden (Schleswig-Holstein) verfügt über einen umlaufenden Zweirichtungsradweg. Radfahrer können so auf direktem Weg nach links abbiegen. Die Stadt verhindert mit dieser Verkehrsführung Geisterradler und legalisiert das Befahren im Uhrzeigersinn.

Kreisverkehr im Norden (Schleswig-Holstein)

Der Einfluss der Topographie

Topographische Gegebenheiten können Wege verlängern oder Verkehrsplaner vor die Entscheidung stellen, ob eine Radwegeverbindung auf dem direkten Weg über eine Erhebung geplant oder um sie herumgeführt wird. *Die* eine Handlungsempfehlung mit der besten Lösung kann es nicht geben. Beträgt der Umweg höchstens 25 Prozent, wie weiter vorne im Kapitel aufgeführt, wird die Umfahrung in den meisten Fällen die attraktivere Lösung für den Großteil der Nutzer sein – eine entsprechende Qualität dieser Radwegeverbindung vorausgesetzt.

Doch inwieweit beeinflusst die Topographie eine Mobilitätsentscheidung allgemein? Eine Analyse des Forschungsstandes zeigt ein uneinheitliches Bild; so kommen einige Studien zu dem Ergebnis, dass die Radnutzung bei hügeligem Gelände geringer ist, während andere keinerlei Effekte feststellen. San Francisco und Seattle, beides sehr hügelige, aber auch fahrradorientierte Städte, können beispielsweise einen hohen Radverkehrsanteil verzeichnen. Ein Anstieg stellt immer eine psychologische Hürde für Radfahrende dar. Wie groß sie wahrgenommen wird, hängt von ganz individuellen Faktoren ab: der Kondition, der eigenen Einstellung, den Witterungsverhältnissen, den Eigenschaften des Fahrrades (z.B. Gewicht, Rad mit und ohne Elektroantrieb), dem Ausmaß und der Länge des Anstiegs, der erwarteten Belohnung bei dessen Bewältigung, die Anzahl an Anstiegen auf einer Strecke et cetera. Tendenziell ist der Radverkehrsanteil dort höher, wo Ziele ohne Anstiege in der Ebene erreicht werden können. Aber auch Städte, Gemeinden und Landkreise mit einer hügeligen Topographie können viele Nutzer in den Sattel bringen. Eine attraktive Radinfrastruktur ist in diesen Orten jedoch umso wichtiger.

Zudem sollten Begleitmaßnahmen genutzt werden, z.B. Pedelec-Aktionstage, Fahrradmitnahme im ÖV (für die Fahrt bergauf) oder kleiner Muntermacher am Anstieg – in langen Autobahnbaustellen werden Schilder mit Smileys aufgestellt, die den Fahrern auf freundliche Art die verbleibende Baustellenlänge anzeigen. Ähnliche Schilder für Radfahrende an Steigungen, versehen mit einem flotten Spruch und der Meterangabe, wirken motivierend.

Kompakte Städte

Eine Stadtplanung, die anstelle einer Zersiedelung und funktionalen Trennung auf eine kompakte Struktur und Mischnutzungen setzt, schafft die Grundvoraussetzung für kurze Wegeverbindungen zwischen Quell- und Zielorten der Bevölkerung – und damit die Basis für eine Mobilität auf den eigenen zwei Rädern. Ganz nach dem Motto: „Sag mir, wie Du wohnst und ich sage Dir, wie Du mobil bist." Stadt- und Verkehrsplanung sind zwei Seiten derselben Medaille.

Schnell

Aus dem Verhältnis von Wegstrecke und Geschwindigkeit resultiert die Fahrzeit, die benötigt wird, um sein Ziel zu erreichen (Abb. 6-17). Der Begriff *Fahrzeit* wird hier gleichbedeutend mit *Reisezeit* verwendet und beinhaltet demnach auch die Zeit, die für Unterbrechungen der Fahrt aufgewendet werden muss. Die subjektive Vorstellung einer Person über die Fahrzeit beeinflusst ganz wesentlich ihre Verkehrsmittelwahl (Flade 2013). Es lohnt deshalb ein ausführlicher Blick auf die Möglichkeiten, den Zeitaufwand für Radfahrer zu minimieren – objektiv und subjektiv. Die Länge einer Wegstrecke, der erste Einflussfaktor, kann durch direkte Verbindungen nachhaltig verkürzt werden. Maßnahmen wurden im vorangegangen Kapitel ausführlich beschrieben. Der zweite Einflussfaktor, die Durchschnittsgeschwindigkeit (Fahrgeschwindigkeiten und Verkehrsfluss), wird an dieser Stelle eingehend betrachtet.

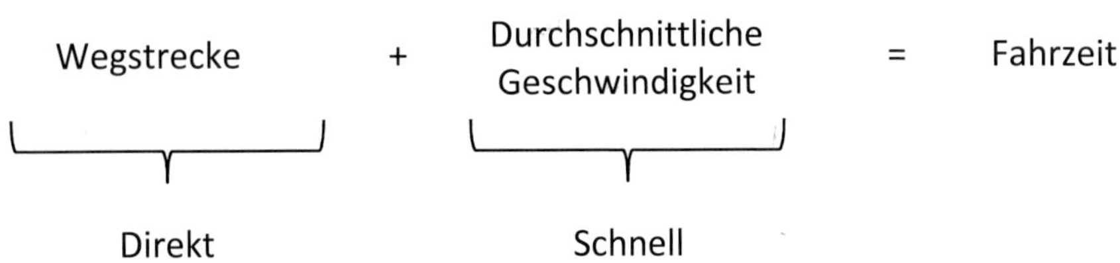

Abb. 6-17: Einflussgrößen und Handlungsfelder zur Minimierung der Fahrzeit

Fahrzeit hat dabei immer eine absolute und eine relative Dimension. Beide beziehen wir in unsere Betrachtung mit ein, wenn wir uns für ein bestimmtes Verkehrsmittel entscheiden. Die absolute Dimension bezieht sich dabei auf die Anzahl der benötigten Zeiteinheiten für eine Wegstrecke – im Radverkehr ist diese Zeiteinheit üblicherweise *Minuten*.

Das niederländische Verkehrsministerium hat ermittelt, dass Pendler Arbeitswege bis 30 Minuten akzeptieren (Abb. 6-18), was in bebauten Gebieten bei einer Durchschnittsgeschwindigkeit von 15 km/h (inklusive Stopps) in etwa einer Fahrstrecke von 7,5 km entspricht (Ministerie van Verkeer en Waterstaat 2009). Bei der Nutzung von Radschnellwegen, oder alternativen Maßnahmen zur Beschleunigung, können die gefahrene Geschwindigkeit (Strecke) auf 25-30 km/h gesteigert, und die akzeptierte Wegstrecke auf bis zu 15 km verdoppelt werden. Eine hohe Durchschnittsgeschwindigkeit ist gerade auch dann wichtig, wenn das Fahrrad als Ganzjahresverkehrsmittel etabliert werden soll. Im Winter ist bei kalten Temperaturen die Zeit begrenzt, in der wir uns im Freien aufhalten. Für Fahrten bei Temperaturen unter dem Gefrierpunkt gilt bei körperlicher Betätigung eine Dauer von 20 Minuten als noch erträglich. Längere Fahrzeiten erfordern eine spezielle Winterausrüstung (z.B. Handschuhe, Überschuhe), weil insbesondere die Extremitäten (Hände, Füße) trotz körperlicher Betätigung anfällig für Kälte sind. Fahrradspezifische Kleidung kommt jedoch gerade für die Zielgruppe der *Interessierten* eher selten in Frage. Diese Personen möchten mit Alltagskleidung mobil sein. Während der Wintermonate bedeutet eine Steigerung der Durchschnittsgeschwindigkeit deshalb in der Praxis: die maximale Reichweite wird erhöht, weil innerhalb der begrenzten Zeitspanne eine größere Entfernung zurückgelegt werden kann. Oder alternativ verkürzt sich die notwendige Aufenthaltsdauer im Freien bei einer gegebenen Strecke – die Fahrt mit dem Fahrrad wird so attraktiver.

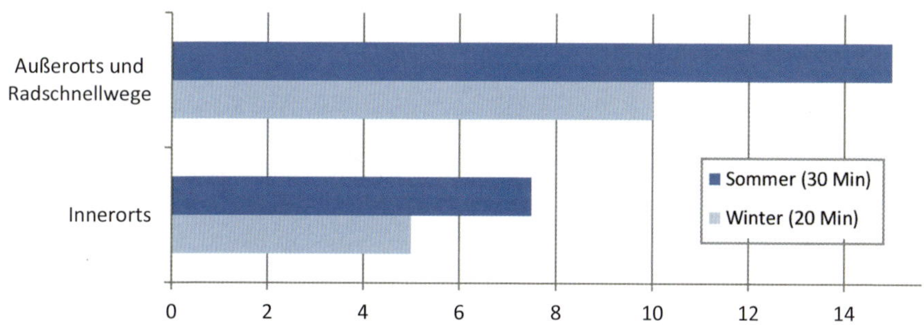

Abb. 6-18: Entfernungspotential des Fahrrads für Pendler in km bei einer akzeptierten Fahrtdauer von 30 Minuten (Sommer) sowie 20 Minuten (Winter).

Die relative Dimension bezieht sich auf die Fahrzeit des Fahrrades im Vergleich mit anderen Verkehrsmitteln – meist dem Automobil. Diesem Verhältnis schenken wir bei unserer Mobilitätswahl in der Regel mehr Beachtung als dem absoluten Zeitaufwand. Wir akzeptieren, dass wir Zeit aufwenden müssen, um eine Wegstrecke zurückzulegen. Wir wollen dies jedoch möglichst zeiteffizient tun – gerade in einer Zeit, in der große Teile der Gesellschaft das Gefühl haben unter stetem Stress und Zeitdruck zu stehen. Ganz bewusst werden deshalb Entscheidungen für das (vermeintlich) schnellere Verkehrsmittel getroffen. Als Entscheidungskriterium ziehen wir dabei im Regelfall die Zeit heran, die wir für die Bewältigung der gesamten Strecke von Tür zu Tür brauchen. Auch der schnelle Zugriff auf Parkmöglichkeiten am Quell- sowie Zielort – für das Kfz, als auch für das Fahrrad – beeinflusst deshalb die subjektive und objektive Fahrzeit. Um Mobilitätsentscheidungen pro Fahrrad zu erreichen, muss das Fahrrad für Wegstrecken bis 5 Kilometern gezielt als schnellstes Verkehrsmittel etabliert werden. Dort, wo dies nicht oder lediglich perspektivisch umsetzbar ist, ist der Zeitnachteil des Fahrrads, insbesondere gegenüber dem Kfz, bestmöglich zu minimieren. Das menschliche Zeitgefühl ist dabei trügerisch, wie Flade (2013) beschreibt und sich auf eine Analyse aus München bezieht:

> „Dass die für erforderlich gehaltene Zeit in bestimmten Fällen überschätzt wird, haben Brüderl und Preisendörfer (1995) in ihrer Untersuchung nachgewiesen, in der sie zwei Gruppen von Erwerbstätigen fragten, wie viel Zeit sie für den Weg von der Wohnung zur Arbeitsstelle benötigen. Die eine Gruppe bestand aus Autofahrern, die andere aus Nutzern des Münchner Verkehrsverbunds (MVV). Ermittelt wurden sowohl die tatsächlichen Zeiten als auch die für das jeweils andere Verkehrsmittel geschätzten Zeiten (...) Autofahrer überschätzten demnach die Zeit bei weitem, die sie mit dem ÖV bräuchten, d.h. sie halten ihn für sehr viel langsamer als er objektiv ist. Sie haben damit ein Argument zur Hand, warum sie das Auto nutzen. Im Unterschied dazu schätzen die ÖV-Nutzer die Zeit, die sie für den Weg mit dem Auto veranschlagen, realistischer ein. Sie schätzen sie zwar als kürzer ein als die mit dem ÖV tatsächlich benötigte Zeit, doch der Unterschied ist deutlich geringer. (...) Die ÖV-Nutzer sehen den Zeitvorteil, den die Autonutzung haben würde, nicht als so groß an, dass sich ein Wechsel weg vom ÖV hin zum Auto lohnen würde."

Es gibt zahlreiche Indizien dafür, dass ein Vergleich zwischen Auto und Fahrrad identische Ergebnisse liefert. Autonutzer werden den Zeitbedarf mit dem Zweirad in den meisten Fällen viel höher einschätzen, als er objektiv sein würde. Und Radfahrer werden vermuten, dass der Zeitvorteil des Autos größer ist, als es den Tatsachen entspricht.

Als Menschen suchen wir in allen Lebensbereichen tendenziell nach Informationen, die unser eigenes Verhalten bestätigen (*Informationsselektion*). Der Mensch ist ein schlechter Verlierer und braucht immer wieder die Bestätigung, dass sein eigenes Verhalten sinnvoll und rational ist – selbst wenn dies einer objektiven Überprüfung der Sachlage nicht standhält. Autonutzer reden sich so ein, dass ihr Mobilitätsverhalten richtig ist, wohlwissend, dass Autofahren ungesund ist, der Umwelt und den Mitmenschen schadet und viel Geld kostet.

Der Radfahrer nutzt das Fahrrad, *obwohl* er es für das langsamere Verkehrsmittel hält. Um die anderen Vorteile des Radfahrens zu genießen, ist er bereit, zumindest einen gewissen zeitlichen Nachteil zu akzeptieren. Für beide, Auto- und Radfahrer, ist die Fahrzeit jedoch relevant. Die Minimierung der relativen Fahrzeit im Vergleich zum Kfz ist deshalb eine wichtige kommunale Maßnahme der Radverkehrsförderung. Handlungsfelder sind sowohl eine Verkürzung der Fahrzeiten im Radverkehr, als auch die Verlängerung von Fahrzeiten im MIV, z.B. durch Geschwindigkeitsminderung und Verkehrslenkung. Ebenso entscheidend wie die Maßnahme selbst, ist jedoch auch deren Wahrnehmung durch die Zielgruppe. Je vorteilhafter – in den Augen des Betrachters – die Fahrzeit mit dem Fahrrad erscheint, desto eher spiegelt sich dieses subjektive Empfinden auch im tatsächlichen Mobilitätsverhalten wider.

Die subjektiven Vorstellungen über die Fahrzeit beeinflussen die Verkehrsmittelwahl. Die Vorstellungen sind so, dass sie das persönliche Verhalten bekräftigen.

Exkurs: Wegestrukturen nach Verkehrsträgern

Die Wegeverbindungen fallen in Abhängigkeit des Verkehrsmittels meist recht unterschiedlich aus. Das Planungsprinzip der autogerechten Stadt hat dazu geführt, dass gerade für den MIV direkte und schnelle Verbindungen realisiert wurden – vor allem zu Lasten des Fuß- und Radverkehrs (Abb. 6-19). Dadurch verstärkt sich der (wahrgenommene) Zeitnachteil des Fahrrades gegenüber dem Auto nochmals (relative Dimension der Fahrzeit). Eine wirksame Radverkehrsförderung (Abb. 6-20) setzt deshalb auf den Dreiklang aus einer Verbesserung der Radinfrastruktur (Durchgängigkeit und Schnelligkeit des Netzes), Maßnahmen zur Entschleunigung des MIV und einer kompakten Stadtstruktur mit kurzen Wegen (z.B. durch Mischnutzungen).

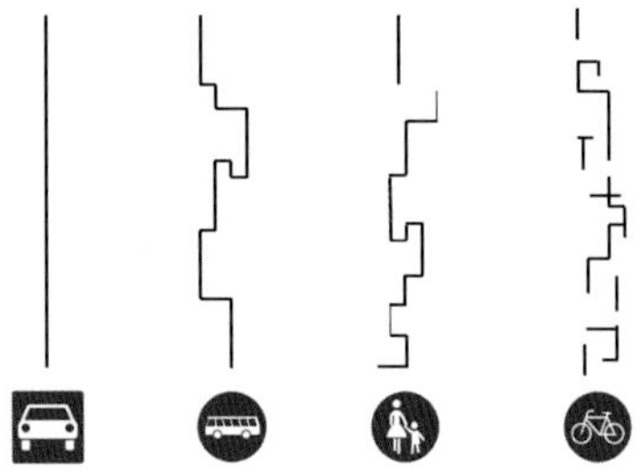

Abb. 6-19: Status Quo in vielen Kommunen: Die Infrastruktur priorisiert den MIV und macht ihn dadurch attraktiv.

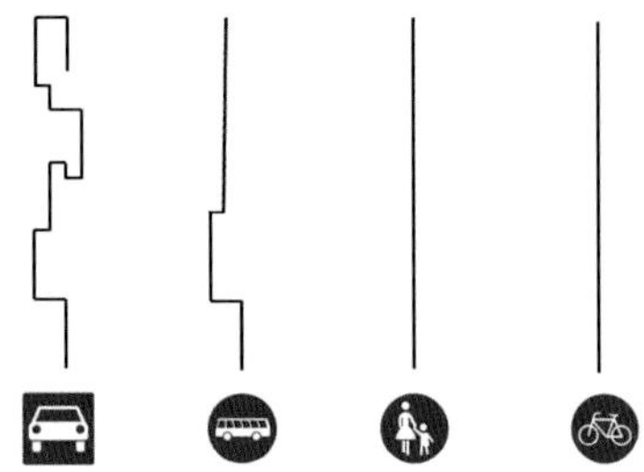

Abb. 6-20: Die Grafik veranschaulicht das Grundprinzip einer erfolgsversprechenden Radverkehrsstrategie: Priorität für Rad- und Fußverkehr in der kommunalen Mobilitätsplanung

Zielgrößen zur Erhöhung der Durchschnittsgeschwindigkeiten

Die Durchschnittsgeschwindigkeiten können durch Maßnahmen in zwei Bereichen gesteigert werden: erstens, höhere Fahrgeschwindigkeiten auf der Strecke sowie an Knotenpunkten möglich machen, und zweitens, Verzögerungen während der Fahrt minimieren, indem der Verkehrsfluss optimiert wird. Sie tragen erheblich dazu bei, das Fahrrad im Nahbereich bis 5 km zum schnellsten Verkehrsmittel zu machen und die Infrastruktur dem veränderten Nutzungsverhalten durch Pedelecs bzw. Elektrofahrräder anzupassen. Pedelecs erhöhen sowohl die Fahrgeschwindigkeiten in den Netzelementen, als auch die Geschwindigkeitsdifferenzen unter den Nutzern (Fußgänger, Radfahrer).

Geschwindigkeiten im Radverkehr

Auf den Radwegen Kopenhagens sind Radfahrer mit durchschnittlich 21,7 km/h (Fahrgeschwindigkeit bei freier Fahrt) unterwegs, während Fahrer von Lastenrädern mit 16,3 km/h etwa 5,4 km/h langsamer radeln (Greibe und Buch 2015). Die Fahrgeschwindigkeit ist dabei auf breiten Radwegen tendenziell höher als auf schmäleren. Das Verkehrsaufkommen dagegen hat keinen Einfluss auf die durchschnittliche Geschwindigkeit auf einem bestimmten Abschnitt. Jedoch zeigt sich, dass sich die Geschwindigkeiten der Radfahrenden bei steigendem Verkehrsaufkommen einander angleichen – während Schnellfahrer etwas langsamer werden, fahren eher gemütliche Radler zügiger.

Abgesehen von dem Netzelement der Radschnellwege, dessen Merkmale eine hohe Fahrgeschwindigkeit von 25–30 km/h und eine Minimierung von Verzögerungen durch planfreie Knoten sind, sind die Radverkehrsnetze der Fahrradstädte tendenziell auf geringe Geschwindigkeitsunterschiede der Radfahrenden ausgelegt. Die bewährte Praxis in den Niederlanden oder Kopenhagen lautet: ein einziges Netz für alle Radfahrer. Planern und Entscheidern dieser Kommunen ist daher auch die im deutschsprachigen Raum bekannte Argumentation fremd, Mischverkehr oder Radfahrstreifen seien notwendig, um für Schnell- und Langstreckenfahrer attraktiv zu sein bzw. zu bleiben. Schnelligkeit wird in den etablierten Fahrradstädten nicht über die gefahrenen (Spitzen-) Geschwindigkeiten erreicht, sondern über ein engmaschiges Radwegenetz, das direkte Verbindungen ermöglicht, den Verkehrsfluss der Radfahrenden optimiert und durch ausreichende Breite (zweispurige Fahrwege) flächendeckend Überholmöglichkeiten bietet.

In Kopenhagen fahren Radfahrer auf Radwegen mit einer Geschwindigkeit von durchschnittlich 21,7 km/h, während…

… Lastenräder mit 16,3 km/h rund fünf Stundenkilometer langsamer unterwegs sind.

Dies sind objektiv und subjektiv die wirkungsvollsten Hebel der Radverkehrsförderung, wenn es darum geht, Fahrzeit einzusparen. Im Fokus der kommunalen Radverkehrsentwicklung steht nicht ein Netz für eine Radfahrerelite, sondern eines für breite Bevölkerungsgruppen. Ein solches wird erfahrungsgemäß auch von klassischen Schnellfahrern, selbst Sportlern auf Rennrädern, akzeptiert, weil es zwar ab einem gewissen Verkehrsaufkommen (Hauptverkehrszeiten) nur noch geringere Geschwindigkeiten von 20–22 km/h (Kopenhagen) zulässt, aber wegen der Direktheit und des Flusses dennoch kurze Fahrzeiten bietet. Und das, kurze Fahrzeiten, ist die richtige Zielgröße der Radverkehrsplanung!

Die subjektive Bedeutung des Verkehrsflusses

Radfahrende reagieren sensibler auf Verzögerungen in ihrem Verkehrsfluss als Autofahrer (Rajamani et al. 2002) und empfinden Stopp-Schilder, Querungen oder Rotlicht (*Traffic controlling systems* – TCS) als negativ (Danila und Fink 2013, Gribble und Douglas 2014). Die drei Hauptgründe dafür sind: Verzögerungen verlängern die Fahrzeit unnötig, sie verschlechtern die (subjektive) Zeitbilanz des

Fahrrades im Vergleich zum Kfz und sie bedeuten für den Radfahrer unnötigen und zusätzlichen Energieaufwand. Ein direkter Zusammenhang zwischen Verzögerungen durch TCS und Mobilitätsentscheidungen wird durch den aktuellen Forschungsstand bestätigt. Hindernisse für den Verkehrsfluss wirken daher als Barriere für den Radverkehr, während umgekehrt Maßnahmen zu dessen Verbesserung eine Förderung des Radverkehrs darstellen. Dieses Kapitel zeigt deshalb im weiteren Verlauf eine Vielzahl von Beispielen auf, mit denen Radverkehr flüssiger geführt werden kann.

Eigene Infrastruktur für Radfahrende

Eine eigene, flächendeckende Infrastruktur ist die wahrscheinlich wichtigste Einzelmaßnahme, um den Verkehrsfluss von Radfahrenden zu erhöhen. Das Bundesverkehrsministerium in Berlin betont, dass kombinierte Geh- und Radwege beiden Verkehrsteilnehmergruppen nicht gerecht werden (Nationaler Radverkehrsplan 3.0 – NRVP oder Publikation „Einladende Radverkehrsnetze"). Mischverkehr mit Fußgängern auf gemeinsam genutzten „Gehwegen“ oder dem Kfz-Verkehr auf der Straße bremst Radfahrende, im Vergleich zu einer eigenen, baulich getrennten Infrastruktur, tendenziell aus – sowohl durch Faktoren im Verkehrsraum (z.B. Begegnungskonflikte auf kombinierten Geh- und Radwegen, für den Kfz-Verkehr optimierte Schaltungen von Lichtsignalanlagen), als auch durch Faktoren, die bei den Verkehrsteilnehmern selbst zu suchen sind. So ist eine zügige und sichere Orientierung und Navigation im Raum mit dem Fahrrad ohne eigene Infrastruktur schwieriger, z.B. weil die Verkehrsführung im Straßenraum unklar ist oder im Streckenverlauf wechselt. Die nachstehenden Beispiele machen den Unterschied sichtbar:

Weder einfach, noch schnell. Dieser Radfahrstreifen endet vor dem Knotenpunkt, die weitere Radverkehrsführung bleibt offen (Nürnberg).

Einfache, aber effektive Radverkehrsführung in einem Wohngebiet in einer niederländischen Kleinstadt.

Weil eine eigene Infrastruktur die genaue Wegeführung und die laterale Position der Radfahrer im Raum vorgibt, können Hindernisse für Radfahrende von vorneherein leichter vermieden, oder aber, sollten sie schon bestehen, leichter erkannt und behoben werden. Die bauliche Ausgestaltung visualisiert die Führung der Verkehrsarten und damit auch physische Hindernisse durch die Infrastruktur, oder deren (un-)sachgemäße Nutzung.

Drei Arten von Hindernissen können auftreten: vertikale (z.B. Bordsteine, fehlende Nullabsenkung, Schlaglöcher, Installationen und Mobiliar auf der Fahrfläche oder direkt hieran angrenzend), horizontale (z.B. Verengungen, Umlaufsperren) und anthropogene, also durch andere Menschen verursachte Hindernisse (z.B. Fußgänger, Autotüren, parkende und haltende Kfz).

Vielleicht noch gut gemeint, in jedem Fall sehr schlecht umgesetzt: In dieser Gemeinde in Süddeutschland fehlt jede bauliche und sonstige Führung des Radverkehrs. Bestehende Hindernisse werden dadurch schlechter erkannt. Hier: Hauptverkehrsstraße ohne Querung und mit Bordstein.

Ein Praxisbeispiel der ganz besonderen Art: es fehlt eine bauliche Trennung und Ausgestaltung von Fuß- und Radverkehr. Die Markierungen und Symbole zeigen aber, wo sich Radfahrende zu bewegen haben – obwohl sie dort mit einem gefährlichen (vertikalen) Hindernis konfrontiert sind (Nürnberg).

Gleich drei Arten von Hindernissen erwarten Radfahrende in dieser Situation: Umlaufsperren (zwei Mal), Vorrangregelung für Querverkehr und auf der gegenüberliegenden Straßenseite ein Gehweg mit Zusatzschild „Radfahrer frei" mit der Pflicht zur Schrittgeschwindigkeit.

Lange Abschnitte ohne potentielle Konfliktflächen (z.B. Ein- und Ausfahrten für Anlieger) ermöglichen Radfahrenden ein schnelles und sicheres Vorankommen. Der Einrichtungsradweg im Fotobeispiel ist zudem frei von Hindernissen und ermöglicht Überholvorgänge.

Ein weiteres Handlungsfeld aus dem Fachgebiet der Stadtplanung ist die Minimierung von Konfliktbereichen, vor allem Verkehrsknotenpunkte und Zufahrten zu öffentlichen Flächen sowie privat genutzten Grundstücken. Quartiersgaragen, eine Beschränkung von Zufahrtsstraßen zu Quartieren oder Grundstücken, die über eine in zweiter Reihe liegende Nebenstraße angefahren werden, sind wirkungsvolle Maßnahmen.

Ampelfreie Lösungen

Im städtischen Umfeld werden etwa 70 Prozent der Verzögerungen im Radverkehr durch Lichtzeichenanlagen verursacht (Ministerie van Verkeer en Waterstaat 2009). Dies ist besonders paradox, weil Ampeln für Autos da sind. Vermutlich gibt es auf der ganzen Welt keine einzige Lichtzeichenanlage, die den Verkehr allein zwischen Radfahrern, zwischen Fußgängern oder zwischen Rad- und Fußverkehr regelt. Hierfür sind bauliche Trennungen, visuelle Informationen (Markierungen, Verkehrszeichen, Symbole) und die non-verbale Kommunikation untereinander vollkommen ausreichend. Auch historisch ist der Zusammenhang belegt. In der Mitte des 19. Jahrhunderts waren Europas Metropolen bereits von einem regen Verkehr gekennzeichnet. Statt des Automobils zogen Pferdefuhrwerke ihre Bahnen durch die schlammigen Straßen der Städte. An den Knoten, wo sich die Wege der Pferdekutschen kreuzten, versuchten Polizisten Ordnung in das Chaos der Verkehrsströme zu bringen – und mussten dabei stets auf Kollisionen mit einer heranbrausenden Kutsche gefasst sein. Man schrieb das Jahr 1914, als in Ohio (USA) die erste elektrisch betriebene Lichtzeichenanlage in Betrieb genommen wurde, die funktionstüchtig war – ausgestattet mit Rot- und Grünlicht, wie wir es heute weltweit kennen, sowie unterstützt von einem Klingelzeichen. In Deutschland dauert es noch bis Mitte der 1920er-Jahre, bis in Berlin und Hamburg, als eine Folge der zunehmenden Motorisierung, der Siegeszug beginnt (Kastenhuber 2014). Die Bundesrepublik ist heute mit über 1,5 Millionen Stück eines der Länder mit den meisten Ampeln.

In der Radverkehrsplanung sollten, wo immer möglich, ampelfreie Lösungen realisiert werden.

Europäische Nachbarstaaten, darunter mit Frankreich und Großbritannien zwei andere große Industrieländer, nutzen traditionell in stärkerem Maße Kreisverkehre.

Diese Lösungen sind – die gesamte Lebensdauer betrachtet – günstiger und werden von den Verkehrsteilnehmern als angenehmer wahrgenommen. Es entfällt der gefühlte Druck, die Grünphase noch schaffen zu müssen oder die lästige Wartezeit, selbst wenn kein oder wenig Querverkehr kreuzt. Diese Empfindungen werden bei allen Verkehrsteilnehmern hervorgerufen, unabhängig vom genutzten Verkehrsmittel.

Auf dem Potsdamer Platz in Berlin steht ein Nachbau der ersten deutschen Ampelanlage. Die Ampel, die einem Uhrenturm ähnelte, stand in der Mitte der Kreuzung und sendete ihre Signale in Richtung der ankom menden Fahrzeuge und Fuhrwerke. Im Bild steht die Ampel auf Rot. Ein Polizist in der Kanzel überwachte die Einhaltung der Signale. An diese innovative Verkehrslenkungsmaßnahme mussten die Verkehrsteilnehmer jedoch erst gewöhnt werden, so dass der Polizist mit seiner Trillerpfeife öfter eingegriffen haben soll.

Auf plangleichen Knoten sind Kreisverkehre eine wirkungsvolle Möglichkeit, um überflüssige Verzögerungen und unnötigen Energieaufwand für Radfahrende zu vermeiden. Im Idealfall wird diese Maßnahme mit einer Vorfahrtsregelung für das Zweirad kombiniert.

Plangleicher Knoten ohne Ampel in Berlin.

Planfreier Knoten durch Unterführungslösung für den Radverkehr in Münster.

Eine weitere Alternative sind planfreie Knoten, die durch Unter- und Überführungen Begegnungen der einzelnen Verkehrsmittel grundsätzlich unterbinden. Aufgrund der gegebenen Stadtstruktur, obliegt es zumeist dem Fuß- und Radverkehr, den Höhenunterschied zu überwinden, während der Kfz-Verkehr auf gleichbleibendem Niveau geführt wird. Bei der Neuplanung von Knotenpunkten sollte dies – wo immer möglich – umgekehrt gelöst sein. Dies gilt insbesondere bei überörtlichen Knoten, wo die fahrradfreundliche Führungsform tendenziell leichter realisiert werden kann. Eine Alternative ist es, die Fahrbahn um die Hälfte der benötigten Höhendifferenz anzuheben und den Fuß- und Radverkehr um die andere Hälfte abzusenken. Auch dies spart Radfahrenden Energieaufwand und verbessert zudem die soziale Sicherheit und den Fahrkomfort, da weniger starke Eingriffe ins Gelände erforderlich sind und die Unterführung besser mit Tageslicht versorgt wird.

Vorfahrtsregelungen zu Gunsten des Radverkehrs können zu einer erheblichen Beschleunigung beitragen, wenn sie möglichst flächendeckend oder entlang definierter Radverkehrsachsen umgesetzt werden. Abb. 6-21 zeigt ein entsprechendes Beispiel im Verlauf einer Radhauptverbindung, bei dem die rot markierte Radverkehrsfurt an einen Fußgängerüberweg angeschlossen wurde. Der Vorrang wird durch die Beschilderung Vorfahrt gewähren (VZ 205) verdeutlicht. Mit der Schaffung der Grüninsel (im Bild vorne rechts) wurde die Maßnahme baulich unterstützt, um die Geschwindigkeiten zu senken, die Aufmerksamkeit auf den Konfliktbereich zu erhöhen und die Sichtbeziehungen zwischen den Verkehrsteilnehmern zu verbessern. Die Gestaltung entspricht der Empfehlung in Abb. 6-22, jedoch ohne eine Aufpflasterung der Querungsstelle. Bevorrechtigte Radverkehrsachsen werden in Deutschland zunehmend eingesetzt, um die Fahrzeiten für den Radverkehr zu verkürzen. In den Niederlanden ist diese Maßnahme bereits deutlich stärker etabliert und wird mitunter auch bei Hauptverkehrsstraßen und sogar Landstraßen eingesetzt.

Abb. 6-21: Vorrang für eine querende Radverkehrsachse im Zuge einer Radhauptverbindung (Erlangen)

Der Rijswaalpad, ein Radschnellweg zwischen Nimwegen und Arnheim (Niederlande), ist gegenüber dieser Außerortsstraße bevorrechtigt. Die Landstraße wird dazu im Bereich der Querungsstelle auf eine Fahrbahn verengt und die zulässige Geschwindigkeit begrenzt.

Ausführungsbeispiel:
Vorrangregelung für innerörtliche Radverkehrsachsen
In bebauten Gebieten können Achsen des Radverkehrs gegenüber dem motorisierten Verkehr priorisiert werden. Die aufgeführten Ausführungsbeispiele zeigen Lösungen für Streckenabschnitte mit einer zulässigen Höchstgeschwindigkeit von 30 km/h (Zonengeschwindigkeit) und 50 km/h sowie mit einer Anrampung der Straße auf das höhere Niveau der Radwegeverbindung. Grundsätzlich kann diese Lösung auch ohne eine Anrampung ausgeführt werden; um die objektive und subjektive Sicherheit der Radfahrenden zu gewährleisten, ist hiervon jedoch abzuraten.
Die Akzeptanz ist in hohem Maße von der Qualität der Umsetzung abhängig. Ein Vorrang für die Radverkehrsachse bietet sich vor allem auf den Hauptverbindungen des Radverkehrs (Hauptrouten, Radschnellwege) an, die Pendlerströme, Schülerradverkehr, innerstädtischen oder touristischen Verkehr abwickeln (ggf. inklusive Lieferverkehre). Bei der Ausgestaltung ist zu beachten:

- Der Vorrang der Radverkehrsachse muss durch bauliche Ausgestaltung (z.B. Anrampung, Verengung der Straße, Verbreiterung der Radverkehrsachse im Konfliktbereich) und visuelle Informationen (z.B. Verkehrszeichen) auch für ortsfremde Kfz-Fahrer klar erkennbar sein.
- Die Gehwege auf beiden Straßenseiten werden unterbrochen. Für Blinde und Sehbehinderte sind optisch kontrastierende und taktile Elemente vorzusehen.
- Die Oberflächenstruktur des Radwegs ist unverändert und ohne Materialkante durchgehend fortzuführen.
- Die Radverkehrsachse sollte (bei 30 km/h) rot eingefärbt und mit Fahrrad-Symbolen versehen werden. Bei 50 km/h ist sie so auszugestalten.
- Beschilderung: *Vorfahrt gewähren* für den Kfz-Verkehr (Zeichen 205), Zusatzschild *Radfahrer kreuzen von rechts und links* für den Kfz-Verkehr (Zeichen 1000-32), *Vorfahrt* für den Radverkehr (Zeichen 301), sowie optional eine *Wartelinie* für den Kfz-Verkehr.
- Bei der Planung der Anrampung (Höhe und Länge) sind die Besonderheiten von Sonderfahrzeugen (z.B. Niederflurbusse des Linienverkehrs) zu beachten.

Beispiel 1: Zonengeschwindigkeit 30 km/h (oder weniger)

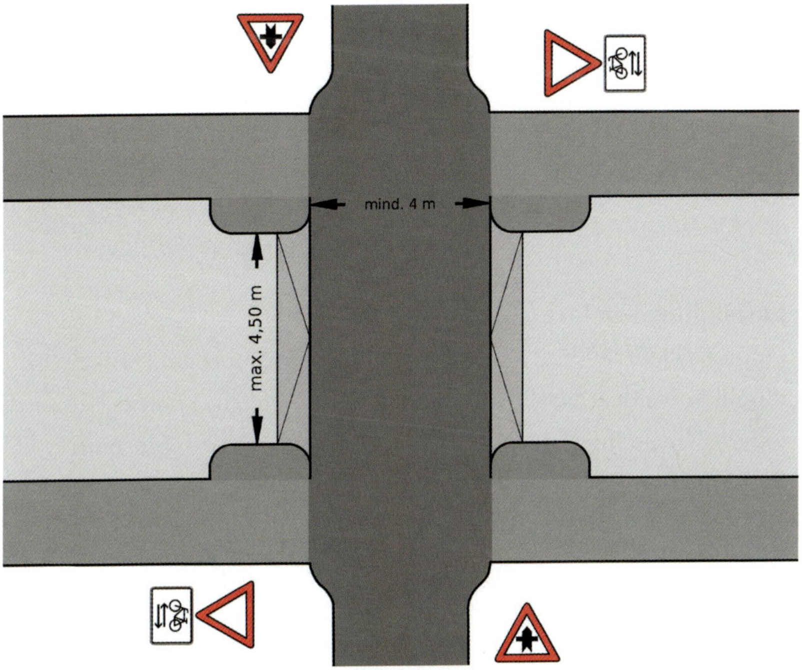

Beispiel 2: Höchstgeschwindigkeit 50 km/h

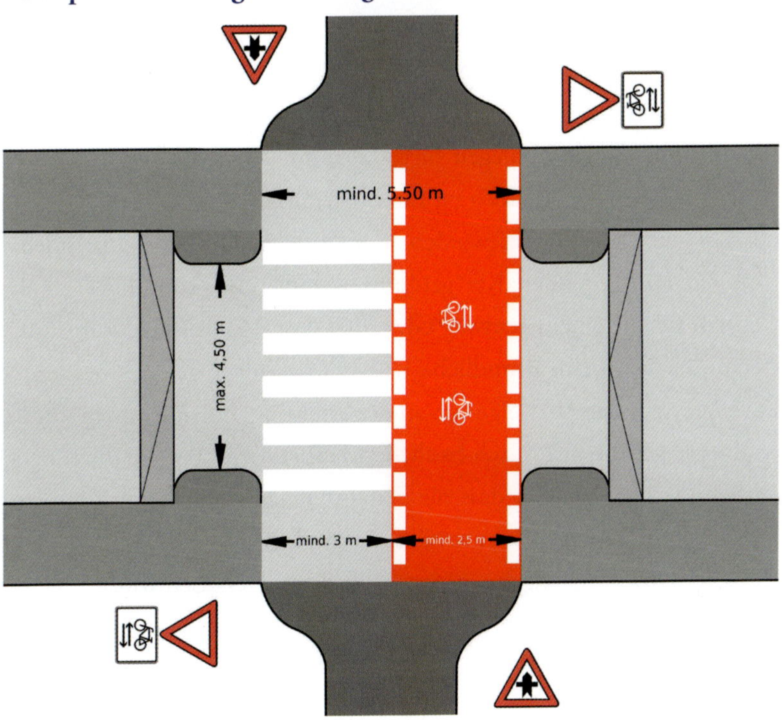

Abb. 6-22: Umsetzungsbeispiele für innerörtliche Radverkehrsachsen

Aufgrund der zulässigen Höchstgeschwindigkeit, stellt die Straße eine Barriere für viele Fußgänger dar. Das Ausführungsbeispiel umfasst daher auch eine Querung für Gehende mittels Fußgängerüberweg (Zeichen 293). Bei einer vorgegebenen Breite der Querung von 5,5m führt dies dazu, dass dem Radverkehr weniger Raum (nur noch 2,50–3,0m) bereitgestellt werden kann. In Abhängigkeit der örtlichen Gegebenheiten kann es sinnvoll sein, den Querungsbereich nochmals aufzuweiten.

Einbindung von Lichtsignalanlagen

Optional kann für unsichere Fahrradfahrer eine Ampel mit Dunkelschaltung installiert werden. Nach Anforderung von Grünlicht können Nutzer dann unter Signalschutz queren. Bei Radverkehrsachsen mit einem hohen Radverkehrsaufkommen kann eine Dauergrünschaltung für die Pedalritter eine attraktive Lösung sein. Der MIV fordert dann Grünlicht für sich über technische Systeme, z.B. eine Induktionsschleife, an.

Freies Rechtsabbiegen für Radfahrer ist eine kostengünstige und sehr effiziente Maßnahme zur Beschleunigung des Radverkehrs. Dieser wird dabei gar nicht erst in den Knotenpunkt hineingeführt, sondern kann bereits vorher nach rechts abbiegen. Vorrang hat bei dieser Lösung nur der von links kommende Radverkehr. Freies Rechtsabbiegen bietet sich vor allem für Knoten mit einer Lichtsignalanlage an, kann jedoch im Einzelfall auch an ampelfreien Kreuzungen sinnvoll sein und angewendet werden. Radfahrende können so beispielsweise auch von rechtsabbiegenden Kfz getrennt werden und konfliktfrei abbiegen. Dort können sie auf einem Radweg oder über eine Möglichkeit zum Einfädeln auf eine auf der Fahrbahn befindliche Radverkehrsanlage geleitet werden. Wird der Radverkehr vor der Abzweigung von der Straße auf einen Radweg mit freiem Rechtsabbieger geführt, ist durch bauliche Maßnahmen oder Markierungen auf der Fahrbahn sicherzustellen, dass die Zufahrt freigehalten wird. Vor allem bei Rotlicht wartende Fahrzeuge können dem Radverkehr die Zufahrt erschweren, so dass der Vorteil des freien Rechtsabbiegers wieder aufgehoben wird.

Bild oben: Freies Rechtsabbiegen für Radfahrer in Gifhorn: Bereits vor dem Knoten zweigt der Radweg ab. Konflikte können bei dieser Ausführung jedoch mit wartenden Geradeausfahrern entstehen (siehe Position der Haltelinie).

Bild rechts: Lösung für ampelfreies Rechtsabbiegen aus einer Nebenstraße in Nürnberg. Der Radverkehr wird vor der Lichtsignalanlage auf den baulich getrennten Radweg geführt. Die Zufahrt sollte zusätzlich durch Markierungen oder bauliche Maßnahmen von wartenden Kfz freigehalten werden.

Generell sind baulich gestalteten Möglichkeiten zum konfliktfreien Einfädeln auf die Fahrbahn eine Maßnahme, mit der Radverkehr beschleunigt werden kann. Eine interessante Lösung zeigt das Fotobeispiel aus Friedrichshafen.

Geschütztes Einfädeln gewährleistet den Verkehrsfluss – hier Überleitung auf einen Radfahrstreifen (Ludwigsburg).

Schnelles Abbiegen für Radfahrer in Friedrichshafen durch Linksabbiegestreifen (links im Bild) zum abgesenkten Bordradweg.

Vom Radweg aus soll der Radverkehr nach einer Unterführung geradeaus weiterfahren oder nach links abbiegen können. In der Unterführung wird der Radweg zur Straße auf der gesamten Länge von etwa 100 Metern auf das Niveau der Fahrbahn abgesenkt und parallel ein Radfahrstreifen links der Kfz-Fahrspur aufgebracht. Die Richtungsfahrbahnen für den Kfz-Verkehr sind durch Stützpfeiler baulich voneinander getrennt, so dass Einrichtungsverkehr vorherrscht. Anstatt einer punktuellen Querungsstelle haben Radfahrende die Möglichkeit, auf der gesamten Länge von rund 100 Metern eine Lücke im Kfz-

Verkehr zu nutzen und sich in ihrem normalen Fahrtempo links einzuordnen. Wer unsicher ist, kann am Ende der Unterführung auch direkt queren.

Optimierung von Knotenpunkten mit Lichtsignalanlagen

Fahrradfreundliche Lichtsignalsteuerungen können Fahrzeiten spürbar verkürzen. Der Radverkehr sollte an jeder Lichtsignalanlage über eine Fahrradampel (Signalgeber für den Radverkehr) eine eigene Signalisierung erhalten. Ohne eine eigene Signalisierung müssen Radfahrende entweder die Signale für den Kfz-Verkehr (die Fahrbahn) oder für Fußgänger beachten. Beides wird ihren Bedürfnissen aber kaum gerecht und ist ein wesentlicher Grund für Rotlichtverstöße von Radfahrenden. In der EmoCycling-Studie der TU Kaiserslautern konnte nachgewiesen werden, dass der Halt an einer Ampel Stress erzeugt – vor allem, wenn der Halt als sinnlos bzw. unnötig empfunden wird. Im Gegensatz zu einem Autofahrer müssen Radfahrer ihr Gefährt wieder mit Muskelkraft in Schwung bringen (auch bei einem Pedelec). Jeder Halt kostet so viel Energie wie eine Fahrstrecke von etwa 100 Metern. Halte werden daher als unangenehm empfunden.

Bei gesonderter Signalisierung queren Radfahrende getrennt vom Fuß- und Kfz-Verkehr.

Bei der Programmierung von Lichtsignalanlagen wird die Räumzeit der Verkehrsteilnehmenden betrachtet, deren Verkehr sie regelt. Wer schnell unterwegs ist, hat den Konfliktbereich auch schnell wieder verlassen, die Räumzeit ist kurz. Fußgängerampeln schalten daher eher auf Rot als Signalgeber für den Kfz-Verkehr. Bei einer gemeinsamen Signalisierung mit dem Fußverkehr, die eine längere Räumzeit haben, müssen Radfahrende unnötig früh anhalten und auf die nächste Grünphase warten. Je breiter die zu querende Fahrbahn, desto mehr macht sich das für Radfahrende negativ bemerkbar. Die Räumzeit des Fußverkehrs ist drei Mal länger als die des Radverkehrs. Mit einer gesonderten Signalisierung des Radverkehrs kann zudem ein Zwischenhalt auf Fahrbahnteilern vermieden werden, weil Radfahrende ihre eigene Furt ohne Fahrbahnteiler erhalten können. Neben dem Zeitverlust können Zwischenhalte auf Fahrbahnteilern besonders für längere Gespanne (z.B. Fahrrad mit Anhänger, Lastenfahrrad, Tandem) sowie für Pulks von Radfahrenden kritisch sein, da für sie viele Fahrbahnteiler zu schmal sind.

Auch eine Einbindung in die Signalisierung des Kfz-Verkehrs ist ungeeignet, da Radfahrende eine längere Räumzeit haben als Kraftfahrzeuge. Bei größeren Kreuzungen kann es für langsamere Radfahrer dadurch zu Konflikten kommen. Allein das Wissen darum sorgt für ein ungutes Gefühl. Nutzer meiden diese Knotenpunkte dann ganz, fahren verbotswidrig auf den Wegen des Fußverkehrs oder wählen ein anderes Verkehrsmittel, da sie die Fahrt als zu gefährlich empfinden. Weiterhin gibt es Situationen, in denen Rotlicht für den Radverkehr völlig überflüssig ist und Radfahrende unnötig ausgebremst werden. Bei Radfahrern entsteht dadurch leicht das Gefühl, ein Verkehrsteilnehmer zweiter Klasse zu sein. Das ist in zweierlei Hinsicht problematisch:

(1) Es ist Negativwerbung für eine Fahrt mit dem Fahrrad und läuft anderen Bemühungen der Kommune, das Verkehrsmittel Fahrrad attraktiv zu machen, zuwider. Die schlechten Erfahrungen sind es, die im Gedächtnis bleiben und zukünftige Mobilitätsentscheidungen beeinflussen.
(2) Einer der größten Hebel für den Radverkehr ist das Gefühl der Zielgruppe, dass für die mitgedacht wird. Nach dem Motto: „Mir kann nichts passieren. Für mich gibt es geeignete Wege.“ Dieses Gefühl gibt unglaublich viel Sicherheit und zeigt sich gerade auch in den kleinen Maßnahmen, die zunächst noch einmal gar nichts direkt mit dem Sicherheitsaspekt zu tun haben müssen.

Das Gefühl, dass bei der Infrastrukturplanung für sie mitgedacht wird, sorgt bei Radfahrenden für Sicherheit und beeinflusst so Mobilitätsverhalten.

Neben der erwähnten Berücksichtigung der spezifischen Räumzeit können Fahrradampeln in Kombination mit Soft- und Hardware-Lösungen weitere Zeitvorteile für den Radverkehr bringen: Radfahrende können…

- … durch technische Systeme bereits vor der Ankunft an der Kreuzung erfasst werden und Grün erhalten, sobald sie diese erreichen. Im Idealfall sind sie so hoch priorisiert, dass sie in den Genuss von Sofortgrün kommen und ohne Halt weiterfahren können.
- … grundsätzlich oder aber in bestimmten Situationen gegenüber dem Kfz-Verkehr priorisiert werden und dadurch schneller oder häufiger Grün erhalten (z.B. zwei Mal in einem Umlauf) – beispielsweise, wenn eine definierte Mindestanzahl an Radfahrenden überschritten wird oder bei schlechter Witterung.
- … dauerhaft Grünlicht (**Dauergrün**) erhalten, während sich herannahende Fahrzeuge an der Ampel „anmelden“ müssen, bevor diese für sie auf Grün springt.
- … über eine Radfahrerschaltung gleichzeitig in jede Fahrtrichtung Grün erhalten, während alle Kraftfahrzeuge Rot haben (**Rundumgrün**). Es gibt also eine eigene Grünphase nur den Radverkehr.
- … **Linksabbiegen in einem Umlauf** erhalten. Für den Radverkehr wird das Grünlicht so geschaltet, dass Radfahrende die Kreuzung zunächst geradeaus queren und dann ohne Halt weiter nach links abbiegen und wiederum queren können (indirektes Linksabbiegen unter Signalsteuerung in einem Zug).
- … auf einzelnen Achsen mit einer **Grüne Welle** an mehreren aufeinanderfolgenden Ampeln Grün erhalten – ggf. auch nur zu den Spitzenstunden und/oder in der Hauptverkehrsrichtung. Damit steigt auch die Leistungsfähigkeit des Radverkehrsnetzes, da es mehr Radverkehr aufnehmen kann.
- … **Informationen** erhalten, um ihre Geschwindigkeit an die Signalschaltung der nächsten Lichtsignalanlage anzupassen – also die Geschwindigkeit zu erhöhen, sie beizubehalten oder sogar zu verringern.

Niederländische Kommunen haben Erfahrung damit, in Knotenpunkten eine Grünphase nur für den Radverkehr vorzusehen (Rundumgrün), bei der Radfahrer auch diagonal queren können. Da der Kfz-Verkehr in alle Richtungen Rot hat, ist die Querung für Radfahrende sehr sicher und verstärkt auch das Sicherheitsempfinden.

Grüne LED-Leuchten im Radweg zeigen Radfahrenden, dass sie die nächste Ampel bei Grün passieren können (Kopenhagen). „Läuft" die Lichtkette davon, ist es das Zeichen stärker in die Pedale zu treten, da die Ampel bald auf Rot umschaltet. Andere Städte nutzen elektronische Stelen (z.B. mit Symbolen), um Radfahrenden diese Information anzuzeigen.

Ausgereifte und aus dem Kfz-Verkehr hinreichend bekannte Systemkomponenten sind insbesondere **Induktionsschleifen** und **Kameras**, mit denen Radfahrende durch die Ampelanlage bereits dann erfasst werden können, wenn sie sich erst auf die Kreuzung zubewegen (Vorfelderfassung). Zumindest auf Hauptrouten, Radvorrangrouten und Radschnellverbindungen sollten diese Systeme Standard sein. Eine weitere, allerdings weniger attraktive Möglichkeit sind Ampeltaster, wie sie für Zufußgehende Standard sind. Sofern diese verwendet werden, ist dringend zu empfehlen, diese etwa 2 m vor dem Signalgeber für den Radverkehr an einem eigenen Pfosten zu installieren. Nur dann kann er auch aus dem Fahrradsattel heraus bequem erreicht und aktiviert werden. Denken Sie bei der Planung auch an Lastenfahrräder mit einem langen Vorbau.

In der Fahrbahn bzw. dem Radweg eingelassene Induktionsschleifen (Bild links) oder an der Ampelanlage installierte Kameras (rechts) können herannahende Radfahrer frühzeitig erfassen und beim Signalprogramm „anmelden". Radfahrende erhalten dadurch schneller Grün, im besten Fall entfällt die Wartezeit an der Kreuzung komplett.

Bei Verwendung von Ampeltastern auf Nebenrouten sollten diese etwa 2 m vor der Fahrradampel installiert werden, damit er bequem erreicht werden kann.

Wird der Radverkehr von der Fahrbahn auf einen separierten Radweg und rechts am Signalgeber vorbeigeleitet, sollte ein zuführender Radweg, Radfahrstreifen oder notfalls Angebotsstreifen die Zufahrt auch bei Rückstau von Kraftfahrzeugen gewährleisten.

Auch auf Streckenabschnitten können Beschleunigungen erreicht werden, wenn Radfahrende – wann immer möglich – von der Signalisierung des Kfz-Verkehrs ausgenommen werden oder an Lichtsignalanlagen (z.B. an T-Kreuzungen oder Fußgängerüberwegen) sowie Bushaltestellen rechts umfahren werden können.

In diesem Streckenabschnitt wird der Radverkehr am Konfliktbereich vorbeigeführt –und erhält deshalb auch dann Grünlicht, wenn der Kfz-Verkehr an diesem Vorsignal angehalten wird.

Der Radverkehr wird auf einem baulichen Radweg rechts an der ÖPNV-Haltestelle vorbeigeführt. Im Vordergrund: gesichertes indirektes Linksabbiegen mit eigenem Aufstellstreifen und Fahrradampel

Fallbeispiel: Rechtsabbiegen für den Radverkehr bei Rotlicht

Oft ist der Radverkehr an Knotenpunkten in die Signalisierung des Kfz-Verkehrs eingebunden und hat diese damit zu beachten, obwohl für Rechtsabbieger in vielen Fällen objektiv ein Abbiegen bei Rot vertretbar ist. Die nachstehend abgebildete Verkehrssituation (Abb. 6-23) zeigt ein solches Beispiel.

Abb. 6-23: Die rote Ampel gilt auch für den rechtsabbiegenden Radverkehr auf dem Radfahrstreifen, obwohl lediglich die wenig genutzte Fußverkehrsfurt im Hintergrund gequert wird. Das Rechtsabbiegen für den Radverkehr bei Rot sollte hier freigegeben werden.

Mit der Novelle der Straßenverkehrsordnung von 2020 können Verkehrsbehörden das Rechtsabbiegen an roten Ampeln erlauben. Dazu wird das Verkehrszeichen 721 neben dem Signalgeber angebracht. Noch attraktiver wäre ein eigener Signalgeber für den Radverkehr, der Dauergrün zeigt. Ein solcher ist jedoch nur ohne querende Furt zulässig (VwV-StVO zu §37).

Das Verkehrszeichen 721 erlaubt Radfahrenden das Rechtsabbiegen auch bei Rotlicht. Es kann nach Prüfung durch die Straßenverkehrsbehörde angeordnet werden und reduziert somit die Wartezeiten an Lichtsignalanlagen.

Sonderlösung in München: An diesem Radfahrsignalgeber wurde das Rechtsabbiegen vor Einführung von VZ 721 mit einem Rechtsabbiegepfeil (VZ 720) neben dem roten Signalfeld ermöglicht.

Vorrang an Einmündungen

Radfahrern, die sich auf einem Radweg parallel zur bevorrechtigten Straße bewegen, sollte im Knotenpunkt die Vorfahrt gelassen werden.

Hindernisse entfernen

Hindernisse gehören weder auf, noch unmittelbar an den Radweg. Sie sind rechts und links des Radwegs mindestens 50 cm abzurücken, so dass die gesamte Breite des Radwegs genutzt werden kann. Radfahrer können auf gerader Strecke oder in Kurvenbereichen an Hindernissen hängen bleiben (z.B. mit Lenker, Packtaschen, Anhänger) und stürzen.

Sie verleiten dazu, als Abstellanlage missbraucht zu werden, so dass abgestellte Räder in den Radweg hineinragen. In jedem Fall verringern Hindernisse, die auf dem Radweg oder zu nah an ihm platziert sind, das Sicherheitsgefühl und reduzieren als Engstelle die Fahrgeschwindigkeiten. Ein Sonderfall können Absperrpfosten sein, die Autofahrer an einer Durchfahrt hindern. Sie sollten allerdings letztes Mittel sein, in ihrer Anzahl beschränkt werden, optisch auffallend gestaltet werden und mit Warnzeichen und Bodenmarkierungen angekündigt werden. Zudem sind sie dort aufzustellen, wo Radfahrer grundsätzlich damit rechnen können – also nicht auf freier Strecke, sondern an den Zufahrten (Knotenpunkte). Vorrangig sind andere Maßnahmen einzusetzen, um unerwünschten Kfz-Verkehr zu begrenzen, z.B. hohe Bordsteine (wenn der Radverkehr dadurch unberührt bleibt), sonstige bauliche Maßnahmen jenseits des Radwegs oder Verkehrsüberwachungsmaßnahmen.

Hindernisse sollten mindestens 50 cm vom Rand des Radwegs abgerückt sein. In Kurvenbereichen ist die Schräglage von Radfahrern in die Planung einzubeziehen (z.B. Ampelmasten, Verkehrsschilder).

Sofern Absperrpfosten auf dem Radweg erforderlich sind, sollten sie wie hier mit Bodenmarkierungen (z.B. Sperrfläche) angekündigt werden. Der Umfang ist abhängig von der Situation und den gefahrenen Geschwindigkeiten.

Führung des Radverkehrs an Engstellen

In der Praxis ist es weit verbreitet, Radverkehrsführungen an Engstellen zu unterbrechen und Radfahrende im Mischverkehr fahren zu lassen. Dabei sind es gerade diese Konfliktbereiche (Engstellen, Knotenpunkte etc.), die das Sicherheitsgefühl negativ beeinflussen. Engstellen mit Mischverkehr entsprechen einem LTS-Level von 3 oder sogar 4 und sind daher für rund 80 Prozent der

Zielgruppe eine (unüberwindbare) Barriere auf ihrer Wegstrecke. Dies betrifft in vielen Fällen sogar Wohnstraßen mit einer zulässigen Höchstgeschwindigkeit von 30 km/h – selbst hier ist zu beobachten, dass eine vergleichsweise große Anzahl an Nutzern verbotswidrig auf dem Gehweg fährt, weil sie sich auf der Straße unsicher fühlen.

Am Ortseingang von Delft wird der Kfz-Verkehr auf eine Fahrspur (Begegnungsverkehr) reduziert, während der baulich getrennte Einrichtungsradweg in der Engstelle fortgeführt wird. In der Gegenrichtung wird der Radverkehr über eine eigene Brücke um die Engstelle herumgeführt. Die bauliche Trennung beschränkt sich dabei nur auf den kritischen Bereich der Engstelle – vorher und nachher werden Radfahrende auf einem Radfahrstreifen geführt.

Für Engstellen sind zwingend geeignete Führungsformen mit einem geeigneten Schutzraum (baulich getrennt) vorzusehen. Ein gelungenes Praxisbeispiel zeigt das Foto aus Delft, wo Radfahrer um den Konfliktbereich (Engstelle) herumgeführt werden bzw. für sie ein baulich getrennter Radweg bereitsteht.

In Basel werden Radfahrende zwischen Straßenbahn und Gehweg (mit Wartebereich) geführt und erhalten ein Rotsignal, wenn die Bahn an der Haltestelle steht. Besser ist es, den Radverkehr konfliktfrei rechts vorbeizuführen und Verzögerungen zu vermeiden.

Eine Radfahrerfurt an Straßenverengungen bietet Zweirädern freie Fahrt (Worms). Vor und nach der Furt sind Markierungen empfehlenswert, um die Zu- und Ausfahrt für den Radverkehr vor wartenden und parkenden Kfz freizuhalten.

Exkurs: Knotenpunkte mit Stoppschildern

Mit dem *Wiener Übereinkommen über Straßenverkehrszeichen* von 1968 wurde das achteckige Stoppschild in seiner heute allgemein bekannten Form zum Standard-Verkehrszeichen in vielen Ländern, darunter in Deutschland (seit 1971), Österreich und der Schweiz. Es regelt die Vorfahrtsregelung an Kreuzungen und Einmündungen und schreibt den Verkehrsteilnehmern vor, an der Haltelinie oder der Sichtlinie zu stoppen und Vorrang zu gewähren. Stoppschilder werden an Knotenpunkten eingesetzt, die für gefährlich erachtet werden und erfordern von den Verkehrsteilnehmern das Abbremsen bis zum kompletten Stillstand.

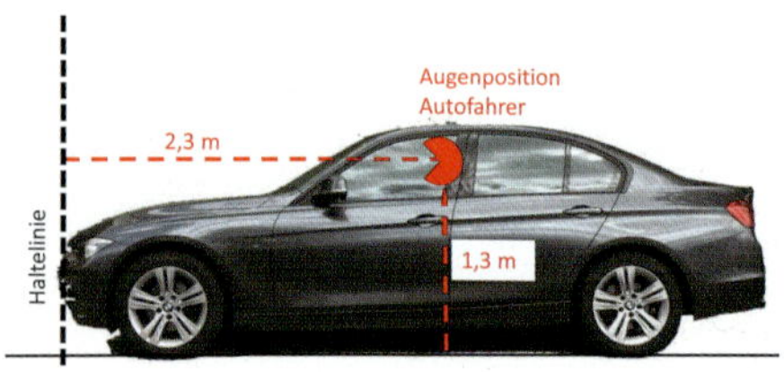

Die Position der Augen ist bei Autofahrern im Schnitt in 1,30 m Höhe und 2,30 m hinter der Fahrzeugfront („Stoßstange“).

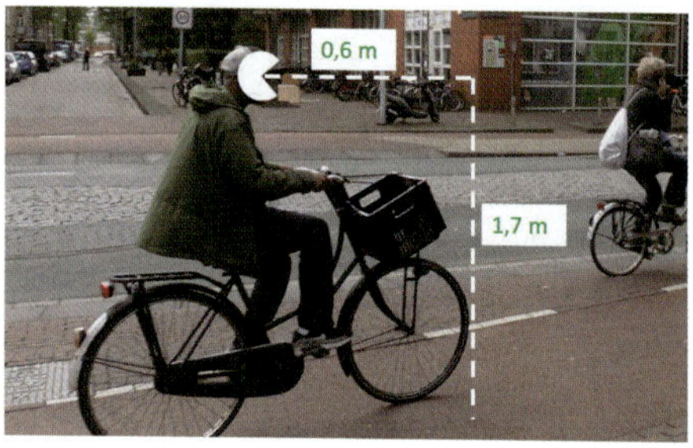

Radfahrer sitzen dagegen höher und weiter vorn. Die Augenposition liegt durchschnittlich in einer Höhe von 1,7 m sowie 0,6 m hinter dem Vorderreifen.

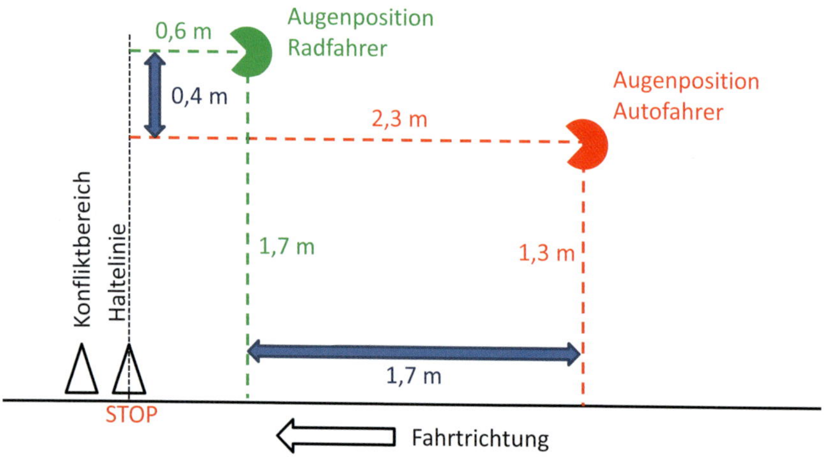

Abb. 6-24: Augenpositionen von Radfahrer (grün) und Autofahrer (rot) bei Stillstand des Fahrzeugs unmittelbar an der Haltelinie. Radfahrer sitzen durchschnittlich 0,4 m höher und 1,7 m weiter vorn.

Für Radfahrer sind Stoppschilder deshalb aus zweierlei Gründen unattraktiv. Radfahrer müssen mit Muskelkraft aus dem Stillstand beschleunigen. Vor allem aber ist die allgemeine Akzeptanz unter Radfahrenden deshalb geringer als bei Autofahrern, weil sie im Vergleich eine vorteilhaftere Sitzposition haben und Konfliktbereiche so besser und frühzeitiger einsehen können. Radfahrer sitzen im Schnitt um 40 cm höher als Autofahrer und verfügen damit oft über bessere Sichtbeziehungen zum Querverkehr. Darüber hinaus sitzen sie durchschnittlich 1,70 m sie weiter vorne (Abb. 6-24). Bei einem herkömmlichen Mittelklassewagen sitzt der Autofahrer etwa 2,30 m hinter der Fahrzeugfront (Stoßstange). Ein Wagenlenker ist deshalb selbst dann noch mindestens 2,30 m vom Konfliktbereich entfernt, wenn sein Fahrzeug vor der Haltelinie komplett zum Stillstand gekommen ist. Radfahrer rollen an dieser Stelle noch, denn sie schieben wesentlich weniger Vorbau vor sich her – durchschnittlich nur 60 cm. Sie haben dadurch üblicherweise sogar fahrend bessere Sichtbeziehungen als ein Autofahrer, der sein Fahrzeug bereits an der Haltelinie gestoppt hat. An so manchen Kreuzungen und Einmündungen wäre für Radfahrer dadurch das Verkehrszeichen *Vorrang gewähren* ausreichend und angebracht. Sie müssen sich jedoch an das Stoppschild halten, das der Kfz-Verkehr benötigt. Es ist sinnvoll, für diese Knotenpunkte fahrradfreundliche Lösungen zu finden, z.B. mittels separierter Wegeführung.

Gefühlte Schnelligkeit

Eingangs zu diesem Kapitel habe ich darauf hingewiesen, dass der wahrgenommene Zeitaufwand für eine Strecke die Wahl des Verkehrsmittels ganz entscheidend beeinflusst. Deshalb ist es umso wichtiger, dass Radverkehrsförderung über die objektiven Möglichkeiten zur Beschleunigung des Radverkehrs hinausgeht und auch das Zeitempfinden adressiert.

Links: Allein die vorgesehene Verkehrsführung (rote Linie) trägt wenig zum Gefühl bei, schnell unterwegs sein zu können. Die Hindernisse (Bordstein, Ampel, Kurvenradien) verstärken diesen Effekt. *Rechts:* Der Radverkehr wird gerade über den Knotenpunkt geführt, der Eindruck ist für den Nutzer positiv.

Zwei Radwegeführungen in Österreich (*links – kombinierter Geh- und Radweg*) und den Niederlanden (*rechts – baulich getrennter Radweg*). Die Wirkung ist signifikant unterschiedlich. Im rechten Beispiel sorgen die getrennte Führung mit baulicher Trennung, die Oberflächenstruktur und -farbe, sowie die vom Radweg abgerückten Hindernisse für das Gefühl, freie Bahn zu haben und schnell vorankommen zu können.

Auf den vorangegangenen Seiten sind viele Ideen und Möglichkeiten dargestellt, die diesen Eindruck unterstützen. Letztlich spielt auch die optische Wahrnehmung der Radinfrastruktur sowie des Umfeldes eine wichtige Rolle. Habe ich das Gefühl, schnell unterwegs sein zu können? Nachstehende Beispiele machen diesen Effekt deutlich.

Komfortabel

Das satte Plopp der Türen, das sanfte Tack-tack des Blinkers, ein kerniges Brummen des Verbrennungsmotors – ganze Heerscharen von Mitarbeitern arbeiten in den Autokonzernen daran, das Fahrzeug zu einem Klangerlebnis zu machen. Das Klicken, Ploppen und Säuseln muss dabei zur Marke und ihrem Image passen. Von allen Sinneseindrücken ist das Visuelle, also das Design des Autos, immer noch das wichtigste Entscheidungskriterium beim Kauf. Für immerhin 80 Prozent der Kunden spielt die Optik eine wichtige Rolle. Doch zeigen Studienergebnisse, dass auch der Klang auf einem hohen Niveau rangiert – für fast die Hälfte der Menschen ist dies ein Kriterium, welches die Entscheidung beeinflusst. Ganz gezielt sprechen die Sound Designer die relevanten menschlichen Sinne an: visuell (*Sehen*, z.B. Innenraumgestaltung, Felgen), auditiv (*Hören*, z.B. Klang des Motors, die Geräusche von Karosserie, Getriebe, Türen, Kofferraum, Scheibenwischer, Verdeck), haptisch (*Fühlen/ Tasten*, z.B. Oberflächenstruktur von Sitzen und Lenkrad, Erschütterungen) und olfaktorisch (*Riechen*, z.B. Geruch von Leder, Verwendung spezifischer Düfte). Viel Aufwand für ein einziges Ziel: beim Nutzer ein Wohlfühlgefühl zu erzeugen.

Der Erdbeer-Test

Welches Klangerlebnis wird Radfahrern zuteil, wenn sie auf den gängigen Netzelementen unterwegs sind? Das sanfte Dahingleiten, das jedes moderne Gefährt seinem Nutzer theoretisch ermöglicht, gleicht vielmehr einem ständigen Poltern, Krachen und Scheppern, wenn sich dem Radfahrer Bordsteinkanten in den Weg stellen, die Oberflächenstruktur wechselt, Straßeneinlässe durchfahren werden, eine von Baumwurzeln angehobene Asphaltschicht überwunden werden muss, oder der Radweg an jeder noch so unbedeutenden Aus- und Einfahrt auf das Niveau der Straße abgesenkt wird. Diese äußeren Bedingungen erfassen wir über alle relevanten Sinne: das äußere Erscheinungsbild der Radinfrastruktur und seiner Umgebung wird visuell wahrgenommen, die gesamte Geräuschkulisse auditiv, die Erschütterungen haptisch und natürlich nehmen wir Gerüche über unsere Nase auf (olfaktorisch). Denken wir an das Strategische Dreieck: Welchen Eindruckt hinterlässt das Produkt *Fahrrad* bei unserer Zielgruppe dabei?

Eine komfortable Radinfrastruktur ermöglicht auch den sicheren Transport sensibler Fracht (Kopenhagen).

Der Seitenblick auf die Automobilindustrie mit ihren Klangdesignern macht deutlich, dass es sich dabei keineswegs um eine Nebensächlichkeit handelt. Eine komfortable, bequem zu nutzende Radinfrastruktur minimiert vielmehr den Fahrtantrittswiderstand, weil Fahrrad fahren dadurch als niederschwelliges Angebot wahrgenommen wird. Der Zugang zum Sattel wird erleichtert. Die Bedeutung einer komfortablen Radverkehrsinfrastruktur für die Attraktivität des Fahrrades wurde zwischenzeitlich in Studien nachgewiesen (z.B. Van Goeverden und Goodefroij 2011).

Ich erinnere mich noch gut an eine junge Mutter Anfang dreißig, eine passionierte Radfahrerin, die seit der Geburt ihrer Tochter nur noch selten (und allein) auf dem Rad saß. Sie werde erst dann wieder Fahrrad fahren, wenn ihr Kind alt genug sei, um sitzend chauffiert zu werden. Ihr einziger Grund: In einem Kinderanhänger würde ihre Tochter zu starken Erschütterungen ausgesetzt, was sie einem wenige Monate alten Kind keinesfalls zumuten wollte. Frisch gebackene Eltern, die ihren Nachwuchs mit Muskelkraft durch die Straßen befördern, sind in typischen Fahrradstädten dagegen sprichwörtlich an (fast) jeder Ecke anzutreffen. Auch ohne Kinder kann eine schlechte Infrastruktur Radfahrten verhindern. Wer einen Laptop, ein paar Eisbecher für die Familie oder frisches Obst nach Hause transportieren möchte, für den ist jede Unebenheit ein echtes Ärgernis.

Erdbeer-Test: Deutliche Druckstellen nach einem kurzen Ritt in der Seitentasche – diese Wegeverbindung fällt beim Komfort glatt durch.

Sanfter Übergang zwischen Straße und Radweg – die Ausführung ohne Materialkante macht es möglich (Kopenhagen).

Wer glaubt, dieser Effekt sei nur eine Randnotiz wert, der irrt. In einer Interviewreihe haben sich 71 Prozent der Befragten (n=124) an mindestens eine Situation erinnert, in der sie das Auto dem Fahrrad nur deshalb vorgezogen hatten, weil ihnen das Risiko zu groß war, dass ihr Transportgut in einer Packtasche, einem Rucksack, einem Fahrradkorb oder im Fahrradanhänger beschädigt wird (eigene Erhebung 2015). Dieser Aspekt ist in meine Seminare inzwischen als *Erdbeer-Test* eingegangen: Die Oberfläche einer Radverkehrsverbindung ist dann komfortabel, wenn Sie in der Seitentasche eines Fahrrades eine Packung frische Erdbeeren ohne Druckstellen an Ihr Ziel befördern können. Guten Appetit!

Autos haben Stoßdämpfer – was haben Fahrräder?

Die Oberfläche ist so etwas wie das Gesicht des Radwegs, seine Visitenkarte. Welche Distanzen von Radfahrern als akzeptabel angesehen werden, hängt neben der tatsächlichen Entfernung auch mit der Beschaffenheit des Weges zusammen

– ist der Bodenbelag uneben, nass oder glatt, wird der Weg gefühlt länger (Gehl 2015). Obwohl Automobile diejenigen Fahrzeuge sind, die ausnahmslos über Stoßdämpfer verfügen, sind es die Fahrradfahrer, denen im Straßenraum die Unebenheiten völlig bewusst zugemutet werden. Dabei zeigt die Praxis aus den etablierten Fahrradstädten, dass komfortable Wege für Kfz- und Radverkehr kein Widerspruch sind – im Gegenteil.

Die wichtigste Maßnahme zur Sicherstellung eines hohen Fahrkomforts ist eine Oberfläche, die durchgehend glatt und eben befahrbar ist. Dies kann insbesondere sichergestellt werden durch:

- Verzicht auf Materialkanten
- niveaugleiche, sanfte Übergänge zwischen Straße und Radverkehrsverbindung
- Einbau von Straßeneinlässen abseits der Fahrlinien des Radverkehrs (auch auf der Fahrbahn)
- Anrampung der Straße auf das Niveau der Radverkehrsverbindung an Knotenpunkten sowie an Grundstücksein- und -ausfahrten (ggf. Einsatz von Rampensteinen)
- Verzicht auf Blindenleitsysteme auf (!) Radwegen bzw. den Fahrlinien des Radverkehrs
- ausreichender Unterbau von Radverkehrsverbindungen
- Oberfläche mit geringem Rollwiderstand
- niveaugleiche Umfahrung von Unebenheiten für Radfahrende (z.B. bei Einsatz von Bodenschwellen)

Niveaugleich, ohne Materialkanten oder Straßeneinlässe – Radwege in den Niederlanden sind für Jung und Alt sehr komfortabel befahrbar (Amsterdam). Das Blindenleitsystem führt Betroffene links im Bild sicher auf einem Fußgängerüberweg über den Radweg.

Im Verlauf dieser Radhauptroute hat die Stadt Sonthofen den Übergang zwischen Zweirichtungsradweg und Fahrbahn (Hauptstraße) ohne Materialkante umgesetzt und den Bereich einfach bündig asphaltiert. So einfach kann es sein.

Zur Sicherstellung der Barrierefreiheit werden im öffentlichen Straßenraum zunehmend Blindenleitsysteme verbaut. Die genoppten Steine sollen Blinden und Sehbehinderten dabei sowohl Orientierung geben, als auch vor Fahrverkehr auf der Fahrbahn und im Seitenraum schützen. Deshalb ist die Verlegung von Blindenleitsystemen auf (!) Radwegen nicht nur eine Einschränkung des Fahrkomforts für Radfahrende, sondern für betroffene Fußgänger gefährlich.

Blinde und Sehbehinderte dürfen nicht auf den Radweg geführt werden, sondern entweder **auf** dem Gehweg oder als Querung **über** den Radweg.

Niederlande: Entwässerungseinrichtungen sind abseits der Radwege in den Bordsteinen integriert, während der Einrichtungsradweg völlig eben ist.

Fahrradfreundlich? Fehlanzeige! Bei der Querung stehen Rädern auf beiden Seiten Materialkanten und Elemente des Blindenleitsystems im Weg.

Die Anrampung von Straßen des Kfz-Verkehrs ist in Knotenpunkten eine elegante Lösung, um gleichzeitig den Komfort für Radfahrende zu erhöhen, als auch die Geschwindigkeit des Kfz-Verkehrs zu kontrollieren. Dass dieses Mittel auch an Hauptverkehrsstraßen mit höheren Fahrgeschwindigkeiten eingesetzt werden kann, zeigt das Fotobeispiel aus Delft (Abb. 6-25). Der querende Radverkehr ist niveaugleich unterwegs, weil eine sanfte Anrampung der Kfz-Hauptverkehrsverbindung mit geringen Neigungswinkeln im Querungsbereich erfolgt. Die bauliche Ausführung ermöglicht den Autofahrern bei Grünlicht eine Weiterfahrt mit zulässigen 50 km/h. Die Anrampung der Straße wird mit einer Markierung (abwechselnd kurze und lange Weißbalken in Fahrtrichtung) zu beiden Seiten angezeigt (siehe Foto). Diese Markierungssystematik wird in den Niederlanden auch auf Radwegen eingesetzt, wo Radwege z.B. an Querungsstellen den Fußverkehrs auf das Niveau des Gehwegs angehoben werden.

Kopfsteinpflaster für den Kfz-Verkehr, Asphalt für die Fahrräder (Delft).

Kosteneffiziente Minimierung der Materialkante im Bestand (Münster).

Abb. 6-25: In den Niederlanden erfolgt an vielen Knotenpunkten die Anrampung der Straße auf das höhere Niveau des Radwegs. Der Radverkehr kann höhengleich und ohne Materialkante bequem queren (Delft).

An Ein- und Ausfahrten sowie Einmündungen sollten Rampensteine oder vergleichbare Mittel zum Einsatz kommen, um Rad- und Fußverkehr auf einem einheitlichen Niveau zu führen. Wenn Kraftfahrzeuge den Höhenunterschied überwinden müssen, senkt dies erheblich die Geschwindigkeiten und erhöht dadurch signifikant die Verkehrssicherheit (z.B. Jacobsen 2003, Leden et al. 1996). Der zu empfehlende Sicherheitstrennstreifen zwischen Radweg und Fahrbahn kann dazu genutzt werden, die Anrampung möglichst flach auszuführen, um ein Aufsetzen von Fahrzeugen zu vermeiden und eine barrierefreie Nutzung (z.B. Rollator, Rollstuhl) zu gewährleisten (Abb. 6-26).

Abb. 6-26: Führung des Fuß- und Radverkehrs ohne lästiges Auf und Ab durch Anrampung des Kfz-Verkehrs mittels Rampensteinen (rote Pfeile) im Bereich des Sicherheitstrennstreifens zur Fahrbahn. Die Bilder zeigen dieselbe Radwegüberfahrt in Amsterdam aus zwei Perspektiven: der von Radfahrern (links) und der von Autofahrern (rechts).

Bei diesem Zweirichtungsradweg wurden an den Einmündungen Radwegüberfahrten errichtet. Radfahrende haben somit einen durchgehend asphaltierten Radweg ohne Bord bzw. Materialkanten. Der Radweg befindet sich in einer Sammelstraße in meiner Heimatstadt Röthenbach, was die Grundzüge der Planung erklärt. Ungünstig ist die fast rechtwinklige Gestaltung des Kurvenbereichs.

Reduzierung der Kfz-Geschwindigkeiten

Die Fahrgeschwindigkeiten des Kfz-Verkehrs wirken sich nicht nur auf das Sicherheitsempfinden, sondern auch auf das allgemeine Wohlbefinden von Radfahrern aus. Je größer die Geschwindigkeitsunterschiede zwischen den Verkehrsteilnehmern, desto stressiger und damit unangenehmer nehmen Radfahrer ihre Situation wahr. Die Ausweisung von Zonengeschwindigkeiten (z.B. verkehrsberuhigter Bereich, Tempo 30-Zone) sollte immer von adäquaten baulichen Strukturen unterstützt werden, die „auf natürliche Weise" für die Einhaltung der zulässigen Höchstgeschwindigkeit sorgen (z.B. Bodenschwellen, Anrampungen, Fahrbahnverengungen, Straßenquerschnitt, Seitenraumgestaltung, Oberflächenstruktur). Ohne Begleitmaßnahmen weist eine Straße leicht einen Charakter auf, der zu einer Geschwindigkeitsüberschreitung einlädt (Abb. 6-27). Sie vermittelt das Bild schneller fahren zu können, Geschwindigkeitsbegrenzungen werden deshalb im Einzelfall gar nicht wahrgenommen oder aber nicht akzeptiert.

Geschwindigkeitsreduzierende Maßnahmen sind so auszugestalten, dass sie den Kfz-Verkehr tangieren, dem Radverkehr jedoch möglichst freie Fahrt lassen. In Abb. 6-29 ist eine Wohnstraße in den Niederlanden zu sehen, die mit ihrer baulichen Ausgestaltung dafür sorgt, dass die vorgeschriebenen 30 km/h eingehalten werden. Gleich mehrere Werkzeuge finden Verwendung:

Straßenbreite, Pflasterung, Engstellen und Bodenschwellen. Den Bereich der Fahrbahnverengung, die mit einer Bodenschwelle versehen ist, können Radfahrer in beiden Fahrtrichtungen rechtsseitig umfahren. Die Planer haben baulich eine entsprechende Verkehrsführung vorgesehen. Pedalritter können bei dieser Lösung die Bodenschwellen umfahren. Die Zufahrt zu den Umfahrungsstellen sollte auch dann noch möglich sein, wenn Fahrzeuge vor der Engstelle anhalten.

Abb. 6-27: Der Charakter dieser Nebenstraße passt nicht zur ausgewiesenen Zonengeschwindigkeit von 30 km/h.

Abb. 6-28: Doppelte Bodenschwelle (Smooth hump) auf einem Radweg vor einer Schule in Amsterdam – mit normalen Geschwindigkeiten gut zu befahren.

Abb. 6-29: Im niederländischen Rijswijk werden Radfahrer in dieser Nebenstraße baulich um eine Bodenschwelle herumgeführt, während der Kfz-Verkehr diese überfahren muss.

Alternativ können Bodenschwellen auch so ausgestaltet werden, dass diese von Radfahrern mit normalen Geschwindigkeiten bis etwa 30 km/h bequem und komfortabel überfahren werden können. In niederländischen Kommunen werden *smooth humps* (dt. sinngemäß: *sanfte Bodenschwellen*) sogar auf Radwegen eingesetzt, wenn die schnellen Mopeds an Gefahrenstellen (z.B. vor Schulen und an unübersichtlichen Querungsstellen für Fußgänger) ausgebremst werden sollen. *Smooth humps* werden als Doppelschwelle zweifach hintereinander verbaut, wobei jedes Exemplar eine Länge von 2,4 m sowie eine Höhe von 12 cm aufweist (Abb. 6-28).

Abstand zum Kfz-Verkehr

Radfahrer empfinden die Fahrt auf einer eigenen Radinfrastruktur im Gegensatz zum Mischverkehr als deutlich angenehmer, weil Kraftfahrzeuge „weiter weg sind"; wie negativ Mischverkehr ins Gewicht fällt, hängt auch von der Erfahrung des einzelnen Radfahrers ab – wer über mehr Fahrpraxis verfügt, für den ist die Fahrt auf der Fahrbahn mit weniger Stress und negativen Gefühlen verbunden (z.B. Hunt und Abraham 2007). Stress entsteht keineswegs nur bei Personen, die selten im Sattel sitzen. In der EmoCycling-Studie der TU Kaiserslautern, an der überwiegend Probanden mit einem hohen Maß an Fahrpraxis teilnahmen, wiesen 40 von 73 Pedalrittern (55 Prozent) Stresssymptome in Verkehrssituationen auf, bei denen sie von Fahrzeugen überholt wurden (Groß et al. 2015). Vor allem bei ungeübten und unsicheren Radfahrern (Zielgruppe *Interessierte*) steigt der Fahrtantrittswiderstand mit der Nähe (und Geschwindigkeit) des Kfz-Verkehrs – beides sind damit Faktoren, die über die Radnutzung mitentscheiden. Am attraktivsten werden deshalb in Studien auch abseits von Straßen geführte Radwege beurteilt.

Als Alternative zu einer eigenen Radinfrastruktur werden mitunter auch Busspuren vorgesehen, um Netzlücken zu schließen oder Distanzen zu verkürzen. Busspuren sind kein Ersatz für eigene Radverkehrsanlagen, sie können jedoch ihre Berechtigung haben – beispielsweise, um zügig ein gutes Grundangebot für den Radverkehr bereitzustellen. Busspuren sind Sonderfahrstreifen (korrekt: Bussonderfahrstreifen) für Linienbusse, die mit Verkehrszeichen 245 beschildert werden. Durch Zusatzbeschilderung (VZ 1022-10) kann der Radverkehr zugelassen werden. Vermehrt wird auf wichtigen Radverbindungen die umgekehrte Variante eingesetzt: Der Sonderstreifen wird als überbreiter Radfahrstreifen angelegt und das Zusatzzeichen „Linienverkehr frei" (VZ 1026-32) beschildert. Im Gegensatz zum Bussonderfahrstreifen besteht für Linienbusse bei dieser Beschilderung keine Benutzungspflicht, so dass diese für Überholvorgänge auch eine angrenzende Fahrspur des allgemeinen Kfz-Verkehrs nutzen dürfen. Bei gemeinsamer Führung von Bussen und Fahrrädern sollte die Breite eines Sonderfahrstreifens (unabhängig von der Beschilderung) gemäß Regelwerke 4,75 m oder mehr betragen, so dass Linienbusse sicher und mit ausreichendem Abstand überholen können. Kann dies nicht realisiert werden, so wird eine Regelbreite von 3,5 m (Mindestbreite 3,0 m) empfohlen. Das Radverkehrsaufkommen sollte in diesem Fall höchstens 200 Radfahrende pro Stunde betragen. Breiten zwischen 3,5 m und 4,0 m sind zu vermeiden, da hier der Seitenabstand beim Überholen zu gering ausfällt. Die kombinierte Führung von Linienbussen und Radverkehr sollte lediglich eine Ausnahme sein. Sie kommt sogar nach den Vorgaben der Regelwerke nur für Situationen in Betracht, wenn eine getrennte Radverkehrsanlage ausscheidet. Eine eigene Führung des Radverkehrs ist demnach immer vorzuziehen, um Konflikte mit Linienbussen, darunter zu geringe Überholabstände oder Kolonnendruck, zu vermeiden.

Busspur mit Freigabe für den Radverkehr

Radfahrstreifen mit Freigabe für Busse

Bussonderfahrstreifen mit Radfahrstreifen in Seitenlage rechts daneben. Bei dieser Lösung werden Linienbusse und Radverkehr getrennt und die Busspur dient als Puffer zum allgemeinen Kfz-Verkehr. Aus subjektiver Sicht wäre jedoch eine bauliche Trennung der Radverkehrsanlage in Form eines geschützten Radfahrstreifens oder Radwegs besser geeignet.

Durchgängige Befahrbarkeit

Radverkehrsnetze sind so zu gestalten, dass sie stets durchgängig befahren werden können. Die Beschilderung *Radfahrer absteigen*, wie sie oft in Baustellenbereichen vorzufinden ist, stößt auf Unverständnis und reduziert die Attraktivität der Radverkehrsverbindung erheblich. Mit zunehmendem Gewicht und Ausmaßen der Fahrräder, z.B. durch Pedelecs, Lastenfahrräder oder Anhänger, ist es für Nutzer zudem immer anstrengender, das Gefährt an Unterbrechungen im Netzsystem schiebend fortzubewegen. Sowohl bei öffentlichen Bauvorhaben, als auch bei privaten Bauherren sind in den Genehmigungen entsprechende Anordnungen zu treffen, die für Radfahrer die durchgängige Befahrbarkeit sicherstellen und eine Beschilderung *Radfahrer absteigen* untersagen. Die Praxis zeigt, dass eine Abnahme der Baustelleneinrichtung sowie weitergehende Kontrollen während der Bauausführung in der Regel notwendig sind.

Ein absolutes No-Go ist die Aufforderung *Radfahrer absteigen*.

Unerwartete Netzlücken können Radfahrende zum Absteigen zwingen (Nürnberg).

Dauerhafte und temporäre Netzlücken sind ebenfalls ein Hemmnis für die durchgängige Befahrbarkeit einer Radverkehrsverbindung – und zwar immer dann, wenn Radfahrer durch die Netzlücke mit einer Infrastruktur konfrontiert sind, die ihre persönliche Stress-Toleranz (LTS-Level) übersteigt. Im Fotobeispiel aus Nürnberg (rechts) endet der Radfahrstreifen, der einem Stress-Level von LTS 3 entspricht, unvermittelt an einer Baustelle. Im Sattel können sich Radfahrer nur legal fortbewegen, indem sie gemeinsam im Mischverkehr auf der verbleibenden Fahrspur fahren (LTS 4).

Eine durchgängige Befahrbarkeit der Strecke ist an dieser Engstelle deshalb nur für die Zielgruppe der *Furchtlosen* gegeben – zumindest eine stressfreie, d.h. komfortable Nutzung der Verbindung (In der Praxis mögen auch einige Nutzer mit einer niedrigen Stress-Toleranz, LTS 3, im Mischverkehr weiterfahren; für sie ist das jedoch mit Stress verbunden und damit nicht komfortabel).

Das menschliche Bedürfnis nach Konversation

Der Mensch ist ein soziales Wesen mit einem ganz natürlichen Bedürfnis, die Gemeinschaft mit anderen zu pflegen und miteinander zu kommunizieren. Im Automobil sitzen zwei Personen üblicherweise auch deshalb nicht hinter-, sondern nebeneinander, weil das für eine Konversation förderlich ist. Das gleiche Bedürfnis haben Menschen, die zusammen mit dem Fahrrad unterwegs sind (Abb. 6-30). Einspurige „Handtuchradwege", Radfahrstreifen und auch klassische Zweirichtungsradwege in Normbreite sind dem Radverkehr daher überall dort abträglich, wo der gemeinsame Weg das Ziel ist. Wohl auch deshalb hat Kopenhagen die ersten *Conversation lanes* eingeführt – Einrichtungsradwege mit ausreichender Breite, die es einem dritten, schnelleren Radler bequem erlauben, zwei andere in dritter Reihe zu überholen. Eine kleine Pfeilmarkierung (Abb. 6-31) weist auf entsprechend dimensionierte Radwege hin.

Abb. 6-30: Klassische Radwege in Deutschland sehen nur eine Fahrspur je Fahrtrichtung vor.

Abb. 6-31: Conversation lanes mit Pfeilmarkierung auf einem Einrichtungsradweg in Kopenhagen.

Es gibt kein schlechtes Wetter, sondern nur schlechte Kleidung?

Für die ganz Hartgesottenen gibt es kein schlechtes Wetter, sondern nur Fahrten mit und ohne Regenkleidung. Der Normalfall ist ein anderer. Das Gros der *Interessierten* möchte keine Funktionskleidung tragen, sondern auf ihren kurzen Distanzen in Alltagskluft mobil sein. Das bestätigt ein Blick in die Straßen der etablierten Fahrradstädte. Radfahrer mit Funktionsbekleidung sind die Ausnahme, meist gehören lediglich Regenjacken zur Grundausstattung des Alltagsradlers. Umso wichtiger sind Möglichkeiten, sich bei einem kräftigen Niederschlag entlang der Wegstrecke im Trockenen unterstellen zu können. Dazu können Vordächer, Hauseingänge, Dachüberstände, Passagen, Markisen, Buswartehäuschen, Radler-Rastplätze oder eigens errichtete kleine Schutzhäuschen entlang wichtiger Radverkehrsverbindungen eine wertvolle und zielführende Maßnahme sein, um Radfahrern die Sicherheit zu geben, sich im Bedarfsfall unterstellen zu können.

Die Bilder aus Amsterdam und Delft zeigen, dass diese Möglichkeiten gerne genutzt werden. Kommunen können sowohl Gebäude im eigenen Bestand entsprechend ausstatten, als auch bei privaten Bauvorhaben über Festsetzungen in Bebauungsplänen oder städtebaulichen Verträgen gute Rahmenbedingungen schaffen.

Als besonders störend und ärgerlich empfinden Radfahrer rote Ampeln bei Regen. Einige Kommunen aktivieren deshalb eine Regenschaltung, die den Radverkehr bei Niederschlag an Lichtsignalanlagen priorisiert und damit die Wartezeiten verkürzt. Der Regen wird von Sensoren im Radweg erkannt.

Unter dem Vordach eines Ladengeschäfts warten mehrere Radler auf besseres Wetter (Amsterdam).

Diese Hauseingänge dienen drei Radfahrern in Delft als Unterschlupf.

Radler-Rastplätze

Entlang von Fernstraßen des Bundes sind sie eine feste Einrichtung: Rastplätze für Reisende. Auch an Fernradwegen werden immer mehr Rastplätze für Zweiradfahrer errichtet. Der Fokus liegt dabei auf dem Freizeitverkehr, jedoch können Radler-Rastplätze auch für bestimmte Situationen der Alltagsmobilität wertvoll sein. Die Gemeinde Henfenfeld hat einen Rastplatz in der Ortsmitte mit einem Spielplatz kombiniert und damit einen neuen Treffpunkt geschaffen. Mit einer Basisausstattung für den Alltagsradverkehr (z.B. Luftpumpe, Schlauchautomat, Reparatur-Set, Wegweiser zu fahrradspezifischen Serviceeinrichtungen, Wasserspender, Ladestation für Pedelecs) und einem Schutzhäuschen, das als Witterungsschutz fungiert, adressiert ein Radler-Rastplatz auch die Bedürfnisse von örtlichen Alltagsradfahrern.

Spiel- und Radler-Rastplatz mit Bänken, Trinkwasserstelle, Witterungsschutz und Spielplatz in Henfenfeld.

Grünpflege

Anders als auf Straßen des Kfz-Verkehrs wird der Grünschnitt entlang von Radverkehrsverbindungen oft stiefmütterlich behandelt. Büsche, die in Radwege hineinwachsen, schränken den Raum für Manöver ebenso ein wie Äste, die in das Lichtraumprofil von Radfahrern hineinhängen. Eine schlechte Grünpflege verringert Komfort und kann zu Verletzungen führen, wenn Radfahrer stürzen oder gegen Äste fahren. Eine sachgemäße Befestigung der Seitenränder sowie ein am Kfz- oder Schienenverkehr ausgerichteter Plan für Grünschnitte sollten Standard sein. Dadurch wird selbst nach stärkeren Niederschlägen (Regen, Schnee, Eis) vermieden, dass schwere Äste in Radwege ragen.

Bewuchs am Wegesrand kann die nutzbare Breite von Radwegen einschränken.

Auf schmalen Radwegen werden Service-Fahrzeuge zum Hindernis.

Auf inner- und außerörtlichen Radwegen wird es eng, wenn Fahrzeuge der Straßenmeisterei oder des Bauhofes auf ihnen unterwegs sind (z.B. bei

Grünschnitt oder Winterdienst). Bei steigendem Radverkehrsaufkommen sowie zunehmender Vielfalt von Fahrradtypen (z.B. mehrspurige Lastenräder und Anhänger) werden dieses Servicefahrzeuge rasch zum Flaschenhals. Auch unter diesem Gesichtspunkt sind breite Radwege sinnvoll, wenn Komfort und Leistungsfähigkeit einer Radverkehrsverbindung gegeben sein sollen.

Nachvollziehbarkeit der Rahmenbedingungen

Ob Radfahrer eine Verkehrssituation als komfortabel wahrnehmen, ist auch eine Frage der Plausibilität. Die vergleichsweise häufigen Rotlichtverstöße von Radfahrenden sind unter anderem das Ergebnis davon, dass sie Wartezeiten an Lichtsignalanlagen als unplausibel empfinden – beispielsweise weil direkt nach der Haltelinie ein Radfahrstreifen oder ein Radweg verläuft und für rechtsabbiegenden Radverkehr somit gar kein Konfliktbereich mit dem Kfz-Verkehr existiert. In diesem Fall besteht ein Zusammenhang zwischen Regelverstoß und baulichen Rahmenbedingungen, die subjektiv nicht nachvollziehbar sind. Die Folge von unplausiblen Rahmenbedingungen ist Ärger und Unzufriedenheit, je nach Persönlichkeitsstruktur und Situation kann auch der Regelverstoß hinzukommen. Eine Radinfrastruktur, die attraktiv und komfortabel sein soll, muss mit ihren Rahmenbedingungen für Nutzer deshalb nachvollziehbar und logisch sein.

Es kommt auf das Gesamtpaket an

Auch viele kleinere Maßnahmen können in Summe den Komfort für Radfahrer erhöhen, z.B. Haltegriffe an Lichtsignalanlagen, die Führung des Radverkehrs auf der „Sonnenseite" einer Straße, angenehme Gerüche im Umfeld, eine gute Ausleuchtung bei Dunkelheit, Reparaturstationen sowie Duschen, Umkleiden und Schließfächer. Duschmöglichkeiten am Zielort haben einen signifikant positiven Einfluss auf die Attraktivität des Fahrrades (Hunt und Abraham 2007). Die Bereitstellung von Duschen im privaten Umfeld (z.B. in Betrieben für Mitarbeiter) und im öffentlichen Raum (z.B. in Malmö) ist deshalb eine sinnvolle Maßnahme. Im Vergleich, haben Hunt und Abraham (2007) in einer Studie festgestellt, schätzen Radfahrer ordentliche Radabstellmöglichkeiten jedoch höher ein.

Leistungsfähig

Stau auf dem Radweg? Was im deutschsprachigen Raum bestenfalls von einspurigen „Handtuchradwegen" bekannt ist, wenn ein schnellerer Radfahrer einen langsam vor ihm fahrenden Radler einholt, ist auf manchen Hauptverbindungen in Kopenhagen, Utrecht oder Groningen inzwischen Standard. Die Akzeptanz des Fahrrades als Verkehrsalternative hängt auch von einer ausreichenden Kapazität des Wegenetzes und der Abstellanlagen ab. Kopenhagen hat auf einzelnen Hauptrouten bereits die Erfahrung gemacht, dass Radfahrende bis zu vier Ampelschaltungen benötigen, um eine Kreuzung queren zu können. Eine Überlastung der Radinfrastruktur kann zu so genannten *sekundären Wirkungen* führen (Mosler und Tobias 2007): Die negativen Erfahrung durch den Kapazitätsengpass führen dazu, dass Radfahrer auf andere Verkehrsmittel umsteigen und für den Radverkehr „verloren" sind. Dies erfordert neue Lösungsansätze.

In den meisten Kommunen sind die vorhandenen und auch neuen Radverkehrsanlagen bestenfalls auf einen leichten Anstieg des Radverkehrsanteils ausgelegt. Die in diesem Handbuch skizzierten Handlungsfelder haben das Potenzial für eine deutliche Zunahme des Radverkehrs in kleinen Gemeinden genauso wie in größeren Städten und in Landkreisen. Die Infrastruktur muss dann auch in der Lage sein, die entstehenden Radverkehrsmengen aufzunehmen.

Nur eine leistungsfähige Radverkehrsinfrastruktur für den fahrenden und den ruhenden Verkehr kann ein größeres Radverkehrsaufkommen abbilden. Die Bilder zeigen einen Knotenpunkt in Utrecht (links) und Abstellanlagen am Hauptbahnhof Göttingen (rechts). Im Hintergrund ist die Radstation zu sehen.

In diesem Kapitel werden vor allem die Erfahrungen aus den etablierten Fahrradstädten dargestellt. Sie ermöglichen eine Einschätzung, wie ein größeres Radverkehrsvolumen in einem separierten Netz flüssig abgewickelt werden kann. Aufgezeigt werden jedoch auch Grenzen und die Frage, was neue Entwicklungen im Radverkehrsbereich – Stichwörter: Lastenräder, Anhänger, Pedelecs – für Planung und Gestaltung bedeuten. Ein leistungsfähiges Radverkehrsnetz zeichnet sich nicht nur durch die Zahl der Verkehrsteilnehmer aus, die es aufnehmen kann. Vielmehr muss es auch den vier Nutzertypen mit ihren spezifischen Bedürfnissen und ihrem Fahrverhalten gerecht werden. Leistungsfähige Verkehrsverbindungen geben auch schwächeren Fahrradfahrern – insbesondere Kindern, Familien, Älteren – ausreichend Raum. Dazu gilt es auch zu gewährleisten, dass Schnellere zum Wohl aller ausweichen und sicher überholen können. Leistungsfähig ist ein Netz demnach, wenn es sowohl den quantitativen, als auch den qualitativen Anforderungen genügt.

Im Gegensatz zum motorisierten Individualverkehr ist Mobilität zu Fuß oder mit dem Fahrrad sehr platzsparend. Auf einem einzigen Kfz-Stellplatz können acht Fahrräder in der Ebene geparkt werden. Durch Nutzung von Doppelparkern (Systeme, die ein Abstellen von Rädern übereinander auf zwei Ebenen ermöglichen) kann diese Zahl auf 16 verdoppelt werden. Ein leistungsfähiges Radwegenetz zu entwickeln nimmt zunächst einmal zusätzlichen Raum in Anspruch, der in der Regel durch eine Neuaufteilung des Straßenraums gewonnen wird. Die Kapazität der Verbindung steigt jedoch, weil sie nach dem Umstieg von Autofahrern auf das Rad von mehr Personen genutzt werden kann. Investitionen in ein qualitativ hochwertiges Radverkehrsnetz sind demnach Investitionen in die Leistungsfähigkeit des Wegenetzes. Die in diesem Kapitel aufgeführten Daten und Erkenntnisse sind – soweit nicht anderweitig gekennzeichnet – einer wegweisenden Beobachtungsstudie von Greibe und Buch (2015) entnommen, die in Kopenhagen das Verhalten von Radfahrern auf Radwegen untersucht haben.

Leistungsfähigkeit des Netzes (Potenzial)

Radwege fassen ein fünffach höheres Verkehrsaufkommen als Straßen für den motorisierten Individualverkehr, Gehwege sogar die 20-fache Verkehrsmenge (Gehl 2015). Die genaue Kapazität ist dabei weniger von der Breite des Radweges abhängig, als vielmehr von der Anzahl der tatsächlich nutzbaren Fahrspuren je Richtung. Ein zweispuriger Einrichtungsradweg von etwa 2,0 m Breite (das entspricht dem Standard der ERA 2010) hat eine Leistungsfähigkeit von etwa 3.000 Fahrrädern pro Stunde (Anmerkung: der Literaturüberblick liefert eine Varianz von 2.000–10.000 Fahrrädern). Ein sprunghafter Anstieg der Kapazität erfolgt, wenn eine dritte Spur durchgehend genutzt werden kann. In Dänemark ist hierfür eine Breite von mindestens 3,05 m vorgesehen, wobei sich in der Praxis bei einem hohen Verkehrsaufkommen eine dritte Fahrspur oft schon ab einer Breite von 2,5 m ergibt (soweit keine Längsparkstände für Kfz angrenzen oder sonstige Hindernisse vorhanden sind).

Die Leistungsfähigkeit einer Radverkehrsverbindung ergibt sich aus der Anzahl der nutzbaren Fahrspuren.

Verhalten von Radfahrern auf mehrspurigen Radwegen in eine Fahrtrichtung

Radfahrende passen sich in ihrem Fahrverhalten der örtlichen Situation an. Auf schmalen Einrichtungsradwegen sind die Fahrspuren (implizit) viel klarer definiert, als auf breiten Radwegen. Verhaltensbeobachtungen zeigen, dass Radfahrer auf schmalen Radwegen nach rechts tendieren, um Überholenden ausreichend Raum zu geben. Sie fahren näher am angrenzenden Gehweg und halten untereinander einen geringeren Seitenabstand ein (bei Radwegen ohne bauliche Trennung weichen Radfahrende mitunter auch auf den Gehweg aus).

Abb. 6-32: Auf breiten Wegen überlappen sich oft mehrere Radfahrer.

Auf breiten Radwegen dagegen steigt auch die Breite der in Anspruch genommenen Fahrspur, was zu einem höheren Fahrkomfort und mehr Sicherheit für Rad- und Fußverkehr führt. Gleichzeitig lässt sich feststellen, dass es auf breiten Wegen eher zu einer Überlappung eines Radfahrers mit mehreren anderen kommt, wodurch sich die Leistungsfähigkeit des Netzelementes erhöht. Abb. 6-32 illustriert dies: Radfahrerin Nummer 1 überholt auf einem breiten Radweg in dritter Reihe eine kleine Gruppe von vier Radfahrerinnen (Überlappung mit Nummern 2–5). Auch innerhalb der Kleingruppe bestehen mehrfache Überlappungen zwischen den Nummern 2–4.

Erst eine ausreichende Radwegebreite, welche Überholvorgänge zulässt, sorgt für eine hinreichende Kapazität einer Radwegeverbindung. Zwei Fahrspuren in eine Fahrtrichtung sollten deshalb der Standard sein. Welchen Effekt hat es aber, wenn der Radweg noch breiter ist, so dass implizit eine dritte Fahrspur hinzukommt? Beobachtungen über das Fahrverhalten in Kopenhagen zeigen, dass Radfahrer nicht konsequent auf drei Fahrspuren parallel nebeneinander unterwegs sind. Ab einer Radwegebreite von 2,30 Metern können einzelne Radfahrer in dritter Reihe überholen. Die Verwendung von Bodenmarkierungen kann dazu führen, dass die dritte Fahrspur konsequenter freigehalten und genutzt werden kann.

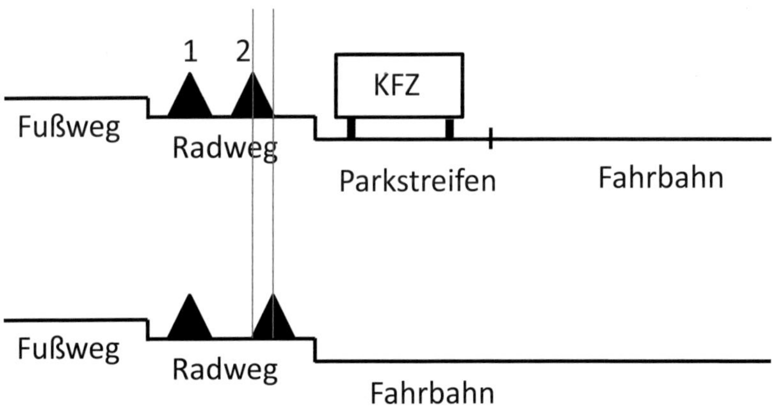

Abb. 6-33: Längsparkstände ohne Sicherheitstrennstreifen reduzieren den nutzbaren Raum eines 1,85 m breiten Radweges um 15 cm, weil der überholende Radfahrer (Position 2) weiter in der Mitte fährt als ohne Parkplätze (Greibe und Buch 2015).

In Kopenhagen fehlen an vielen Stellen Sicherheitstrennstreifen zwischen Fahrbahn (Parkfläche) und Radweg. Sind in diesen Bereichen Parkplätze angeordnet, so fahren Radfahrende auf der Überholspur (Position 2) eines 1,85 m breiten Radwegs durchschnittlich 15 cm weiter mittig (Abb. 6-33). Die ERA 2010 sieht für Deutschland bei Längsparkständen einen Sicherheitsabstand von 75 cm vor.

Der Geschwindigkeitsunterschied zwischen den beiden Radfahrern hat ebenfalls Einfluss auf die laterale Positionierung. Die laterale Position meint die Positionierung des Radfahrenden auf dem Radweg. In Abb. 6-33 hat Radfahrer 1 in beiden Beispielen dieselbe laterale Position, während Radfahrer 2 im ersten Beispiel mit Längsparkständen 15 cm weiter mittig fährt und eine andere laterale Position einnimmt, als im zweiten Beispiel ohne Parkplätze. Bei Überholvorgängen

(Geschwindigkeitsdifferenz beträgt mindestens 1 km/h) lassen sich während der Überlappung folgende Einflüsse feststellen (Abb. 6-34):

- Mit zunehmender Geschwindigkeitsdifferenz erhöht sich der Seitenabstand zwischen den Radfahrern.
- Mit zunehmender Breite des Radwegs erhöht sich der Seitenabstand zwischen den Radfahrern.
- Die Breite des Radwegs hat dabei einen stärkeren Einfluss auf den Seitenabstand als die Geschwindigkeitsdifferenz.

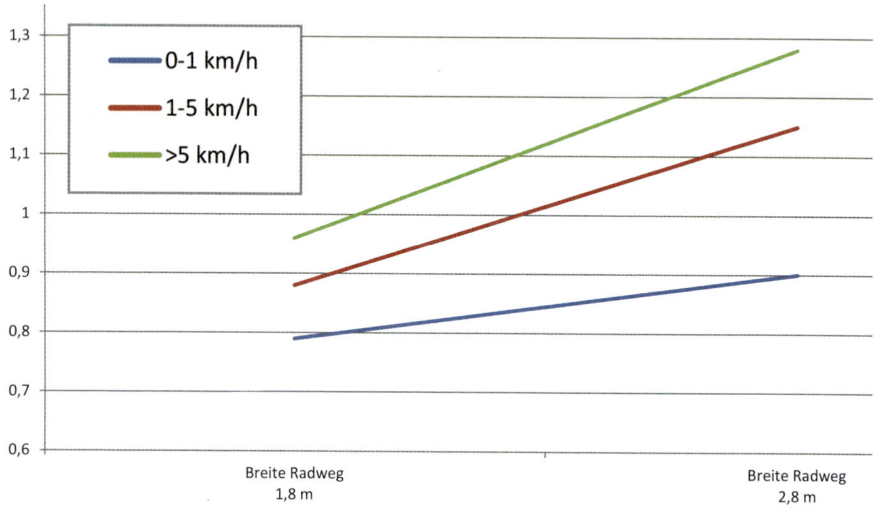

Abb. 6-34: Abstand zwischen Radfahrern in Metern in Abhängigkeit der Radwegebreite und des Geschwindigkeitsunterschieds (Greibe und Buch 2015).

Auch Radfahrende nutzen ihre Mobiltelefone zunehmend während der Fahrt, um zu navigieren, Musik zu hören, zu telefonieren oder Nachrichten zu schreiben. Sie sind dabei tendenziell langsamer unterwegs (ca. 18 km/h) und haben weniger Überlappungen mit anderen Radfahrern, d.h. sie radeln eher alleine als im Pulk. Hierin spiegelt sich die mentale Doppelbelastung wider.

Geschwindigkeiten auf Radwegen

Wie schnell sind Radfahrer auf einem baulich getrennten Radweg unterwegs? In der Beobachtungsstudie in Kopenhagen haben Wissenschaftler die Geschwindigkeiten auf acht Radwegen erfasst und dabei Streckenabschnitte ausgewählt, auf denen der Radverkehr freie Fahrt hat (zweispurige Einrichtungsradwege). Radfahrer auf normalen Fahrrädern radeln demnach mit einer durchschnittlichen Geschwindigkeit von 21,7 km/h, wobei die Differenz zwischen Langsam- und Schnellfahrern nur wenige Stundenkilometer (geringe Varianz von 20,2–23,7 km/h) beträgt. Die Radfahrenden fahren also weitgehend gleich schnell.

Die Ergebnisse überraschen insoweit, als Radverkehrsplaner üblicherweise von Durchschnittsgeschwindigkeiten ausgehen, die 4–5 km/h darunterliegen. Auch dafür lassen sich wissenschaftliche Belege finden. Eine Analyse der relevanten Studien, die sich auf Messungen in anderen Kommunen stützen, ergibt demnach auch ein differenziertes Bild (Greibe und Buch 2015). Der Literaturüberblick liefert eine mittlere Geschwindigkeit von nur 17–20 km/h, allerdings bei einer auffällig großen Bandbreite der erfassten Geschwindigkeiten von 10–25 km/h. Die schnellsten sind demnach zweieinhalb Mal so schnell wie die langsamsten Pedalritter. Überholende Radfahrer sind im Schnitt rund 4 km/h schneller unterwegs, während es in Kopenhagen nur 1 km/h ist.

Wie lässt sich erklären, dass die Zweiradfahrer in Kopenhagen im Mittel bis zu 5 km/h schneller radeln? Ein wesentlicher Unterschied zwischen der Beobachtungsstudie aus Kopenhagen und den anderen Quellen fällt dabei auf: der Umfang und die Qualität der Radverkehrsinfrastruktur. Während Kopenhagen eine Stadt mit einem flächendeckenden, gut ausgebauten Radwegenetz ist, das höhere Geschwindigkeiten und geringere Reisezeiten bietet, verfügen andere Kommunen über deutlich schlechtere Bedingungen.

Personen, die in Kommunen mit einem hohen Radverkehrsanteil leben, sind zudem öfter auf dem Fahrrad unterwegs und legen weitere Distanzen zurück. Sie verfügen dazu, im Vergleich zu Einwohnern aus anderen Städten und Gemeinden, über eine höhere Fahrpraxis und sind vermutlich auch körperlich leistungsfähiger. Die Studienergebnisse sind ein Indiz dafür, dass ein Netz an qualitativ hochwertigen Radwegen die tatsächlich gefahrenen Geschwindigkeiten im Radverkehr erhöht.

Die Geschwindigkeiten im Radverkehr sind abhängig von Umfang und Qualität des Netzsystems.

Das Verkehrsaufkommen beeinflusst die Durchschnittsgeschwindigkeit nicht oder nur minimal, so dass diese auch bei einer zunehmenden Anzahl an Radfahrern (annähernd) gleich bleibt. Dies ist möglich, weil sich die Geschwindigkeitsunterschiede bei steigendem Verkehrsaufkommen einander angleichen; langsame Radfahrer sind etwas zügiger unterwegs, Schnellfahrer ein wenig langsamer. Allerdings hat die Breite des Radwegs einen Einfluss auf die Fahrgeschwindigkeiten. Je breiter der Radweg, desto höher sind sowohl die Geschwindigkeiten der Radfahrenden, als auch die Geschwindigkeitsunterschiede zwischen den Rechts- und den Linksfahrenden (Abb. 6-35).

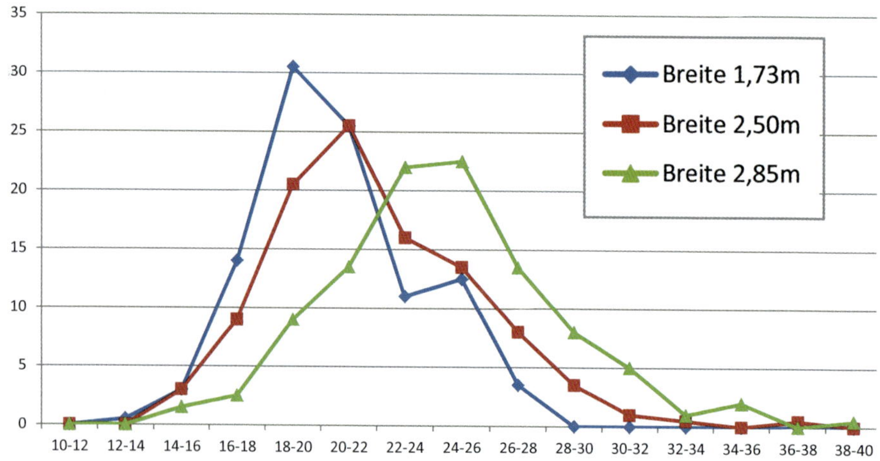

Abb. 6-35: Gefahrene Geschwindigkeiten auf Radwegen unterschiedlicher Breite in Prozent in Kopenhagen bei einem Verkehrsaufkommen von 8–10 Radfahrern innerhalb von 10 Sekunden (Greibe und Buch 2015).

Normale Fahrräder versus Lastenfahrräder

Lastenfahrräder bringen bestimmte Herausforderungen für die Radverkehrsplanung mit sich. An dieser Stelle umfasst der Begriff des Lastenfahrrades auch normale Fahrräder mit Anhänger. Im Vergleich mit normalen Fahrrädern sind sie mit einer Fahrgeschwindigkeit von ca. 16,3 km/h etwa 5 km/h langsamer unterwegs. Gerade bei stärkerem Verkehrsaufkommen (Hauptverkehrszeit) werden Lastenfahrräder auf einem Radweg zu einem Flaschenhals: Sie sind bis zu 20 cm breiter, fahren im Schnitt 10–20 cm weiter in der Mitte des Radwegs und sind etwa 1,3 Mal so lang wie normale Fahrräder. Zusammen mit der niedrigeren Geschwindigkeit, die zu mehr Überholvorgängen auf der linken Spur führt, verlangsamen sie den Verkehrsfluss auf einem Abschnitt.

Lastenfahrräder reduzieren damit die Kapazität eines Radwegs wie 3–4 normale Fahrräder. Auch an Knotenpunkten stellen sie besondere Anforderungen an die Infrastruktur, weil sie größere Kurvenradien und Aufstellflächen benötigen.

Entsprechende Schwächen der Radinfrastruktur verringern schnell deren Kapazität.

Lastenräder beanspruchen in der Breite bis zu 40 cm mehr Raum als normale Fahrräder…

…und sind etwa 1,3 Mal so lang. Auf dem Bild sind drei Typen von Fahrrädern zu sehen.

Dimensionierung von Radwegen

Wie breit sollten Radwege demnach sein? Ein Radfahrer beansprucht während der Fahrt eine Breite von mindestens 0,8 m, Lastenfahrräder nochmals 10–20 cm mehr. Dies entspricht einer Breite von 1,0 m je Radfahrer und Fahrspur. Unter der Voraussetzung, dass Überholvorgänge und das Nebeneinanderfahren (z.B. Eltern mit Kind) möglich sein sollen, ergibt sich für einen zweispurigen Einrichtungsradweg eine Breite von mindestens 2,0 Metern. Dies entspricht der Empfehlung der ERA 2010 in Deutschland.

Festzuhalten bleibt, dass es sich dabei um ein absolutes Mindestmaß handelt. Für ein komfortables, und auch für ungeübte Nutzer sicheres Vorankommen, sind je Fahrspur Breiten von mindestens 1,25 m einzuplanen (die Lenkerbreite hat in den letzten Jahren von 0,6 m auf bis zu 0,8 m zugenommen. Zuzüglich ist Raum für Schwankungen von je 0,2 m auf beiden Seiten sowie ein Sicherheitsabstand für Überholvorgänge wichtig).

Zwei Städte, zwei Länder, eine Situation: in Kopenhagen (rechts) verfügen die Radwege über zwei Fahrspuren je Richtung, die breit genug sind, um auch das Überholen von Lastenrädern zu ermöglichen. Im Bild links ist der erst im Jahr 2015 errichtete Bordsteinradweg zu schmal (Deutschland).

Die Praxis in Dänemark und den Niederlanden geht deshalb mit 2,5 m über die ERA 2010 hinaus (Tab. 6-2), um Raum für sichere Überholvorgänge zu lassen – der auch dann vorhanden sein muss, wenn Eltern neben ihren Kindern fahren und andere Radfahrer in dritter Reihe passieren. Für diese Fälle ist die Breite von 2,5 m absolutes Minimum, viele moderne Radwege in den Niederlanden und in Dänemark werden breiter gebaut (bis zu 4,0 m). Für jede zusätzliche Fahrspur je Richtung gilt eine zusätzliche Breite von 1,0 m als Richtwert. Breite Radwege bedeuten mehr Kapazität, mehr Komfort (entspannter fahren) und zusätzliche Sicherheit durch größere Seitenabstände. Sie werden damit auch für Radfahrende attraktiver, die weniger geübt sind oder mehr Schutzraum benötigen.

	Einrichtungsradweg	Zweirichtungsradweg
Deutschland (ERA 2010)	2,0 m*	3,0 m**
Dänemark	2,5 m	--
Niederlande (zzgl. 0,5 m Sicherheitsabstand)	2,5 m***	3,5 m

Tab. 6-2: Standardbreiten (Regelmaß) von Radwegen in Deutschland, Dänemark und den Niederlanden (dort werden zusätzlich 0,5 m Sicherheitsabstand zur Straße und zu Hindernissen hinzugerechnet).
*) zzgl. 0,75 m Sicherheitstrennstreifen bei Längsparkständen
**) Bei einseitigem Zweirichtungsradweg (bei zweiseitiger Führung: 2,5 m).
***) Minimum bei Radverkehrsstärken ab 150 Rädern/Stunde. Darunter mindestens 2,0 m.

Infrastruktur für Pedelecs und S-Pedelecs

Die Zahl an Fahrrädern mit Elektroantrieb nimmt seit einigen Jahren stark zu. Während mit Elektrofahrrädern anfangs vor allem ältere Personen angesprochen wurden, ist diese Fahrzeuggattung zwischenzeitlich aus der Nische herausgetreten und spricht breite Bevölkerungsgruppen an. Alle Fahrradtypen sind heute mit einem Elektroantrieb erhältlich: Mountainbikes ebenso wie Touren- oder Rennräder – und natürlich Lastenräder. Zu den Nutzern zählen deshalb auch Berufspendler, Kurierdienste, Touristen oder Fahrer von Lastenfahrrädern.

Elektrofahrrad ist ein Sammelbegriff für ein Fahrrad, das tret-unterstützend oder vollständig von einem Elektromotor angetrieben wird (Vogt 2013). Hierunter fallen insbesondere *Pedelecs*, die ihren Fahrer beim Treten bis zu einer Geschwindigkeit von 25 km/h und einer maximalen Motornennleistung von 250 Watt unterstützen. Ein Großteil aller verkauften Elektrofahrräder gehören zur Kategorie der Pedelecs – Lastenfahrräder inklusive. Für sie gelten die gleichen Rahmenbedingungen wie für normale Fahrräder ohne Tretkraftunterstützung, d.h. Fahrer dürfen beispielsweise ohne Helm fahren, benötigen kein Versicherungskennzeichen und müssen die Radwegebenutzungspflicht beachten. Anders bei den schnellen Pedelecs – auch als *S-Pedelec* oder *Pedelec 45* bezeichnet. Sie liefern dem Fahrer Tretkraftunterstützung bis zu einer Geschwindigkeit von 45 km/h, weshalb sie als Leichtkraftrad eingestuft sind und für sie besondere Anforderungen gelten: Helmpflicht für den Fahrer, Rückspiegel und Versicherungskennzeichen und Verbot der Nutzung von Radwegen (auch außerorts).

Mit dem Leistungsvermögen und der starken Verbreitung ergeben sich neue Anforderungen an die Radinfrastruktur. Experten gehen davon aus, dass spätestens 2030 etwa jedes dritte Fahrrad ein Elektrofahrrad ist. Möglicherweise ist es schon früher soweit: Bislang wurden alle (optimistischen) Prognosen zur Entwicklung des Marktes weit übertroffen. Pedelecs verändern die Art der Fahrradnutzung sowie das Fahrverhalten, vor allem durch folgende Aspekte (Vogt 2013):

- Schnellere Beschleunigung
- Höhere Fahrgeschwindigkeiten
- Zunahme an Überholvorgängen (insbesondere bergauf)
- Konflikte in Folge kürzerer Reaktionszeiten
- Höheres Radverkehrsaufkommen
- Vermehrter Einsatz von Lastenfahrrädern
- Größere Reichweiten des Radverkehrs (10–15 km)

Dies hat auch Konsequenzen für die Infrastruktur. Für die Planung und Gestaltung von Radverkehrsanlagen ergeben sich daraus drei wesentliche Handlungsfelder:

1. **Kapazität der Radverkehrsanlagen (Fahrspuren, Sicherheitsabstände)**
   Die Infrastruktur ist ausreichend zu dimensionieren, um flächendeckend Überholvorgänge und höhere Geschwindigkeiten zu ermöglichen, steigende Volumina abzubilden und Raum für Lastenfahrräder zu schaffen.

2. **Sicherheit bei höheren Fahrgeschwindigkeiten**
   Die Geschwindigkeiten im Radverkehr werden ebenso zunehmen wie die Geschwindigkeitsunterschiede zwischen Personen mit und ohne Elektroantrieb sowie Gehenden. Eine eigene, ausreichend di-

mensionierte Infrastruktur anstelle kombinierter Geh- und Radwege wird dadurch umso wichtiger. Größere Sicherheitsabstände zwischen Radfahrenden werden zukünftig eine wichtigere Rolle spielen.

3. Hochwertige Radabstellanlagen

Der Wert der verkauften Fahrräder nimmt seit Jahren kontinuierlich zu. Dies liegt nicht nur, aber auch, an der zunehmenden Verbreitung von Pedelecs, die in ihrer Anschaffung teurer als herkömmliche Fahrräder sind. Dadurch steigt die Bedeutung hochwertiger Radabstellanlagen im öffentlichen und privaten (Wohnumfeld, Arbeitsplatz) Raum, die Fahrräder vor Vandalismus und insbesondere Diebstahl schützen. Pedelecs stellen folgende Mindestvoraussetzungen an Radabstellanlagen (im Wesentlichen gelten diese für moderne Abstellanlagen allgemein):

- Möglichkeit, das Fahrrad mit einem Schloss an seinem Rahmen fest in der Radabstellanlage anschließen zu können.
- Niveaugleicher Zugang zur Radabstellanlage: idealerweise ebenerdige Zufahrtsmöglichkeit, die fahrend erreicht werden kann. Dies ist vor allem für Lastenräder notwendig, die sich gerade in beladenem Zustand nur schwer rangieren lassen. Höhenunterschiede sind für Lastenräder tabu. Bei normalen Pedelecs können notfalls Rampen mit leichter Neigung oder Aufzüge eine Alternative sein, um Höhen zu überwinden. Das Gewicht von rund 25 kg für ein Pedelec macht deutlich, dass Tragen als Lösung in jedem Fall ausscheidet.
- Niveaugleiche Abstellmöglichkeit: Das Pedelec sollte ebenerdig abgestellt werden können. Doppelparker, bei denen Fahrräder in zwei Ebenen übereinander geparkt und angeschlossen werden können, sind aufgrund des Gewichtes der Pedelecs in der Regel eine schlechte Lösung.
- Zutrittsbegrenzung zur Radabstellanlage: Dort, wo Pedelecs über einen längeren Zeitraum abgestellt werden (z.B. im Wohnumfeld, am Arbeitsplatz, an Bahnhöfen), ist der Zugang für die Allgemeinheit zu begrenzen oder die Abstellanlage zu überwachen.
- Für die sperrigen Lastenfahrräder sind eigene Abstellflächen vor- und freizuhalten, die ebenfalls ein Anschließen möglich machen.

Ausblick: Trends und Entwicklungen

Die Individualmobilität unterliegt dem wahrscheinlich größten Wandel seit Jahrzehnten. Im automobilen Bereich treten neue Marktteilnehmer auf, die in ganz anderen Branchen groß geworden sind (z.B. Google) oder neu gegründet wurden (z.B. Tesla). Mit Weiterentwicklungen, wie dem autonomen Fahren sowie gänzlich neuen Geschäftsmodellen und Nutzenversprechen für die Kunden, mischen sie den Markt auf. Im Bereich des Fahrrades revolutioniert der Elektroantrieb die Alltagsmobilität im Personen- und Lastenverkehr. Er macht Radfahren attraktiver und erschließt neue Zielgruppen. Längere Distanzen, kürzere Fahrtzeiten, mehr Komfort bei Hitze, Kälte, oder anspruchsvoller Topographie sind ebenso gewichtige Gründe wie die neuen Möglichkeiten, die sich im Transport von Lasten ergeben. Diese Entwicklung findet bereits statt und sie wird sich stärker auf die Radverkehrsplanung auswirken, als dies von Planern und Kommunen wahrgenommen wird.

Die ungleichen Geschwindigkeiten der Verkehrsteilnehmer werden zukünftig stärker in den Fokus rücken, weil sie sich weiter ausdifferenzieren. Gehende sind mit etwa 5 km/h unterwegs. Im Radverkehr werden wir zunehmend mit einer größeren Bandbreite konfrontiert sein: Kinder, Familien, Ältere und Personen mit Lastenrädern werden häufig mit etwa 15–18 km/h radeln, während normale Erwachsene mit etwas höheren Geschwindigkeiten fahren (circa 22 km/h). Nutzer von Pedelecs erreichen Fahrgeschwindigkeiten von 25 km/h, die Fahrer von S-Pedelecs bis zu 45 km/h – und können damit fast so schnell unterwegs sein wie der motorisierte Individualverkehr. Autos wiederum unterliegen innerhalb der Städte meist einer zulässigen Höchstgeschwindigkeit von 30 km/h oder 50 km/h. Abb. 6-36 zeigt diese zunehmenden Unterschiede, die Städte und Gemeinden zunehmend zu berücksichtigen haben. Gesetzgeber, Verkehrsplanung und Fahrradindustrie werden hierauf reagieren müssen.

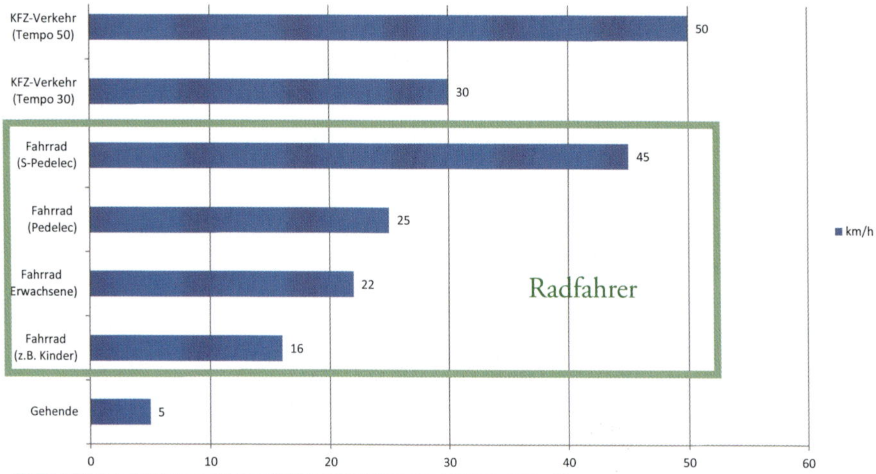

Abb. 6-36: Die Geschwindigkeitsunterschiede zwischen und innerhalb der einzelnen Verkehrsträger nehmen zu.

Immer wieder gibt es Stimmen, die Geschwindigkeiten von S-Pedelecs und Kfz-Verkehr einander anzugleichen, so dass Pedelec-Fahrer mit 30 km/h (statt 25 km/h) und S-Pedelecs mit 50 km/h (statt 45 km/h) unterwegs sein und mit Autos im Mischverkehr mitschwimmen können. Neben den gesetzlichen Grundlagen müssen dafür auch die technischen Voraussetzungen durch die Hersteller geschaffen werden. Bis entsprechende Räder in den Handel gelangen, können deshalb mehrere Jahre vergehen. Eine Angleichung der Fahrgeschwindigkeiten macht jedoch nur dann Sinn, wenn die Nutzer den Mischverkehr akzeptieren. Bei Fahrern von S-Pedelecs erscheint dies wahrscheinlicher als bei Nutzern von normalen Pedelecs, die unter anderem gerne von Senioren und Wiedereinsteigern genutzt werden – alles Personengruppen mit einer geringen Stress-Toleranz (LTS 1 und LTS 2). Die gängigen Radwege wiederum sind für Geschwindigkeiten von 30 km/h in vielen Fällen eher schlecht geeignet. Eine Angleichung führt zudem nicht zu gleichen Geschwindigkeiten von Rädern und Autos. Viele Radfahrer sind langsamer als die angegebenen 25 km/h bzw. 45 km/h unterwegs, weil es sich dabei lediglich um die maximale Geschwindigkeit handelt, welche der Elektromotor unterstützt. Um diese Fahrgeschwindigkeiten zu erreichen, müssen Radler dennoch ordentlich in die Pedale treten. Nur ein Teil von ihnen ist deshalb auch auf einem längeren Abschnitt so zügig unterwegs. Wissenschaftliche Ergebnisse haben gezeigt, dass die durchschnittliche Geschwindigkeit durch Elektrofahrräder nur geringfügig um 2–3 km/h angestiegen ist. Die bessere Alternative zum Mischverkehr mit Angleichung der Geschwindigkeiten an die des Kfz-Verkehrs, ist der Ausbau einer getrennten Radinfrastruktur, die

Zweirädern zumindest auf den Hauptverbindungen sichere Geschwindigkeiten von 30 km/h ermöglicht. Über eine Geschwindigkeitsbegrenzung könnten auf (einzelnen) Radwegen auch S-Pedelecs zugelassen werden. So wird das Fahrrad auch für Menschen zur Mobilitätsoption, die weitere Strecken (z.B. zwischen Kommunen) zurücklegen müssen, jedoch auch innerorts auf geschützten Radwegen unterwegs sein möchten.

Neue Fahrzeuggattungen stellen neue Anforderungen an die Infrastruktur. Für den städtischen Lieferverkehr (z.B. Warenanlieferungen, Paketdienste) werden größere Lasten-Pedelecs interessant, um die „letzte Meile“ zum Kunden oder sonstige Kurzstrecken mit dem Fahrrad bewältigen zu können.

Neue Fahrzeugtypen wie dieses Lastenfahrrad für den städtischen Wirtschaftsverkehr stellen höhere Anforderungen an die Verkehrsinfrastruktur. Sie benötigen deutlich breitere Radverkehrsanlagen oder neue Langsamfahrspuren für mehrere Verkehrsarten.

Flexible Infrastruktur trotz baulicher Trennung (Berlin): Das erfolgreich angewendete Konzept der geschützten Radfahrstreifen (engl. Protected Bike Lanes) bietet auch Radfahrenden mit einer geringen Stress-Toleranz hinreichenden (subjektiven) Schutz vor dem Kfz-Verkehr. Gleichzeitig ist es im Vergleich zu Bordsteinradwegen relativ kostengünstig möglich, die Kapazität für den Radverkehr bei steigendem Radverkehrsaufkommen zu erhöhen.

Entsprechende Produkte gibt es bereits in diversen Ausführungen, z.B. mit Kofferaufbau (siehe Foto), Pritsche oder Plane, wobei sie für den gewerblichen Transport üblicherweise mehrspurig sind. Dadurch können sie auf den üblichen Handtuchradwegen oder Radfahrstreifen entweder gar nicht fahren oder blockieren diese für schnellere Radfahrer. Durch die Radwegebenutzungspflicht sind sie als Pedelecs an diese gebunden. Dürfen sie auf der Straße fahren, so stellen sie aufgrund ihrer Dimensionen ein Hindernis für den schnelleren Kfz-Verkehr dar.

Infrastrukturmaßnahmen sind teuer und mittel- bis langfristige Projekte. Im Ausland gibt es positive Erfahrungen mit *Protected Bike Lanes* (dt. sinngemäß: *geschützte Radfahrspur*). Hier wird an den Seitenrändern der Fahrbahn eine breite Spur für Fahrräder im Ein- oder Zweirichtungsverkehr ausgewiesen. Im Unterschied zu dem in Deutschland vermehrt eingesetzten Radfahrstreifen, besteht bei *Protected Bike Lanes* eine bauliche Trennung vom fließenden und parkenden Kfz-Verkehr. Die physische Barriere ist meist einfach gehalten und besteht z.B. aus Barken, Pflanzkübeln, Gittern. Diese Lösung zeichnet sich gegenüber klassischen (Bordstein-)Radwegen durch drei Vorteile aus: sie ist kostengünstig, schnell umsetzbar und flexibel erweiterbar.

In dieser Nebenstraße in Amsterdam haben die Verantwortlichen eine Fahrspur in einen Zweirichtungsradweg umgewandelt, neu asphaltiert und mit einer Betonabgrenzung von der Straße getrennt. Für den Kfz-Verkehr wurde eine Einbahn-Regelung eingeführt.

Sollen größere Verkehrsmengen bewältigt werden, kann die Abtrennung mit geringem Aufwand versetzt werden. Es müssen auf der Fahrbahn und der Radspur lediglich die Markierungen angepasst werden. Anders als Radfahrstreifen können *Protected Bike Lanes* – bei entsprechender Gestaltung der Trennung – das hohe Sicherheitsgefühl eines separierten Radwegs bieten, auf der beispielsweise auch Eltern ihre Kinder (früher) eigenständig die Verkehrsräume erfahren lassen.

Leapfrogging – Überspringen von Entwicklungsschritten

Stellen Sie sich vor, Sie kaufen ein neues Auto. Wie lange fahren Sie es, bevor Sie es durch ein Nachfolgemodell ersetzen? Die wenigsten von uns kaufen sich immer das neueste Modell eines Herstellers, sondern erwerben erst nach einigen Jahren ein neues Fahrzeug. Oft werden ein, zwei oder mehr Modellreihen ausgelassen. Wenn es irgendwann soweit ist und Sie gleich auf die übernächste Fahrzeuggeneration umsteigen, sind Sie ein Leapfrogger (von engl. *Leap frogging*; dt. *Bockspringen*). Leapfrogging meint Situationen, in denen wir einzelne Entwicklungsschritte in einem Entwicklungsprozess auslassen. Abb. 6-37 verdeutlicht dieses Prinzip: die zweite Entwicklungsstufe wird ausgelassen und gleich von der ersten auf die dritte Entwicklungsstufe gesprungen.

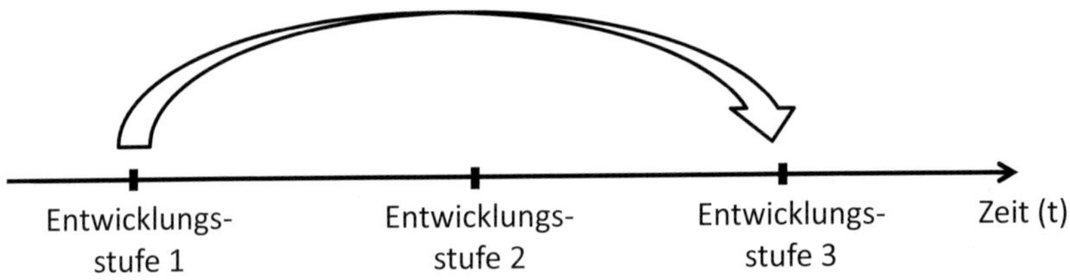

Abb. 6-37: Prinzip des Leapfrogging – einzelne Entwicklungsstufen in einem Prozess werden ausgelassen.

Diese Denkweise lässt sich sehr gut auf die Radverkehrsplanung übertragen. Sie hilft uns dabei zu entscheiden, welche Schritte sinnvoll und richtig sind, wollen wir geeignete Strukturen für einen Ausbau des Radverkehrs schaffen. Angenommen die meisten Städte und Gemeinden befinden sich in der Radverkehrsförderung auf der Entwicklungsstufe 1, mit Rahmenbedingungen, welche die autogerechte Verkehrsraumgestaltung widerspiegeln (z.B. lückenhafte Radverkehrsnetze, inkonsistente Netzelemente, komplizierte kognitive Karten, bevorzugte Führung auf der Straße), während die etablierten Fahrradstädte durch die beschriebenen Maßnahmen (z.B. Prinzip der Separierung, flächendeckende Infrastruktur, leicht erkennbare Routen) bereits die Stufe 2 erreicht haben. Welche Strategie ist für die Kommunen sinnvoll, die sich noch auf der Stufe 1 befinden?
Die meisten Kommunen im deutschsprachigen Raum haben beim Radverkehr mit Kopenhagen mehr gemeinsam, als es auf den ersten Blick scheint. Beide müssen – gemessen an ihrem jeweiligen Status Quo – neue Wege gehen, wenn der Anteil des Radverkehrs am Modal Split weiter steigen soll. Lediglich das

Ausgangsniveau und damit auch die Entscheidungen und Maßnahmen sind unterschiedlich – schließlich hat Europas selbst ernannte Fahrradhauptstadt bereits mehr als 30 Jahre Vorsprung bei der konsequenten Förderung des Radverkehrs. Die Herausforderungen sind dennoch groß: Einzelne Radwegeverbindungen sind an ihre Kapazitätsgrenze gelangt, es mangelt an ausreichend Radabstellanlagen und die vorhandenen entsprechen nicht den hohen Anforderungen an den Diebstahlschutz, vor allem stagniert der Anteil des Radverkehrs am Modal Split (wenngleich auf hohem Niveau). Kopenhagen kann noch mehr Radfahrer in den Sattel bringen, wenn die Stadt den nächsten Innovationsschritt (Entwicklungsstufe 3) vollzieht. Ein Element ist die Planung und Realisierung von Radschnellwegen, wie sie in den Niederlanden bereits seit längerem Standard sind. In Dänemark ist dieses Netzelement noch relativ neu und befindet sich in der Anfangsphase. Weitere Maßnahmen werden in einem laufenden Prozess diskutiert und stehen zur Entscheidung an.

Gleichberechtigt

Ein wesentlicher Ansatzpunkt um unerwünschtes Verhalten zu verändern, ist es andere Verhaltensweisen überhaupt erst zu ermöglichen (Flade 2013). Beim Radverkehr heißt das: Infrastruktur ausbauen! Rein objektiv gesehen schafft erst eine eigene Radinfrastruktur die Voraussetzungen, dass Menschen mit dem Fahrrad sicher und zeiteffizient ihren alltäglichen Wegen nachgehen können.

Subjektiv schafft eine gute Radinfrastruktur Vertrauen: Das implizite Wissen eines Radfahrers, dass für ihn immer mitgedacht wird und er auf seinem Weg überall sichere Wege und Abstellanlagen vorfindet, ist ein wichtiges Gefühl und gibt Sicherheit. Ein Autofahrer kann sich immer sicher sein, dass für ihn Straßen vorgehalten werden, die ausreichend dimensioniert, durchgängig befahrbar und in einem hinreichenden Zustand sind. Wie sieht dagegen die Realität für Radfahrer aus?

Eine gleichberechtigte Berücksichtigung von Radfahrern und ihren Bedürfnissen bei der Verkehrs- und Stadtplanung muss Standard in jeder Kommune sowie in der interkommunalen Kooperation sein. Gleichberechtigung heißt nicht, das Fahrrad mit anderen Verkehrsmitteln immer und überall gleich zu behandeln. Das liefe auf ständige Kompromisse heraus. Gleichberechtigung bedeutet Strukturen zu schaffen, mit Hilfe derer sich Fahrradfahrer im Alltag gleichberechtigt bewegen können und Vertrauen in die Radinfrastruktur entwickeln. Im Nahbereich und in Innenstädten, wo der Drahtesel dem Auto überlegen ist, kann Gleichberechtigung dann auch eine Priorisierung bedeuten.

Erst mit einer gleichberechtigten Berücksichtigung in der Verkehrs- und Stadtplanung, entwickeln Radfahrer das so wichtige Vertrauen in das Verkehrsmittel *Fahrrad*.

In Kopenhagen hat mir einmal ein Verkehrsplaner gesagt: „As a cyclist you do not have to push a button to cross a street. This is an element of taking the bicycle serious“ (dt. „Als Radfahrer musst Du keinen Knopf drücken, wenn Du eine Straße queren willst. Es zeigt, dass der Radverkehr ernst genommen wird“). Die Botschaft: Radfahrer sind keine Verkehrsteilnehmer zweiter Klasse, sondern gleichberechtigt. Für sie wird mitgedacht und sie können darauf vertrauen, dass sie immer geeignete Führungsformen und Lösungen vorfinden. Völlig undenkbar ist in einer Fahrradstadt, dass Radwege unvermittelt enden, Radfahrer plötzlich einer Verkehrssituation mit einem höheren LTS-Level ausgesetzt sind, oder sie sich ihnen an einer Baustelle Bordsteine in den Weg stellen (Abb. 6-38).

Bitte bücken: Äste auf Kopfhöhe sind keine vertrauensbildende Maßnahme. Auf einer Straße hätte das längst einen Feuerwehreinsatz ausgelöst.

Abb. 6-38: Eine vertrauensbildende Maßnahme sieht anders aus. Die Wegführung ist schwer zu erfassen und führt über einen Bordstein.

Eine gleichberechtigte Führung des Radverkehrs führt auch zu einer teilweisen Neuverteilung von Verkehrs- und sonstigen Flächen. Abb. 6-39 veranschaulicht beispielhaft die Flächenaufteilung auf einer Verkehrsachse in Amsterdam. Ganz links ist ein Einrichtungsradweg zu erkennen, dann folgen insgesamt drei Kfz-Fahrspuren und ein zweispuriger Zweirichtungsradweg. Ganz außen finden Gehende zu beiden Seiten einen Gehweg vor. Alles in allem beträgt das Verhältnis zwischen MIV und Radfahrern/Fußgängern etwa 50:50.

Abb. 6-39: Aufteilung des Straßenraums zwischen MIV, Rad- und Fußverkehr (Amsterdam).

Von 8 bis 80

Grundschulen erhalten Aufzüge, an Bahnhöfen werden Treppen durch Rampen ersetzt, oder Fußgängerbereiche mit Blindenleitsystemen ausgestattet – das Ziel einer barrierefreien und inklusiven öffentlichen Infrastruktur rückt immer stärker in den Fokus von Politik und Planern. Möglichst alle Menschen sollen die Chance zu einer gleichberechtigten und selbstbestimmten Teilhabe am gesellschaftlichen Zusammenleben erhalten. Was dabei übersehen wird: Die bestehende Infrastruktur hält nicht nur für Menschen im Rollstuhl oder Sehbehinderte große Barrieren bereit, auch viele andere Gruppen sind in ihrer Bewegungsfreiheit erheblich eingeschränkt. Kinder dürfen sich beispielsweise immer weniger eigenständig im Straßenraum bewegen, weil Eltern um die Sicherheit ihres Nachwuchses fürchten. Die Folgen sind gravierend: zusätzlicher Verkehr durch Elterntaxis, einseitige Verkehrssozialisation und Bewegungsmangel der Kinder. Die Verkehrsinfrastruktur wirkt sich auf das Mobilitätsverhalten ganzer Familien aus – und auf jene, auf deren Rücken dieses Verhalten durch Lärm, Schadstoffbelastung und Verkehrsunfällen ausgetragen wird.

Barrierefrei, inklusiv und lebenswert können deshalb nur Kommunen sein, in denen sich auch Kinder und Senioren frei und selbständig bewegen können. "We have to stop building cities as if everyone is 30 years-old and athletic. If you create a city that's good for an 8 year old and good for an 80 year old, you will create a successful city for everyone", heißt es bei einer kanadischen Initiative, die sich für Städte für jedermann einsetzt (www.880cities.org). Und: „This is an 8 to 80 city". Sinngemäß übersetzt: „Wir müssen damit aufhören, Städte zu bauen, als wenn alle 30 Jahre alt und athletisch wären. Wenn wir Städte schaffen, die gut für einen 8-Jährigen und gut für einen 80-Jährigen sind, dann werden wir eine erfolgreiche Stadt für alle Menschen schaffen." Das bedeutet insbesondere eine Verkehrsinfrastruktur zu realisieren, die subjektiv sicher ist und Fehlverhalten verzeiht. Gerade Kinder oder ältere Menschen sind aufgrund ihrer eingeschränkten kognitiven Fähigkeiten darauf angewiesen.

Abb. 6-40: Radfahrstreifen in Mittellage in Bremen kurz vor einem Knotenpunkt.

Würden Sie ein 8-jähriges Kind alleine und mit gutem Gewissen auf dem Radfahrstreifen in Abb. 6-40 fahren lassen? Der Radfahrstreifen entspricht den Standards der aktuellen technischen Regelwerke und trotzdem: für Kinder, Familien, Senioren oder Unerfahrene stellt er eine Barriere dar. Er ist die Führungsform für eine „Elite", die mit dem Stress-Level LTS 3 zurechtkommt und sich traut dort zu fahren. Alle anderen werden ausgeschlossen. Das ist das Gegenteil einer „8 to 80 city". Überlegen Sie bei Ihren Planungen und Entscheidungen deshalb immer: „Würde ich mein eigenes Kind dort alleine fahren lassen?" Lautet die Antwort Nein, muss die Planung überarbeitet werden.

Eine Kommune ist erst dann barrierefrei,
wenn sich in ihr auch ein 8-Jähriger sicher bewegen kann.

Verhaltensbeobachtung einer jungen Radfahrerin in einer *Tempo 30-Zone:* An der Engstelle weicht sie vor dem Kfz-Verkehr verbotswidrig auf den Gehweg aus. Dort, wo Radfahrer auf Gehwege ausweichen (aus welchem Grund auch immer), widerspricht die Gestaltung dem *8 to 80-Prinzip.*

Dieser überörtliche Radweg liegt sogar im Kurvenbereich niedriger als die Straße. Vor allem Radfahrer mit einer geringen Stress-Toleranz – Kinder, Familien, Senioren, Frauen, Unerfahrene – fühlen sich dadurch besonders gefährdet, weil Kraftfahrzeuge noch bedrohlicher wirken und Unfallfolgen gravierender ausfallen. Bei Dunkelheit nimmt außerdem die Blendwirkung durch den Kfz-Verkehr deutlich zu.

7
Dritte Kernaufgabe

Dritte Kernaufgabe: Integrieren Sie das Fahrrad in den Alltag!

In der vierten Stufe des AIDA-Modells kommt die Stunde der Wahrheit. Denn nun geht es darum, den Wunsch das Fahrrad regelmäßig im Alltag zu nutzen tatsächlich in konkrete Handlungen umzusetzen. Dabei müssen die bestehenden Gewohnheiten und der routinierte Tagesablauf aufgebrochen werden. Wissen Sie, voran die meisten Diäten scheitern? Es ist zu wenig, eine Pizza durch einen Salat zu ersetzen. Die gesunde Ernährung, das gesunde Verhalten muss fester Bestandteil des Alltags werden. Falscher Ernährung liegt eine Verhaltenssucht zugrunde, also der Zwang, ein eingefahrenes Verhalten wieder und wieder auszuführen. Im Hinblick auf das individuelle Mobilitätsverhalten wirken die gleichen Kräfte. Autofahren ist bequem und einfach – und so zur Routine, zur Gewohnheit geworden. Auch Autofahren ist eine Verhaltenssucht.

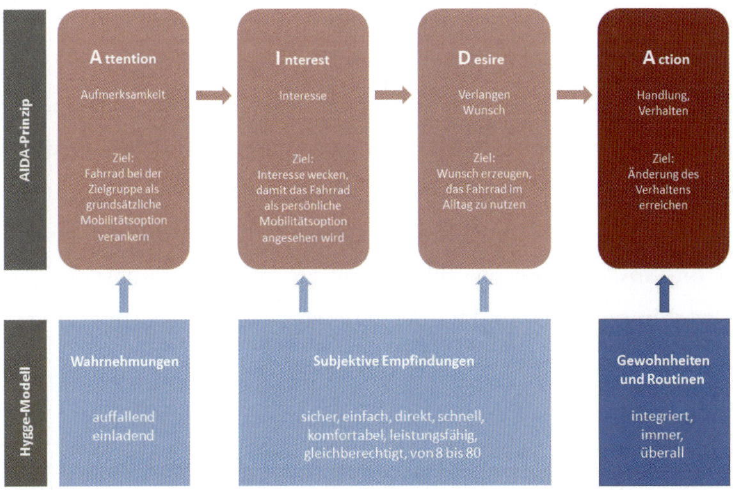

Abb. 7-1: Verhaltensänderungen werden erreicht, wenn Gewohnheiten und Routinen aufgebrochen werden. Dazu muss das Fahrrad in den bestehenden Lebensalltag der Zielgruppe integriert werden und sichergestellt sein, dass das Fahrrad immer und überall genutzt werden kann.

In diesem Kapitel geht es darum, die bestehenden Gewohnheiten und Routinen zu verändern, um Menschen zu motivieren, das Fahrrad für die eigene Alltagsmobilität zu entdecken. Die Herausforderung dabei ist: Eine Gewohnheit ist ein situationsspezifisches Verhalten, das sich automatisch (unbewusst) vollzieht, also ohne eine bewusste Entscheidung abläuft (Willis 2015). In bestimmten Situationen handeln wir demnach so, wie wir immer handeln. Dieser

Automatismus muss unterbrochen werden, damit eine mentale Überprüfung des eigenen Verhaltens stattfinden kann. Damit dieser Prozess angestoßen wird, muss das Fahrrad in den Alltag der Zielgruppe **integriert**, und ihr das gute Gefühl vermittelt werden, dass sie auch mit dem Rad **immer** und **überall** mobil sein kann (dritte Kernaufgabe).

Die dritte Kernaufgabe der Radverkehrsförderung lautet:
Integrieren Sie das Fahrrad in den Alltag!

Verhaltensänderung – Der Mensch ist ein Wiederholungstäter

Bis wir größere Veränderungen vollziehen, ist es ein weiter Weg. „Leidensdruck ist sehr wichtig für Veränderungen", sagt der Neurobiologe und Hirnforscher Gerhard Roth (Hauner 2016), der darauf hinweist, dass Veränderungen meist von außen angestoßen werden. Diese externen Anstöße sind es, die Veränderungswünsche hervorrufen. Der Wille zur Veränderung mündet erst dann in eine konkrete Handlung, wenn der Überprüfungsprozess („Will ich mich tatsächlich anders verhalten?") erfolgreich ist. Vergessene Erfahrungen, unbewusste Motive und sogar Zwänge haben einen Einfluss drauf, ob eine Verhaltensänderung als erstrebenswert bewertet wird. Auch die Folgen werden einbezogen. Gewohnheiten entstehen durch positive Erfahrungen, die gehirneigene Belohnungsstoffe, so genannte Opioide und Cannabinoide, ausschütten. Sie sind der Grund dafür, dass wir uns anschließend gut fühlen und zu „Wiederholungstätern" werden, um die Belohnung wieder und wieder zu erleben. Schlechte Erfahrungen führen umgekehrt zu einem Vermeidungsverhalten.

Veränderungswünsche bewerten wir stets im Lichte unserer bisherigen Erfahrungen, schätzen aber auch die Folgen von Verhaltensänderungen ab. Wir stellen uns vor, welchen Einsatz wir dafür bringen müssen und welche Belohnung wir erwarten können. Menschen stehen Veränderungen dabei grundsätzlich unterschiedlich gegenüber. Ob wir bereit sind für neue Wege oder lieber an den bestehenden Strukturen festhalten, ist Teil unserer Persönlichkeit. Sie bildet sich bis zum Jugendalter, etwa dem 16. Lebensjahr, heraus und setzt uns dann die Leitplanken, innerhalb derer wir agieren und uns wohl fühlen. Wenn sich die Persönlichkeit erst einmal stabilisiert hat, fallen Veränderungen schwer – auch weil der Aufwand, den wir dafür betreiben müssen, mit zunehmendem Alter immer größer wird. Dies hat überlebenswichtige Vorteile: Die Verlässlichkeit des Einzelnen und der Gesellschaft beruht auf Kontinuität und Vorhersehbarkeit im Handeln. Sie sorgen dafür, dass gesellschaftliche Normen entstehen können und eingehalten werden.

Veränderungen werden meist von außen angestoßen. Menschen folgen diesen Anstößen innerhalb des Rahmens, den ihnen ihre Persönlichkeitsstruktur vorgibt.

Anstöße für Verhaltensänderungen sind deshalb im Normalfall nur im Rahmen der individuellen Persönlichkeitsstruktur realistisch. Die Persönlichkeit ist unser menschlicher Fixpunkt, ein Grundwert, den wir meist ein Leben lang beibehalten und nur mit Bedacht und im Zeitablauf verändern. Radikale Veränderungen der Persönlichkeit sind die Ausnahme und beruhen entweder auf einem schockartigen Erlebnis oder jahrelangen Einwirkungen von außen (Hauner 2016).

Die Krux mit Gewohnheiten ist: Unsere Verhaltensmuster sind da und bleiben es. Frühere Gewohnheiten werden nicht gelöscht, sondern nur überlernt. In besonderen Stress- oder Bedürfnissituationen kann das schnell zu einem Rückfall in vergangene Verhaltensmuster führen. Wir kennen diese Situation aus anderen Lebensbereichen: Wer einmal wegen übermäßigem Alkoholkonsum in Behandlung war und seine Sucht überwunden hat, der wird weiterhin auf den Konsum von Alkoholika verzichten müssen. Andernfalls besteht die Gefahr eines Rückfalls.

Verhaltensmuster werden niemals gelöscht, sondern nur überlernt. Frühere Gewohnheiten können so immer wieder hervortreten.

Was bedeuten diese Erkenntnisse für Kommunen, die den Modal Split-Anteil des Radverkehrs steigern möchten? Drei Stellschrauben sind besonders relevant:

(1) Erklärende Informationen und gute Argumente appellieren an unseren Verstand. Bereits beim Eisberg-Modell ist jedoch deutlich geworden, wie groß der Einfluss subjektiver, emotionaler Faktoren auf menschliche

Entscheidungen ist. Vor allem aber entstehen Gewohnheiten durch Belohnungen.

(2) Die Persönlichkeit bildet sich bis zum Jugendalter heraus und ist anschließend weitgehend stabil. Sie setzt die Rahmenbedingungen für das Verhalten und die Gewohnheiten. Nachträgliche Veränderungen sind schwierig und nur begrenzt möglich, umso wichtiger ist es, bereits sehr junge Menschen mit dem gewünschten Mobilitätsverhalten vertraut zu machen und den Grundstein für die „richtige" Mobilitätskarriere zu legen (Verkehrssozialisation).

(3) Veränderungen werden durch Anreize von außen angestoßen. Der größte Anreiz ist eine flächendeckende, qualitativ hochwertige Radinfrastruktur sowie ein Lebensumfeld, das den Rahmen für eine aktive Nahmobilität setzt (z.B. Stadt der kurzen Wege).

Lebensphasen – Wendepunkte im Mobilitätsverhalten

Wie wir mobil sind, ist auch eine Frage der jeweiligen Lebensphase. Jeder Abschnitt ist das dynamische Ergebnis vergangener Erfahrungen, der Erwartungen an die Zukunft, intrinsischen Motiven und den externen Rahmenbedingungen (Chatterjee et al. 2013). Mit dem Erwerb des Führerscheines nimmt die Fahrradnutzung unter jungen Leuten ab, während mehr Wege mit dem Auto zurückgelegt werden. Auch andere einschneidende Erlebnisse und Veränderungen, die neue Lebensabschnitte einleiten, beeinflussen unser Mobilitätsverhalten. Unsere Mobilitätsgewohnheiten sind somit immer ein Spiegelbild unseres persönlichen Lebenszyklus. Wendepunkte im Mobilitätsverhalten werden durch das Zusammenspiel zweier Faktoren hervorgerufen: einer Veränderung im persönlichen Lebensumfeld sowie Veränderungen der physischen Umwelt (Abb. 7-2).

Die besten Chancen für Veränderungen liegen also vor, wenn sich die Bedingungen in beiden Bereichen ändern. Ob das Produkt dieser beiden Faktoren im Einzelfall ausreicht, um tatsächlich ein neues Verhalten hervorzurufen, hängt auch von den Mediatorvariablen ab. Diese verstärken die Wirkung der beiden Einflussfaktoren oder schwächen diese ab, so dass sie das Handeln indirekt beeinflussen. Auf dieser Grundlage vollzieht sich ein teils bewusster, teils unbewusster Abwägungsprozess, der zu einem Wendepunkt im Mobilitätsverhalten führen kann (Chatterjee et al. 2013).

Veränderungen beim Mobilitätsverhalten entstehen durch Wendepunkte im persönlichen Lebensumfeld und Veränderungen der physischen Umwelt (Infrastruktur und Raum).

Das Zusammenspiel wird an einem Beispiel deutlich. Mit dem Älterwerden der Kinder treten Veränderungen im persönlichen Lebensumfeld ein, die es einer Person leichter machen, mit dem Fahrrad zur Arbeit zu pendeln. Ob tatsächlich eine Veränderung im Mobilitätsverhalten stattfindet, ist auch eine Frage der externen Bedingungen und wie diese wahrgenommen werden. So kann ein allgemeiner Ausbau der Radinfrastruktur, oder ein neuer Radweg, der das subjektive Sicherheitsempfinden auf einem bestimmten Streckenabschnitt steigert, die Bereitschaft erhöhen, mit dem Fahrrad zu fahren. Die Entscheidung wird dabei auch von weiteren Faktoren (Mediatorvariablen) beeinflusst, z.B. den Einstellungen und dem Mobilitätsverhalten in der Vergangenheit. Wichtig: Das neue Mobilitätsverhalten bleibt nur dann dauerhaft erhalten und wird zur Gewohnheit, wenn die Person dabei positive Erfahrungen macht, also für ihr Handeln belohnt wird.

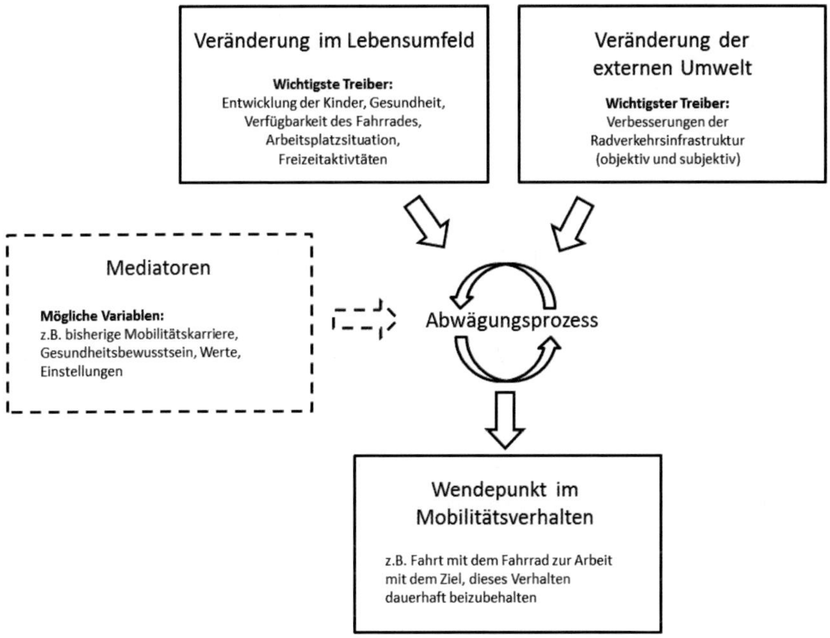

Abb. 7-2: Bestimmungsfaktoren für Wendepunkte im persönlichen Mobilitätsverhalten (Chatterjee et al. 2013).

Welche Veränderungen haben den stärksten Einfluss auf Mobilitätsentscheidungen? Die wichtigsten Faktoren sind die Entwicklung der Kinder, die physische Gesundheit, die leichte und schnelle Verfügbarkeit des Fahrrades im Alltag, die Arbeitsplatzsituation, Freizeitaktivitäten sowie die infrastrukturellen Bedingungen für Radfahrer; Unterschiede lassen sich dabei zwischen den einzelnen Nutzertypen feststellen (Chatterjee et al. 2013). Die Personen in der Nutzergruppe *Furchtlose* fahren vor allem dann öfter mit dem Fahrrad, wenn sich die Arbeitsplatzsituation verändert (z.B. Entfernung, Abstellanlagen, Umkleiden, soziale Normen im Unternehmen), die Kinder größer werden oder die Verfügbarkeit des Fahrrades zunimmt (z.B. durch eine ebenerdige Abstellanlage anstelle eines Fahrradkellers). *Gewohnheitsfahrer* werden ebenfalls am stärksten durch die Arbeitsplatzsituation und die Entwicklung der Kinder dazu verleitet, mehr zu radeln. Gleichzeitig sind sie jedoch auch weniger unterwegs, wenn die Kinder zur Welt kommen oder ihre Gesundheit nachlässt. Die Zielgruppe der *Interessierten* lässt sich durch gesundheitliche Beeinträchtigungen ebenfalls am stärksten vom Zweirad abhalten, während eine gute Radinfrastruktur für sie den größten Motivationsfaktor darstellt.

Eine gute und subjektiv sichere Infrastruktur ist für die Zielgruppe *Interessierte* der größte Motivationsfaktor.

Das Zwiebelschalenprinzip

Menschen fällt es schwer, gewohntes Verhalten zu verändern. Je stärker das neue Verhalten von den bestehenden Routinen abweicht, desto schwerer ist es für uns, und desto größer ist die Gefahr, nach einiger Zeit in alte Verhaltensmuster zurückzufallen. Abb. 7-3 bringt diese Situation bildlich zum Ausdruck. Die Kreise stehen für unterschiedliche Verhaltensweisen. Der kleine Kreis in der Mitte der Zwiebel ist der Ausgangspunkt, an dem wir uns befinden. Er steht für unsere aktuellen Verhaltensweisen, die Gewohnheiten und Routinen. Wenn wir uns verändern möchten, müssen wir uns von ihnen wegbewegen, hin zu einem anderen Zwiebelring.

Je weiter wir nach außen wandern, desto mehr entfernen wir uns von unserem Status Quo und desto größer ist das Ausmaß der Verhaltensänderung. Große Veränderungen fallen uns jedoch schwer, weil auch der damit verbundene Aufwand entsprechend hoch ist. Wenn wir sie überhaupt angehen, sind große

Änderungsprozesse seltener von Erfolg gekrönt als kleine. Sinnvoll ist es deshalb immer Lösungen zu entwickeln, bei denen die bestehenden Gewohnheiten und Routinen bestmöglich beibehalten werden können.

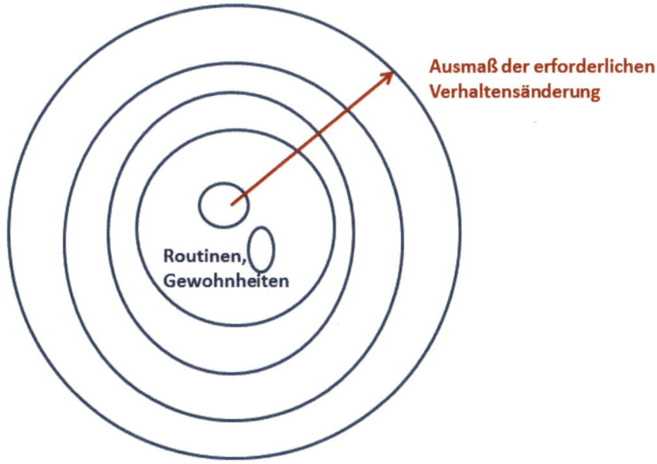

Abb. 7-3: Das Zwiebelschalenprinzip: Je stärker die Verhaltensänderung von den bestehenden Gewohnheiten und Routinen abweicht, desto schwerer fällt sie uns.

Ein Beispiel aus der Praxis: Im Rahmen eines Mobilitätsmanagementprozesses in einem Unternehmen sollten Mitarbeiter dazu motiviert werden, mit dem Fahrrad zur Arbeit zu fahren. Einer der Teilnehmer, ein junger Vater, erklärte mir, dass er seinen kleinen Sohn jeden Morgen vor der Weiterfahrt ins Büro in die Kindertagesstätte (Kita) bringt und seine Frau den Sohnemann auf dem Nachhauseweg von der Arbeit wieder von dort abholt. Obwohl die junge Familie über einen Fahrradanhänger verfügte, beide Eltern nur wenige Kilometer entfernt arbeiteten und vor der Geburt oft mit dem Fahrrad pendelten, waren sie nun jeden Tag mit dem Auto unterwegs. Der Organisationsaufwand sei mit dem Fahrrad zu hoch, berichtete der Vater. Es stellte sich heraus, dass der wesentliche Knackpunkt der Fahrradanhänger war. Beide waren es gewohnt, das Kind auf dem Weg in die Arbeit in der Kita abzusetzen bzw. es am Nachmittag auf dem direkten Weg abzuholen und erst dann nach Hause zu fahren. Bei der Nutzung des Fahrrades hätten sie diesen Prozess (ihre Routine) verändern müssen und er wäre zudem umständlicher geworden. Der Vater hätte den Fahrradanhänger zunächst wieder nach Hause bringen müssen, damit er der Mutter nachmittags zur Verfügung steht. Und auch sie hätte zunächst einen Umweg fahren müssen, um den Anhänger von zu Hause abzuholen.

Die einzige Chance für eine Verhaltensänderung der Eltern bestand darin eine Lösung zu finden, bei der sie ihren vorhandenen Prozessablauf, ihre Routine, beibehalten konnten. Dafür benötigten sie eine Anhängerkupplung für das zweite Fahrrad sowie die Möglichkeit, den Fahrradanhänger tagsüber vor der Kita stehen zu lassen. Nach Rücksprache mit der Kommune erhielten die Eltern die Erlaubnis, den Anhänger auf dem Grundstück zu parken und anzuschließen. Diese einfache Maßnahme führte dazu, dass beide Eltern nur noch selten auf das Auto zurückgriffen und stattdessen mit dem Rad fuhren. Der Erfolg war aber nur möglich, weil wir eine Lösung fanden, bei der die Eltern ihren bestehenden Tagesablauf im Grundsatz beibehalten konnten. Alle Lösungen, die eine Veränderung des Tagesablaufes erfordert hätten, wären dagegen ins Leere gelaufen.

Verhaltensänderungen sind umso leichter, je eher bestehende Gewohnheiten und Routinen beibehalten werden können.

Das Zwiebelschalenprinzip ist zudem ein sehr gutes Gedankenmodell zur Entwicklung von Strategien, um politische und gesellschaftliche Mehrheiten für wegweisende Infrastrukturprojekte zu gewinnen. Je stärker solche Projekte die Gewohnheiten und bekannte Abläufe auf den Kopf stellen, z.B. durch die Umwandlung von knappem Parkraum in Flächen für Fußgänger und Radfahrer, desto größer ist der zu erwartende Widerstand. In Kopenhagen werden seit Jahrzehnten jedes Jahr bis zu 3 Prozent des Parkraums umgewandelt und parallel die Bedingungen für Radfahrer verbessert. Dieser langsame, aber kontinuierliche Prozess gibt den Menschen Gelegenheit, ihre Routinen sukzessive anzupassen. Die Veränderungen sind dabei kaum spürbar und lediglich über einen langen Zeitraum zu erkennen.

Integriert

Routinen gefallen uns, weil sie automatisch ablaufen und dadurch unseren Organisationsaufwand gering halten. Sie machen uns das Leben leichter. In einer autogerechten Stadt- und Verkehrsstruktur ist die Nutzung des Automobils zur absoluten Routine geworden. Autofahren ist einfach, schnell und bequem. Ganz anders beim Fahrrad, wo der Selbstorganisationsaufwand bereits vor dem Antritt der Fahrt höher ist – und sich im Sattel fortsetzt, wenn Radwege im Nichts enden oder sichere Abstellanlagen fehlen. Das *einfach, schnell, bequem* des Automobils ist beim Fahrrad das *umständlich, gefährlich, stressig*. Die erfolgreichen Fahrradstädte haben ihren hohen Radverkehrsanteil jedoch vor allem deshalb erreicht, weil der Ritt im Sattel dort einfach ist – sogar einfacher als die Fahrt mit dem Auto. Deshalb ist das Rad dort auch dann das bevorzugte Verkehrsmittel, wenn es mal regnet oder schneit.

Sorgen Sie dafür, dass Radfahren auch in Ihrer Kommune zur Routine wird. Integrieren Sie das Rad in den Lebensalltag der Menschen!

Radnutzung leicht machen

Radfahren wird zur Gewohnheit, wenn Sie das Fahrrad in den Alltag Ihrer Zielgruppe integrieren. Suchen Sie gezielt nach Ansatzpunkten, um es in die alltäglichen Abläufe der Menschen einzubetten und den Organisationsaufwand bestmöglich zu minimieren. Die Maßnahmen gehen weit über die reine Radverkehrsplanung hinaus, denn sie betreffen alle Schnittstellen im Tagesablauf. Wichtige Kooperationspartner einer Kommunalverwaltung sind deshalb u.a. örtliche Arbeitgeber, Handel und Gewerbe, Bildungseinrichtungen, Wohnungswirtschaft, Verkehrsbetriebe, Versorgungseinrichtungen des täglichen Bedarfs oder Freizeiteinrichtungen. Gemeinsames Ziel muss es sein, die Zugangshemmnisse (*Fahrtantrittswiderstand*) zum Fahrrad zu reduzieren.

Radabstellanlagen direkt an Eingängen werden gut angenommen.

Gute Radwege bis vor die Haustüre machen Radfahren einfach (Houten).

Die Verfügbarkeit eines Autos fördert Autofahrten

Die Verfügbarkeit und der schnelle Zugriff auf ein Verkehrsmittel führen dazu, dass es verstärkt genutzt wird. Wer ein eigenes Auto besitzt, fährt weniger Fahrrad und geht seltener zu Fuß (Gribble und Douglas 2014). Je mehr Autos in einem

Haushalt bereitstehen, desto stärker ist der Effekt und desto mehr Alleinfahrten sind feststellbar (Rajamani et al. 2002). Umgekehrt hat der Besitz eines Drahtesels einen positiven Einfluss auf dessen Nutzung (Chatterjee et al. 2013). Der Auto- und Fahrradbesitz wird wesentlich von der subjektiven Attraktivität der beiden Verkehrsmittel determiniert. So führen beispielsweise kostenlose Kfz-Parkplätze am Arbeitsort dazu, dass mehr Arbeitnehmer mit dem Auto pendeln (Gribble und Douglas 2014). Mit Maßnahmen des kommunalen Mobilitätsmanagements kann die öffentliche Hand die Attraktivität in beiden Fällen gezielt steuern, insbesondere durch:

- Beeinflussung der Nutzerkosten von Autofahrern (z.B. Parkraumbewirtschaftung, Mautgebühren)
- Priorisierung des Fahrrades im Verkehrsfluss (z.B. fahrradfreundliche Lichtsignalsteuerung, planfreie Knoten für den Radverkehr, Geschwindigkeitsbegrenzungen für den Kfz-Verkehr)
- Steuerung der Fahrzeiten zu Gunsten des Fahrrades
- Förderung sozial erwünschten Verhaltens (z.B. Flächennutzungs- und Bauleitplanung, Fahrradabstellanlagensatzung)
- Umverteilung des Straßenraums zu Gunsten von Fahrradfahrern und Gehenden

Anbindung an den öffentlichen Nahverkehr

Zur erfolgreichen Einbindung des Radverkehrs in den ÖV sind besonders drei Faktoren relevant: die Distanz zur Haltestelle, sichere Abstellanlagen an diesen Schnittstellen und die Mitnahmemöglichkeit des Fahrrades. Je nach örtlicher Situation werden Entfernungen von 0,5–3,5 km zwischen Startpunkt und Haltestelle akzeptiert (Gribble und Douglas 2014). Öffentliche Fahrradverleihsysteme sind eine Möglichkeit, auch ohne eigenes Fahrrad intermodal mobil zu sein. Die Mitnahme des Fahrrades sollte möglichst alle ÖV-Einheiten umfassen: Züge, U-Bahnen, Busse und Taxen. In Kopenhagen müssen alle Taxifahrer immer auch einen Fahrradträger mitführen, um Radler jederzeit aufnehmen zu können.

Ein uneinheitliches Bild ergibt sich bei der Frage, wie sich ein gutes Radverkehrsklima auf die Nutzung des ÖV auswirkt (Buehler und Pucher 2012). Studien zu diesem Thema kommen zu sehr unterschiedlichen Ergebnissen. In kompakten Städten mit überwiegend flacher Topographie, in der Quellpunkte und Ziele innerhalb weniger Kilometer erreicht werden können, tritt das Fahrrad aufgrund der natürlichen Rahmenbedingungen eher in Konkurrenz zu Bus und Bahn, als dies bei Gebietskörperschaften der Fall ist, in denen sich beide Verkehrsmittel, aufgrund der vorherrschenden Strukturen, gegenseitig ergänzen. Dieses Potenzial machen sich auch einige kommunale Verkehrsunternehmen zu Nutze, um Kunden zu gewinnen und zu binden. Die Stadtwerke Münster stellen ihren Kunden beispielsweise ab einer Vertragslaufzeit von 12 Monaten zu günstigen Konditionen ein Abo-Faltrad zur Verfügung (Dachale 2016). Kunden anderer Unternehmen können zu vergünstigten Konditionen ein eigenes Faltrad erwerben. In geklapptem Zustand können Falträder in Bussen und Bahnen, genau wie Gepäckstücke, rund um die Uhr kostenlos mitgenommen werden.

Frei zugängliche Radabstellplätze und Fahrradboxen für Pedelecs an einer ÖV-Schnittstelle bei Rostock.

Öffentliche Leihfahrräder an Haltestellen des ÖV sind ein zentrales Element der Intermodalität (Berlin).

Erst bauen wir die Stadt, dann prägt sie uns

Die Siedlungsstruktur und die Planung von Straßen und Gebäuden bestimmen unsere Lebensweisen und unser Mobilitätsverhalten (z.B. Holzapfel 2012). Bis zum Zweiten Weltkrieg herrschten in unseren Städten und Gemeinden gemischte Nutzungsstrukturen vor, die alltägliche Wege zum Einkauf oder zur Arbeit kurz machten. Im Zuge der Industrialisierung führte das, insbesondere in den 1920er-Jahren, durch zunehmende Umweltverschmutzung, prekäre Wohnverhältnisse und ein hartes Arbeitsumfeld zu schwierigen Lebensbedingungen, die Anfang der 1930er-Jahre in die *Charta von Athen* mündeten – einer Vision zur funktionalen Trennung von Städten in Wohn- und Arbeitsbereiche. Mit dem Wiederaufbau und der autogerechten Stadtplanung setzte sich dieses Konzept nach dem Krieg zunehmend durch, so dass wir heute z.B. reine Wohn-, Misch- und Gewerbegebiete unterscheiden. Die Funktionstrennung schafft sich jedoch einen Teil des Autoverkehrs selbst, den sie dann verlagert (Holzapfel 2012). Gemischt genutzte Gebiete sollten deshalb durch die moderne Stadtplanung gezielt gefördert werden. Sie schaffen kurze Wege und beleben den öffentlichen Raum, weil mehr Wege zu Fuß sowie mit dem Rad zurückgelegt werden und sie Orte der Begegnung und Kommunikation sind. Auch die Nachverdichtung anstelle der Ausweisung neuer Baugebiete, ist ein probates Instrument. Sogar das niederländische Verkehrsministerium empfiehlt auf Neubauten auf der „grünen Wiese" zu verzichten und stattdessen, durch Schaffung eines neuen Stadtteils, ein neues dezentrales Zentrum zu planen (Ministerie van Verkeer en Waterstaat 2009). Zukunftsfähige, lebenswerte Kommunen ticken nach dem menschlichen Maß.

Mischnutzungen verkürzen Wege und beleben den öffentlichen Raum.

Die Art wie öffentlicher Raum gestaltet wird beeinflusst das Mobilitätsverhalten.

Radfahrer sind die besseren Kunden

„Ohne Autoparkplätze vor dem Laden stirbt der Einzelhandel", ist eine weit verbreitete Meinung bei Händlern und politischen Entscheidungsträgern. Bereits bei der Einrichtung der ersten Fußgängerzonen in europäischen Städten in den 1960er-Jahren gab es ähnliche Bedenken. Das Gegenteil ist heute der Fall. Dort, wo früher die Autos fuhren und parkten, haben sich Menschen zu Fuß oder auf dem Fahrrad den Stadtraum zurückerobert. Fußgängerzonen werden als Orte empfunden, in denen wir uns gerne aufhalten. Sie sind Begegnungs- und Erholungsräume, sowie Schauplätze für kulturelle und kommerzielle Aktivitäten. Fußgängerzonen sind heute etabliert und bei Einzelhändlern begehrte Standorte für die oft die örtlich höchsten Mieten veranschlagt werden. Ihre Abschaffung und Wiederfreigabe für den Verkehr ist undenkbar.

Die gleichen positiven Erfahrungen haben Kommunen gemacht, die konsequent auf das Fahrrad als das zentrale Verkehrsmittel setzen und den Autoverkehr beschränken. In den Einkaufsstraßen Kopenhagens geben radelnde Kunden jedes Jahr umgerechnet 2 Mrd. Euro aus – das entspricht der Hälfte des Gesamtumsatzes des örtlichen Handels. Zwar ist der getätigte Umsatz je Einkauf geringer als bei Autofahrern, dafür kaufen Radfahrer aber öfter ein. Sie geben durchschnittlich 30 Euro in einem Geschäft bzw. 50 Euro je Einkaufstour aus. Kunden, die mit dem Auto in Kopenhagen einkaufen, sind zur Hälfte Auswärtige.

Die Gründe, weshalb die Kopenhagener mit dem Rad einkaufen, sind dabei vielschichtig. Viele sind ohnehin bereits mit dem Fahrrad in der Stadt unterwegs, so dass der Einkauf mit dem Fahrrad die schnellste, einfachste und bequemste Option ist. Hier ist der Einkauf mit dem Rad eine Folge der allgemeinen Integration des Drahtesels in den Lebensalltag. Eine geringe Entfernung zu Geschäften sowie Art und Umfang der Einkäufe (Gewicht und Volumen), sind ebenfalls wesentliche Einflussfaktoren. Das Zweirad als Verkehrsmittel der Wahl ist auch dann attraktiv, wenn mehrere Geschäfte hintereinander aufgesucht werden und die Distanzen mit dem Rad einfacher und schneller bewältigt werden können. (Velo-City Conference 2013)

Radfahrende Kunden geben in Geschäften mehr Geld aus als Konsumenten die mit anderen Verkehrsträgern kommen.

Ähnliche eindrucksvolle Zahlen bestätigen Untersuchungen aus den Niederlanden, darunter für Utrecht, Breda und Groningen (Tab. 7-1). So absolvieren 46 Prozent der Groninger ihre Einkäufe in der Innenstadt mit dem Fahrrad und sind dabei für 56 Prozent des gesamten Handelsumsatzes verantwortlich. Sie sind damit die mit Abstand wichtigste Kundengruppe. Regionale und überregionale Kunden nutzen am häufigsten den Öffentlichen Nahverkehr, gefolgt vom Automobil. Insgesamt sind Radfahrer und Autonutzer, mit jeweils rund 35 Prozent, die beiden bedeutendsten Kundengruppen.

	Anteil der Passanten				Anteil des Umsatzes			
Herkunft	Fußgänger	Fahrrad	ÖPNV	PKW	Fußgänger	Fahrrad	ÖPNV	PKW
lokal	32%	**46%**	13%	9%	19%	**56%**	14%	25%
regional	1%	22%	**41%**	36%	0%	21%	32%	**40%**
überregional	5%	7%	**48%**	39%	4%	5%	**39%**	37%
Summe	20%	**31%**	27%	21%	11%	34%	25%	**35%**

Tab. 7-1: Kundensegmentierung nach Herkunft, gewähltem Verkehrsträger und Handelsumsätzen in Prozent für Groningen (Quelle: Ministerie van Verkeer en Waterstaat 2009). Die jeweils höchsten Werte einer Zeile sind grün hervorgehoben.

Der niederländische Dachverband des Einzelhandels (*Hoofdbedrijfschap Detailhandel*) hat bereits im Jahr 2004 öffentlich festgestellt, dass es dem Einzelhandel zu Gute kommt, wenn ein größerer Anteil der örtlichen Bevölkerung mit dem Fahrrad einkauft. Steigt deren Zahl, stehen mehr Parkplätze für Kunden zur Verfügung, die eine weitere Anreise haben und das Auto nutzen (müssen). Der knappe Parkraum wird dadurch effizienter genutzt. Ähnliche Untersuchungen in Leipzig, Münster oder Graz bestätigen, dass Radfahrer mehr Geld in den Läden lassen.

94 Prozent aller Einkäufe können mit dem Fahrrad erledigt werden

Für viele Menschen ist es ganz selbstverständlich, ihre Einkäufe mit dem Auto zu erledigen. Dahinter steht nicht nur ein gewohntes Verhalten, sondern auch der Glaube, die gekauften Waren nur mit dem Wagen nach Hause transportieren zu können. Eine Beobachtungsstudie aus Österreich hat diese Einschätzung widerlegt (Schmitt und Landgraf 2009). Im Rahmen der Studie wurden 1.635 Einkäufe erfasst und dabei neben Discountern und Lebensmittelnahversorgern sogar Baumärkte beobachtet.

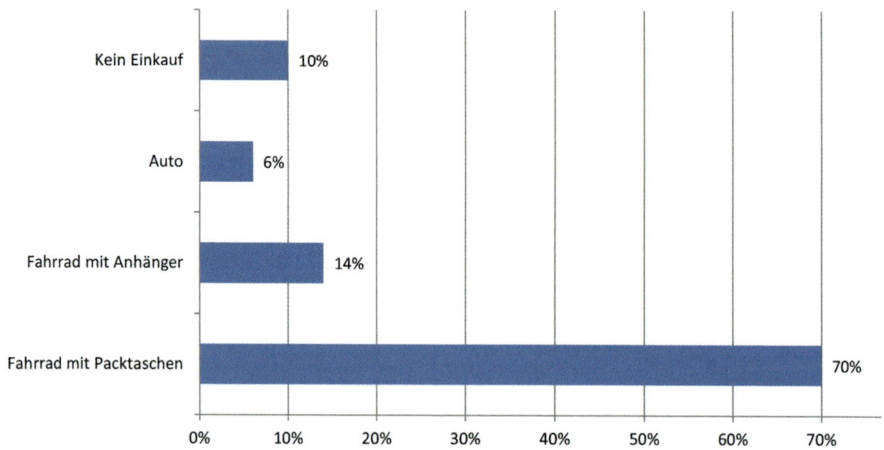

Abb. 7-4: Erfasstes Einkaufs- und Mobilitätsverhalten einer Beobachtungsstudie in Graz. In nur 6 Prozent wäre ein Auto nötig gewesen, um die gekauften Waren nach Hause zu transportieren. 10 Prozent der Konsumenten haben keinen sichtbaren Kauf getätigt. Alle anderen Einkäufe hätten auf ein Fahrrad (mit und ohne Anhänger) verladen werden können.

Das Ergebnis erstaunt: 94 Prozent aller Einkäufe hätten mit einem Fahrrad erledigt werden können (inklusive 10 Prozent Nicht-Käufer). In 14 Prozent aller Fälle hätten die gekauften Waren nur mit einem Fahrradanhänger transportiert werden können, in immerhin 70 Prozent wäre jedoch ein normales Fahrrad mit Packtaschen und/oder Korb völlig ausreichend gewesen. Lediglich für 6 Prozent der Einkäufe wäre tatsächlich ein Auto erforderlich gewesen – die Baumärkte eingeschlossen (Abb. 7-4).

Radfahrer kaufen bevorzugt dort ein, wo sie gute Abstellanlagen vorfinden

Radelnde Konsumenten schätzen hochwertige Radabstellmöglichkeiten und suchen viel eher solche Geschäfte auf, die über überdurchschnittlich gute Abstellplätze verfügen (Velo-City Conference 2013). Eine von uns selbst durchgeführte Beobachtungsstudie bestätigt diese Einschätzung. In einem Wohngebiet in Nürnberg-Thon, im Norden der Stadt gelegen, befinden sich im Abstand von rund 350 Metern zwei Lebensmittelgeschäfte. Der räumliche Einzugsbereich ist grundsätzlich identisch. Das Einzelhandelsgeschäft A (Vollsortimenter) ist hinsichtlich der Verkaufsfläche deutlich größer als das Einzelhandelsgeschäft B (Discounter). Geschäft A hat deshalb eine größere Anzahl an Kunden und hält auch mehr Stellflächen für Autos und Fahrräder bereit.

In den Jahren 2015 und 2016 haben wir an verschiedenen Wochentagen und zu unterschiedlichen Tageszeiten ganzjährig systematisch beobachtet, mit welchen Verkehrsträgern die Kunden beider Geschäfte unterwegs sind. Ziel war es herauszufinden, inwieweit qualitativ hochwertige Radabstellanlagen den Anteil der Kunden erhöht, die mit dem Rad fahren. Die Beobachtungsstudie haben wir unter folgenden Bedingungen durchgeführt:

- Um die beiden Geschäfte trotz unterschiedlicher Größe miteinander vergleichen zu können, haben wir die jeweilige Anzahl an Kunden erfasst, deren Durchschnitt über alle Beobachtungen ermittelt und gleich Hundert gesetzt (Index = 100).
- Durch Beobachtung haben wir festgestellt, ob die Kunden das Geschäft zu Fuß, mit dem Fahrrad oder dem Pkw aufgesucht haben. Die Nutzung des ÖPNV blieb außen vor, weil diese Verkehrsträger aufgrund der örtlichen Struktur eine zu vernachlässigende Rolle gespielt haben dürften.
- Zu jedem Zeitpunkt unserer Beobachtung standen vor beiden Geschäften immer ausreichend Pkw-Stellplätze zur Verfügung – auch zu absoluten Spitzenzeiten, z.B. an Brückentagen. Parkraumknappheit als Einflussfaktor der Mobilitätsentscheidung haben wir deshalb ausgeschlossen. Autofahrer haben bei beiden Geschäften vergleichbare

Bedingungen vorgefunden, wenngleich die Entfernung zum Eingang bei Geschäft A aufgrund der räumlichen Ausdehnung des Parkplatzes tendenziell größer ist.

- Deutliche Unterschiede sind in Anzahl und Qualität der Radabstellanlagen festzustellen (Tab. 7-2), die wesentlich über die Attraktivität des Fahrrades für Einkaufsfahrten entscheiden. Geschäft A schneidet bei der Bewertung deutlich besser ab.

Geschäft A (Vollsortimenter) Anzahl Radabstellanlagen: 2 Anzahl Stellplätze (Fahrrad): 36 Standort: Eingangsnah System: Bügelsystem ohne Halterung Seitenabstand: 45 cm Witterungsschutz: Überdachung	**Geschäft B (Discounter)** Anzahl Radabstellanlagen: 1 Anzahl Stellplätze (Fahrrad): 9 Standort: Eingangsnah System: Vorderradklemmen Seitenabstand: 43 cm Witterungsschutz: nein
Besonderheiten: Parkende Fahrzeuge werden mit einer baulichen Barriere auf Abstand gehalten (Foto), so dass alle Stellplätze z.B. auch mit einem Anhänger genutzt werden können.	Besonderheiten: Im Vergleich zu Geschäft A deutlich schlechtere Sichtbarkeit der Radabstellanlage.
Anzahl Kfz-Stellplätze: 467 Verhältnis Pkw-/Fahrradstellplätze: 13:1	Anzahl Kfz-Stellplätze: 93 Verhältnis Pkw-/Fahrradstellplätze: 10:1

Tab. 7-2: Qualitätsmerkmale und Anzahl der Fahrradabstellplätze beider Geschäfte im Vergleich.

Im Vergleich konnten wir feststellen, dass bei Geschäft A ein höherer Anteil der Kunden mit dem Fahrrad kommt. Auffällig war, dass die Kunden dieses Geschäftes dabei auch deutlich öfter mit größeren Packtaschen und Fahrradanhängern fuhren und größere Einkäufe tätigten. Von Montag bis Freitag war der Anteil der Radfahrer bei beiden Geschäften etwas höher als am Wochenende (Samstag). Unserer Beobachtung nach liegt der Grund darin, dass an Samstagen tendenziell größere Einkäufe getätigt werden („Wocheneinkauf").

Fahrradfahrer entscheiden sich vor allem für Geschäfte mit überdurchschnittlichen Abstellmöglichkeiten.

Die Bereitstellung guter Radabstellmöglichkeiten vor den Geschäften kann immer nur *ein* Baustein sein, damit mehr Menschen mit dem Fahrrad einkaufen. Erforderlich ist ein integrierter Ansatz, der auch Maßnahmen im Bereich der Parkraumbewirtschaftung, der Verkehrslenkung, sichere und attraktive Radwegenetze oder des privaten Fahrradparkens umfasst.

Betriebliches Mobilitätsmanagement

Viele alltägliche Fahrten beginnen oder enden an der Arbeitsstätte. Gleichzeitig wohnen die wenigsten Berufstätigen an ihrer Arbeitsstätte, sondern nutzen die öffentliche Infrastruktur, um diese zu erreichen. Kommunales und betriebliches Mobilitätsmanagement sind daher zwei Seiten derselben Medaille und für beide, Kommunen und Unternehmen, ist eine Kooperation sinnvoll. Eine wirkliche Zusammenarbeit ist dabei bislang die Ausnahme.

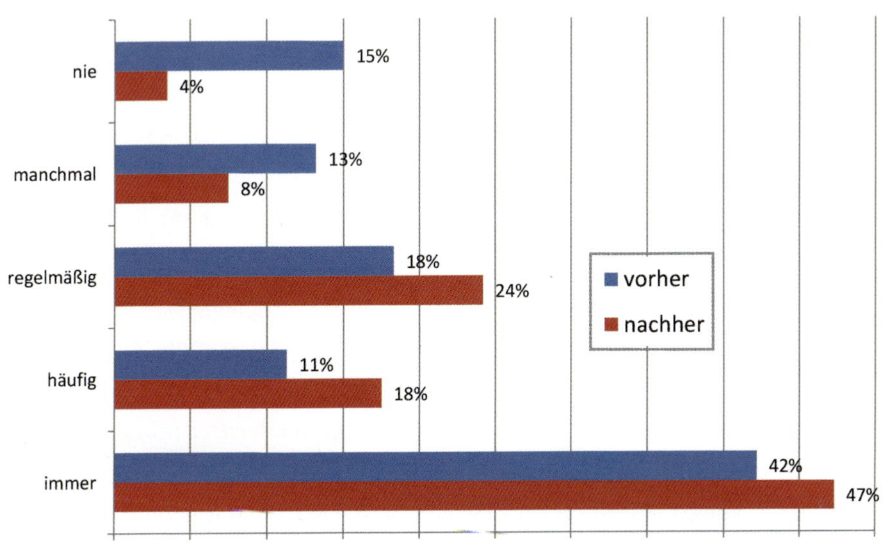

Abb. 7-5: Nutzungshäufigkeit des Fahrrades vor und nach Bereitstellung eines Dienstfahrrades durch den Arbeitgeber (Niederlande) (Ministerie van Verkeer en Waterstaat 2009).

Mit der Einführung des Dienstradprivilegs können Unternehmen ihren Mitarbeitern ein Dienstfahrrad zur Verfügung stellen. Die Voraussetzungen und Rahmenbedingungen für Arbeitgeber und -nehmer entsprechen denen, die auch für einen Dienstwagen gelten. Eine Vorher-Nachher-Untersuchung des niederländischen Verkehrsministeriums zeigt die positiven Auswirkungen auf die Fahrradnutzung durch Arbeitnehmer nach Bereitstellung eines Dienstrades durch das Unternehmen (Abb. 7-5). Die Gruppe derer, die selten oder gar nicht radeln ist kleiner geworden, während diejenigen, die regelmäßig, häufig oder immer fahren, mehr geworden sind (Ministerie van Verkeer en Waterstaat 2009).

Die Bedeutung sozialer Normen für das Mobilitätsverhalten

Unter sozialen Normen werden Verhaltensweisen verstanden, die gesellschaftlich anerkannt sind und erwartet werden – sie beschreiben sozusagen das Verhalten, das allgemein als normal und verhältnisgemäß angesehen wird. Soziale Normen verändern sich im Zeitablauf und unterliegen kulturellen Unterschieden. Das, was in der einen Gesellschaft normal und richtig ist, kann in einer anderen Gesellschaft ganz anders bewertet werden. Unser Verhalten unterliegt immer auch einer sozialen Kontrolle, bei der ein Abgleich unseres Handelns mit den sozialen Normen der Gesellschaft erfolgt. „Bloß nicht unangenehm auffallen oder anecken", lautet ein weit verbreitetes Motto. In dieser Hinsicht beeinflussen soziale Normen das Verhalten Einzelner und sind so mitverantwortlich für die Gewohnheiten, die jeder von uns herausbildet.

Ein eindrucksvolles Beispiel aus dem Themenfeld Mobilität beschreibt Karin Zeug in einem Beitrag für *Zeit Online* (Zeug 2013). Ein Unternehmen mit Produktionsstandort in Galway (Irland) möchte Mitarbeiter im Rahmen eines betrieblichen Mobilitätsmanagements dazu animieren, mit dem Fahrrad zur Arbeit zu kommen. Die Führungskräfte versprechen sich davon ein grüneres Image und ausgeglicheneres Personal. „Die Art, wie man zur Arbeit kommt, gilt allerdings als besonders fest verwurzelte Gewohnheit", schreibt die Autorin, „weil so vieles mit ihr verwoben ist: Die Zeit ist morgens knapp, die Kinder müssen noch zur Schule gebracht, Einkäufe erledigt werden. Außerdem ist Irland nicht nur wegen des Wetters keine Gegend, in der man gern Rad fährt." Das Management konnte die Mitarbeiter nicht anweisen, wie sie den Weg zur Arbeit zurücklegen sollten. Sie mussten darauf setzen, freiwillig eine Verhaltensänderung zu erreichen. Den Auftakt des Programms bildete ein Earth Day: „Nach der Mittagspause standen die Fließbänder still, es gab Musik, ein Rad, mit dem man tretend einen Smoothie mixen konnte, und einen Wettbewerb." Dem Sieger winkte eine Reise auf eine Insel. Um teilzunehmen, mussten sich die Mitarbeiter in Dreierteams zusammentun und fünf Wochen lang möglichst oft mit dem Drahtesel zur Arbeit kommen. Für jede Fahrt mit dem Fahrrad und jeden Weg zu Fuß wurde das Team mit einem Punkt belohnt. Diese soziale Komponente sei das Entscheidende gewesen. „Die Mitarbeiter begannen, sich auf den Fluren und auf einer eigens eingerichteten Website über ihre Erlebnisse mit Pfützen auszutauschen. Manche schwärmten, wie entspannt sie radelnd zu Hause ankämen. Sozialer Druck und Anerkennung helfen“, schreibt Zeug in ihrem Artikel. „Die Firma baute Duschen für diejenigen, die verschwitzt oder durchnässt eintrafen und informierte über staatliche Subventionen beim Fahrradkauf. Fahrradfahren wurde plötzlich etwas, was cool ist. Die, die oft mit dem Rad kamen, wurden zu Vorbildern (…) So war die Reise auf die Insel am Ende des Wettbewerbs völlig unwichtig geworden.“ Auch ein Jahr später war der Erfolg der Aktion noch sichtbar – auf dem Gelände der Firma parkten noch immer zahlreiche Fahrräder.

Auf denselben Effekt setzen die gängigen Aktionen wie *Mit dem Rad zur Arbeit* oder *Stadtradeln*, bei denen sich Interessierte zusammenfinden und im Aktionszeitraum gemeinsam radeln. Im Gegensatz dazu gab es bei der irländischen Firma einen kleinen, aber entscheidenden Unterschied: Beim Auftakt waren zunächst alle dabei. Die Produktionsbänder wurden angehalten und alle Mitarbeiter in die Auftaktveranstaltung einbezogen, auch wenn sie später nicht teilnahmen. Damit sitzen alle in einem Boot und die Akzeptanz ist deutlich höher, auch bei jenen, die weiterhin mit dem Auto fahren. Das ist auch insofern wertvoll, als die Lust am Radeln steigt, wenn dieses Verhalten mit Anerkennung, Schulterklopfen und Statusgewinn verbunden ist.

Immer

Es ist ein grundlegendes menschliches Bedürfnis, jederzeit die Kontrolle behalten zu wollen. Wir fühlen uns unsicher und ausgeliefert, wenn wir glauben, eine Situation nicht mehr selbst in der Hand zu haben. Die gefühlte Gewissheit einer Person, die Kontrolle zu besitzen und ein gewünschtes Verhalten tatsächlich ausführen zu können, wird als *Kontrollüberzeugung* bezeichnet (Hunecke 2015). Kontrollüberzeugungen basieren also nicht auf den objektiv vorhandenen Verhaltensmöglichkeiten, sondern ausschließlich auf der subjektiven Einschätzung einer Person. Sie sind ein zentraler Einflussfaktor für Mobilitätsentscheidungen. Gerade der Besitz eines eigenen Autos bedeutet für viele Menschen noch immer

Freiheit, Unabhängigkeit und Flexibilität – und damit die Sicherheit tun und lassen zu können, was einem wichtig ist. Eine Hürde von Elektrofahrzeugen ist die limitierte Reichweite und das lückenhafte Netz an Ladestationen. Obwohl die auf dem Markt befindlichen Modelle bei objektiver Betrachtung bereits heute einen Großteil der täglichen Wegstrecken locker abdecken und Elektrofahrzeuge damit für viele Menschen bereits alltagstauglich sind, sind die subjektiv wahrgenommenen Mobilitätseinschränkungen ein entscheidendes Hindernis für den Kauf eines solchen Fahrzeugs. Der gleiche Effekt spielt im Radverkehr eine Rolle, wo eine begrenzte Reichweite sowie die gefühlten „Ausschlusszeiten" bei Nässe, Kälte, Hitze oder nach Einbruch der Dunkelheit eine mentale Barriere im Kopf sind.

Eine wesentliche Aufgabe der Radverkehrsförderung ist es deshalb, den Nutzern das gute Gefühl zu geben, dass sie mit dem Fahrrad immer mobil sein und alle geografischen Ziele erreichen können.

Kontrollüberzeugungen existieren in unterschiedlichen Ausprägungen, drei Arten weisen einen signifikanten Zusammenhang zur Wahl des Verkehrsmittels auf (Hunecke 2015):

(1) Bei der *wahrgenommenen Verhaltenskontrolle* kommt die Gewissheit zum Ausdruck, eine Anforderungssituation aufgrund eigener Kompetenzen bewältigen zu können. Personen ohne Auto sind davon überzeugt, dass sie den Wagen auch nicht nutzen müssen, sondern zu Fuß, mit dem Fahrrad oder Öffentlichen Verkehrsmitteln klarkommen. Diese Kontrollüberzeugung wird stark von den infrastrukturellen Gegebenheiten beeinflusst. Eine wahrnehmbare und als attraktiv empfundene Infrastruktur wirkt bestärkend.

(2) Der *wahrgenommene Mobilitätsbedarf* bezeichnet die Überzeugung für die Bewältigung des Alltags (in einem bestimmten Umfang) mobil sein zu müssen. Dabei kommen auch die persönlichen Lebensumstände zum Tragen, z.B. Alter, Kinder oder Beruf. Wir wählen anschließend das Verkehrsmittel, das unseren Mobilitätsbedarf subjektiv am besten erfüllt, wobei die Kontrolle über selbst gesteuerte Verkehrsmittel (z.B. Auto und Fahrrad) üblicherweise subjektiv höher eingeschätzt wird.

(3) Die *Rad-Wetter-Resistenz* ist die subjektive Überzeugung, das Fahrrad auch bei schlechtem Wetter nutzen zu können. Menschen mit einer

hohen Wetterresistenz kommen eher zu diesem Ergebnis, als Menschen mit einer niedrigen Ausprägung der Wetterresistenz. Dieser Aspekt beeinflusst die Radnutzung erheblich.

Zu welchen Kontrollüberzeugungen wir gelangen ist davon abhängig, wie wir unser Mobilitätsumfeld (insbesondere die Infrastruktur) einschätzen. Je besser die Rahmenbedingungen für Fahrradfahrer, desto eher kommen wir zu dem Ergebnis, dass das Fahrrad eine gute Alternative zum Automobil ist. Die Kontrollüberzeugungen steigen. Maßnahmen der Radverkehrsförderung zielen deshalb darauf ab, die gefühlten „Ausschlusszeiten" abzubauen und Radfahren zu jeder Zeit (immer) möglich zu machen.

Die Inhalte von Kontrollüberzeugungen werden langfristig durch das vorhandene Mobilitätsumfeld bestimmt.
Eine gute Radinfrastruktur führt demnach dazu, dass die Kontrollüberzeugungen steigen und Hemmschwellen sinken.

Radfahren im Winter

Haben Sie für die Bedienung eines Smartphones schon einmal eine Gebrauchsanleitung gebraucht? Wenn ja, gehören Sie zu einer Minderheit von weniger als 1 Prozent der Nutzer. Der Siegeszug des Smartphones begründet sich nicht nur auf seinen umfangreichen Funktionen, sondern vor allem auf der kinderleichten Bedienung, die selbst Neulinge intuitiv bewerkstelligen. Radfahrern muten wir jedoch ständig solche Gebrauchsanleitungen zu und sind noch stolz darauf, wenn endlich der neue Fahrradstadtplan erschienen oder der Winterdienstplan im Internet abrufbar ist. Vor allem größere Kommunen erstellen Winterdienstpläne, die auch den Radverkehr einschließen, und veröffentlichen diese. Radfahrer erkennen auf ihnen, welche Radverkehrsverbindungen bei Schneefall überhaupt und mit welcher Priorität geräumt werden. In kleineren Kommunen obliegt es oft der Risikobereitschaft der Nutzer selbst herauszufinden, welche Routen sie wann nutzen können. Die psychologische Wirkung ist in beiden Fällen eine Katastrophe!

Es entsteht der Eindruck, Fahrradfahren sei im Winter nicht oder nur sehr umständlich möglich. Das kommt einem gefühlten Kontrollverlust gleich!

Zusätzliche Hürden sind ein hoher Organisationsaufwand (der Winterdienstplan muss abgerufen, studiert und mental abgespeichert werden), die Komplexität (ungewohnte oder neue Routen erfordern andere kognitive Karten), längere Fahrtzeiten durch Umwege sowie die Unsicherheit, auf dem Weg zu seinem Ziel trotz Winterdienstplan auf einem ungeräumten Streckenabschnitt zu stranden und auf der Straße fahren zu müssen (z.B. wenn der Schnee auf einen Radfahrstreifen geschoben wird). Der subjektive Kontrollverlust ist damit komplett! Der Winterdienstplan in Kopenhagen ist ganz einfach und jeder versteht ihn sofort. Er lässt sich in einem Satz beschreiben: Zuerst werden die Radwege geräumt, dann die Straßen. Was für eine Botschaft! Radfahren ist genauso einfach, sicher und intuitiv wie die Bedienung eines Smartphones. Der Erfolg gibt der Stadt recht: 75 Prozent der Kopenhagener Radfahrer sind echte Ganzjahresradler und auch in den Wintermonaten im Sattel unterwegs.

Der Winterdienstplan in Kopenhagen besteht aus einem Satz: Die Radwege werden zuerst geräumt!

In Kopenhagen werden die Radwege zuerst geräumt, dann erst die Straßen für den Kfz-Verkehr.

Bei Regenwetter ist das Radfahren auf der Straße durch die Gischt der Autos besonders unangenehm.

Überall

Neben der zeitlichen Komponente, nämlich zu jedem gewünschten Zeitpunkt mobil sein zu können, beeinflusst auch der geografische Aspekt die Kontrollüberzeugungen. Dabei geht es um das Gefühl auch räumlich uneingeschränkt flexibel zu sein. Lücken im Netzsystem, Abschnitte mit einem erhöhten Stress-Level, eine unklare Radverkehrsführung oder fehlende Möglichkeiten zum sicheren Fahrradparken münden in einen gefühlten Kontrollverlust, denn die lassen die eingangs erwähnten virtuellen Inseln entstehen, die nicht verlassen oder erreicht werden können.

Um Kontrollüberzeugungen sicherzustellen, sind flächendeckende Radverkehrsnetze für die einzelnen Nutzertypen erforderlich (LTS-Level).

Baustellenmanagement

Ein Problem sind erfahrungsgemäß Baustellen, an denen die Radverkehrsführung oft unvermittelt endet und Radfahrende sich selbst überlassen werden. Wahlweise müssen Radfahrer dann in den Mischverkehr ausweichen, fahren verbotswidrig auf Gehwegen oder werden mittels Beschilderung zum Absteigen aufgefordert. Dies alles läuft den Bemühungen zuwider, Radfahrern das so wichtige Sicherheitsgefühl zu geben, dass sie ihr Ziel auf sicherem Weg erreichen können. Auch in Baustellenbereichen müssen Radverkehrsanlagen durchgehend befahrbar oder vertretbare Umfahrungen ausgeschildert sein. Bei Umleitungen ist darauf zu achten, dass diese mindestens das gleiche LTS-Level aufweisen, wie die gesperrte Strecke.

Netzlücken auf Strecken und an Knoten wirken sich negativ auf die Kontrollüberzeugungen aus.

An Baustellen sind Radfahrer oft auf sich allein gestellt. Das führt zu Unsicherheit und Unwohlsein.

Eine fehlende Führung von Linksabbiegern in Knotenpunkten schränkt den Bewegungsraum ein.

Berliner Lösung für signalisiertes Linksabbiegen bei Verkehrsführung auf einem Radfahrstreifen.

Exkurs – Fußgänger

Fußverkehrsförderung ist Radverkehrsförderung. Entfernungen bis etwa 500 m sind gut geeignet, um sie auf den eigenen Beinen zurückzulegen. Das Fahrrad erweitert den Radius auf 5 km und mehr. Ein Großteil unseres Mobilitätsverhaltens ist reine Routine. Wer es gewohnt ist, für eine kurze Strecke zu Fuß zu gehen, der steigt auch viel eher vom Auto auf das Fahrrad um, wenn die Distanz einmal ein bisschen größer ist. Fuß- und Radverkehr sind Verkehrsalternativen, die sich gegenseitig ergänzen. Kommunale Radverkehrsförderung sollte daher stets auch an die Fußgänger denken und Verbesserungen anstreben. Menschen, die zu Fuß unterwegs sind, beleben den öffentlichen Raum und tragen wesentlich zu Urbanität, Sicherheit und Lebensqualität in Quartieren bei. Je mehr Personen sich im öffentlichen Raum aufhalten, desto sicherer fühlt sich der Einzelne.

Der Gehweg

Der Gehweg kann gedanklich in einzelne Flächen aufgeteilt werden. Die eigentliche Gehfläche sollte mindestens 1,80 m breit sein. Dazu kommen 50 cm als Abstandsfläche zur Fahrbahn und 20 cm zu Häusern. So ergibt sich die in den Regelwerken EFA und RASt für Deutschland genannte Mindestbreite eines Gehwegs von 2,50 m. Gehwege werden von Autofahrern häufig als Ersatzparkfläche missverstanden, vor allem dann, wenn ein hoher Parkdruck vorherrscht. Die Freihaltung von Gehwegen für Fußgänger und radelnde Kinder bis 8 Jahren ist eine der wichtigsten kommunalen Maßnahmen zur Unterstützung der Nahmobilität.

Auf der Fahrbahn parkende Fahrzeuge reduzieren zudem die gefahrenen Geschwindigkeiten und tragen so zu einem Mehr an Sicherheit und Lebensqualität für die schwächeren Verkehrsteilnehmer und Anwohner bei. In Deutschland müssen Kinder bis 8 Jahren auf dem Gehweg fahren. Falschparker, Mobiliar und andere Hindernisse machen es ihnen und ihren begleitenden Eltern sehr schwer, sich mit dem Fahrrad sicher und zielgerichtet durch die Gemeinde oder Stadt zu bewegen. Auch das ist ein Grund dafür, dass Elterntaxis immer beliebter werden – mit allen negativen persönlichen und gesellschaftlichen Folgen einer Mobilitätskarriere, bei der das Automobil im Mittelpunkt steht. Bauliche, ordnungspolitische und kommunikative Maßnahmen zur Freihaltung der Gehwege sollten Standard in allen Kommunen sein.

Viele Gehwege sind voll von stationären und mobilen Hindernissen: Ampel- und Laternenmasten, Plakataufsteller, Strom- und Telekommunikationseinrichtungen, Poller, Fahrradständer, Kraftfahrzeuge, Parkautomaten, Baustellen, Mülltonnen, Verkehrsschilder, ungenehmigte Sondernutzungen, Bänke – und das auf oft ohnehin schon schmalen Gehwegen. Gehwege sind in der Realität keine Gehwege, sondern Mehrzweckflächen: temporäre Parkplätze, Verladeplätze bei Umzügen, Sammelstellen für Grünzeug oder vorübergehende Mülldeponien. Hinzu kommen Fußgängerampeln, Querungen, Grundstücksausfahrten, Fußgängerbrücken oder kahle Unterführungen, die Gehen unattraktiv machen und Fußgänger dazu zwingen, ihr normales, regelmäßiges Schritttempo zu unterbrechen. Zu Fuß gehen wird dadurch als anstrengend empfunden. Fußverkehr muss wieder als eigenständige Verkehrsart verstanden werden.

Die Mindestanforderungen an ein qualifiziertes Fußwegenetz sind: Bau breiter Gehwege, Freihaltung der Wegenetze von Hindernissen, Anlage geeigneter Querungsmöglichkeiten, Sicherung ausreichender Grünphasen an Lichtsignalanlagen, Durchgrünungsmaßnahmen, bedarfsgerechte Sitzangebote, sowie Minimierung von Distanzen und Wartezeiten. Die Stadt Zürich schaltet ihre Fußgängerampeln so, dass die maximale Wartezeit für Gehende 20 Sekunden beträgt. Die Grünphasen für den Kfz-Verkehr wurden entsprechend verkürzt und die Rotphasen verlängert.

Zugeparkte Gehwege verringern die Attraktivität des Gehens und verringern das Sicherheitsgefühl. Viele Eltern lassen ihre Kinder nur dann zu Fuß gehen, wenn sie Gewissheit haben, dass die Gehwege nutzbar sind.

Die Regelwerke sehen für Deutschland Gehwegbreiten von 2,50 Metern und mehr vor. Hier ein Beispiel aus Potsdam mit angrenzendem, baulich getrenntem Zweirichtungsradweg.

Ganz selbstverständlich sprechen wir von Fußgängern. Tatsächlich gibt es jedoch ganz verschiedene Varianten des Gehens (Gehl 2015): schnelles und zielgerichtetes Gehen von A nach B, das Hin- und Herlaufen von Kindern, langsames Gehen beim Stadtbummel, das Joggen beim Fitnesstraining et cetera. Das Tempo hängt dabei sowohl von dem Anlass des Gehens ab, als auch von den äußeren Umständen. Der Stadtplaner Jan Gehl konnte nachweisen, dass die Menschen in der Fußgängerzone in Kopenhagen an kalten Wintertagen 35 Prozent schneller laufen als an schönen Tagen im Sommer. Auch bei Regen und Wind sind die Fußgänger schneller unterwegs.

Wegenetz für mobilitätseingeschränkte Personen

Die Belange von Personen mit Mobilitätseinschränkung sind bei der Fußverkehrsplanung besonders zu berücksichtigen. Wesentliche Zielgruppen sind Rollstuhlfahrer, ältere Menschen mit Rollator sowie Blinde und Sehbehinderte. Zu den wichtigsten Maßnahmen gehören optische Kontraste, taktile Kanten und Blindenleitsysteme zur Orientierung sowie die Nullabsenkung von Bordsteinen für Rollstuhlnutzer. Pfosten und Bäume dienen Blinden und Sehbehinderten als Orientierunghilfe im Raum. Deshalb ist es schlecht, wenn sie oder ihre Umgrenzungen zum Abstellen von Rädern verwendet werden. Geeignete Radabstellanlagen können das Wildparken von Fahrrädern reduzieren.

Blindenleitsysteme auf dem Radweg – wie an diesem neu gestalteten Knotenpunkt – sind ein Tabu. Sie verringern nicht nur den Fahrkomfort für Radfahrer, sondern können Blinde und Sehbehinderte auf Radwege fehlleiten.

Richtige Umsetzung: Das Blindenleitsystem endet bzw. beginnt an den Außenrändern des Radwegs und zeigt Blinden und Sehbehinderten die Querungsstelle an, Konflikte können vermieden werden.

Die Anrampung erfüllt zwei Funktionen: sie reduziert die Kfz-Geschwindigkeiten und ermöglicht Fußgängern und Menschen mit Mobilitätseinschränkung eine bequeme Querung.

Ein gut ausgebautes Radwegenetz ist hervorragend für Elektrorollstühle geeignet und stellt innerstädtische Mobilität auch für jene sicher, die auf diese Unterstützung angewiesen sind.

Getrennte Führung von Rad- und Fußverkehr

Der Radverkehr ist vom Fußverkehr baulich getrennt zu führen – idealerweise auch Außerorts. Gehwege mit Zusatzschild *Radfahrer frei* oder kombinierte Geh- und Radwege werden weder den Belangen der Radfahrer, noch denen der Fußgänger gerecht. Die sich lautlos und schnell nähernden Radfahrer sorgen für Schreckreaktionen bei Gehenden. Für Blinde und Sehbehinderte sind kombinierte Wegeführungen sowie Querungen von Radwegen (vor allem ohne Leitsystem) extrem unangenehm.

Bauliche Hindernisse auf Fußwegen sind ein stetes Ärgernis für Gehende, vor allem für Blinde und Sehbehinderte. Wenn Fußgänger, wie in dieser Verkehrssituation, auf einen Radweg ausweichen müssen, kann es zu gefährlichen Konflikten mit Radfahrenden kommen. Gehwege müssen frei von Hindernissen sein.

Kombinierte Führungsformen führen oft zu Konflikten zwischen Gehenden und Fahrenden, wie dieser private Hinweiszettel entlang eines überörtlichen Geh- und Radweges in Bayern ausdrückt. Dort heißt es: „Radfahrer haben die Belange der Fußgänger auf kombinierten Fuß- und Radwegen besonders zu berücksichtigen. Und mit Unaufmerksamkeiten oder Schreckreaktionen muss der Radfahrer rechnen."

Mischnutzungen

Die Ausweisung verkehrsberuhigter Bereiche (Spielstraße), verkehrsberuhigter Geschäftsbereiche oder Begegnungszonen reduzieren Kfz-Geschwindigkeiten und attraktivieren das Gehen. Relativ neu in der Stadtplanung sind Begegnungszonen. Ihren Ursprung haben sie nach dem Vorbild der niederländischen *Woonerf* (dt. *Wohnstraße*) in der Schweiz, zwischenzeitlich wurden auch in anderen Ländern, darunter Belgien, Österreich und Deutschland, Begegnungszonen eingeführt. Die Umsetzung kann dabei unterschiedlich sein. Im deutschsprachigen Raum finden sich mit der Mariahilfer Straße in Wien und der Maaßenstraße in Berlin (Modellversuch) zwei unterschiedliche Konzepte, die – angepasst an die örtlichen Gegebenheiten – auch andernorts realisiert werden könnten. Begegnungszonen als Form der Verkehrsberuhigung sind dabei für Kommunen jeder Größenordnung ein geeignetes Instrument.

In Begegnungszonen wird die Geschwindigkeit durch Beschilderung und baulicher Ausführung üblicherweise auf 20 km/h beschränkt. In Österreich ist die

Begegnungszone in §76c StVO geregelt, nach dem die Höchstgeschwindigkeit im Einzelfall auch auf 30 km/h erhöht werden kann. In der Schweiz und in Österreich gibt es offizielle Verkehrszeichen für Begegnungszonen, in Deutschland werden die Bereiche mit Zeichen 325 (verkehrsberuhigter Bereich) oder als Zone mit beschränkter Geschwindigkeit (*Tempo 10* oder *Tempo 20*) sowie einem inoffiziellen Schild *Begegnungszone* ausgewiesen.

Begegnungszone Maaßenstraße: An den Zufahrten sind Tempo 20 und eine Parkverbotszone beschildert. Gehwegvorstreckungen verengen die Fahrbahn auf eine Fahrspur, eine quadratische Bodenschwelle senkt die Kfz-Geschwindigkeit, lässt Radfahrenden jedoch beidseitig Raum zur Umfahrung.

Begegnungszonen sollen die Attraktivität des Straßenraums ebenso erhöhen wie die Verkehrssicherheit. Die Hälfte der Maaßenstraße (links im Bild) steht der Bevölkerung nun für den Aufenthalt im Freien zur Verfügung, zuzüglich zu den Gehwegen (beidseitig).

Fahrbahnverengungen und Fußtapsen machen die Querungsstellen für Fußgänger sicherer. Das Stadtmobiliar erleichtert das Kommen (z.B. Fahrradständer) und Verweilen (z.B. Bänke, Spielgeräte, Kommunikationsinseln).

Begegnungszone Mariahilfer Straße: die Einkaufsstraße in der Innenstadt wurde optisch aufgewertet und Plätze für den Aufenthalt errichtet. Radfahren ist erlaubt, Stationen des Wiener Fahrradverleihsystems sind vorhanden. Kfz-Verkehr ist abschnittsweise zugelassen.

Kreuzungen und Querungen

In der StVO ist für Deutschland geregelt, dass zu Fuß Gehende Vorrang vor abbiegenden Fahrzeugen haben. Kommunen können diesen Vorrang mit Gehwegvorstreckungen unterstützen. Straßen mit niedrigen Kfz-Geschwindigkeiten (bis 30 km/h) sowie schmalen Fahrbahnen, erleichtern die sichere Querung, gerade auch für mobilitätseingeschränkte Personen, Senioren oder Kinder. An Knotenpunkten und Einfahrten sollten Gehwege – genau wie Radwege – nicht unterbrochen, sondern baulich und optisch durchgehend gestaltet werden. An

Knotenpunkten mit Lichtsignalsteuerung wird der Radverkehr oft so geführt, dass es zu Konflikten mit Gehenden kommt. Aufstellflächen für Wartende sind zu knapp bemessen oder werden sogar planmäßig auf Verkehrsflächen Radfahrende vorgesehen.

Praxisbeispiel Fußverkehrsförderung: Stadt Griesheim (Hessen)
Mit zwei Modellprojekten war die hessische Stadt Griesheim (28.000 Einwohner) in Hessen Vorreiter bei der kommunalen Förderung des Fußverkehrs. Griesheim stellt seine Projekte auf seiner Internetpräsenz wie folgt vor (Auszug):

Die bespielbare Stadt
„Kinder kommen im öffentlichen Raum immer weniger vor. Ohne Urteil hat ein allmählicher Freiheitsentzug stattgefunden. In Griesheim (…) ist das jetzt anders. Freiraum wurde den Kindern zurückgegeben. Kinderwege wirken wieder attraktiv. Im Laufe der Zeit entwickelten sich Spielplätze zu isolierten Kinderinseln. Dazwischen regeln Elterntaxis den Transfer. Auch die Rushhour vor Kindergärten und Schulen zeigt auf, dass sich immer weniger Kinder zu Fuß durch die Stadt bewegen. *Generation Rücksitz*, werden sie genannt.

Das war der Auslöser (…) einen Perspektivenwechsel vorzunehmen. Zunächst markierten Schulkinder mit Kreide ihren Schulweg. In einer Fragebogenaktion wurde sichtbar, welche anderen Orte für Kinder noch wichtig sind (wie zum Beispiel der Sportplatz und der Einkaufsmarkt) und wie sie dorthin kommen. Am Ende konnten alle in einer Stadtkarte sehen, wie das Kinderwegenetz aussieht.“ In einem nächsten Schritt wurde untersucht, ob sich in den entsprechenden Straßen freie Flächen fanden – über 100 Möglichkeiten wurden identifiziert. „Dafür wurden geeignete Spielobjekte ausgesucht, die vor allem ein Merkmal hatten, nämlich nicht eindeutig zu sein. Jeder kann sie zu dem machen, was gerade angesagt ist: etwas zum Klettern, Hüpfen, Sitzen und vieles mehr.

Die Überwege zu den Straßen sind durch den *Kleinen Griesheimer* gekennzeichnet. Die viereckigen Platten mit der gelben Figur geben keine Vorrechte im Straßenverkehr, aber Hinweise darauf, wo man am günstigsten die Straße überquert. Ergänzt wird dieses Konzept durch die *Spielstraße auf Zeit*. Hier verändern sich die Griesheimer Straßen für jeweils einen

Nachmittag zu einer echten Spielstraße, nämlich einer Straße ohne Autos." Die Straße wird dafür mit Zeichen 250 (*Durchfahrt verboten*) versehen.

Das Ergebnis beschreibt die Stadt so: „Auf diese Weise ist die Stadt nicht nur kindgerechter geworden, sondern die Griesheimer Kinder können sich jetzt durch ihre Stadt hindurchspielen. Zusätzlich zu den 25 Spielplätzen gibt es weitere 101 Spielobjekte, die an den Kinderwegen einladen, sich wieder auf die Socken zu machen."

Die besitzbare Stadt

„Nachdem in Griesheim die Unwirtlichkeit der Kinderwege festgestellt und mit dem Konzept der bespielbaren Stadt aufgelöst wurde, rückte die Situation von Fußgängern in den Blick, die aufgrund von Krankheit, Behinderung oder Alter lange Wege nicht bewältigen können oder denen das Warten schwerfällt. Für Senioren, die unterwegs sind, gibt es zwei verschiedene Bedürfnisse:

(1) Sich treffen und am öffentlichen Leben teilnehmen. Hier sind Orte geeignet, die einerseits geschützt sind und andererseits interessante Ausblicke bieten. Bänke laden zum Verweilen ein.
(2) Kurz ausruhen und neue Kraft sammeln für den weiteren Weg. Hier braucht man eher eine Gelegenheit zum Kurzzeitsitzen. Dazu können auch teilweise Spielobjekte der Kinder genutzt werden. Aber es muss auch Ergänzungen geben.

Zunächst einmal war es wichtig, herauszufinden, wo wichtige Seniorenorte sind und welche Wege dorthin besonders frequentiert sind. Im Stadtplan sollten diese markiert werden. Ein Kreuz für Orte und Striche für Wege. (...) Die Ergebnisse werden mit vorhandenen Standorten von Bänken und definitionsoffenen Objekten im Straßenraum abgeglichen. Weiterhin werden die Straßen und Plätze hinsichtlich Umgestaltungsmöglichkeiten untersucht. (...) Der öffentliche Raum wird ergänzt und umgestaltend möbliert. (...) In fußläufigen Entfernungen bieten Objekte zum Kurzzeitsitzen die Sicherheit, sich bei nachlassenden Kräften kurz zu erholen. Passend platzierte Bänke bieten sich als Treffpunkt an."

Quelle: Internetpräsenz Stadt Griesheim (Auszüge aus den Projekt-beschreibungen)

8 Checkliste

15 Anforderungen an eine nutzerorientierte Infrastruktur

15 Anforderungen an eine nutzerorientierte Infrastruktur

Aus dem Hygge-Modell lassen sich 15 zentrale Anforderungen für eine attraktive Radverkehrsinfrastruktur ableiten:

1. Planen Sie eine stressarme Infrastruktur für die Kernzielgruppe *Interessierte* (LTS 2)!
2. Separieren Sie Radfahrer vom Kfz-Verkehr und von Fußgängern!
3. Reduzieren Sie die Kfz-Geschwindigkeiten in Konfliktbereichen!
4. Priorisieren Sie den Radverkehr, um ein zügiges und flüssiges Vorankommen sicherzustellen!
5. Offerieren Sie direkte Verbindungen mit möglichst kurzen Wegen!
6. Stellen Sie sicher, dass die kürzeste auch die subjektiv sicherste Route ist!
7. Beschränken Sie die Zahl an Führungsformen auf ein Minimum! Entwickeln Sie stattdessen einheitliche Standards!
8. Schließen Sie die Netzlücken!
9. Ermöglichen Sie eine intuitive Wegführung auf selbsterklärenden Wegen – auch für Einsteiger!
10. Gestalten Sie eine auffallende und einladende Radinfrastruktur!
11. Planen und erhalten Sie eine glatte Oberfläche auf Radverkehrsverbindungen!
12. Vermeiden Sie Hindernisse auf oder neben den Wegen von Radfahrern!
13. Erschließen Sie Nebenstraßen in Wohngebieten bestmöglich für Radfahrer und passen Sie diese an die Bedürfnisse des Radverkehrs an!
14. Integrieren Sie das Fahrrad konsequent in den Lebensalltag Ihrer Zielgruppe!
15. Machen Sie Radfahrer zu gleichwertigen Verkehrsteilnehmern!

9

Aufbau von Radverkehrsnetzen

Aufbau von Radverkehrsnetzen

Ein zusammenhängendes Radverkehrsnetz ist **das** zentrale Element der kommunalen Radverkehrsplanung. Nur ein durchgehendes Netz an gut sichtbaren Radverbindungen, die ein sicheres, schnelles und bequemes Vorankommen ermöglichen, führt zu den spürbaren Vorteilen, die Mobilitätsverhalten verändern. Radverkehrsnetze sind dabei hierarchisch aufgebaut – das heißt, es gibt nicht „den" Radweg, sondern höherrangige Wege mit höheren Ausbaustandards und untergeordnete mit geringeren Ausbaustandards.

Wenn Sie die beiden Fotos in Abbildung 9-1 betrachten, werden Sie die Funktion beider Straßen sofort erkennen. Obwohl beide Bilder in derselben Stadt aufgenommen wurden, sind die Straßen baulich sehr verschieden. Aus dem Kfz-Verkehr sind wir es gewohnt, dass Straßen eine unterschiedliche Funktion haben (und dass es zusammenhängende Netze gibt). Im einen Bild ist eine innerörtliche Hauptverkehrsstraße zu sehen. Sie bündelt den Kfz-Verkehr auf einer zentralen Achse und ist durch ihre klare Verkehrsführung intuitiv nutzbar. Die Fahrzeuge auf der Hauptverkehrsstraße haben Vorrang, so dass auch ein schnelles Vorankommen möglich ist. Anders auf dem anderen Bild, auf dem klar eine Nebenstraße (Erschließungsstraße) zu erkennen ist. Hier verteilt sich der Verkehr auf das gesamte Nebenstraßennetz und es fehlt oft eine klare, intuitive Routenführung. Die Nutzerinnen und Nutzer benötigen ein besseres räumliches Wissen (Ortskenntnisse), um sich orientieren zu können. Im Regelfall bestehen „Rechts vor Links"-Regelungen und die Geschwindigkeit ist auf Tempo 30 beschränkt. Ein zügiges und konstantes Fahren ist somit nicht möglich.

Abb. 9-1: Eine Hauptverkehrsstraße erkennen wir an der baulichen Gestaltung (links), ebenso eine Straße des Nebennetzes (rechts).

Weshalb ist das so? Im Süden Deutschlands genauso wie im Norden? Die Art und Weise, wie unsere Verkehrswege gestaltet sind, wird durch technische Regelwerke bestimmt. Der Aufbau von Verkehrsnetzen ist in den Richtlinien für die integrierte Netzgestaltung (RIN) geregelt. Dieses Regelwerk „kennt" insgesamt 13 verschiedene Verkehrswegekategorien für den Kfz-Verkehr – von der Fernautobahn bis zur Anliegerstraße. Je höher die Einstufung einer Straße, desto höher der Ausbaustandard. Das Ergebnis ist ein schlüssiges und zusammenhängendes Straßennetz. In gleicher Weise definiert die RIN auch unterschiedliche Kategorien für ein Radverkehrsnetz. Auch dort gibt es demnach Wege mit niedrigeren oder höheren Ausbaustandards. Welche das sind, bestimmt sich durch weitere Regelwerke, darunter die Empfehlungen für Radverkehrsanlagen (ERA) oder die Hinweise für Radschnellverbindungen und Radvorrangrouten (H RSV).

Grundsätzlich lässt sich aus diesen Erkenntnissen festhalten:

- Auch für den Radverkehr ist ein hierarchisches Verkehrsnetz mit **unterschiedlichen Ausbaustandards** zu planen
- An wichtige Verbindungen des Radverkehrs bestehen – wie bei Hauptverkehrsstraßen im Kfz-Verkehr – **besondere Anforderungen** hinsichtlich Erkennbarkeit der Trassenführung, geringen Reisezeitverlusten oder Breiten

Eine gut gestaltete Fahrradstraße macht die Trassenführung einer Radhauptachse intuitiv erfassbar (im Bild: Aachen). Die Reisezeit sinkt, wenn die Fahrradstraße bevorrechtigt und ausreichend breit ist, um Überholvorgänge auch unter Radfahrenden zu ermöglichen.

Basisnetz

In jeder Stadt oder Gemeinde, jedem Landkreis, jeder Region und jedem Bundesland braucht es ein zusammenhängendes Radverkehrsnetz für den Alltag. Durch die Koordination verschiedener Baulastträger ergibt sich auch über die Zuständigkeitsgrenzen hinweg ein schlüssiges und einheitliches Radverkehrsnetz. Dieses besteht aus Radhauptrouten, Nebenrouten und einer flächenhaften Erschließung von Quartieren bzw. Gebieten für den Radverkehr. Dabei gilt folgende „Arbeitsteilung“:

- Die **Hauptrouten** (auch: Hauptverbindungen) sind als zentrale Achsen das Rückgrat des Radverkehrsnetzes. Alle Radhauptrouten ergeben zusammen ein in sich geschlossenes Netz, das die zentralen Ortsbereiche erschließt und miteinander verbindet. Hauptverbindungen haben eine Verbindungsfunktion zwischen den wichtigen Quellgebieten (Wohngebieten) und den bedeutenden Zielpunkten (z.B. Bahnhof, Innenstadt, Ausbildungs- und Arbeitsplatzschwerpunkte) – und das auf möglichst direktem Wege.
- Die **Nebenrouten** (auch: Basis- oder Nebenverbindungen) ergänzen dieses übergeordnete Netz an Hauptverbindungen. Nebenrouten müssen untereinander nicht zwingend ein eigenes Netz ergeben (und tun dies im Regelfall auch nicht). Die Funktion von Nebenverbindungen ist eine andere: Sie dienen der Anbindung an das Hauptroutennetz, bieten kurze Wege innerhalb von Quartieren und schaffen für Radfahrende an Hauptverkehrsstraßen oder auf außerörtlichen Strecken ein Basisangebot, damit diese Straßen für den Radverkehr erschlossen werden. All dies führt dazu, dass das Radverkehrsnetz durch Nebenrouten engmaschiger wird und damit an Attraktivität gewinnt. Nebenrouten besitzen deshalb ebenfalls eine Verbindungsfunktion, jedoch auf Strecken mit einem geringeren Potenzial.
- Bei der **flächenhaften Erschließung** geht es darum, auch abseits der definierten Haupt- und Nebenrouten objektiv und subjektiv sichere Bedingungen für den Radverkehr zu generieren und die abseits dieser Routen gelegenen Wohngebäude bzw. Ziele indirekt an das Radverkehrsnetz anzubinden – z.B. durch Einrichtung einer Fahrradzone. Eine gute Umsetzung dieser flächenhaften

Erschließung führt dazu, dass der „Radweg“ zumindest gefühlt bereits vor der eigenen Haustüre beginnt.

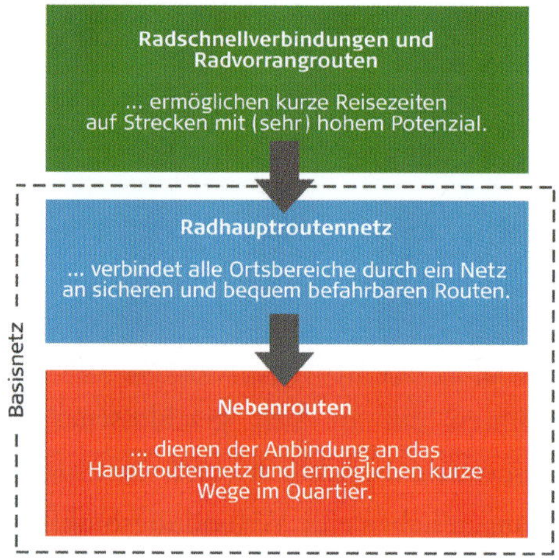

Kernelemente eines kommunalen Radverkehrsnetzes: Basisnetz und übergeordnete Radschnellverbindungen sowie Radvorrangrouten. Hinzu kommt eine möglichst flächenhafte Erschließung des Gemeindegebietes.

Und weil es die grundlegende Basis für einen funktionierenden Alltagsradverkehr ist und in jede Kommune gehört, bezeichne ich es auch als Basisnetz. In diesem Basisnetz kommen den Hauptverbindungen eine ganz besondere Bedeutung zu. Deshalb gehe ich nachstehend auf diese Routen noch einmal detaillierter ein.

Hauptrouten

Das Rückgrat eines jeden Radverkehrsnetzes sind Hauptrouten (auch: Hauptverbindungen), die zusammen ein in sich geschlossenes Netz für Radfahrende ergeben. Dieses Hauptroutennetz verbindet die einzelnen Stadtteile (z.B. Wohngebiete, Innenstadt, Stadtteilzentren, Kernstadt) sowie wichtige Alltagsziele (z.B. Schulen, Bahnhof, Gewerbegebiete, Einkaufsagglomerationen) durch ein Netz an sicheren, schnellen und komfortablen Routen miteinander und bindet diese an das überörtliche Radverkehrsnetz an. Daher sollten die Streckenabschnitte so ausgebaut sein, dass Fahrgeschwindigkeiten von 25 km/h ermöglicht werden – z.B. durch Überholmöglichkeiten von Radfahrenden untereinander, Freihaltung von Sichtbeziehungen, weite Kurvenradien oder einer guten Erkennbarkeit der Radverkehrsführung. Eine Entwurfsgeschwindigkeit von 25 km/h entspricht dem, was Pedelecs heute problemlos erreichen. Des Weiteren sollten an den Knotenpunkten im Streckenverlauf Maßnahmen ergriffen werden, um die Reisezeit gezielt zu verkürzen – z.B. durch eine entsprechende Lichtsignalsteuerung, Vorrang zu Gunsten des Radverkehrs oder planfreie Querungen (Unter- und Überführungen).

Hauptrouten des Radverkehrs sollten möglichst getrennt von Fuß- und Kfz-Verkehr verlaufen, d.h. gemeinsame Führungen sind nur der Ausnahmefall. Eine Führung auf eigenen Wegen lädt zum Radfahren ein und gewährleistet vor allem ein hohes Sicherheitsgefühl. Nur wer sich sicher fühlt, fährt auch Fahrrad!

Eigene Wege für Radverkehr, getrennt von Fuß- und Kfz-Verkehr, ist ein wichtiges Gestaltungsprinzip für Hauptrouten.

Gut ausgebaute Hauptrouten können – genauso wie Radvorrangrouten – mit dem Routenlogo gut sichtbar gekennzeichnet werden und motivieren damit zum Radfahren.

Anwendungsbeispiel eines Routenlogos im Verlauf einer Radhauptroute (Fotomontage)

Bei der Planung eines Hauptroutennetzes gilt: Wenn das Hauptroutennetz so aufgebaut ist, dass die Bürgerinnen und Bürger 70 Prozent der alltäglichen Kilometer auf ihm zurücklegen können, ist es funktional (also gut), weil es dann die wesentlichen Mobilitätsbedürfnisse in einer Kommune abbildet (CROW fietsberaad 2016). Die ERA 2010, das für die Radverkehrsplanung relevante technische Regelwerk, formuliert den Qualitätsmaßstab so: 90 Prozent der

Bevölkerung müssen innerhalb von 200 m Zugang zum Hauptroutennetz haben (ERA 2010, Kap. 1.2.4, Tab. 2, S.10). Dies bedeutet: Innerhalb bebauter Gebiete werden im Abstand von max. 400–500 m parallele Hauptrouten benötigt. Befinden sich Barrieren wie Bahnlinien, Gewässer oder stark befahrene Straßen dazwischen, können Hauptrouten ohnehin in geringeren Abständen erforderlich sein.

Diese Qualitätsanforderungen führen die Bedeutung eines Hauptroutennetzes vor Augen. Es genügt nicht, irgendwo im Stadt- oder Gemeindegebiet eine attraktive Hauptroute anzubieten. Mobilitätsverhalten lässt sich nur verändern, wenn das Radverkehrsnetz so gut und engmaschig ausgebaut ist, dass die Fahrtzeiten kurz sind und sich die Ziele auf möglichst direktem Weg erreichen lassen. Menschen sind zeit- und umwegesensibel, auf dem Fahrrad umso mehr – denn sie sind stärker der Witterung ausgesetzt, erreichen geringere Fahrgeschwindigkeiten als Autos (bei freier Fahrt) und bewegen sich vor allem mit Muskelkraft fort. Die Bewegungsenergie müssen sie also selbst erzeugen und nicht nur auf ein Gaspedal tippen. Vor allem muss das Hauptroutennetz für alle Verkehrsteilnehmenden als solches sichtbar sein.

Fahrradstraßen sind die einzige Möglichkeit, Hauptrouten im Nebenstraßennetz sichtbar zu machen und sie zu bevorrechtigen.

Eine gute Möglichkeit zum Aufbau eines Hauptroutennetzes sind Fahrradstraßen – und zwar sowohl innerhalb bebauter Gebiete als auch außerhalb. Mit der Umwandlung einer herkömmlichen Erschließungsstraße in eine Fahrradstraße kann das Hauptnetz in einer Kommune oder auch eines Landkreises vergleichsweise kostengünstig ausgebaut und Netzlücken (auch subjektiv!) geschlossen werden.

Radschnellverbindungen und Radvorrangrouten

Dieses grundlegende Basisnetz aus Haupt- und Nebenrouten sowie der flächenhaften Erschließung eines Ortes für den Radverkehr kann um einzelne, höherwertige Radverbindungen ergänzt werden. Dann kommen Radschnellverbindungen (RSV) oder Radvorrangrouten (RVR) „on top". Sie sind dort sinnvoll, wo auf einzelnen Strecken durch den Berufs- bzw. Ausbildungsverkehr ein besonders hohes Potenzial an Radfahrenden besteht. Große Verkehrserzeuger können z.B. sein (FGSV 2021, S.11): Stadtzentren, große Arbeitsplatzschwerpunkte (mehr als 1.000 Beschäftigte, z.B. große Gewerbegebiete, Verwaltungsstandorte), Versorgungsschwerpunkte außerhalb von Stadtzentren, Hochschulen und weitere Bildungseinrichtungen mit überörtlicher Bedeutung, ÖV-Verknüpfungsanlagen (insbesondere zum Schienenverkehr) und Veranstaltungsorte mit hohem Besucheraufkommen. RSV und RVR benötigen die Anbindung an ein qualitativ hochwertiges Basisnetz aus Haupt- und Nebenrouten.

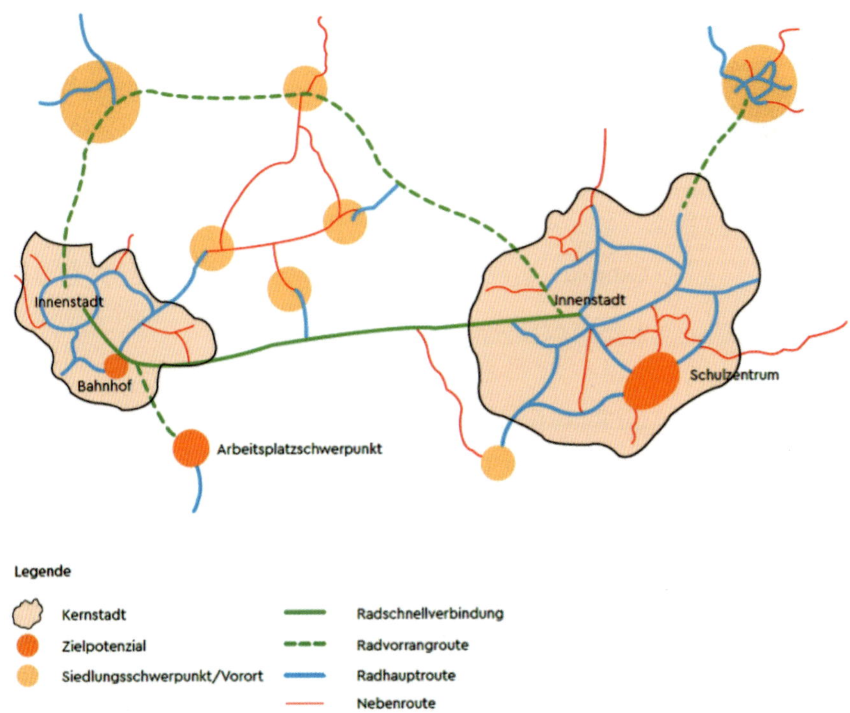

Aufbau eines Radverkehrsnetzes aus Radschnellverbindungen, Radvorrangrouten sowie einem regionalen bzw. kommunalen Basisnetz aus Haupt- und Nebenrouten (in Anlehnung an H RSV 2021).

Radschnellverbindungen

Für Radschnellwege gelten besonders hohe Qualitätsanforderungen, denn sie sollen die Menschen dort ganz gezielt zum Umstieg vom Auto auf das Fahrrad motivieren, wo ein hohes Potenzial an Radfahrenden gegeben ist – und zwar vor allem auch über größere Distanzen hinweg („Radschnellwege-Standard"). Radschnellwege sollen die Reisezeit mit dem Fahrrad gezielt verkürzen und Radfahren deutlich komfortabler machen, z.B. durch extra breite Wege, einen möglichst kreuzungsfreien Ausbau oder Vorrangregelungen bzw. -schaltungen an Lichtsignalanlagen. Zudem soll die Radschnellverbindung im Verkehrsraum gut sichtbar sein. Dadurch wird das Verkehrsmittel Fahrrad im Vergleich zum Auto konkurrenzfähig(er).

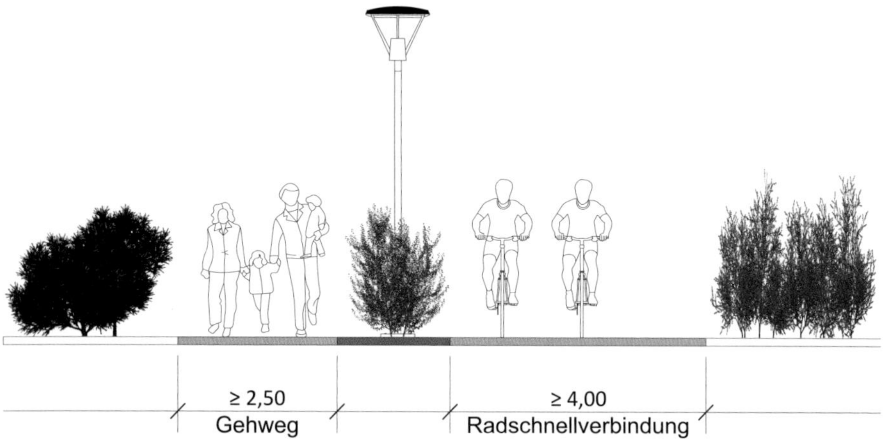

Regelquerschnitt eines Radschnellwegs im Zweirichtungsverkehr in Metern

Mit den Hinweisen für Radschnellverbindungen und Radvorrangrouten (H RSV) liegt seit Sommer 2021 ein erstes technisches Regelwerk vor, das konkrete Planungsempfehlungen für Radschnellverbindungen in Deutschland gibt. Ein wichtiges Element ist dabei die eindeutige und wiedererkennbare Kennzeichnung dieses „Premiumradwegs". Diese erfolgt durch eine durchgehende grüne Begleitlinie (Schmalstrichmarkierung mit einer Breite von 12 cm) zu beiden Seiten. Zusätzlich wird das Verkehrszeichen „Radschnellweg" (VZ 350.1) angeordnet.

Für Radschnellverbindungen gibt es ein eigenes Verkehrszeichen (VZ 350.1, Radschnellweg).

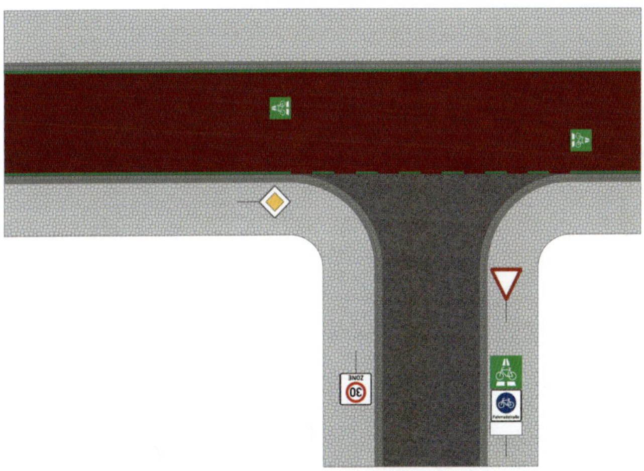

Radschnellverbindungen werden mit einer grünen Begleitmarkierung sowie dem Verkehrszeichen „Radschnellweg" gekennzeichnet. Sie können – wie in dieser Abbildung dargestellt – auch durch eine Fahrradstraße geführt werden.

Der ursprüngliche Begriff Radschnellweg wird zunehmend durch Radschnellverbindung ersetzt. Als Führungsformen kommen beim Radschnellwege-Standard gemäß H RSV nämlich neben selbstständig geführten sowie fahrbahnbegleitenden Radwegen auch andere Führungsformen in Frage, darunter Fahrradstraßen und geschützte sowie ungeschützte Radfahrstreifen (daher auch der übergreifende Begriff der Radschnellverbindung). Dahinter steckt die Tatsache, dass sich diese Schnelltrassen nicht immer und überall als baulich getrennter Radweg realisieren lassen. Gerade innerhalb bebauter Gebiete fehlt häufig der Platz, um Radwege in der geforderten Breite von 3,00–4,00 m herzustellen. In diesen Fällen bleibt nur, die Radschnellverbindung auf den bestehenden Straßen und Wegen zu führen und diese nach dem Radschnellwege-Standard auszubauen. Ein effizientes und kostengünstiges Mittel dafür sind Fahrradstraßen. Dabei werden vorhandene Erschließungsstraßen aufgewertet.

Dies geschieht durch:

- verkehrsrechtliche Ausweisung als Fahrradstraße (VZ 244.1)
- verkehrsrechtliche Ausweisung als Radschnellweg (VZ 350.1)
- bauliche Maßnahmen
- Einsatz von Fahrbahnmarkierungen
- Integration in die wegweisende Beschilderung

In ähnlicher Weise erfolgt die Umwandlung anderer Führungsformen in eine Radschnellverbindung.

Diese Führungsformen kommen innerorts für den Radschnellwege-Standard in Frage (von links oben im Uhrzeigersinn): geschützter Radfahrstreifen (Darmstadt), Fahrradstraße (Göttingen), Radfahrstreifen mit und ohne Linienbusverkehr (Mannheim) und Radweg (Erzhausen). Die dargestellten Radschnellverbindungen wurden vor Erscheinen der H RSV realisiert, daher fehlt die grüne Leitmarkierung.

Radschnellverbindungen gewinnen zunehmend an Bedeutung. Gleichwohl ist zu erwarten, dass sie auch langfristig nur auf einzelnen Strecken in urbanen Räumen oder Stadt-Umland-Beziehungen realisiert werden. Sie werden nach dem aktuellen Stand der Technik in Deutschland auf Strecken ab 5 km Länge und ab einem zu erwartenden Radverkehrsaufkommen von mindestens 2.000 Radfahrten täglich geplant. Radschnellverbindungen werden deshalb immer linienhaft auf wichtigen Quell-Ziel-Relationen eingesetzt, ergeben aber zusammen selbst kein zusammenhängendes Radschnellwegenetz (es gibt Einzelfälle in urbanen Räumen, in denen auch ein kleines zusammenhängendes Netz aus wenigen Radschnellwegen geplant wurde). Genauso wie im Kfz-Verkehr die Fernautobahnen auf das weitere Straßennetz mit Bundes-, Landes-, Kreis- und Gemeindestraßen angewiesen sind, benötigen auch Radschnellverbindungen ein qualitativ hochwertiges, feingliedriges nachgeordnetes Radverkehrsnetz. Dieses besteht insbesondere aus Haupt- und Nebenrouten des Radverkehrs (das erwähnte Basisnetz), das in jeder Kommune vorhanden sein sollte, sowie bei Bedarf zusätzlich aus Radvorrangrouten.

Außerörtlicher Radschnellweg in Hessen mit Beleuchtung und schräg gestelltem Mülleimer für Radfahrende

An Knoten sollen Radschnellwege priorisiert oder planfrei geführt werden (im Bild: Radschnellweg bei Arnheim, Niederlande).

Radvorrangrouten

Radvorrangrouten sind sichere, zügig und komfortabel zu befahrene sowie gut erkennbare Radverbindungen unterhalb des Radschnellwege-Standards. Sie werden auf einzelnen Strecken mit einem hohen Potenzial eingerichtet und verlaufen vorzugsweise getrennt von Fuß- und Kfz-Verkehr. Die Zielsetzung ist identisch mit der von Radschnellverbindungen. Der wesentliche Unterschied ist: Für Radvorrangrouten gibt es keine zahlenmäßigen Anforderungen hinsichtlich des Potenzials von Radfahrenden und der Länge der Route. Gemäß H RSV sollten sie jedoch trotzdem „auch eine hohe Radverkehrsstärke erreichen und eine eigenständige Verbindungsfunktion im Radverkehrsnetz besitzen“ (FGSV 2021, S. 8).

Radvorrangrouten nehmen damit eine Zwischenstellung zwischen den höherrangigen Radschnellverbindungen und den niederrangigen Hauptrouten ein. Gegenüber Hauptrouten besteht das wesentliche Unterscheidungsmerkmal darin, dass Hauptrouten grundsätzlich flächendeckend eingesetzt werden, um innerhalb eines Planungsraums (z.B. einer Gemeinde, eines Landkreises) die wichtigen Quellen und Ziele miteinander zu verknüpfen – und deshalb als zusammenhängendes Netz geplant werden. Radvorrangrouten werden dagegen nur punktuell auf Strecken eingesetzt, die ein besonderes Potenzial aufweisen. Ein echtes, zusammenhängendes Netz können sie nur ergeben, wenn sich in erheblich verdichteten Gebieten durch sich überlagernde Verkehrsbeziehungen große flächenhafte Potenziale ergeben.

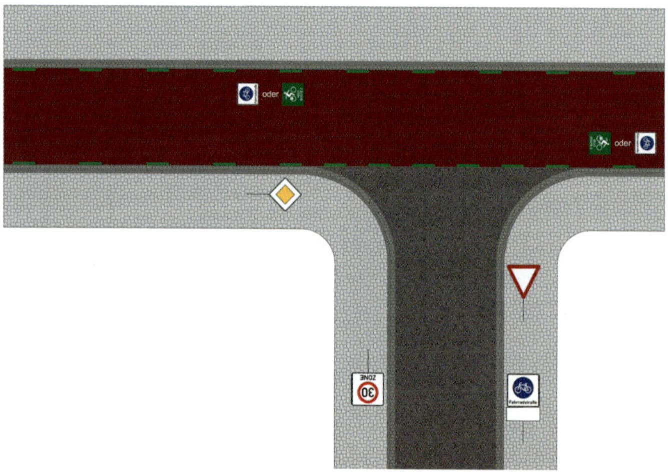

Radvorrangrouten werden mit einer unterbrochenen grünen Leitmarkierung sowie optional dem individualisierbaren Routenlogo gekennzeichnet. Die Darstellung zeigt eine Radvorrangroute im Verlauf einer Fahrradstraße.

Mit der H RSV (Hinweise für Radschnellverbindungen und Radvorrangrouten) liegen seit Juli 2021 konkrete Planungsempfehlungen vor. Ein wichtiges Element ist dabei die linienhafte Kennzeichnung einer Radvorrangroute im gesamten Streckenverlauf. Radvorrangrouten werden durch eine unterbrochene grüne Schmalstrichmarkierung (Breite 12 cm) zu beiden Seiten der Radverkehrsanlage (gemäß H RSV) verdeutlicht. Zusätzlich sollte das Routenlogo als Bodenpiktogramm sowie als Hinweisschild in regelmäßigen Abständen bzw. an Abzweigen eingesetzt werden.

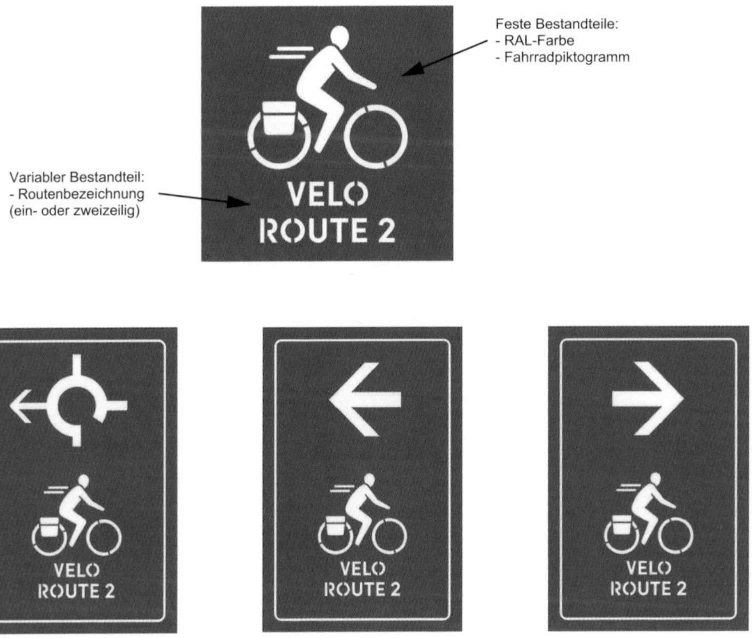

Mit dem Routenlogo werden Radvorrangrouten sowie Hauptrouten gut sichtbar gekennzeichnet. Es besteht aus festen und variablen Elementen und kann sowohl als Bodenpiktogramm (oben), als auch als Hinweisschild (unten) eingesetzt werden.

10 Subjektiv sichere Führungsformen

Subjektiv sichere Führungsformen

Die Wahl der Radverkehrsführung orientiert sich daran, welche Funktion eine Straße oder ein Weg im Radverkehrsnetz einnimmt. Grundsätzlich lassen sich die Netzfunktionen in drei Kategorien einteilen: Eine Straße oder ein Weg ist Teil...

- ... eines **Radschnellwegs**, einer **Radvorrangroute** oder einer **Hauptroute**: Radfahrende sollten sowohl getrennt vom Kfz-, als auch getrennt vom Fußverkehr Rad fahren können.
- ... einer **Nebenroute**: Radfahrende sollten so weit wie möglich getrennt von Kfz- und Fußverkehr Rad fahren können. Kombinierte Führungen mit dem Fußverkehr sind eher möglich, wenn die Verkehrswege entsprechend breit und frei von Hindernissen sind. Trotzdem führt dies zu Qualitätseinbußen für den Rad-, als auch für den Fußverkehr und erfüllt nicht den Anspruch an eine barrierefreie Infrastruktur, die blinden und sehbehinderten Personen gerecht wird.
- ... einer **flächenhaften Erschließung**: Radfahrende sollten nur mit wenigen und langsamen Kraftfahrzeugen interagieren müssen. Kombinierte Führungen mit dem Fußverkehr oder auch die Führung durch verkehrsberuhigte Bereiche (das bedeutet Schrittgeschwindigkeit für den Radverkehr) sind vor allem auf kurzen Abschnitten möglich.

Um Radfahrende ganz oder weitgehend separiert von Kfz- und Fußverkehr zu führen, kommen auf Streckenabschnitten im Längsverkehr vor allem folgende Varianten in Betracht:

- Radwege, getrennt von Kfz- und Fußverkehr
- geschützte Radfahrstreifen (Protected Bike Lanes)
- selbstständige Radwege
- Fahrradstraßen
- fahrradfreundliche Straßen sowie
- Fahrradzonen

Bei Fahrradstraßen, fahrradfreundlichen Straßen sowie Fahrradzonen funktioniert dies jedoch nur, wenn die Kfz-Verkehrsstärken gering und die Fahrgeschwindigkeiten an den Radverkehr auch tatsächlich angepasst sind. Hierauf ist bei der Planung bzw. Umsetzung besonders zu achten! Die nachstehende Tabelle gibt einen Überblick, welche Führungsformen an welchen Stellen im Rad- bzw. Kfz-Verkehrsnetz vorrangig eingesetzt werden können (Einsatzbereiche sicherer Radverkehrsanlagen). Für Knotenpunkte und Einmündungen gibt es mit den Elementen für ein sicheres Kreuzungsdesign (Kap. 11) Planungshinweise, wie Radverkehr bei getrennter Führung objektiv und subjektiv sicher abgewickelt werden kann.

Netzfunktion Kfz Netzfunktion Rad	Hauptverkehrs-straßen	Erschließungs-straßen	Straßen-unabhängig
Radschnellweg	• Radweg • geschützter Radfahrstreifen	• Fahrradstraße • ggf. Radweg	• selbstständiger Radweg
Radvorrangroute	• Radweg • geschützter Radfahrstreifen	• Fahrradstraße • ggf. Radweg	• selbstständiger Radweg
Hauptroute	• Radweg • geschützter Radfahrstreifen	• Fahrradstraße • ggf. Radweg	• selbstständiger Radweg • ggf. gemeinsamer Geh- und Radweg
Nebenroute	• Radweg • geschützter Radfahrstreifen • ggf. gemeinsamer Geh- und Radweg	• Fahrradfreundliche Straße • Fahrradzone	• selbstständiger Radweg • gemeinsamer Geh- und Radweg
Flächenhafte Erschließung		• Fahrradzone • verkehrsberuhigter Bereich	• selbstständiger Radweg • gemeinsamer Geh- und Radweg

Tab. 10-1: Einsatzbereiche objektiv und subjektiv sicherer Führungsformen für den Radverkehr in Abhängigkeit der Netzfunktion des Rad- sowie des Kfz-Verkehrs

Radweg

Radwege gehören subjektiv zu den sichersten Radverkehrsführungen überhaupt, weil Radfahrende durch eine physische Barriere vom Kfz-Verkehr getrennt sind (gemeint sind hier wohlgemerkt keine kombinierten Geh- und Radwege, sondern echte Radwege nur für Radfahrende). Üblicherweise werden baulich getrennte Radwege auf einem Hochbord geführt, so dass sie über Fahrbahnniveau liegen.

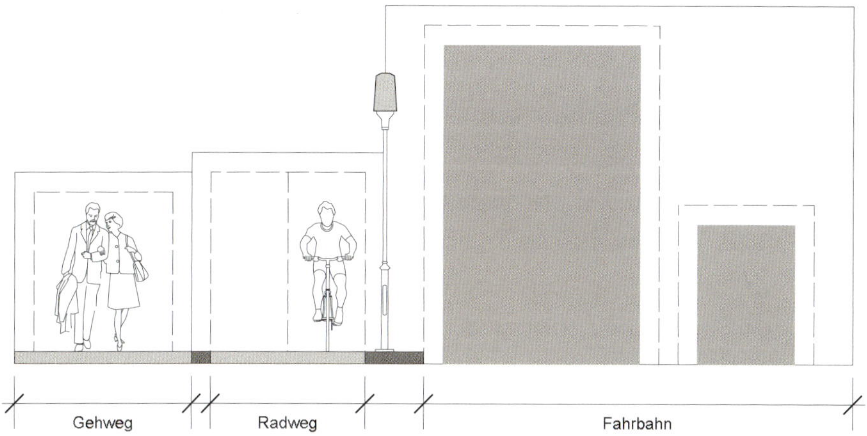

Auf Radwegen werden Radfahrende getrennt von Kfz- und Fußverkehr geführt. Zu Hindernissen und angrenzenden Verkehrswegen sollen Sicherheitsräume (Sicherheitstrenn- und Begrenzungsstreifen) angelegt werden.

Radweg im Verlauf einer innerörtlichen Hauptverkehrsstraße mit baulicher Trennung von Kfz- und Fußverkehr. Durch den roten Asphalt ist der Radweg für alle Verkehrsteilnehmenden sehr gut sichtbar.

Grundsätzlich ist es bei straßenbegleitenden Radwegen immer empfehlenswert, Einrichtungsradwege zu planen. Nötig ist somit ein Radweg auf jeder der beiden Straßenseiten. Diese Empfehlung findet sich so auch als Soll-Bestimmung in technischen Regelwerken wie der ERA. Hintergrund ist, dass bei Zweirichtungsradwegen vermehrt Unfälle zwischen Radfahrenden und abbiegenden Kraftfahrzeugen an Einmündungen und Zufahrten festzustellen sind. Autofahrende rechnen oft nicht damit, dass Fahrradverkehr aus der „falschen" Richtung zu erwarten ist. Zweirichtungsradwege sind jedoch auch gemäß technischer Regelwerke zulässig. Um die Verkehrssicherheit zu erhöhen, sollte auf die Gestaltung der Konfliktstellen besondere Aufmerksamkeit gelegt werden

– z.B. durch gute Sichtbeziehungen oder Errichtung einer Radwegüberfahrt, bei welcher der Radweg auf dem Hochbord über die Einmündung hinweg geführt wird. Zweirichtungsradwege sollten vor allem dort geplant und errichtet werden, wo die Wegebeziehungen für den Radverkehr ansonsten so unattraktiv oder unsicher werden, dass zwangsläufig mit regelwidrigem Verhalten gerechnet werden muss. Wortreiche Klagen über Radfahrende, die in falscher Richtung fahren (oft unsinnigerweise als „Geisterradler" tituliert), gibt es in vielen Kommunen. Bei näherer Analyse der Situation zeigt sich, dass eine schlecht geplante Radverkehrsführung, die an den Bedürfnissen der Zielgruppe vorbeigeht, fast immer eine ganz wesentliche Ursache ist. Die einzige Möglichkeit, dies in den Griff zu bekommen, ist eine an den Bedürfnissen der Nutzer angepasste Radverkehrsführung. Ein Mittel kann explizit auch der Zweirichtungsradweg sein.

Regelwidriges Befahren von Radwegen in Gegenrichtung begründet sich häufig in der vorhandenen und für Radfahrende sehr unattraktiven Wegestruktur. Ist die regelkonforme Radwegeführung unattraktiv, helfen auch mahnende Schilder nicht. Der einzig sinnvolle Weg liegt darin, die Wegestruktur an die Bedürfnisse des Radverkehrs anzupassen – möglicherweise auch durch einen Zweirichtungsradweg.

Viele Planerinnen und Planer haben seit den 1990er-Jahren Abstand von Radwegen genommen und vorhandene Wege sogar aufgelöst. Radfahrende sollten auf der Straße fahren, auch, weil dies angeblich sicherer sei. Dies gilt mittlerweile – glücklicherweise – als überholt. Baulich von der Fahrbahn abgesetzte Radwege sind verkehrssicher – sofern sie nach dem Stand der Technik geplant werden. Weil sie aber gleichzeitig auch als deutlich sicherer wahrgenommen werden, sind Radwege allen Mischverkehrsführungen auf der Fahrbahn (ich zähle dazu auch Radfahrstreifen) eindeutig überlegen.

Radwege werden vor allem entlang von Hauptverkehrsstraßen geplant. In Deutschland ist es vielmehr fast schon verpönt, Radwege auch in Nebenstraßen vorzusehen, weil dort im Regelfall Tempo 30 angeordnet ist. Mit dieser pauschalen Vorgehensweise, bei der sich die Entscheidung über die Art der Radverkehrsführung vor allem an der zugelassenen Höchstgeschwindigkeit orientiert, bleiben subjektive Empfindungen jedoch weitgehend außen vor. Es gibt sowohl in großen wie auch in kleinen Kommunen Nebenstraßen, die aufgrund des Kfz-Verkehrsaufkommens, der (überhöhten) Fahrgeschwindigkeiten oder der räumlichen Gegebenheiten (z.B. Fahrbahnbreiten, Schwerlastverkehr, Kfz-Parkplätze) ungeeignet sind, um Radfahrende in den Mischverkehr auf die Fahrbahn zu schicken. Vor allem für Sammelstraßen können eigenständige Radwege daher auch eine wichtige Führungsform sein, die auch in Deutschland ihre Berechtigung hat. Im Bestand ist dies in vielen Fällen aufgrund der Straßenraumbreiten häufig schwer oder gar nicht umsetzbar. Einzige subjektiv sichere Alternativen sind dann Fahrradstraßen und Fahrradzonen. Bei der Neuplanung von Wohngebieten bietet sich dagegen die einmalige Chance, sichere und komfortable Radwege vorzusehen.

Die Stadt Röthenbach an der Pegnitz hat den Neubau eines Wohngebietes (im Bild rechts) für die Errichtung eines großzügigen Zweirichtungsradwegs genutzt. Der Radweg verläuft straßenbegleitend zu einer Sammelstraße, die ein größeres Wohngebiet mit wichtigen Alltagszielen (z.B. Schulzentrum, Seniorenheim, Kindertagesstätten, Stadthalle) erschließt und Bestandteil einer Tempo 30-Zone ist.

Grundsätzlich können Radwege im Nebenstraßennetz auch mit einfachen Maßnahmen – also ohne einen erheblichen baulichen Aufwand – umgesetzt werden, indem ein Ein- oder Zweirichtungsradweg von der Fahrbahn abgetrennt wird. So entsteht mit geringem Aufwand ein geschützter Radweg. Die Trennung kann beispielsweise durch Borde, mobiles Grün oder Sperrpfosten (Poller) erfolgen. Ein Zweirichtungsradweg kann theoretisch bereits ab Fahrbahnbreiten von ca. 6,5 m eingerichtet werden, wenn für den Kfz-Verkehr eine Einbahnregelung besteht.

Geschützter Zweirichtungsradweg mit mobilem Grün zur Abtrennung von der Fahrbahn

Geschützter Radfahrstreifen

Eine Lösung, die schneller umsetzbar, kostengünstiger und flexibler ist als baulich ausgebildete Radwege, sind geschützte Radfahrstreifen. Sie entsprechen im Wesentlichen dem geschützten Radweg, werden allerdings an Hauptverkehrsstraßen im Einrichtungsverkehr angelegt und sind in der Regel benutzungspflichtig. Bei einem geschützten Radfahrstreifen wird der Radverkehr auf der Fahrbahn geführt und mit baulichen Elementen ein eigener Radfahrstreifen abgetrennt. Dadurch entsteht auf einer bestehenden Fahrbahn ein Sonderweg, der ausschließlich Radfahrenden vorbehalten ist und den hohen Schutz eines Radwegs bereithält – oder sogar noch mehr Schutz, weil geschützte Radfahrstreifen von Kraftfahrzeugen nicht überfahren werden können. Als Trennelemente kommen grundsätzlich alle Möglichkeiten in Betracht, die eine physische Barriere zwischen Fahrbahn und Radfahrstreifen gewährleisten, darunter:

- starre oder nachgebende Poller (Sperrpfosten)
- mobile Bäume oder bepflanzte Blumenkübel, z.B. aus Holz oder Beton

- Radanlehnbügel, z.B. längs zur Fahrtrichtung angeordnet
- Bordstein

Diese oder andere Trennelemente erzeugen eine physische Barriere zum angrenzenden Kfz-Verkehr, so dass mit einfachen Mitteln eine separierte und subjektiv sichere Führung eingerichtet werden kann.

Geschützte Radfahrstreifen: Als Trennelement werden zunehmend Borde eingesetzt (links). Schnell umsetzbar sind aber auch (flexible, d.h. nachgebende) Poller, wie es im rechten Bild zu sehen ist. Mögliche Kfz-Parkstände werden immer links der Radverkehrsführung angeordnet.

Vor allem temporärer eignen sich auch Lösungen aus dem Bereich der Baustellenabsicherung, z.B. Minibaken oder Leitboys.

Erforderlich ist dafür eine Umverteilung von Verkehrsflächen, indem eine Fahrspur oder ein Kfz-Parkstreifen aufgelöst und zum geschützten Radfahrstreifen umgebaut wird. Da meist nur geringe Eingriffe erforderlich sind, kann die Breite bei steigenden Radverkehrsmengen leichter angepasst werden, als bei Bordsteinradwegen.

Geschützte Radfahrstreifen sind in Deutschland eine vergleichsweise neue Führungsform, die jedoch von immer mehr Städten und Gemeinden eingesetzt wird, um zügig und mit begrenztem Aufwand attraktive Radverkehrsanlagen einzurichten. In dieser Hinsicht vereint diese Führungsform die Vorteile von Radfahrstreifen (geringe Kosten, schnelle Umsetzbarkeit, hohe Flexibilität) mit denen von baulich getrennten Radwegen (hohes Sicherheitsgefühl, ausgezeichneter Fahrkomfort) – und das bei einer hohen Verkehrssicherheit.

Die Gestaltung erfolgt ähnlich der eines (ungeschützten) Radfahrstreifens, d.h. für den Radverkehr wird eine Sonderspur am Fahrbahnrand vorgesehen, oftmals wird diese durchgehend rot eingefärbt. Zusätzlich wird diese Radspur durch physische Barrieren von der Fahrbahn abgetrennt. Bei der Planung sollten die in den Regelwerken vorgegebenen Breiten für Ein- bzw. Zweirichtungsradwege eingehalten werden. Letztlich gilt wie bei allen Radverkehrsanlagen: Die Breiten sind so zu bemessen, dass der erwartete bzw. angestrebte Verkehr gut und sicher abgewickelt werden kann.

Selbstständiger Radweg

Ein großes Potenzial für eine geschützte Radinfrastruktur bieten selbstständig geführte Radwege abseits von Straßen, z.B. im Verlauf von Grünzügen, durch Grünanlagen oder begleitend zu Bahnlinien und Gewässern. Bei der Entwicklung von Neubaugebieten und Konversionsflächen können diese von Beginn an gezielt vorgesehen werden und attraktive, direkte Verbindungen gewährleisten. Zu beachten ist, dass diese selbstständigen Radwege mitunter nur eine eingeschränkte soziale Sicherheit bieten und von manchen Radfahrenden gerade bei Dämmerung oder Dunkelheit gemieden werden. Dem kann durch planerische und gestalterische Maßnahmen zumindest teilweise entgegengewirkt werden. Möglichkeiten sind u.a.:

- Vermeidung von dunklen bzw. schlecht einsehbaren Ecken und Bereichen, z.B. durch Art, Anordnung und Pflege von Bewuchs, großzügige Kurvenbereiche oder gut einsehbare, offene Gestaltung von Unterführungen
- gute Einsehbarkeit der Radwege durch angrenzende Wohnbebauung, z.B. durch Gebäudegestaltung und Freihaltung von Sichtfeldern zwischen Wohnungen und Radweg
- Ansiedlung von Wohnbebauung anstelle reiner Gewerbe- oder Industriebereiche
- Beleuchtung

Selbstständiger Radweg innerhalb einer geschlossenen Ortschaft im Verlauf eines Grünzugs (links) und außerhalb (rechts)

Fahrradstraße

Städte und Gemeinden können durchgehende, zügig befahrbare und gefühlt sichere Radverkehrsnetze nach dem Hygge-Modell nur einrichten, wenn sie auch in den Nebenstraßen eine geeignete Infrastruktur für den Radverkehr bereitstellen. Zum einen befinden sich auch dort, abseits der Hauptverkehrsstraßen, wichtige Ziele und vor allem Quellgebiete des Verkehrs, zum anderen ist der Aus- und Neubau leistungsfähiger Radwege oder geschützter Radfahrstreifen an Hauptverkehrsstraßen aufgrund begrenzter Straßenraumbreiten oft schwer zu realisieren sowie die Umsetzung langwierig und kostenintensiv. Herkömmliche Tempo 30-Zonen können die Anforderungen an ein klar erkennbares und attraktives Radverkehrsnetz nach dem Hygge-Modell nicht erfüllen. Sie setzen nur sehr geringe Anreize zum Umstieg auf das Fahrrad. Diese Lücke füllen Fahrradstraßen und Fahrradzonen, die daher fester Bestandteil eines jeden kommunalen Radverkehrsnetzes sein müssen.

Diese Verkehrszeichen zeigen den Beginn (links, VZ 244.1) bzw. das Ende (rechts, VZ 244.2) einer Fahrradstraße an.

Eine Fahrradstraße ist die klügste und effizienteste Möglichkeit, innerhalb von Ortschaften eine hyggelige Achse für große und kleine Radfahrer zu schaffen – durch eine Verknüpfung mehrerer Fahrradstraßen entsteht vergleichsweise einfach ein hochwertiges und alltagstaugliches Netz für den Radverkehr. Weshalb ist das so?

Als Fahrradstraßen kommen Erschließungsstraßen in Frage – also Nebenstraßen, die oft innerhalb einer bestehenden Tempo 30-Zone liegen oder auch Hauptverkehrsstraßen, die für den Kfz-Verkehr zu einer Erschließungsstraße zurückgestuft wurden. Durch Ausweisung als Fahrradstraße kann eine einzelne Straße oder können mehrere Straßen innerhalb dieses Gebietes zu einer Radverkehrsachse werden, auf denen Radfahrende schnell, bequem und sicher vorankommen können. Die Fahrbahn wird somit quasi zum Radweg, auf dem Autos nur zu Gast sind.

Mit einer Fahrradstraße können Städte und Gemeinden gut sichtbare Achsen für den Radverkehr einrichten, die zudem sicher, schnell und komfortabel befahren werden können.

Eine Straße wird formell zur Fahrradstraße, indem die zuständige Straßenverkehrsbehörde das Verkehrszeichen „Beginn einer Fahrradstraße" (VZ 244.1) anordnet und dieses aufgestellt wird. Ab diesem Zeitpunkt gelten die spezifischen Regelungen der Straßenverkehrsordnung zur Fahrradstraße: Die Straße darf demnach nur noch von Fahrrädern und Elektrokleinstfahrzeugen (E-Roller) befahren werden. Zumindest innerhalb bebauter Gebiete ist das natürlich wenig realistisch, weil wenigstens die Zufahrt zu den vorhandenen Grundstücken für Anliegerinnen und Anlieger sowie Gäste und Mitarbeitende gewährleistet sein muss. Die Straßenverkehrsbehörde wird deshalb in all diesen Fällen Ausnahmen zulassen und sogenannte Zusatzzeichen anordnen, die unter dem Schild „Beginn einer Fahrradstraße" angebracht sind. Mit diesen Zusatzzeichen kann einzelnen Berechtigten die Zufahrt ausnahmsweise erlaubt werden, z.B. durch das Zusatzzeichen „Anlieger frei" allen, die in der Straße wohnen oder dort zu Gast sind bzw. etwas zu erledigen haben. Nicht im Sinne der Straßenverkehrsordnung ist jedoch das Zusatzzeichen „Kfz frei", mit dem pauschal allen ein- und zweispurigen Kraftfahrzeugen das Befahren der Fahrradstraße ohne Ausnahme erlaubt wird. Die Beschränkung des Kfz-Verkehrs in einer Fahrradstraße auf die Anliegerinnen und Anlieger ist wichtig, damit die Fahrradstraße als „Radweg" überhaupt funktionieren kann. Je stärker der Kfz-Verkehr auf einer Fahrradstraße, desto höher sind die negativen Auswirkungen auf die Radfahrenden – und desto weniger wird sie auch von Radfahrenden genutzt. Es gibt leider zahlreiche schlechte Beispiele von Fahrradstraßen in ganz Deutschland, die auf drastische Weise zeigen, wie es gerade nicht geht. Alle Details zur guten und sicheren Gestaltung von Fahrradstraßen nach dem Hygge-Prinzip habe ich in meinem Buch „Fahrradstraßen und Fahrradzonen" ausführlich beschrieben (Graf 2021).

Rotmarkierung am Beginn einer Fahrradstraße in Mannheim (links) sowie im Streckenverlauf an einem Zwischenknotenpunkt mit Vorrang für die Radachse (Nürnberg)

Weshalb ist es überhaupt sinnvoll, Fahrradstraßen einzurichten? Vor allem: Worin liegen die großen Vorteile gegenüber Tempo 30-Zonen, die es häufig ja schon im Bestand gibt? Nun:

1. **Fahrradstraßen machen Radfahren schnell:** Fahrradstraßen werden nicht überall, sondern ganz gezielt im Verlauf von Radhauptrouten oder sogar Radvorrangrouten bzw. Radschnellverbindungen eingerichtet. Also dort, wo ein gewisses Potenzial an Radfahrenden zu erwarten ist und wo

diese zügig und bequem vorankommen sollen. Dazu müssen die Wege ausreichend breit sein, um Überholvorgänge zwischen schnelleren und langsameren Radfahrerinnen zu ermöglichen. Und diese Hauptachsen des Radverkehrs sollten unbedingt bevorrechtigt sein (bei Hauptverkehrsstraßen gilt ja schließlich auch kein Rechts-vor-Links). Damit sind wir beim ersten Punkt für die Fahrradstraße: In einer Tempo 30-Zone gilt zwingend Rechts-vor-Links[1]; eine Fahrradstraße ist verkehrsrechtlich jedoch kein Bestandteil einer Tempo 30-Zone, selbst wenn sie mitten durch eine solche Zone verläuft. Entsprechend gelten die Vorgaben zur Tempo 30-Zone nicht und der Fahrradstraße darf gegenüber anderen Einmündungen Vorrang gewährt werden (die Regelwerke und alle Experten empfehlen dies auch).

Fahrradstraßen können und sollten Vorrang vor anderen Erschließungsstraßen erhalten. Das verkürzt die Reisezeiten für Radfahrende, weil eine konstante Fahrgeschwindigkeit möglich wird.

2. **Fahrradstraßen machen die zentralen Radachsen im Verkehrsraum sichtbar:** Fahrradstraßen können und sollten im Verkehrsraum auffällig gekennzeichnet werden, damit sie sich eindeutig von herkömmlichen Erschließungsstraßen unterscheiden. Dies ermöglicht zum einen eine intuitive Führung der Radfahrenden im Streckenverlauf und signalisiert auch

[1] Gemäß Straßenverkehrsordnung gibt es eine Ausnahme: Einzelne Straßen in einer Tempo 30-Zone können dann bevorrechtigt werden, wenn dort Linienbusse verkehren.

anderen Verkehrsteilnehmern: Das ist hier ein „Radweg" und als Autofahrerin bist Du hier nur zu Gast! Zu einer intuitiven Gestaltung gehört eine rote Fahrbahnoberfläche – vorzugsweise flächig im gesamten Streckenverlauf, mindestens jedoch zu Beginn, an allen Einmündungsbereichen sowie an ihrem Ende. Damit die besondere Funktion der Fahrradstraße auch im Streckenverlauf durchgehend sichtbar ist, wird alternativ zur roten Oberfläche eine linienhafte Markierung auf beiden Seiten verwendet (unterbrochener Breitstrich in Weiß).

Fahrradstraßen können und sollten auffällig gestaltet werden, so dass sie zum Umstieg auf das Rad motivieren.

3. **Fahrradstraßen machen das Radfahren komfortabel:** Seit der Novelle der Straßenverkehrsordnung im Jahr 2020 dürfen Radfahrende auf Straßen nebeneinander fahren – aber nur, wenn dadurch niemand gefährdet oder behindert wird. Anders bei Fahrradstraßen: Hier steht in der Straßenverkehrsordnung explizit, dass Radfahrende nebeneinander fahren dürfen – und zwar auch, wenn schnellere Verkehrsteilnehmer gerne überholen würden. Kann der gesetzlich vorgeschriebene Überholabstand von 1,50 m innerorts in einer Fahrradstraße nicht eingehalten werden, müssen Autofahrer notfalls ihre Geschwindigkeit reduzieren und sich der des Radverkehrs anpassen. Die Priorisierung dreht sich in einer Fahrradstraße also um, sprich der Kfz-Verkehr muss sich dem Radverkehr anpassen. In der Praxis funktioniert das,

wenn die Kfz-Verkehrsstärken entsprechend gering sind. Dazu kommen modale Filter zum Einsatz (z.B. Einbahnstraßen oder bauliche Sperren für Kraftfahrzeuge). Fahrradstraßen werden dann quasi zu einem „Radweg“, auf dem Radfahrende entspannt nebeneinander fahren und sich unterhalten können.

Bei Fahrradstraßen kann und soll der Kfz-Verkehr wirksam auf Anlieger beschränkt werden, damit Radfahrende dort bequem und stressfrei Rad fahren können.

Fahrradfreundliche Straße

Fahrradfreundliche Straßen sind kein Begriff aus einem technischen Regelwerk oder der Straßenverkehrsordnung. Vielmehr bezeichne ich damit Erschließungsstraßen, die kein Bestandteil einer Fahrradstraße oder Fahrradzone sind und dennoch durch planerische, gestalterische oder verkehrliche Eingriffe für den Radverkehr in besonderer Weise geeignet sind. Im Regelfall handelt es sich damit um Straßen innerhalb von Tempo 30-Zonen oder mit einer streckenbezogenen Anordnung von Tempo 30 (VZ 274-30 – zulässige Höchstgeschwindigkeit 30 km/h). Maßnahmen zur Einrichtung fahrradfreundlicher Straßen sind unter anderem eine Reduzierung des Kfz-Verkehrs (z.B. durch Modalfilter) und von Kfz-Geschwindigkeiten (z.B. durch Grünflächen zur Erzeugung von Lenkbewegungen oder Materialwechsel) sowie eine Erhöhung der Aufenthaltsqualität (z.B. Begrünung).

Fahrradfreundliche Straße

Fahrradfreundliche Straßen durch bauliche Gestaltung (links) und Modalfilter (rechts)

Fahrradzone

Mit der Novellierung der Straßenverkehrsordnung 2020 gab es noch eine weitere wegweisende Neuerung: die Einführung von Fahrradzonen. Kurz gesagt, vereinen Fahrradzonen die Vorteile einer Fahrradstraße (Radfahrende dürfen nebeneinander fahren und Kraftfahrzeuge sind nur im Einzelfall zugelassen) mit denen einer Tempo 30-Zone (Ausweitung der Regelung auf ein ganzes Zonengebiet und nicht nur auf eine einzelne Straße). Anders als bei einer Fahrradstraße gilt in einer Fahrradzone jedoch weiter Rechts-vor-Links und es wird auch darauf verzichtet, einzelne Achsen besonders zu kennzeichnen. Vielmehr entsteht eine Zone aus mehreren gleichberechtigten Erschließungsstraßen, in denen Autos nur zu Gast sind. Fahrradzonen werden deshalb nicht auf einzelnen Radachsen eingesetzt, sondern dienen der flächenhaften Erschließung eines (Wohn-)Gebietes für den Radverkehr. Der „Radweg" beginnt dadurch direkt vor der eigenen Haustüre sofern aus der Fahrradzone, analog zur Fahrradstraße, der gebietsfremde Kfz-

Verkehr herausgehalten wird. Fahrradzonen sind ein Element für die flächenhafte Erschließung von Gemeindebereichen für den Radverkehr.

Diese Verkehrszeichen zeigen den Beginn (links, VZ 244.3) bzw. das Ende (rechts, VZ 244.4) einer Fahrradzone an.

Verkehrsberuhigter Bereich

Zur flächenhaften Erschließung von Gebieten können einzelne oder mehrere Straßen auch als verkehrsberuhigter Bereich (VZ 325) ausgewiesen werden. Dies ist für Radfahrende verkehrsrechtlich jedoch mit Schrittgeschwindigkeit verbunden und sollte wohl überlegt eingesetzt werden. Damit sich insbesondere der Kfz-Verkehr auf Anlieger beschränkt und die zulässige Höchstgeschwindigkeit eingehalten wird, muss die Gestaltung der Straße auch der verkehrsrechtlichen Anordnung entsprechen, z.B. durch die Unterbrechung von Sichtachsen, Materialwechsel oder Fahrbahneinengungen.

Die bauliche Gestaltung dieses verkehrsberuhigten Bereichs „kommuniziert" den Verkehrsteilnehmenden, welches Verhalten von ihnen erwartet wird.

11 Fahrradfreundliche Kreuzungen

Fahrradfreundliche Kreuzungen

Subjektiv als sicher empfundene Radwege, geschützte Radfahrstreifen oder Fahrradstraßen verlieren ihren Nutzen, wenn die Knotenpunkte von den Nutzern als gefährlich empfunden werden – diese also ein höheres LTS-Level aufweisen als die separierte Führung auf der Strecke. Eine für alle Radfahrenden objektiv und subjektiv sichere Radverkehrsführung setzt das Prinzip der separierten Führung auch an den Knotenpunkten fort. Schwendy (2023) bezeichnet dies als geschützte Kreuzung und schreibt dazu: Geschützte Kreuzung sei der „Oberbegriff für Knotenpunktkonzepte, die Radfahrende und Fußgehende mit ihren Bedürfnissen nach Sicherheit und Komfort berücksichtigen und die Nutzung von Kreuzungen für alle Verkehrsteilnehmenden übersichtlich, verständlich und einfach machen und damit das Unfallrisiko verringern." Er differenziert dabei zwischen geschützten Kreuzungen und einer Schutzinselkreuzung, die auch in Deutschland zunehmend unter dem Begriff Protected Intersection bekannt ist. Die Schutzinselkreuzung sieht Timm Schwendy als eine besondere Form der geschützten Kreuzung an; es handele sich um „große, meist signalisierte Kreuzungen, die charakterisiert sind durch eine, von der Fahrbahn weg schwenkende, Radwegefurt."

Geschützte Kreuzungen sind ein Oberbegriff für sichere, komfortable und übersichtliche Kreuzungslösungen, die das Unfallrisiko verringern und ein hohes Maß an subjektiver Sicherheit bieten. Eine besondere Form sind Protected Intersections (Schutzinselkreuzungen), bei denen die Radverkehrsfurt von der Fahrbahn weggeschwenkt wird.

Planungsgrundsätze

Die Unfalldichte von Radfahrenden ist umso höher, je stärker das Kfz-Verkehrsaufkommen ist. Von jedem Kraftfahrzeug, das im Straßenraum unterwegs ist, geht eine potenzielle Gefahr aus. Eine Verlagerung von Autofahrten auf das Fahrrad (oder Fußverkehr und ÖPNV) verbessert deshalb die Sicherheit von anderen Verkehrsteilnehmern. Zugewinne bei der Verkehrssicherheit können weiter dadurch erreicht werden, dass die Zahl der Konfliktpunkte minimiert wird, z.B. durch Verwendung von planfreien Querungen (Unter- und Überführungen), Reduzierung von Einmündungsbereichen entlang von Radwegeverbindungen (Abb. 11-1), der Anlage von geschützten Kreisverkehren oder der Verkürzung von Wegeverbindungen für Radfahrende (Abkürzungen, Durchstiche, direkte Wege).

Eine sichere Verkehrsinfrastruktur verzeiht Fehler.

Abb. 11-1: Die Reduzierung von Knotenpunktarmen oder Einmündungen – wie hier in Nimwegen (Niederlande) – kann eine wirksame Maßnahme sein, um Kreuzungen für Radfahrende sicherer und übersichtlicher zu gestalten.

Dort, wo Rad- und Kfz-Verkehr an Knotenpunkten plangleich – also auf einer Ebene – geführt werden, hängt die Verkehrssicherheit wesentlich vom Kreuzungsdesign ab. Dabei sind insbesondere drei Faktoren zu beachten. Ein Konfliktbereich ist für Radfahrende umso sicherer,

(1) je **geringer die Kfz-Geschwindigkeiten** sind,
(2) je **besser die Sichtbeziehungen** zwischen den Verkehrsteilnehmenden sind
(3) je **weniger Konfliktzonen** eine Kreuzung aufweist
(4) je **weniger Ereignisse** Verkehrsteilnehmende gleichzeitig **beachten** müssen
(5) je **selbsterklärender** die Nutzung für alle Verkehrsteilnehmenden und
(6) je **eher Autofahrer** beim Abbiegen **mit Radfahrenden** rechnen

Kreuzungslösungen, die nach diesen Prinzipien geplant sind, werden als geschützte Kreuzungen bezeichnet. Eine solche Kreuzungslösung ist in Abbildung 11-2 zu sehen. Die von meinem Team und mir geplante Kreuzung in der Großen Kreisstadt Germering (Bayern) erfüllt alle Kriterien einer geschützten Kreuzung (gleichwohl handelt es sich nicht um eine klassische Schutzinselkreuzung, da insbesondere die Radverkehrsfurt nur geringfügig von der Staatsstraße abgesetzt ist).

Abb. 11-2: Signalisierter Knotenpunkt im Verlauf einer Staatsstraße mit getrennter Führung des Radverkehrs

Fahrradfreundliche Kreuzungslösungen

Die sechs vorgenannten Planungsprinzipien zur Knotenpunktgestaltung sollten grundsätzlich immer beachten werden, wenn Einmündungen und Knotenpunkte geplant oder überplant werden. Timm Schwendy stellt in seinem Fachbuch „Sichere Kreuzungen" (2023) die fahrradfreundlichen Kreuzungslösungen vor und definiert ihre Einsatzbereiche in Abhängigkeit der Straßentypkombinationen – also in Abhängigkeit der Frage, welche Straßentypen im Knotenpunkt oder Einmündungsbereich aufeinandertreffen (Tab. 11-1). Auf sein Fachbuch mit ausführlicher Erläuterung und Bebilderung fahrradfreundlicher Kreuzungslösungen sei verwiesen. An dieser Stelle konzentriere ich mich auf eine Einführung in die Thematik, in deren Zuge ich die nachstehenden relevanten fahrradfreundlichen Kreuzungslösungen kurz vorstelle:

- Schutzinselkreuzungen
- Radwegüberfahrten

- Kreisverkehre
- sichere kleine Kreuzungen

Straßentypen		Erschließungsstraßen		Hauptstraßen
		Anliegerstraßen	Sammelstraßen	
Erschließungsstraßen	Anliegerstraßen	sichere kleine Kreuzungen Kreisverkehre		
	Sammelstraßen	sichere kleine Kreuzungen Kreisverkehre	sichere kleine Kreuzungen Schutzinsel-kreuzungen Kreisverkehre	
Hauptstraßen		Radwegüberfahrten Kreisverkehre	Schutzinsel-kreuzungen Radwegüberfahrten Kreisverkehre	Schutzinsel-kreuzungen Kreisverkehre

Tab. 11-1: Einsatzbereiche der Designvarianten für Kreuzungen in Abhängigkeit von Straßentypenkombinationen (in Anlehnung an Schwendy 2023)

Schutzinselkreuzungen

Für Radfahrende ist es subjektiv am sichersten, schnellsten und bequemsten, wenn sie an einer Kreuzung weitgehend getrennt von Kraftfahrzeugen fahren bzw. anhalten können und sich potenzielle Interaktionen auf die Radverkehrsfurt beschränken. Dies gewährleistet eine Schutzinselkreuzung (engl. Protected Intersection). Die zugrundeliegenden Planungsprinzipien sind seit Jahrzehnten bewährt, wurden jedoch gerade in Deutschland zu Gunsten von Radverkehrsführungen auf der Fahrbahn in den Hintergrund gerückt. Die größte Praxiserfahrung haben die Niederlande, wo die Schutzinselkreuzung das Standarddesign für größere Knotenpunkte darstellt. Aus diesem Grund werden sie in Deutschland häufig noch als niederländisches Modell angesehen, das man schlecht eins zu eins auf die Bundesrepublik übertragen könne. Dabei wurde dieser Kreuzungstyp sogar in früheren Ausgaben der ERA empfohlen und über viele Jahre hinweg in zahlreichen Kommunen gebaut. Auch die ERA 2010 enthält nahezu alle zentralen Gestaltungselemente, die auch bei einer Schutzinselkreuzung angewendet werden. Weil immer mehr Planende erkennen, dass es attraktive, vom Kfz-Verkehr getrennte Radverkehrsnetze (Knotenpunkte!) braucht, werden Schutzinselkreuzungen zwischenzeitlich wieder häufiger geplant und gebaut. Sofern die zentralen Planungsprinzipien beachtet und richtig angewendet werden, erhöht eine Schutzinselkreuzung neben der subjektiven Sicherheit auch die objektive Verkehrssicherheit. Schutzinselkreuzungen sind im Regelfall signalisiert, das Prinzip kann jedoch auch an unsignalisierten Kreuzungen eingesetzt werden.

Die Schutzinselkreuzung hat ihren Namen von der sog. **Schutzinsel**. Sie ist ein zentrales Gestaltungsprinzip, die ganz wesentlich den Charakter der Kreuzung ausmacht. Die Schutzinsel ist eine linsenförmige kleine Verkehrsinsel, die im Kurvenbereich den Radweg und die Fahrbahn baulich voneinander trennt und die Radfahrenden auf dem Radweg so wirksam vor (abbiegenden) Kraftfahrzeugen schützt. Jede Schutzinsel sollte so weit in der Kreuzung platziert werden, dass die der Abbiegeradius möglichst klein ist. Das reduziert die Abbiegegeschwindigkeiten des Kfz-Verkehrs und verkleinert für den Radverkehr die Konfliktzone mit Kraftfahrzeugen, weil die Radverkehrsfurt kürzer ausfallen kann. Welcher Abbiegeradius möglich ist, ergibt sich aus den Schleppkurven.

Abb. 11-3: Prinzipskizze einer Schutzinselkreuzung (hier eine unsignalisierte Kreuzung): Die linsenförmige Schutzinsel trennt Fahrbahn und Radweg im Kreuzungsbereich, die Aufstellflächen des wartenden Radverkehrs befinden sich neben der Schutzinsel weit im Kreuzungsbereich und die Radverkehrsfurten sind um bis zu 5 m abgesetzt. Bei Kreuzungen mit Lichtsignalanlage können Radverkehr und abbiegende Kfz zudem getrennt signalisiert werden. (Abbildung: Schwendy 2023).

Durch die Anlage einer baulich ausgebildeten Schutzinsel ergibt sich daneben fast automatisch eine **Aufstellfläche** für Radfahrende, die bei Rotlicht auf die

Weiterfahrt warten. Die Aufstellfläche befindet sich wird begrenzt durch die Schutzinsel, die Fahrbahn, die Wartefläche für den Fußverkehr sowie den Radweg. Sie wird so groß dimensioniert, dass sie für die prognostizierte Radverkehrsstärke ausreichend ist und Konflikte mit dem fahrenden Radverkehr oder Zu-Fuß-Gehenden ausgeschlossen ist. Die Mindesttiefe der Aufstellfläche entspricht der Mindesttiefe der angrenzenden Wartefläche des Fußverkehrs (2 m). Die Platzierung der wartenden Radfahrenden weit im Kreuzungsbereich erhöht die Verkehrssicherheit, weil sie sich im Sichtfeld des Kfz-Verkehrs befinden, dessen Haltlinie deutlich zurückgesetzt ist. Erhalten Radfahrende zusätzlich 2-3 Sek. Früher Grün als die Kraftfahrzeuge (Vorlaufgrün), haben sie den Konfliktbereich im Regelfall bereits wieder verlassen, bevor die ersten Fahrzeuge nach rechts abbiegen.

Ein wesentliches Unterscheidungsmerkmal von Schutzinselkreuzungen zu anderen geschützten Kreuzungen sind **abgesetzte Furten** – also der Verschwenk der Radverkehrsfurt um 2-5 m in den Kreuzungsarm. Eine Absetzung von 5 m entspricht dabei der Länge eines Pkw. Dies führt dazu, dass Kraftfahrzeuge die Radverkehrsfurt (nahezu) im rechten Winkel anfahren, so dass die direkten Sichtbeziehungen (bis hin zum Blickkontakt) zwischen den Verkehrsteilnehmenden verbessert werden. Bessere direkte Sichten ergeben sich auch bei abbiegenden Lkw.

Zudem ergeben sich durch die abgesetzte Furt längere Reaktionsmöglichkeiten der Verkehrsteilnehmenden. Für Autofahrer reduziert sich zudem der gefühlte Druck zügig abbiegen zu müssen, da sich durch die Absetzung der Furt eine kleine Aufstellfläche für Pkw ergibt, so dass sie nachfolgenden Kfz-Verkehr nachweislich weniger häufig blockieren. Die Folge sind tendenziell geringere Abbiegegeschwindigkeiten.

Aufgrund der baulich getrennten Führung von Kfz- und Radverkehr ist es leichter möglich, die beiden Verkehre zeitlich getrennt zu signalisieren (**getrennte Signalisierung**). Damit kann der kritische Begegnungsfall zwischen einem geradeausfahrenden Radfahrenden und einem rechtsabbiegenden Lkw entschärft werden: Zeigt die Fahrradampel grün, hat der rechtsabbiegende Kfz-Verkehr Rotlicht – und umgekehrt. Mit dieser Form wird bei einer Schutzinselkreuzung der höchste Schutz erreicht, weil die konfliktären Verkehre sowohl räumlich (bauliche Trennung), als auch zeitlich (Signalisierung) getrennt werden.

Radwegüberfahrten

Radwegüberfahrten werden eingesetzt, wenn Radfahrende im Verlauf eines straßenbegleitenden Radwegs eine untergeordnete Erschließungsstraße queren. Dies betrifft vorwiegend Hauptverkehrsstraßen, in Einzelfällen allerdings auch Sammelstraßen mit einem begleitenden Radweg.

Abb. 11-4: Ist ausreichend Fläche verfügbar, empfiehlt sich eine Kombination aus Teilaufpflasterung des Einmündungsbereichs (Radwegüberfahrt) und einer Furt, die um rund 5 m (eine Pkw-Länge) abgesetzt ist.

Bei einer Radwegüberfahrt ist der Einmündungsbereich aufgepflastert, so dass der Radweg (und der angrenzende Gehweg) höhengleich fortgeführt werden. Die Oberflächenmaterialien des Radwegs werden zudem beibehalten und über die einmündende Straße hinweggeführt, während die Fahrbahn unterbrochen und auf das Niveau des Rad- und Gehwegs angehoben wird. Diese Gestaltung macht die Radverkehrsführung sehr gut sichtbar und reduziert vor allem die Abbiegegeschwindigkeiten. Schwendy (2023) weist darauf hin, dass eine Fahrbahnanhebung an Einmündungen das Unfallrisiko um bis zu 40 Prozent senken kann. Dadurch ergibt sich ein vergleichbarer Effekt zur abgesetzten Furt. Eine durch Teilaufpflasterung hergestellte Radwegüberfahrt kann daher angesichts der oft geringen Flächenverfügbarkeit in Städten und Gemeinden eine alternative Lösung zur abgesetzten Furt sein. Sie ist auch in den technischen Regelwerken enthalten und wird in der ERA auch als Möglichkeit aufgeführt, um die Verkehrssicherheit von Zweirichtungsradwegen an Einmündungen zu erhöhen. Die beste Variante ist jedoch eine Kombination aus Radwegüberfahrt und abgesetzter Furt (Abb. 11-4). Dies senkt nicht nur die Abbiegegeschwindigkeiten, sondern verbessert auch die Sichtbeziehungen der

Verkehrsteilnehmenden und erlaubt es Autofahrern zudem, sich beim Ein- oder Ausfahren nacheinander auf Rad- und Kfz-Verkehr zu konzentrieren (Trennung der Wahrnehmungsereignisse).

Ein absolutes Muss ist die Sichtbarmachung der Radverkehrsanlage, insbesondere durch eine rote Einfärbung der Oberfläche – am besten nicht nur im Konfliktbereich, sondern auf ganzer Länge. So erkennen Autofahrende den Radweg bereits im Streckenverlauf und rechnen an der nächsten Kreuzung oder Einmündung viel eher mit Radverkehr.

Kreisverkehre

Mit einem Kreisverkehr können Radfahrende an Hauptverkehrsstraßen zügig geführt werden, da lästige Wartezeiten an Lichtsignalanlagen entfallen. Gestaltung und Verkehrsführung beeinflussen sowohl die objektive Sicherheit als auch das Sicherheitsempfinden. Mischverkehr wird von Radfahrenden als stressig und unsicher eingestuft, das wahrgenommene Unfallrisiko ist größer als an signalisierten Knoten. Dies steht im Widerspruch zu den Unfallanalysen, nach der eine Führung des Radverkehrs auf der Kreisfahrbahn als verkehrssicher eingestuft wird (GDV 2012).

Die subjektive Sicherheit kann bei Kreisverkehrsplätzen am besten mit einem umlaufenden Radweg gewährleistet werden. Denn Radfahrende fahren geschützt im Seitenraum und müssen nur an wenigen, kurzen Querungsstellen mit dem Kfz-Verkehr interagieren. Daher kommt auch die Bezeichnung als geschützter Kreisverkehr.

Innerhalb von Ortschaften sollte der Radverkehr im Regelfall bevorrechtigt sein. Nach einer Untersuchung der Unfallforschung der Versicherer sind umlaufende bevorrechtigte Radwege innerorts hinsichtlich der Verkehrssicherheit vergleichbar mit signalisierten Knotenpunkten (GDV 2012). Die Sicherheit wird dabei wesentlich von der Geschwindigkeit der Kraftfahrzeuge, der Sichtbeziehungen sowie der Erkennbarkeit des Radwegs vor sowie an den Konfliktstellen beeinflusst. In einer 2017 veröffentlichten Studie werden für die Gestaltung von innerörtlichen Kreisverkehrsplätzen mit einem umlaufenden bevorrechtigten Radweg im Wesentlichen folgende Empfehlungen zur Gestaltung gegeben (GDV 2017):

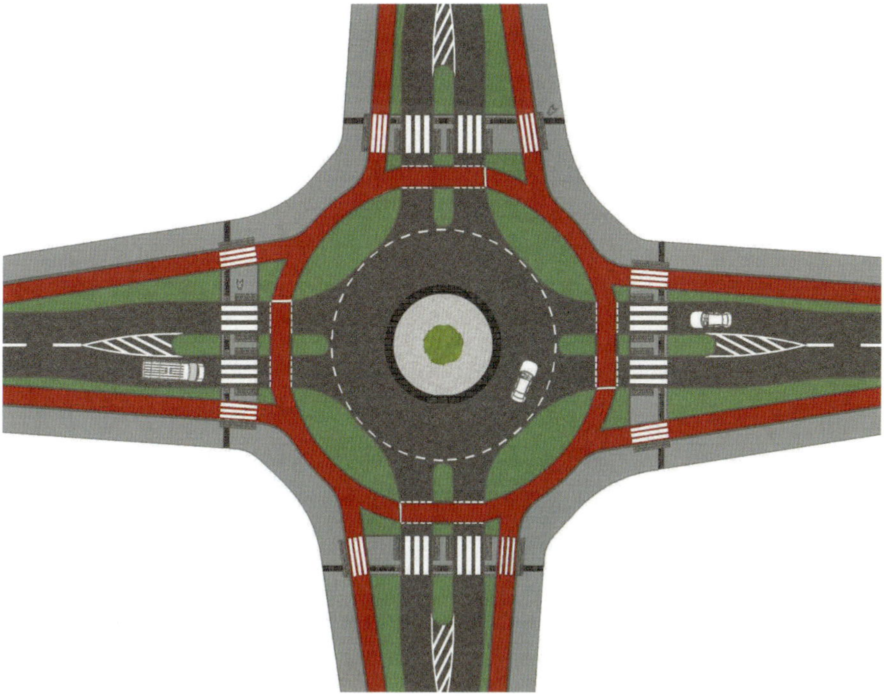

Abb. 11-5: Geschützter Kreisverkehr mit umlaufendem, bevorrechtigtem Einrichtungsradweg

- Der Außendurchmesser sollte mindestens 30 m betragen, der Innenring um die Kreisinsel höchstens 3 m
- Der Durchmesser der Kreisinsel sollte mindestens 13 m aufweisen, um die Kfz-Geschwindigkeiten durch Lenkbewegungen ausreichend zu reduzieren
- Die Innenringe sollten durch eine Erhöhung um 3 cm zur Fahrbahn und/oder eine besonders raue Oberflächengestaltung baulich ausgebildet werden
- Radfahrende sollten möglichst im Einrichtungsverkehr geführt werden. Ist eine Zweirichtungsführung geplant, so sollte die Radverkehrsfurt mindestens 2 m breit sein und über Fahrradpiktogramme mit Fahrtrichtungsanzeigern (Richtungspfeilen) versehen sein

Radwege sollten stets fahrbahnnah geführt werden – sowohl im Zulauf und in den Ausfahrten als auch im Umlauf (nach Möglichkeit höchstens 2 m von der Kreisfahrbahn entfernt).

Sichere kleine Kreuzungen

In vielen Städten und Gemeinden sind Straßen und Knotenpunkte im Erschließungsstraßennetz überdimensioniert und befördern damit (zu) hohe Kfz-Geschwindigkeiten. Regelmäßig sind Knotenpunkte zugeparkt, wenn bauliche Hindernisse fehlen und der Kontrolldruck durch die Ordnungsbehörden zu gering ist. Das beeinträchtigt die Sichtbeziehungen zum Teil erheblich. Um Kfz-Geschwindigkeiten zu reduzieren und Sichten zu verbessern, bieten sich folgende Maßnahmen an (auch im Kombination):

- **Gehwegvorstreckungen**: Erweiterung der Seitenbereiche auf die bisherige Fahrbahn (Abb. 11-6), z.B. baulich durch Aufweitung der Gehwege oder mit Hilfe einfacher Maßnahmen wie Sperrpfosten, Blumenkübel oder Fahrradanlehnbügel
- **Rückbau**: Verkleinerung überdimensionierter Kreuzungsbereiche (Abb. 11-7), z.B. durch neue Grünflächen, Gehwege, Aufenthaltsbereiche oder Fahrradanlehnbügel
- **Aufplasterung**: Anhebung von Kreuzungen (Abb. 11-8)
- **Diagonalsperre**: Wegnahme bestimmter Verkehrsbeziehungen für den Kfz-Verkehr durch bauliche Sperre (Abb. 11-9)

Abb. 11-6: Gehwegvorstreckung

Abb. 11-7: Rückbau durch Anlage von Grünflächen

Abb. 11-8: Aufpflasterung

Abb. 11-9: Diagonalsperre

Ein Sonderfall sind Fahrradstraßen, da diese gegenüber anderen Erschließungsstraßen immer bevorrechtigt werden sollten (Abb. 11-10). Dies erfordert weitere Maßnahmen der Knotenpunktgestaltung, die zusätzlich zur Anwendung kommen oder auch eine angepasste Gestaltung der zuvor aufgeführten Maßnahmen (z.B. abweichende Gestaltung einer Diagonalsperre).

Abb. 11-10: Bevorrechtigte Fahrradstraße in einem Wohngebiet (der Vorrang erfolgt durch Verkehrszeichen – nicht im Bild erkennbar).

Innovative Knotenpunktlösungen

Knotenpunkte sind oft komplexe Gebilde und eine sichere sowie intuitive Führung des Radverkehrs eine Herausforderung. Für eine nutzergerechte Radverkehrsführung können (und sollten) dabei im Einzelfall auch innovative Ansätze gewählt werden. Die nachfolgenden Praxisbeispiele speziell aus den Niederlanden zeigen interessante Einzellösungen auf.

Fahrradkreisverkehr die Erste (Zwolle)

Die Stadt Zwolle hat den ersten Fahrradkreisverkehr gebaut. In der Ausgangssituation bestand die Aufgabe, eine Fahrradstraße sicher und zügig über eine Hauptverkehrsstraße zu führen, gleichzeitig jedoch für Kraftfahrzeuge einzelne Fahrbeziehungen zu unterbinden.

Die Lösung ist ein Kreisverkehr mit einem umlaufenden Radweg, bei dem die Kreisfahrbahn für den Kfz-Verkehr nur entlang der Hauptverkehrsstraße befahrbar ist. Autofahrende können zudem jeweils nach rechts in die Fahrradstraße abbiegen. Unterbinden wird für sie aber das Linksabbiegen sowie das Queren der Hauptverkehrsstraße im Zuge der Fahrradstraße.

Wie in den Niederlanden üblich, haben Radfahrende auch in diesem Fahrradkreisverkehr Vorrang.

Abb. 11-11: Fahrradkreisverkehr in Zwolle. Die Kreisfahrbahn ist durch eine physische Barriere nur für den Radverkehr durchgängig befahrbar, für Kraftfahrzeuge dient sie als Modalfilter.

Fahrradkreisverkehr die Zweite (Arnheim)

In Arnheim werden Radfahrende an einem großen innerörtlichen Knotenpunkt durch einen Fahrradkreisverkehr geführt, der ausschließlich dem Radverkehr vorbehalten ist. Dies ist möglich, weil der Kfz-Verkehr eine Ebene darüber abgewickelt wird.

Abb. 11-12: Arnheim: Der Radverkehr wird in der Ebene -1 planfrei durch einen Kreisverkehr geführt.

Abknickende Vorfahrt in einem Fahrradkreisverkehr (Groningen)

Die Stadt Groningen hat eine abknickende Vorfahrtsstraße mit straßenbegleitenden Einrichtungsradwegen mit einem Fahrradkreisverkehr kombiniert. In den untergeordneten Knotenpunktarmen (im Bild im Hintergrund) sind die Zufahrtsbereiche mit Rampensteinen aufgepflastert und auf das Niveau der Radwegüberfahrt angehoben. Der Radverkehr ist durch diese Verkehrsführung in alle Fahrtrichtungen bevorrechtigt.

Abb. 11-13: Kombination aus Fahrradkreisverkehr und abknickender Vorfahrt (Groningen)

Radwegüberfahrt als Querungsstelle (Amsterdam)

Abb. 11-14: Mit einer diagonal angelegten Radwegüberfahrt werden Radfahrende vom Einrichtungs- auf den gegenüberliegenden Zweirichtungsradweg geleitet – natürlich bevorrechtigt.

Die Kreativität der Niederlande für eine stressarme und komfortable Radinfrastruktur wird auch in einer Amsterdamer Wohnstraße (Tempo 30-Zone) deutlich. Hier endet ein Einrichtungsradweg im Bereich einer T-Kreuzung und wird auf der gegenüberliegenden Straßenseite als Zweirichtungsradweg fortgeführt. Der Wechsel erfolgt als bevorrechtigte aufgepflasterte Radwegüberfahrt, die diagonal in Ideallinie über die Wohnstraße geführt wird.

Bevorrechtigte Querung einer Landstraße (Nimwegen)

Eine weitreichende Maßnahme wurde im Verlauf der Radschnellverbindung Nimwegen-Arnheim umgesetzt: Der Radschnellweg wurde außerorts gegenüber einer Landstraße mit einer zulässigen Höchstgeschwindigkeit von 70 km/h im Konfliktbereich bevorrechtigt. Zur Verdeutlichung der Querungsstelle und Herabsetzung der Kfz-Geschwindigkeiten wurde die Fahrbahn auf eine Fahrspur verengt.

Abb. 11-15: Plangleiche Querung des Radschnellwegs Nimwegen-Arnheim mit Vorrang für den Radverkehr (außerorts)

Praxisorientierte Planungshinweise

Die Realisierung fahrradfreundlicher Kreuzungen scheitert in der Praxis häufig daran, dass es angeblich an ausreichend Platz mangele. In vielen Fällen sind fahrradfreundliche Kreuzungen sehr wohl möglich. Die nachstehenden Planungshinweise zeigen einige Optionen auf, die in der Praxis hilfreich sein können, um geschützte Kreuzungen doch noch umzusetzen. Tipp: Straßenräume werden von außen nach innen geplant, d.h. zunächst werden Fuß- und Radwege in der jeweiligen Regelbreite (oder bei hohem Fuß- bzw. Radverkehrsaufkommen breiter) geplant und dann erst die Fahrspuren für den Kfz-Verkehr.

Verkehrsmengen

Limitationen für eine bessere Fuß- und Radverkehrsinfrastruktur ergeben sich häufig aus (vermeintlichen) Bedarfen des Kfz-Verkehrs, die mit Verkehrsmengendaten oder Verkehrsmengenprognosen hinterlegt werden. Sorgen Sie dafür, dass auch die Daten des Fuß- und Radverkehrs erhoben und das Verlagerungspotenzial, das sich aus einer Verbesserung der Radverkehrsinfrastruktur ergibt, berechnet wird. Ein weiterer Aspekt ist, die Leistungsfähigkeit verstärkt an der Menge der Personen zu bemessen und nicht an der Zahl der (Kraft-) Fahrzeuge. Fahrräder haben aufgrund der hohen Flächeneffizienz eine viel positivere Leistungsfähigkeit als Kraftfahrzeuge.

Großräumige Betrachtung

Schnell an Grenzen stößt, wer kleinräumig denkt. Durch eine großräumige Betrachtung des Kfz-Verkehrsnetzes können beispielsweise Maßnahmen identifiziert und ergriffen werden, um Verkehre umzulenken und bestehende Knotenpunkte zu entlasten. Dadurch können sich neue Spielräume eröffnen, um eine geschützte Radverkehrsinfrastruktur einzurichten.

Verkehrsbeziehungen

Knotenpunkte werden weniger komplex und können für den Kfz-Verkehr kleiner ausfallen, wenn die Zahl der Verkehrsbeziehungen reduziert wird – also beispielsweise das Abbiegen in eine bestimmte Richtung, das Queren oder das Aus- oder Einfahren aus einer bestimmten Richtung unterbunden wird. Die Wegnahme einzelner Verkehrsbeziehungen sollte nicht (nur) durch Verkehrszeichen angeordnet, sondern vor allem baulich unterbunden werden, z.B. durch Schließung eines Knotenpunktarms.

Fahrstreifen

Kfz-Fahrstreifen können reduziert, zu überbreiten Fahrstreifen oder auch ungewöhnlichen Fahrstreifenkombinationen (z.B. geradeaus/links) zusammengelegt werden.

Neuordnung der Geometrie

Die meisten Kreuzungen sind in den zurückliegenden Jahrzehnten autogerecht geplant und gebaut worden. Hier kann eine Anpassung der Kreuzungsgeometrie hilfreich sein, um Fuß- und Radverkehr stärker berücksichtigen zu können.

Wahl der Knotenpunktform

Durch die Wahl einer anderen Knotenpunktform können Freiräume für die Planung geschaffen werden. Beispielsweise beansprucht ein Kreisverkehr mehr Fläche als ein signalisierter Knotenpunkt bei gleicher Leistungsfähigkeit. Die Wahl der Knotenpunktform kann daher ausschlaggebend sein, ob eine geschützte Radverkehrsinfrastruktur realisiert werden kann.

12

Fahrradparken

Fahrradparken

In unseren Städten und Gemeinden ist es selbstverständlich, dass (nahezu) überall Kfz-Stellflächen vorgehalten werden. Die Straßenverkehrsordnung lässt das Kfz-Parken sogar überall zu, wo es nicht explizit untersagt oder unterbunden wird. Und obwohl – mindestens gefühlt – ohnehin an jeder Ecke Kfz-Parken zugelassen ist, bringt jedes neue Parkverbot oder jede Umwidmung einer Kfz-Stellfläche die Gemüter (vermeintlich) Betroffener in Wallung. Ein wesentlicher Grund dafür: Das Auto ist ein Verkehrsmittel und seine Nutzung soll möglichst einfach, schnell und bequem sein.[2] Sämtliche Einschränkungen, seien diese gefühlt oder tatsächlich gegeben, werden als Einschränkung der eigenen Möglichkeiten (Freiheit) wahrgenommen und daher vielfach abgelehnt. Es ist für uns völlig normal, dass Kfz-Parken überall dort mitgedacht und ermöglicht werden muss, wo Wege von Menschen beginnen (z.B. eigene Wohnung), enden (z.B. Arbeitsstätte) oder unterbrochen werden (z.B. Halt beim Bäcker).

Auch das Fahrrad ist ein Verkehrsmittel. Fahrradabstellplätze sind daher genauso flächendeckend an allen Quellen und Zielen vorzuhalten. Es ist ja einigermaßen absurd, Menschen zum Umstieg vom Auto auf das Fahrrad motivieren zu wollen, und gleichzeitig nur Kfz-Stellflächen flächendeckend anzubieten. Eine Laterne oder der Rohrpfosten eines Verkehrsschildes sind ausdrücklich kein Ersatz. Gute Radabstellanlagen führen tendenziell dazu, dass höherwertige Räder gekauft und genutzt werden – allen voran solche mit Elektrounterstützung (Pedelecs). Dies macht Radfahren attraktiver und größere Distanzen möglich; die Distanzfähigkeit des Fahrrads nimmt zu. Ziel des kommunalen Mobilitätsmanagements muss es sein, durch größere Abstellanlagen an zentralen Orten und einem ergänzenden dezentralen Netz in der Fläche, die Wahrnehmungsschwelle der Nutzer zu erreichen. Möglichkeiten zum Fahrradparken müssen überall in der Stadt präsent sein, genauso wie es bei Kfz-Parkplätzen der Fall ist.

[2] Sie erinnern sich an die Gründe für Mobilitätsentscheidungen – wenn nicht, gehen Sie zurück auf „Los“ und schmökern noch einmal auf den ersten Seiten von Kapitel 1.

Kfz-Parken wird ganz selbstverständlich an (fast) allen Quell- und Zielpunkten ermöglicht. Bisweilen werden dafür gigantische Flächen bereitgestellt (großes Bild).

Fehlen Fahrradabstellanlagen, erfolgt das Abstellen ungeordnet – zu Lasten des Stadt- bzw. Ortsbildes und oft auch von Zufußgehenden, wenn Gehwege nicht oder nur eingeschränkt nutzbar sind. Vor allem aber ist jede Radabstellanlage auch Marketing für das Fahrrad (Abb. 12-1). Gute Radabstellanlagen sind positives Marketing, schlechte Radabstellanlagen sind negatives Marketing.

Abb. 12-1: Abstellsituation vor (links) und nach Errichtung einer modernen Fahrradabstellanlage am Bahnhof in Sonthofen. Zwar konnten vorher auch Fahrräder an der Umzäunung angeschlossen werden (wenn auch wenige), doch erst mit der Radabstellanlage erfolgt auch die Einladung, das Fahrrad zu nutzen. Jeder Fahrradstellplatz ist ein Marketinginstrument und eine Visitenkarte für das Verkehrsmittel Fahrrad.

Ein wichtiger Aspekt ist auch der Wert der heutigen Fahrräder. Diese werden dank neuer technischer Möglichkeiten schneller, länger, breiter und schwerer – man halte sich nur die vielen Pedelecs und Lastenfahrräder vor Augen, die bei den Fahrradhändlern verkauft werden. Damit verbunden sind auch höhere Verkaufspreise im Vergleich zu früher. Fahrräder werden im Schnitt jedes Jahr teurer. Ein Lasten-Pedelec für die private oder kleingewerbliche Nutzung bringt es locker auf Verkaufspreise von 5.000–8.000 Euro. Damit steigt auch der dringende Bedarf an sicheren Abstellmöglichkeiten. Übrigens: Diese Entwicklung bringt zunehmend auch Menschen zurück zum Fahrrad, bei denen das Fahrradfahren lange nicht Bestandteil der Alltagsmobilität war. Sie kaufen sich ein schnittiges Pedelec und fahren begeistert los. Was diese Menschen beispielweise nicht tun, ist, das schnittige Pedelec zu Hause stehen zu lassen und sich ein günstiges Bahnhofsfahrrad zuzulegen, das im Zweifel beschädigt oder gestohlen werden kann. Sie nutzen vielmehr das schnittige Pedelec, das dann aber auch einen sicheren Abstellplatz benötigt, der sicherstellt, dass an dem Fahrrad niemand herumfummelt.

Typische Situation bei neu gebauten Gebäuden mit mehreren Wohneinheiten: Die Müllsammelstelle (im Hintergrund) ist zugangs- und wettergeschützt, die Radabstellanlage dagegen ist frei zugänglich, der Witterung ausgesetzt und – wie hier im Bild – mit untauglichen Felgenkillern ausgestattet. Der Stellenwert des Fahrrads in einer Gemeinde lässt sich auch an vermeintlich kleinen „Details“ ablesen.

Fahrradabstellanlagen gehören flächendeckend an alle Quellen und Ziele. Dazu zählen größere Abstellanlagen an zentralen Orten sowie ergänzend ein Netz aus dezentralen Parkmöglichkeiten.

Ein kommunales Fahrradstellplatzkonzept definiert für das Gemeindegebiet oder einzelne Quartiere die Lage, Qualität sowie Anzahl benötigter Stellplätze und gibt Auskunft, welche Fahrradtypen geparkt werden können. Dabei sind Wachstumsreserven einzuplanen, denn ein gutes Angebot schafft zusätzliche Nachfrage.

Anforderungen an das Fahrradparken

Die Anforderungen an das Fahrradparken ergeben sich somit aus den Bedürfnissen der Zielgruppe. Diese sind jedoch individuell verschieden und auch situativ. Meine Empfehlung: Orientieren Sie sich bei den qualitativen Anforderungen am Hygge-Modell, indem Sie Fahrradabstellanlagen anhand dieser vier Handlungsfelder planen, bauen und unterhalten: **sicher**, **einfach**, **schnell** und **bequem**. Ich wette, dass jede Radabstellanlage, die diese vier Kriterien erfüllt, nutzergerecht ist und angenommen wird.

Qualitative Anforderungen				Quantitative Anforderungen
sicher	**schneller**	**einfacher**	**bequemer**	
Soziale Sicherheit für Radfahrende • Einsehbarkeit • Beleuchtung **Sicherheit des Fahrrads vor Vandalismus und Diebstahl** • Anschließbarkeit des Rahmenes • Zugangsschutz zur Abstellanlage	**Örtlichkeit** • flächendeckend an allen Quell- und Zielpunkten • leicht auffindbar • eingangs- bzw. zugangsnah **Abstellsystem** • schneller Ein- und Ausparkvorgang	**Zugänglichkeit** • ebenerdig oder befahrbare Rampen (ggf. Aufzug) • einfacher Zugang für Zielgruppe bei geschützeten Anlagen (Berechtigung) • schwellenlose Erreichbarkeit • Bedienung von Türsystemen **Bedienbarkeit**	**Bemaßung** • Stellflächen • Bewegungs flächen • Abstand der Räder zueinander **Komfort** • Überdachung • Seitenwände • Serviceelemente	Anzahl an Stellplätzen inkl. Sonderfahrräder

Tab. 12-1: Es gibt quantitative und qualitative Anforderungen an Fahrradabstellanlagen. Die wichtigsten Anforderungen sind in der Tabelle dargestellt.

Grundsätzlich gibt es qualitative und quantitative Anforderungen (Tab. 12-1). Die **quantitativen Anforderungen** zu erfüllen bedeutet, an jeder Quelle und jedem Ziel eine ausreichende Anzahl an geeigneten Abstellplätzen anzubieten. Im Regelfall wird dabei von der Nachfrage zur Spitzenlast ausgegangen, also dem Zeitpunkt im Tages-, Wochen- oder Monatsverlauf, an dem die höchste Nachfrage stattfindet. Zu einer ausreichenden Ausstattung an Fahrradstellplätzen gehört auch, dass für Sonderfahrräder (z.B. Lastenfahrräder) genügend geeignete Abstellplätze vorhanden sind.

Die erste **qualitative Anforderung** lautet: Fahrradabstellanlagen müssen, sowohl für Radfahrende als auch für das Fahrrad, **sicher** sein.

Soziale Sicherheit für Radfahrende: Ein Verkehrsmittel muss rund um die Uhr und zu jeder Jahreszeit für alle sicher nutzbar sein. Das bedeutet, Radabstellanlagen so zu platzieren, dass sie von möglichst vielen Seiten gut einsehbar sind – idealerweise auch von Wohngebäuden, durch die auch abends oder nachts eine gewisse soziale Kontrolle stattfinden kann. Eine gute Beleuchtung der Abstellanlage, der Zu- und Abfahrtswege sowie der Umgebung gehören ebenfalls dazu.

Sicherheit des Fahrrads: Eine gute Einsehbarkeit der Radabstellanlage erhöht auch den Schutz vor Diebstahl und Vandalismus. Zwingend erforderlich für ausnahmslos jeden (!) einzelnen Fahrradstellplatz ist die Möglichkeit, den Fahrradrahmen mit einem herkömmlichen Fahrradschloss fest an der Radabstellanlage anzuschließen. Dies gilt sowohl für herkömmliche Fahrräder, als auch für jede Form von Sonderfahrrädern. Nur ein **An**schließen (und kein **Ab**schließen, bei dem das Fahrrad weggetragen oder weggehoben werden könnte) gewährleistet einen hinreichenden Schutz vor Diebstahl. Um Fahrräder auch vor mutwilligen Beschädigungen (Vandalismus) wirksam zu schützen, sind zugangsgeschützte Radabstellanlagen erforderlich. Hierbei wird das Fahrrad in einem nach allen Seiten umschlossenen Raum (z.B. Fahrradbox, Sammelschließanlage, Fahrradparkhaus) abgestellt und nur der rechtmäßige Besitzer (bei einem Einzelstellplatz) oder ein beschränkter Kreis an berechtigten Personen (bei mehr als einem Stellplatz) haben Zugang bzw. Zugriff auf das Fahrrad.

Die zweite qualitative Anforderung lautet: Fahrradabstellanlagen müssen das Radfahren **schnell** machen, also die Reisezeit „von Tür zu Tür“ verkürzen. Dabei spielen insbesondere die Örtlichkeit und das verwendete Abstellsystem eine zentrale Rolle.

Örtlichkeit: Radfahren ist vor allem auch dann schneller als Autofahren, wenn das Fahrrad am Start- sowie am Zielort möglichst direkt am Zugang (oft handelt es sich ja um irgendeinen Gebäudezugang) geparkt werden kann. Jede Radabstellanlage sollte daher nicht nur nah am Eingang bzw. Zugang platziert sein, sondern immer auch näher als der zum Zugang nächstgelegene Kfz-Parkplatz. Dabei sollte auch darauf geachtet werden, dass die Abstellplätze von der öffentlichen Verkehrsfläche (z.B. Straße, Radweg) aus leicht auffindbar sind. Dies gelingt natürlich am besten, wenn ein eigener Radweg zur Abstellanlage führt und diese gut sichtbar platziert ist. Es können jedoch auch Markierungen, Wegweiser oder eine auffällige Gestaltung genutzt werden. Grundsätzlich gilt: Flächendeckende Radabstellanlagen im gesamten Gemeinde- bzw. Stadtgebiet führen automatisch dazu, dass die Wege zwischen Stellplatz und Zugang verkürzt werden.

Diese Fahrradgarage in einem Einkaufszentrum in Kopenhagen ist direkt neben dem Haupteingang platziert und zudem sehr auffällig gestaltet.

Der gläserne Turm macht das „Radhaus", ein automatisiertes Fahrradparkhaus, auf dem Heilbronner Bahnhofsvorplatz leicht auffindbar.

Auch Markierungen oder Beschilderungen können genutzt werden, um den Weg zur nächsten Fahrradabstellanlage zu verdeutlichen.

Abstellsystem: Auch die Wahl des Abstellsystems (und die Zufahrt) entscheidet darüber, wie schnell Fahrräder geparkt oder auch ausgeparkt werden können. Je kürzer ein Fahrrad an einem Standort abgestellt wird, desto wichtiger sind schnelle Ein- und Ausparkvorgänge.

Die dritte qualitative Anforderung lautet: Die tägliche Nutzung der Radabstellanlage muss **einfach** sein.

Zugänglichkeit: Eine gute Erreichbarkeit der Radabstellanlage ist entscheidend für die Akzeptanz. Ziel muss es sein, dass Radfahrende den Stellplatz fahrend erreichen können. Daher stören alle Schwellen, Bordsteine, Türen ohne Automatik oder zu enge Kurvenradien. Treppen sind ein Ausschlusskriterium, selbst wenn sie über Schieberinnen verfügen. Probieren Sie einmal, ein Pedelec (wir reden noch nicht von einem Lastenfahrrad) eine Treppe hinauf- oder hinabzuschieben. Einfach geht anders. Einfach muss aber sein. Alles was umständlich ist, meiden wir und die Fahrradnutzung nimmt ab. Radabstellanlagen sollten daher ebenerdig geplant werden und bei Anordnung in einem Unter- oder Obergeschoss über befahrbare Rampen erreichbar sein. Die Neigung darf daher 10 Prozent nicht überschreiten, besser sind 6 Prozent. Soweit die Anlage zugangsgeschützt ist, sollte die Zielgruppe sich einfach Zugang verschaffen können. Beispielsweise ist es umständlich, eine bestimmte App herunterladen oder zu den Geschäftszeiten des Rathauses einen Schlüssel oder einen Chip abholen zu müssen. Je spontaner bzw. unregelmäßiger die Abstellanlage nutzbar sein soll, desto einfacher muss es sein, die Zugangsberechtigung zu erhalten.

Stufen, Treppen und Absätze sind Hindernisse. Stellplätze sollten immer fahrend erreicht werden können.

Fahrradparkhaus in Amsterdam: Hier kann, darf und wird bis zum freien Stellplatz im Sattel gefahren. Das macht das Ein- und Ausparken schneller und komfortabler.

Bedienbarkeit des Abstellsystems: Immer häufiger ist auch die Komplexität des Abstellsystems ein Thema. Dies kann erfahrungsgemäß auch manuell zu bedienende Systeme betreffen, vor allem wenn auf zwei Ebenen übereinander geparkt werden kann (Doppelstockparker). Hier ist eine hydraulische Unterstützung beim Anheben und Herablassen des Fahrrades samt Führungsschiene wichtig. Eine einfache Bedienung betrifft jedoch in erster Linie zugangsgeschützte Systeme, bei denen die Nutzer sich auf elektronischem Wege Zugang verschaffen. Dies betrifft Fahrradboxen, Sammelschließanlagen, Fahrradparkhäuser und Fahrradstationen. Die vierte und letzte qualitative Anforderung ist es, die Nutzung durch eine entsprechende Bemaßung von Stell- und Bewegungsflächen sowie Komfort-Elemente möglichst bequem zu gestalten.

Bemaßung: Für jeden Radabstellplatz sind ausreichende Stell- und Bewegungsflächen wichtig. Nur wenn beide Flächen groß genug bemessen sind, ist eine komfortable Nutzung sichergestellt – beispielsweise die Möglichkeit ein Fahrrad auch dann noch bequem ein- oder ausparken zu können, wenn die Abstellplätze zu beiden Seiten belegt sind. Für herkömmliche Fahrräder sollte ein Abstellplatz mindestens 2,00 x 0,80 x 1,25 m (L x B x H) groß sein. Hinter jedem Stellplatz ist eine Bewegungsfläche von mindestens 1,80 m (bei Senkrechtaufstellung) bei einer Höhe von 2,00 m erforderlich (Tab. 12-2). Stellplätze für Lastenfahrräder müssen mindestens 2,70 x 1,00 x 1,25 m (L x B x H) zzgl. Bewegungsflächen aufweisen (Abb. 12-2). Bei diesen Maßen können die gängigen kleinen Lastenfahrräder, wie sie im privaten sowie im kleingewerblichen Bereich vorkommen, abgestellt werden – und zwar sowohl einspurige als auch mehrspurige Lastenfahrräder.

	Länge	Breite	Höhe
Stellflächen	2,00 m oder mehr	0,80 m oder mehr	1,25 m oder mehr
Bewegungsflächen	—	1,80 m oder mehr	2,00 m oder mehr

Tab. 12-2: Erforderliche Mindestmaße von Stell- und Bewegungsflächen für herkömmliche Fahrräder

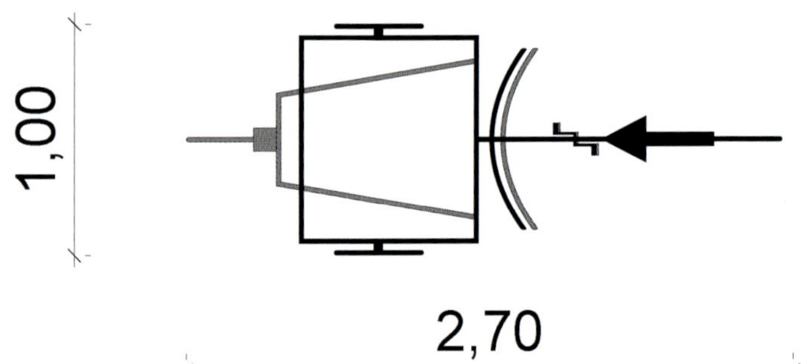

Abb. 12-2: Erforderliche Stellplatzgröße für ein- und mehrspurige Lastenfahrräder (zzgl. Bewegungsflächen)

Bei Stellplätzen, die für die Nutzung mit Lastenfahrrädern vorgesehen sind, empfehle ich Anlehnbügel in kurzer Ausführung zu verwenden. Bei Anlehnbügeln können Lastenfahrräder bequemer angeschlossen werden als bei anderen Abstellsystemen (z.B. Bodenankern); die kurze Ausführung erleichtert das Be- und Entladen der Ladefläche. Die Anlehnbügel sollten bei Senkrechtaufstellung (90°-Winkel) im Abstand von mindestens 1,20 m, besser 1,50 m, voneinander stehen (Abb. 12-3). Bei Schrägaufstellung im 45°-Winkel muss der Abstand mindestens 1,40 m betragen (Abb. 12-4).

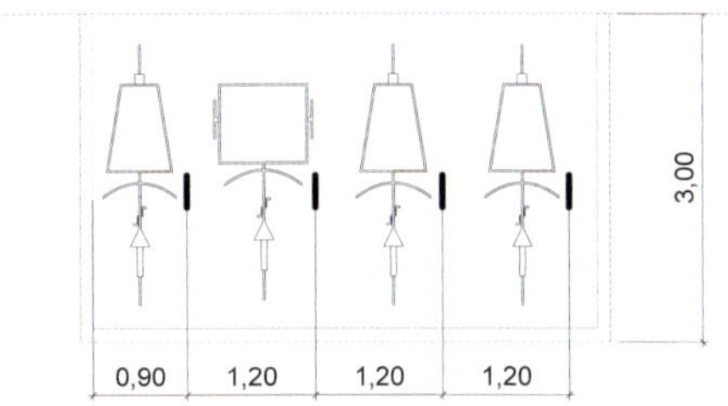

Abb. 12-3: Bei Lastenradstellplätzen mit Senkrechtaufstellung beträgt der Mindestabstand der Anlehnbügel 1,20 m. Besser sind 1,50 m.

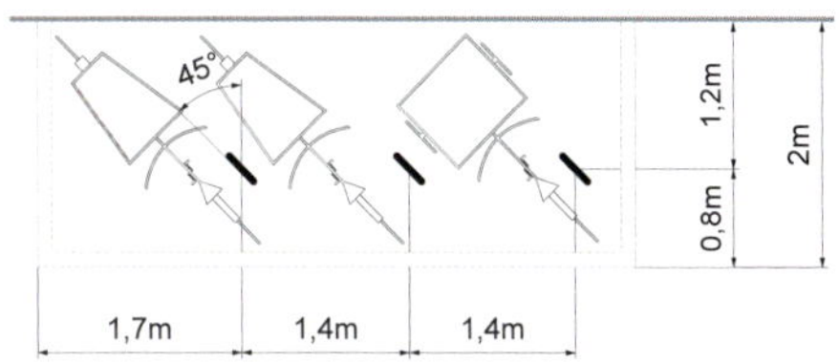

Abb. 12-4: Bei Lastenradstellplätzen mit Schrägaufstellung beträgt der Mindestabstand der Anlehnbügel zueinander 1,40 m.

Komfort: Eine Überdachung der Abstellanlage ist überall dort sinnvoll, wo Fahrräder über einen Zeitraum von mehreren Stunden stehen. Dieser Wetterschutz schützt das Fahrrad während der Parkzeit, er dient aber beispielsweise auch als Unterstandsmöglichkeit für Zufußgehende oder Radfahrende bei Regenschauern. Oft ist es auch sinnvoll Seitenwände vorzusehen. Darüber hinaus können Radabstellanlagen mit Serviceelementen ausgestattet werden, darunter Luftpumpen, Werkzeug für kleinere Reparaturen oder Lademöglichkeiten für Pedelecs.

Eindeutige Nutzerpräferenz: Die witterungsgeschützten Stellplätze werden gut genutzt, die freistehenden ohne Überdachung bleiben weitgehend leer.

Überdachte Radabstellanlage für Mitarbeitende (Tagesparker) und Besucher im Innenhof des Rathauses Regensburg.

Radabstellanlagen

Es gibt drei **Bautypen** von Radabstellanlagen: freistehend, überdacht sowie zugangsgeschützt (also gleichzeitig überdacht und abschließbar):

- **freistehende Anlagen** werden unter freiem Himmel errichtet und sind für jeden frei zugänglich. Das Fahrrad ist somit der Witterung und dem Zugriff anderer Personen ausgesetzt.
- **überdachte Anlagen** verfügen über ein Dach und oft auch eine oder mehrere Seitenwände, die das Fahrrad vor Witterungseinflüssen schützen.
- **überdachte und abschließbare Anlagen** bieten durch Dach und Seitenwände Schutz vor Witterung, während durch ein Schließsystem nur berechtigte Personen Zugriff auf bzw. Zugang zum Fahrrad haben (zugangsgeschützte Radabstellanlagen).

Freistehende Anlagen befinden sich außerhalb von Gebäuden, sind für Dritte frei zugänglich und von allen Seiten der Witterung ausgesetzt.

Überdachte Anlagen sind für Dritte frei zugänglich, aber durch eine Überdachung sowie ggf. durch Seitenwände wettergeschützt. Sie können sich außerhalb oder an Gebäuden befinden.

Zugangsgeschützte Anlagen sind nach allen Seiten umschlossen und abschließbar, so dass nur ein berechtigter Personenkreis Zugang zu den Fahrradabstellanlagen hat.

Wie attraktiv eine Fahrradabstellanlage ist, hängt wesentlich vom verwendeten **Abstellsystem** ab – also der Frage, wie ein Fahrrad in bzw. an der Radabstellanlage genau abgestellt und angeschlossen wird. Dabei gilt: Geeignet sind nur

Abstellsysteme, bei denen der Fahrradrahmen mit einem herkömmlichen Schloss fest an die Anlage angeschlossen werden kann. Ein Anschließen des Fahrradrahmens erhöht den Diebstahlschutz, weil der teuerste und elementarste Teil des Fahrrads fest mit der Abstellanlage verbunden ist (und nicht nur ein Vorderrad). Zudem wird verhindert, dass das Fahrrad umkippt und dabei Schäden entstehen. Wie der Name „Vorderradhalter" schon sagt, halten solche Abstellsystem nur das Vorderrad. Kippt der Rest des Fahrrads um, entstehen häufig erhebliche Schäden am Vorderrad. Vorderradhalter werden daher auch als „Felgenkiller" bezeichnet. Aus diesen Gründen muss auf Vorderradhalter immer verzichtet werden! Sie sind schlicht und ergreifend Schrott!

Die mangelnde Akzeptanz bestehender Radabstellanlagen spricht für ein schlechtes Angebot, das an den Nutzerbedürfnissen vorbeigeht.

Die beiden Bilder zeigen die größten Probleme mit Vorderradhaltern: Anstelle des Fahrradrahmens kann nur das Vorderrad angeschlossen werden – es sei denn man nutzt das System anders, als es eigentlich gedacht ist (links). Kippt ein Fahrrad um, kommt es beim fixierten Vorderrad oft zu Beschädigungen. Der Schutz vor Diebstahl und Beschädigungen ist deshalb absolut mau.

Geeignete Abstellsysteme dagegen sind

- Anlehnbügel
- Reihenbügelanlagen bzw. Einstellsysteme
- Doppelstockparkanlagen
- Fahrradboxen (zugangsgeschütztes System)

Weit verbreitet sind **Anlehnbügel**, von denen jeder das Anschließen von zwei Fahrrädern (auf jeder Seite eines) ermöglicht. Das Fahrrad steht mit Hilfe des eigenen Ständers oder lehnt am Anlehnbügel, an dem es auch angeschlossen wird. Dadurch ist es nicht vollständig fixiert, was insbesondere bei Be- und

Entladen mit Lasten oder Kindern schwierig sein kann. Der Allgemeine Deutsche Fahrradclub (ADFC) empfiehlt daher ausschließlich andere Abstellsysteme mit einer Fixierung des Fahrradrahmens. Ich sehe das deutlich differenzierter. Anlehnbügel haben durchaus erhebliche Vorteile, weil sie ziemlich flexibel sind:

- Sie ermöglichen das Anschließen von Sonderfahrrädern wie Lastenfahrrädern, Kinderfahrrädern oder Fahrrädern mit breiteren Reifen, weil sie bauartbedingt das Abstellen aller möglichen Fahrradtypen zulassen und auch der Abstand zwischen den Anlehnbügel frei gewählt und damit an die Anforderungen eines jeden Standorts angepasst werden kann.
- Sie können am Standort flexibel angeordnet werden, z.B. um auch schmale Flächen für Radabstellanlagen zu nutzen. Mit einer Schrägaufstellung (z.B. einem Winkel von 45 Grad) oder einer Längsanordnung der Anlehnbügel eignen sich auch Standorte mit einer geringen Aufstelltiefe von unter 2 m.
- Zudem können Anlehnbügel in kleinsten Einheiten aufgestellt werden, um dezentral Radabstellmöglichkeiten zu schaffen. So wäre es demnach denkbar, in einer Einkaufsstraße auch vor jedem Geschäft nur ein oder zwei Anlehnbügel zu errichten und damit kurze Wege zum Einkaufen zu ermöglichen.

Anlehnbügel mit einem tieferliegenden Querholm erleichtern das Anschließen von Kinderfahrrädern. Der eckige Stahl wird von Architekten häufig als städtebaulich passender empfunden, nutzerfreundlich ist jedoch Rundstahl.

Bei der Auswahl von Anlehnbügeln eines Herstellers sollten Sie zwei Details besonders beachten: Verwenden Sie ein rundes Rohr (Rundrohr), anstelle von eckigem Stahl. Das reduziert die Gefahr von Beschädigungen am Fahrradrahmen, wenn die Fahrräder angelehnt werden. Zweitens: Verwenden Sie Anlehnbügel mit einem Querholm als Unterlaufschutz für Personen, die mit einem Blindenstock unterwegs sind, und um das Anschließen von Sonderfahrrädern zu erleichtern (Kinder- und Lastenfahrräder!).

Bei **Reihenbügelanlagen** bzw. **Einstellsystemen** wird das Fahrrad durch das Abstellsystem in seiner Haltung fixiert und dann fest angeschlossen. Meist muss dazu das Vorderrad in eine Halterung eingestellt werden, die Fixierung erfolgt dann z.B. in Kombination mit einem Rundbügel. Grob lässt sich sagen: Die Vorteile der Anlehnbügel sind die Nachteile der Reihenbügel. Sie sind gut geeignet für Räder, die aufgrund ihrer Bauform möglichst nah am typischen Niederrad sind. Je mehr ein Fahrrad von der Norm abweicht, desto unwahrscheinlicher ist es, dass die Abstellanlage auch genutzt werden kann. Grundsätzlich ist meine Empfehlung: Überall dort, wo zu erwarten ist, dass regelmäßig herkömmliche Fahrräder mit Beladung (Lasten, Kinder) verkehren, können sie ihren Mehrwert ausspielen. In den meisten anderen Fällen tun es die günstigeren Anlehnbügel häufig jedoch mindestens genauso gut oder sogar besser, wenn wir an Sonderfahrräder denken. Wenn Sie sich für Reihenbügelanlagen bzw. Einstellsysteme entscheiden, dann achten Sie unbedingt darauf, dass das Abstellsystem das Anschließen des Fahrradrahmens mit einem handelsüblichen Schloss erlaubt. So kann es beispielsweise sein, dass verlängerte Rundbügel gegen einen kleinen Aufpreis extra geordert werden müssen.

Einstellsysteme fixieren das Fahrrad und sichern es in seiner Position gegen Kippen. Bei vielen Systemen gibt es in der Standardausführung jedoch Probleme, das Fahrrad mit einem handelsüblichen Schloss am Fahrradrahmen anzuschließen, weil der Abstand zwischen fixiertem Fahrradrahmen und Anlage zu groß ist (rechtes Bild).

Doppelstockparkanlagen (Doppelstockparker) eignen sich für Bereiche, in denen die Flächen knapp oder teuer sind. Denn die Fahrräder können in zwei Reihen übereinander abgestellt werden. Während sich auf der unteren Ebene ein normales Einstellsystem befindet, sind die Fahrräder darüber auf einem Schienensystem abgestellt, das herausgezogen und schräg zum Boden heruntergelassen werden kann. Typische Anwendungsbereiche sind Orte, bei denen die zur Verfügung stehende Fläche im Vergleich zur Nachfrage nach Abstellplätzen knapp ist (z.B. Bahnhöfe, Universitäten, größere Arbeitgeber, Innenstadt). Oder die Flächen sind vergleichsweise teuer, wie es üblicherweise bei Fahrradparkhäusern oder Fahrradstationen der Fall ist. In beiden Fällen können Doppelstockparker ihren Vorteil ausspielen. Nachteilig ist: Doppelstockparkanlagen können herkömmliche Fahrräder aufnehmen, stoßen bei Sonderfahrrädern jedoch schnell an Grenzen. Die Akzeptanz bei den Nutzerinnen und Nutzern ist grundsätzlich hoch – wenn die Doppelstockparkanlagen an den richtigen Standorten eingesetzt werden. Es ist bequemer und schneller, das Fahrrad in der unteren Ebene abzustellen. Deshalb werden diese Stellplätze zuerst belegt. Dafür ist man auch bereit, ein paar Meter mehr zurücklegen zu müssen. Irgendwann kehrt sich das jedoch ins Gegenteil um. Dann wird es vorteilhafter die obere Ebene zu nutzen und dafür näher am Zielort zu parken. Nach meiner Beobachtung wird die Schwelle nach circa 5-10 m erreicht. Eher schlecht geeignet sind Standorte, an denen Radfahrende ihr Fahrrad nur kurz abstellen oder die Nachfrage absehbar gering ist. Bei der Beschaffung von Doppelstockparkern sollte darauf geachtet werden, dass sich die hydraulische Führungsschiene ganz auf den Boden herabsenken lässt, damit das Fahrrad bequem eingeschoben werden kann.

Bei Doppelstockparkanlagen stehen die Fahrräder in zwei Reihen übereinander. In der oberen Ebene parken die Fahrräder auf einer Führungsschiene, die sich hydraulisch absenken bzw. anheben lässt.

Das vierte geeignete Abstellsystem sind **Fahrradboxen**. Ihre Besonderheit gegenüber den vorgenannten Systemen: Die Fahrräder sind in einer nach allen Seiten umschlossenen Box untergebracht, die abschließbar und damit zugangsgeschützt ist. Die Standardbox ist auf ein herkömmliches Fahrrad ausgelegt. Es gibt allerdings auch andere Varianten, darunter längere Fahrradboxen für Lastenfahrräder oder breitere, um mehrere Fahrräder (ca. 3-5 Stück) unterzubringen. Wenn Fahrradboxen mit einem Stromanschluss ausgestattet werden, können Fahrräder mit Elektrounterstützung auch außerhalb von Gebäuden bequem geladen werden.

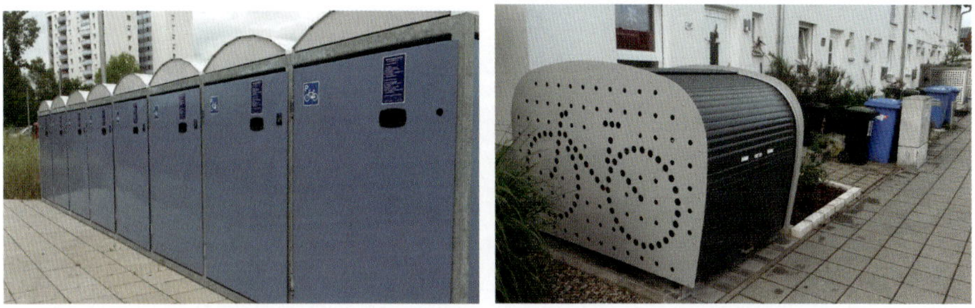

Links: Mehrere Fahrradboxen für je ein Fahrrad an einer S-Bahn-Haltestelle. Rechts: Fahrradbox für mehrere Fahrräder als private Fahrradabstellanlage im Vorgarten eines kleineren Reihenmittelhauses. Mit solchen Optionen lässt sich selbst im Bestand ein solides Grundangebot für die Bewohner herstellen.

Sofern eine größere Anzahl an Fahrrädern zugangsgeschützt (überdacht und abschließbar) abgestellt werden soll, eignen sich Sammelschließanlagen bzw. Fahrradräume, Fahrradparkhäuser oder Fahrradstationen (Radstationen).

Unter einer **Sammelschließanlage** (auch: **Fahrradraum**) versteht man eine Fahrradabstellanlage mit einer typischen Größenordnung von etwa 20-100 Stellplätzen. Natürlich kann es auch kleinere oder größere Sammelschließanlagen geben, jedoch gibt es in solchen Situationen häufig bessere Alternativen. Bei unter 20 Stellplätzen sind Fahrradboxen in der entsprechenden Anzahl meist eine gute Option, liegt die Stellplatzanzahl spürbar über 100, so ähnelt die Anlage dann oft eher einem Fahrradparkhaus. Die Grenzen zwischen Sammelschließanlagen und Fahrradparkhäusern sind aber mitunter fließend. Eine Sammelschließanlage kann als Fahrradraum in einem bestehenden Gebäude eingerichtet werden (z.B. ein ungenutztes Ladenlokal im Erdgeschoss) oder als eigenständige Anlage. In beiden Fällen werden die bereits beschriebenen Abstellsysteme (vor allem Anlehnbügel oder Doppelstockparker) verwendet. Der Zugang erfolgt über eine Tür oder ein Tor, das sich z.B. mittels App, RFID-Karte oder PIN-Code öffnen lässt. Die Kernzielgruppe sind Dauerkunden, die ihr Fahrrad regelmäßig und über mehrere Stunden bzw. Tage an diesem Standort abstellen möchten und sich daher einmieten. Der Großteil dürften demnach Arbeitnehmer oder Studierende sein, die das Fahrrad an der Arbeitsstätte oder an der Schnittstelle zum ÖPNV (z.B. Bahnhof, Bahnhaltepunkt) parken. Die Sicherheit gegenüber Diebstahl und Vandalismus ergibt sich demnach durch die Beschränkung des Zugangs auf einen kleinen Kreis berechtigter Personen.

Sammelschließanlage am Bahnhof Traunstein

Ein **Fahrradparkhaus** ist der große Bruder der Sammelschließanlage. Hier kann eine größere Anzahl an Fahrrädern zugangs- und witterungsgeschützt abgestellt werden. Fahrradparkhäuser werden ab ca. 100–200 Stellplätzen eingesetzt, wobei die Zahl nach oben hin offen ist. Eines der bekanntesten Fahrradparkhäuser steht im niederländischen Utrecht und fasst 12.500 Fahrräder auf drei Etagen. Ein Fahrradparkhaus kann automatisiert sein. Dabei wird das Fahrrad an einer Übergabe- bzw. Übernahmestation durch die Nutzer abgegeben bzw. in Empfang genommen. Den Vorgang des Ein- und Auslagerns übernimmt die Anlage eigenständig. Automatische Fahrradparkhäuser sind üblicherweise als Turm oder hohes Gebäude ausgebildet und damit sehr platzeffizient.

Kommen zu einem Fahrradparkhaus noch weitere Dienstleistungen hinzu, welche die Nutzer in Anspruch nehmen können, wird aus dem Parkhaus eine **Fahrradstation**. Gängige Dienstleistungen sind Werkstattleistungen oder ein Fahrradverleih, die durch einen Fachhändler angeboten werden. Eine Sonderform ist die **Radstation**. Hierbei handelt es sich um eine Wort-Bild-Marke des ADFC NRW (im Kern ist es jedoch eine Fahrradstation).

In Fahrradparkhäusern kann eine größere Anzahl von Fahrrädern trocken geparkt werden (linkes Bild). Rechts: Blick in das automatische Fahrradparkhaus in Heilbronn.

Jede Fahrradabstellanlage kann grundsätzlich durch **Serviceelemente** ergänzt werden. Typische Möglichkeiten sind Luftpumpen, Reparaturstationen (Fahrradhalter und Werkzeug für kleinere Reparaturarbeiten), Schließfächer oder Lademöglichkeiten für Pedelecs. Grundsätzlich gilt: Mit Lademöglichkeiten kann relativ sparsam umgegangen werden. Pedelecs haben ganz grob eine Reichweite von 50 km und (deutlich) mehr. Lademöglichkeiten in Innenstädten oder vergleichbaren Standorten sind in dieser Hinsicht für den Alltagsverkehr weniger notwendige Infrastruktur als vielmehr Marketing für das Radfahren (was natürlich auch ein Grund sein kann, eine Ladestation einzurichten).

Eine Fahrradabstellanlage kann auch mit der Silhouette eines Pkw (Stahlgestell) versehen werden. Dieser so genannte „Car Bike Port" führt anschaulich vor Augen: An dieser Stelle kann entweder ein einziger Pkw parken oder aber bis zu zehn Fahrräder (wie im Bild; empfehlenswert ist jedoch ein größerer Abstand der Anlehnbügel, so dass eher acht Fahrräder in Frage kommen).

Anders sieht es aus, wenn Sie den Freizeitradverkehr bedienen wollen. Hier können auch Innenstädte oder andere Ziele des touristischen Radverkehrs durchaus geeignete Standorte für Ladepunkte sein. Für die Alltagsmobilität lässt sich grundsätzlich sagen: Lademöglichkeiten sind dort sinnvoll, wo Fahrräder üblicherweise über einen längeren Zeitraum – vor allem über Nacht – abgestellt werden: Das betrifft natürlich die Wohngebäude, aber auch Bahnhöfe bzw. Schnittstellen des ÖPNV; denken Sie dabei vor allem an die Einpendler, die ihr Fahrrad dort nachts abstellen und nach Ankunft mit Bus bzw. Bahn in den Betrieb oder die Schule radeln. Sinnvolle Standorte können auch die Arbeits- oder Ausbildungsstätten selbst sein. Im öffentlichen Raum sind ansonsten insbesondere die Standorte von Fahrradverleihsystemen relevant, wenn dieses mit Pedelecs betrieben werden. Andere Standorte können natürlich im Einzelfall sinnvoll sein.

Welcher Bautyp (freistehend, überdacht oder überdacht/abschließbar) und welches Abstellsystem in Frage kommt, ist stark vom Einsatzbereich einer Radabstellanlage abhängig – also der Frage, an welchem Standort sie errichtet wird und für welchen Zweck bzw. welche Zielgruppe. Grundsätzlich liegt es in der Natur des Menschen, dass wir unser Auto oder unser Fahrrad möglichst nah am Zielort abstellen möchten. Radfahrende sind da keineswegs fauler als Menschen im Auto, sie haben nur schlicht und ergreifend eher die Möglichkeit, direkt am Zugang zu parken (Fahrräder sind nun einmal deutlich platzsparender als ein Auto und sie treten noch nicht in den Massen auf, die wir im Kfz-Verkehr beobachten müssen).

Die Akzeptanz einer Radabstellanlage hängt deshalb entscheidend von zwei Faktoren ab:

- der Entfernung zwischen Radabstellanlage und Zielort (Zugang)
- der Parkdauer

Dabei lässt sich beobachten: Je länger die Parkdauer, desto größer die akzeptierte Distanz. Im Regelfall sollte die Entfernung immer unter 100 m betragen, auch bei Langzeit- oder Nachtparken, wie wir es u.a. an Bahnhöfen oder der eigenen Wohnung vorfinden. Hilfreich für eine Beurteilung kann folgende Einteilung in vier typische Einsatzbereiche sein:

- In einer klassischen **Einkaufsstraße** werden am besten auch Radabstellanlagen direkt vor dem Zugang errichtet, da die Parkdauer oft sehr gering ist (wenige Minuten)

- Bei der Inanspruchnahme von **Dienstleistungen** (z.B. Friseur, Restaurant) oder dem Einkauf (z.B. Einkaufsmarkt) beträgt eine typische Einkaufsdauer bis zu 1,5 Stunden. Hier sollte die Radabstellanlage im Umkreis von ca. 10–12 m liegen
- Werden Fahrräder ganztägig (bis ca. 12 Stunden) geparkt, spricht man vom **Tagesparken**. Hier sollte die Entfernung höchstens ca. 35–40 m betragen
- Stehen Fahrräder noch länger als 12 Stunden an einem Standort, sprechen wir vom **Langzeit- und Nachtparken**. Die Entfernung sollte hier unter 100 m betragen, mehr als 120 m sind selten verträglich

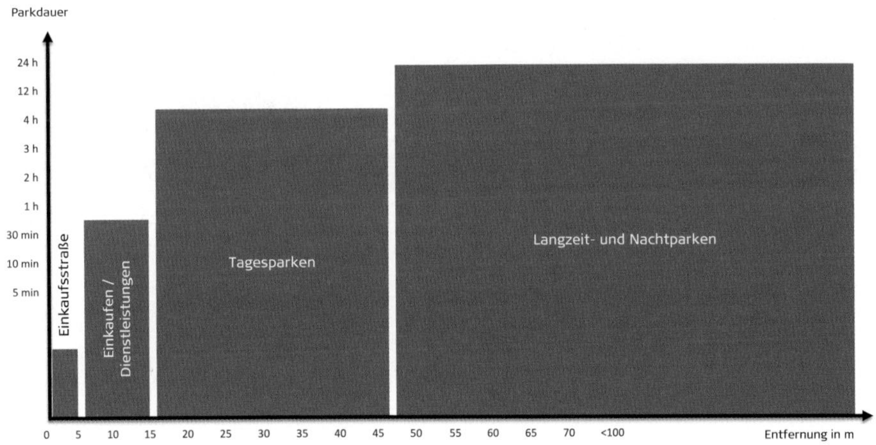

Einsatzbereiche des Fahrradparkens in Abhängigkeit der Entfernung zwischen Radabstellanlage und Zugang zum Zielort sowie der Parkdauer.

Wichtig bei der Bemessung der Entfernung ist sich bewusst zu machen, wo sich für die Zielgruppe der Zugang zum Zielort befindet. Handelt es sich um einen Gebäudezugang, so ist dieser Zugang relativ offensichtlich und leicht zu ermitteln. Der Zugang kann jedoch auch der Beginn einer Fußgängerzone oder etwas Vergleichbares sein, ab dem der Aufenthalt an einem Ort im Vordergrund steht. Dann genügt es völlig, wenn sich die Radabstellmöglichkeit am Beginn dieser Fußgängerzone befindet, während die Distanz zu einzelnen Geschäften oder Restaurants größer ist.

Typisch für eine Einkaufsstraße: Zwei Fahrräder parken für den schnellen, gezielten Einkauf direkt vor den Geschäften, die Radabstellanlage im Bildvordergrund wird von diesen Zielkäufern nicht genutzt.

Im Bereich von Dienstleistungen und Einkauf (im Hintergrund ein Ärztehaus mit Zugang zum Gebäude) empfiehlt sich ein eingangsnaher Standort der Radabstellanlagen im Umkreis von etwa 10 Metern.

Bahnhaltepunkte (Foto), Arbeits- und Ausbildungsstätten sind typische Orte für Tagesparken.

Fahrradstationen sind eine Option, um sicheres Langzeit- bzw. Nachtparken zu ermöglichen.

Der Einsatzbereich einer Radabstellanlage (z.B. Tagesparken am Bahnhof) entscheidet darüber, welche Bautypen und Abstellsysteme sinnvollerweise eingesetzt werden. Tabelle 12-3 liefert dazu eine erste Orientierung.
Grundsätzlich lässt sich festhalten:

- Je kürzer die Parkdauer, desto einfacher kann die Ausführung einer Radabstellanlage sein. So werden beispielsweise bei zugangsnahen Radabstellplätzen in einer Einkaufsstraße freistehende Anlehnbügel im Regelfall vollkommend ausreichend und angemessen sein.
- Umso länger die Fahrräder geparkt werden, desto eher kommen Abstellsysteme in Betracht, bei denen der Ein- und Ausparkvorgang etwas mehr Zeit in Anspruch nimmt (z.B. Doppelstockparkanlagen) und umso wichtiger ist eine Überdachung.
- Zugangsgeschützte Anlagen finden ihren Einsatzbereich beim Tagesparken sowie insbesondere beim Langzeit- und Nachtparken. Im Einzelfall könne sie auch bereits bei kurzen Parkzeiten einen Mehrwert bieten, beispielsweise um im Freizeitradverkehr ein

Bautyp/System — Einsatzbereich	Entfernung	frei zugängliche RAA		überdachte und abschließbare Radabstellanlage (RAA)			
		freistehend	überdacht	Fahrradbox	Sammelgarage	Fahrradparkhaus	Fahrradstation
Einkaufsstraße	< 4 m	Anlehnbügel	X	X	X	X	X
Dienstleistungen/ Einkaufen	< 12 m	Anlehnbügel Reihenbügel Doppelstock	Anlehnbügel Reihenbügel Doppelstock	nur in Einzelfällen (Tourismus)	X	X	X
Tagesparken	< 35 m	Anlehnbügel Reihenbügel Doppelstock	Anlehnbügel Reihenbügel Doppelstock	ja	Anlehnbügel Reihenbügel Doppelstock	Reihenbügel Doppelstock	Reihenbügel Doppelstock
Langzeit- und Nachtparken	< 120 m	X	Anlehnbügel Reihenbügel Doppelstock	ja	Anlehnbügel Reihenbügel Doppelstock	Reihenbügel Doppelstock	Reihenbügel Doppelstock

Tab. 12-3: Eignung verschiedener Abstellsysteme in Abhängigkeit von Einsatzbereich und Bautyp

sicheres Abstellen von Fahrrad und Gepäck zu ermöglichen (z.B. über Fahrradboxen).

- Je teurer die Grundfläche der Fahrradparkanlage (z.B. bei einem Fahrradparkhaus) oder je knapper die verfügbare Fläche (z.B. in der Altstadt oder am Bahnhof), desto eher sollte über platzeffiziente Abstellsysteme nachgedacht werden (Doppelstockparkanlage, automatisches Fahrradparkhaus).

Kommunale Handlungsmöglichkeiten

Städte und Gemeinden haben zahlreiche Möglichkeiten an der Hand, um in ihrer Gebietskörperschaft das Angebot an Radabstellanlagen zu verbessern – oft mehr, als vielen bewusst ist. Tabelle 12-3 gibt einen Überblick über die wichtigsten Handlungsmöglichkeiten. Dabei unterscheide Einkaufsstraßeh drei Bereiche:

- **unmittelbare Zuständigkeit** der Kommune (direkter Zugriff): Die Entscheidung liegt allein in der Zuständigkeit der Kommune. Sie kann frei und unabhängig von Dritten über die Quantität und Qualität von Radabstellanlagen entscheiden und handeln.
- **mittelbare Zuständigkeit** der Kommune (indirekter Zugriff): Die Entscheidung liegt formal bei einer Dritten Stelle, die Kommune hat jedoch indirekt erhebliche Einflussmöglichkeiten.
- die Zuständigkeit liegt bei **Dritten**, also z.B. privaten Hauseigentümern oder den Eigentümern von Gewerbe- bzw. Handelsimmobilien.

Eine **unmittelbare Zuständigkeit** haben Kommunen bei allen kommunalen Liegenschaften, von denen jede mit Radabstellanlagen ausgestattet sein muss – zumindest, wenn regelmäßige Verkehre, z.B. von Mitarbeitenden oder Kunden, zu erwarten sind. Kommunale Liegenschaften können u.a. sein: Rathaus, Schwimmbad, Schule, Kindertagesstätte, Feuerwehrgerätehaus, Stadtbibliothek, Veranstaltungsräume, Bauhof, Spielplatz oder Friedhof. Ein zweiter großer Bereich ist der öffentliche Raum allgemein, also die Straßen, Wege, Plätze oder Grünflächen, die sich im Eigentum der Kommune befinden und derzeit anderweitig als Verkehrs-, Aufenthalts- oder Grünfläche genutzt werden. Sie bieten erfahrungsgemäß ein großes Potenzial, um innerhalb der Gebiets-körperschaft flächendeckend Abstellmöglichkeiten zu schaffen – von den Wohn- über die Misch- und Gewerbegebiete bis hin zur Innenstadt. Bei der Umnutzung öffentlicher Verkehrsräume können häufig auch andere verkehrs- oder stadtplanerische Ziele erreicht werden, z.B. die Umnutzung von Fahrbahnflächen, die Freihaltung von Sichtbeziehungen an Knotenpunkten und Einmündungen, die Reduktion von Kfz-Stellplätzen oder die Verkleinerung von Knotenpunkten.

Für Lastenfahrräder können Städte und Gemeinden eigene Stellplätze ausweisen, indem diese mit den Verkehrszeichen Parken (VZ 314) und dem Zusatzzeichen Lastenfahrrad (ZZ 1010-69) beschildert werden. Diese Lastenradstellplätze unterscheiden sich gegenüber Abstellplätzen für herkömmliche Fahrräder durch ihre Bemaßung (Stellflächen sowie ggf. die notwendige Zuwegung), die Verwendung von kurzen Anlehnbügeln sowie vorzugsweise der Markierung des Sinnbilds Lastenfahrrad auf der Abstellfläche. Konkrete Planungshinweise sind in diesem Fachbuch in den Musterlösungen enthalten.

Lastenradstellplätze haben den Vorteil, dass sie die Lastenrad-Infrastruktur für alle Verkehrsteilnehmenden sichtbar machen (Marketing-Aspekt) und den Nutzern die Sicherheit vermitteln, dass sie für ihre Fahrräder geeignete Abstellplätze vorfinden, um das Rad sicher abstellen zu können. In der Praxis stellt sich jedoch die Frage, wo überall Lastenradstellplätze sinnvollerweise errichtet werden. Denn Autofahrten können ja insbesondere durch Lastenfahrräder ersetzt werden und so müssten konsequenterweise flächendeckend Lastenradstellplätze verfügbar sein, um kurze Wege und Reisezeiten zu ermöglichen. Meine Empfehlung: Verwenden Sie eigene Lastenradstellplätze an Orten, wo tatsächlich regelmäßig mit einem Lastenradaufkommen gerechnet werden muss, z.B. bei Kindertagesstätten, Freibädern, Spielplätzen oder zentralen Abstellanlagen in der Innenstadt. Ergänzen Sie diese Lastenradstellplätze durch ein flächeneckendes Angebot, indem Sie auch herkömmliche Anlehnbügel für Lastenfahrräder nutzbar machen. Dazu verwenden Sie Anlehnbügel in normaler, langer Ausführung und stellen diese einfach weiter auseinander – eine Entfernung von etwa 1,5 m ist ein gutes Maß. Die Abstellfläche sollte in der Tiefe natürlich trotzdem 2,7 m lang sein, wie es für Lastenradstellplätze empfohlen wird.

Mit Verkehrszeichen und kurzen Anlehnbügeln kann ein Lastenradstellplatz schnell und einfach eingerichtet werden.

Herkömmliche Anlehnbügel im Abstand von 1,5 m sind auch durch Lastenfahrräder nutzbar.

Drittens gibt es in vielen Kommunen wiederkehrend Anlässe für ein erhöhtes Radverkehrsaufkommen, darunter am Freibad während der Sommermonate oder größere Veranstaltungen im Gemeindegebiet. Hier können temporär mobile Radabstellanlagen eingesetzt werden, die durch den gemeindlichen Bauhof auf- und abgebaut werden. Mobile Systeme lassen sich zudem auch verwenden, um geeignete, nachfragestarke Standorte für neue Abstellanlagen zu identifizieren. Dies kann insbesondere auch dann eine Hilfe sein, wenn es in der Öffentlichkeit Vorbehalte gegen neue Standorte gibt (z.B. bei Umwandlung von Kfz-Stellplätzen).

Mehrere Anlehnbügel vor dem Einmündungsbereich verbessern die Sichtbeziehungen für den ausfahrenden bzw. querenden Kfz- und Radverkehr.

Mit Anlehnbügel, Sperrpfosten und anderen kleineren Maßnahmen wurde dieser Knotenpunkt verkleinert.

Mobile Anlehnbügel werden temporär eingesetzt, um einen erhöhten Stellplatzbedarf zu decken.

In Einzelfällen können auch Sperrgitter vorübergehende Spitzenlasten abfedern.

Eine **mittelbare Zuständigkeit** und damit einen indirekten Zugriff auf Quantität und Qualität von Radabstellanlagen haben Städte und Gemeinden bei kommunalen Unternehmen sowie an Verknüpfungspunkten mit dem Öffentlichen Verkehr. Bei einer städtischen Wohnungsbaugesellschaft, einem kommunalen Energieversorger oder einem kommunalen Krankenhaus kann die Verwaltungsspitze der Stadt oder Gemeinde im Regelfall durchaus ermunternd auf die Geschäftsleitung einwirken und eine Handlung auslösen. An Schnittstellen mit dem Öffentlichen Verkehr kann die Zuständigkeit beispielsweise auf einer anderen Verwaltungsebene liegen (z.B. Busverkehre, die von Landkreisen bestellt werden). An Haltepunkten des SPNV (Schienenpersonennahverkehr) liegt die Zuständigkeit für die Bereitstellung von Radabstellanlagen zwar bei der jeweiligen Gemeinde, geeignete Flächen können häufig jedoch nur unter Mitwirkung der Bahn akquiriert werden. Daher ergibt sich oft auch hier eine Art mittelbare Zuständigkeit. Übrigens: Bei Radabstellanlagen sollte nicht nur an den Klassiker „Bike & Ride“ gedacht werden – also an die eigenen Bürgerinnen und Bürger, die mit dem Fahrrad zum Bahnhof fahren (Bike), dieses dort abstellen und dann mit dem Zug weiterfahren (Ride). Genauso wichtig ist das umgekehrte „Ride & Bike“: Die Einpendlerinnen und Einpendler, die mit dem Zug am Bahnhof ankommen (Ride) und mit dem dort abgestellten Fahrrad zur Arbeitsstätte fahren (Bike). Deren Fahrräder stehen regelmäßig nachts oder während des Urlaubs am Bahnhof, so dass eine zugangsgeschützte Radabstellanlage für diese Zielgruppe fast schon ein Muss ist.

Die dritte Variante ist, dass die **Zuständigkeit ausschließlich bei Dritten** liegt. Ein Großteil der alltäglichen Wege beginnt und endet zu Hause, an der Arbeitsstätte oder beim Supermarkt – also auf Flächen in Privateigentum. Es ist deshalb nur konsequent, das private Fahrradparken in die kommunale Strategieplanung einzubeziehen. Private und öffentliche Stellplätze ergänzen sich. Städte und Gemeinden haben hier – abhängig von den jeweiligen gesetzlichen Regelungen der Länder – diverse Handlungsmöglichkeiten. Den leichtesten Durchgriff haben Städte und Gemeinden dort, wo sie Privateigentümer zum Handeln verpflichten können. Das betrifft im Regelfall den Neubau oder Nutzungsänderungen. Doch auch im Bestand gibt es kommunale Handlungsmöglichkeiten, wenngleich auch nur auf freiwilliger Basis der Eigentümer.

Bauherren werden zur Bereitstellung von Radabstellplätzen verpflichtet, wenn im Neubau oder bei Umnutzung einer der folgenden Grundlagen vorliegt:

- Die **Landesbauordnung (LBO)** macht verbindliche Vorgaben, die durch die Bauordnungsbehörde im Rathaus angewendet wird.
- Die Kommune hat eine **kommunale Fahrradstellplatzsatzung** erlassen, die verbindliche Regelungen bereithält. Die jeweilige Landesbauordnung regelt, ob kommunale Satzungen erlassen werden können und was genau geregelt werden kann (z.B. Anzahl, Größe und Beschaffenheit von Fahrradstellplätzen). Fahrradstellplatzsatzungen sind ein bewährtes Mittel, das unbedingt genutzt werden sollte.
- Die Kommune trifft Festsetzungen zum Fahrradparken in einem **Bebauungsplan.**
- Die **Kommune berät bzw. informiert Bauherren und Architekten** über geeignete Radabstellanlagen – am besten ergänzend zu

verbindlichen Regelungen z.B. in einer Fahrradstellplatzsatzung. So kann gewährleistet werden, dass die Bestimmungen möglichst im Sinne der Kommune umgesetzt werden.
- Der Bauherr und die Kommune haben in einem (städtebaulichen) **Vertrag** Vereinbarungen getroffen. Der Vertragsabschluss ist natürlich zunächst freiwillig, mit Vorliegen des Vertrags wird die Umsetzung für den Bauherrn jedoch verbindlich.

Schwieriger sind die kommunalen Handlungsmöglichkeiten, wenn es um Bestandsflächen bzw. -objekte in Privathand geht. Hier besteht Bestandsschutz, so dass eine Kommune die Eigentümerinnen nur über Anreize dazu motivieren kann, auf freiwilliger Basis tätig zu werden:

- Die Stadt oder Gemeinde stellt **öffentliche Flächen** bereit, um in kleineren Fahrradgaragen – oft als „Fahrradhäuschen" bezeichnet – zugangsgeschütztes privates Fahrradparken zu ermöglichen. In dicht bebauten Gebieten oder bei komplexen Eigentümerstrukturen ist dies häufig die einzige Möglichkeit, um im privaten Bereich gesicherte Radabstellanlagen zu schaffen.
- Die Kommune legt ein **Förderprogramm** auf, um die Errichtung und Bereithaltung privater Stellplätze anzukurbeln. Die Förderung sollte an Qualitätsmerkmale geknüpft werden.
- Die **Kommune berät bzw. informiert Bauherren** über geeignete Radabstellanlagen (Wissenstransfer, Motivation).
- Die Kommune stellt aus Herstellerangeboten ein **modulares System** zusammen und bewirbt dieses bei den Privateigentümern. Die Bereitschaft zur Errichtung zeitgemäßer Radabstellanlagen nimmt – gerade auch bei Handel oder Gewerbe – spürbar zu, wenn die Kommune die aufwändigen und fachlich komplexen Auswahlprozesse bereits durchgeführt hat und „nur" noch die Umsetzung bzw. Finanzierung angegangen werden muss. Ein modulares System, das frei skaliert werden kann, sorgt für Flexibilität.

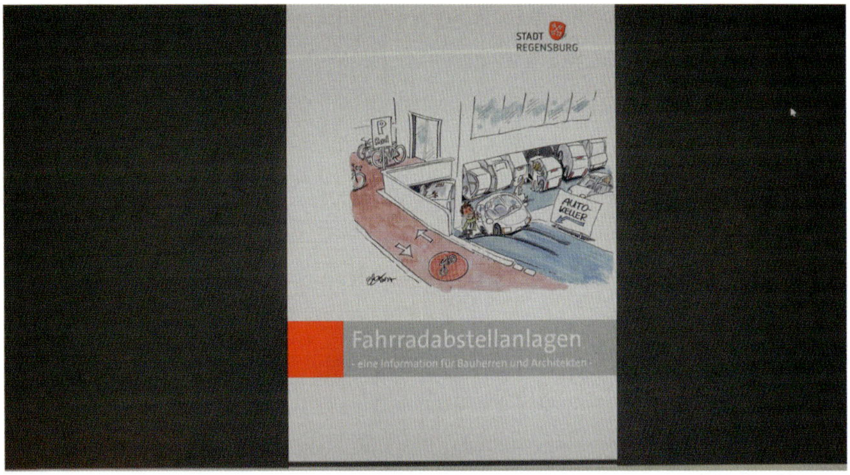

Die Stadt Regensburg informiert Bauherren und Architekten mit einer Broschüre über die Anforderungen an Radabstellanlagen im privaten Bereich (im Bild die digitale Variante im Internet).

13 Musterlösungen

M02 – Markierung und wegweisende Beschilderung von Hauptverbindungen (RHR)

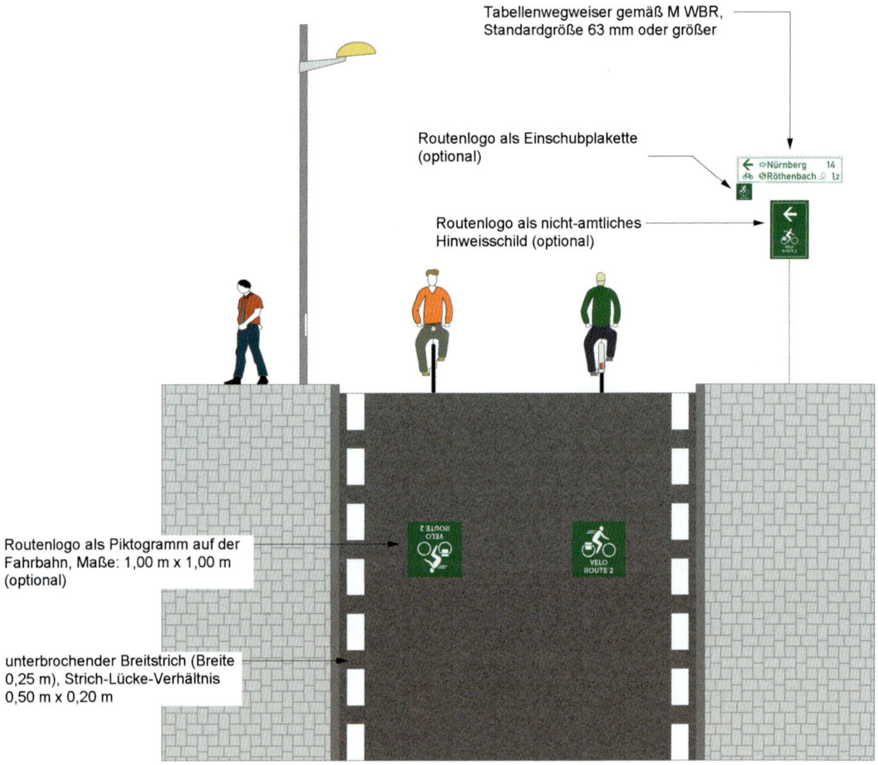

Anwendungsbereiche

Radhauptrouten (RHR)

Hinweise

- Flächige Roteinfärbung der gesamten Fahrgasse wird als linienhaftes Element empfohlen.
- Bei Fahrradstraßen kann als linienhaftes Element alternativ folgende Kombination verwendet werden: beidseitig Markierung einer unterbrochenen Breitstrichmarkierung auf dem Grauasphalt, Roteinfärbung nur an Anfangs- und Endknotenpunkten, sowie Einmündungen und Schnittstellen
- Wegweisende Beschilderung mit Tabellenwegweisern gemäß „Merkblatt zur wegweisenden Beschilderung für den Radverkehr" (M WBR) i.V.m. „Hinweise zu Radschnellverbindungen und Radvorrangrouten" (H RSV) der FGSV
- Optional: Verwendung des grünen Routenlogos als Markierung auf der Fahrbahn und als wegweisende Beschilderung

M03 – Markierung und wegweisende Beschilderung von Radvorrangrouten (RVR)

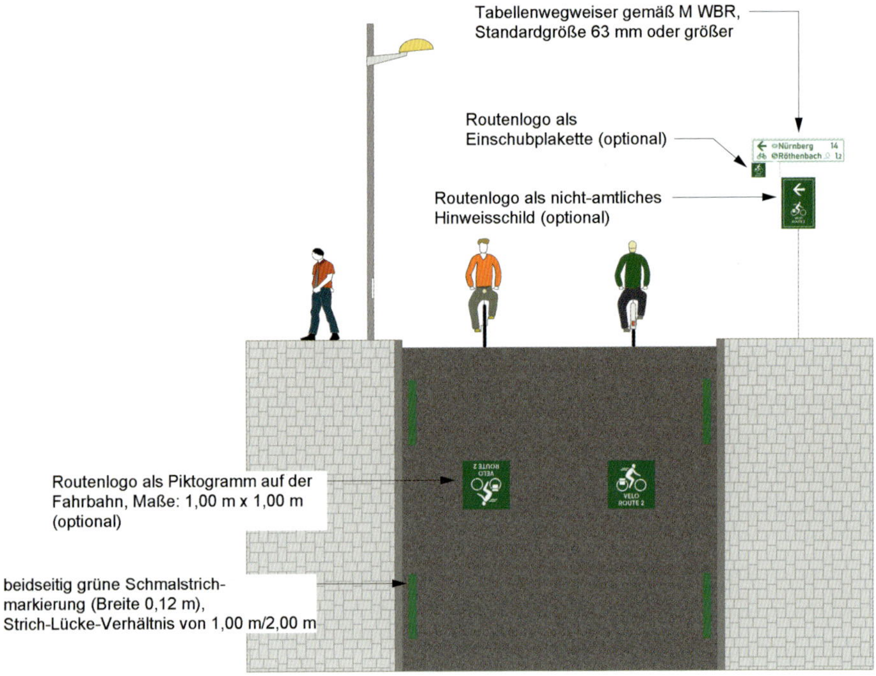

Anwendungsbereiche

Radvorrangrouten (RVR)

Hinweise

- Radvorrangrouten werden im gesamten Streckenverlauf mit einer beidseitigen, unterbrochenen grünen Schmalstrichmarkierung gekennzeichnet (H RSV 2021)
- Optional: Zusätzliche Verwendung des grünen Routenlogos als Markierung auf der Fahrbahn und als wegweisende Beschilderung
- Eine flächige Roteinfärbung der gesamten Fahrgasse wird empfohlen
- Wegweisende Beschilderung mit Tabellenwegweisern gemäß „Merkblatt zur wegweisenden Beschilderung für den Radverkehr" (M WBR) i.V.m. „Hinweise zu Radschnellverbindungen und Radvorrangrouten" (H RSV) der FGSV

M04 – Markierung und wegweisende Beschilderung von Radschnellverbindungen (RSV)

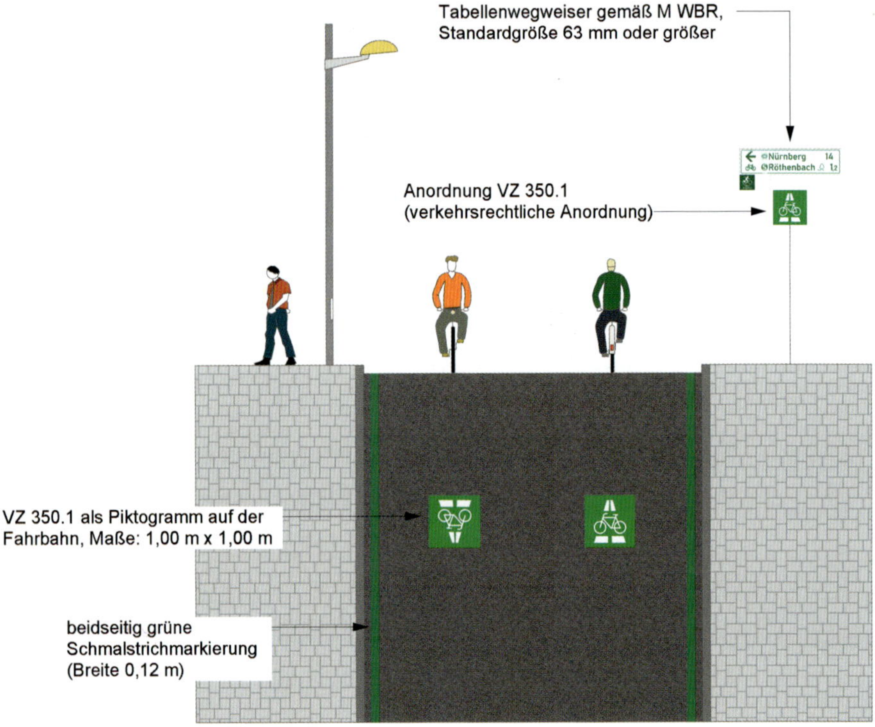

Anwendungsbereiche

Radschnellverbindungen (RSV)

Hinweise

- Anordnung von VZ 350.1 (Radschnellweg)
- Radschnellverbindungen werden im gesamten Streckenverlauf mit einer beidseitigen, grünen Schmalstrichmarkierung gekennzeichnet (H RSV 2021)
- Eine flächige Roteinfärbung der gesamten Fahrgasse wird empfohlen
- Wegweisende Beschilderung mit Tabellenwegweisern gemäß „Merkblatt zur wegweisenden Beschilderung für den Radverkehr“ (M WBR) i.V.m. „Hinweise zu Radschnellverbindungen und Radvorrangrouten“ (H RSV) der FGSV

M05 – Markierung von Sperrpfosten und anderen Hindernissen

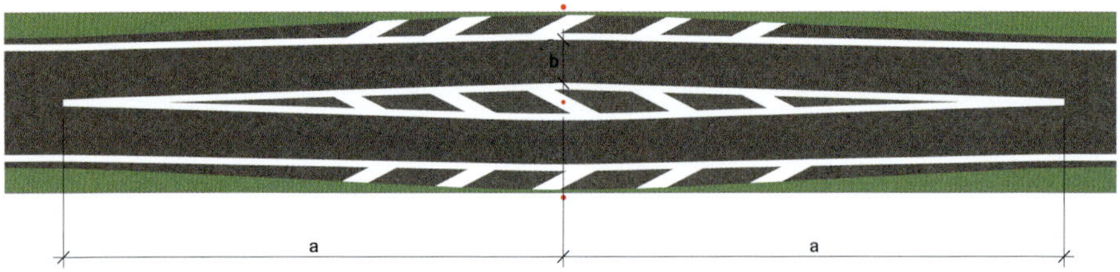

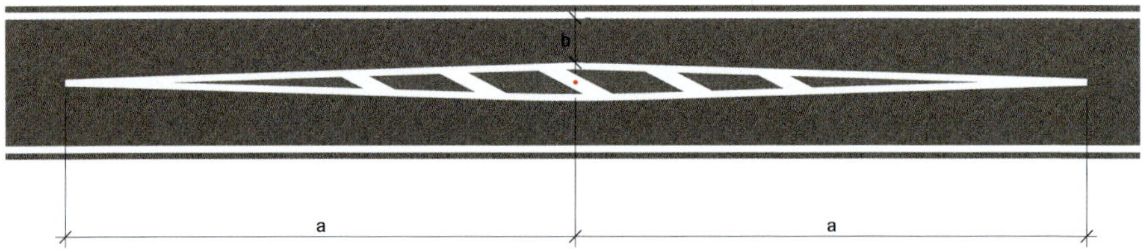

Anwendungsbereiche

Markierung von Sperrpfosten bzw. Durchfahrtssperren auf Radverkehrsanlagen

Hinweise

- Auf den Einsatz von Sperrpfosten und anderen Hindernissen ist auf Radverkehrsanlagen nach Möglichkeit zu verzichten, da jedes Element eine Unfallgefahr darstellt
- Soweit Sperrpfosten oder andere Hindernisse eingesetzt werden, sind diese durch eine umlaufende und mehrere Meter vor dem Element beginnende Sperrmarkierung zu sichern. Die Sperrmarkierung sollte auf jeder Seite des Hindernisses etwa 0,25 m breit sein (Sicherheitsraum bzw. Sicherheitstrennstreifen)
- Alle Elemente sind weiterhin auffällig zu färben und voll retroreflektierend auszuführen
- Hindernisse müssen bei Tag und Nacht gut sichtbar sein, ggf. ist eine ortsfeste Beleuchtung erforderlich
- Eckige Poller und Absperrpfosten sind grundsätzlich zu vermeiden
- Die Durchfahrtsbreite b sollte mindestens 1,3 m betragen
- Der Abstand zwischen nebeneinanderstehenden Sperrpfosten sollte maximal 2,0 m betragen, um eine Durchfahrt mehrspuriger Kraftfahrzeuge wirksam zu verhindern. Der Abstand ergibt sich aus der Durchfahrtsbreite b zzgl. der Sicherheitsräume (je 0,25 m)
- Regelmaße für die Länge der Markierung (a):
    - Radschnellverbindungen und Radvorrangrouten a = 10 m
    - Hauptrouten a = 7 m
    - Nebenrouten a = 5 m

M12 – Freihalteflächen

Anwendungsbereiche

Hervorhebung der von Radfahrenden freizuhaltenden Fläche auf Radwegen

Hinweise

- Freihalteflächen sorgen dafür, dass wartepflichtige Radfahrende die Durchfahrtsbereiche des querenden Radverkehrs freihalten
- Ein einzelnes Fahrrad benötigt zum Aufstellen eine Fläche von ca. 2,0 m Länge und 1,0 m Breite. Der Flächenbedarf für Lastenräder beträgt ca. 2,7 m Länge und 1,0 m Breite
- Aufstellbereiche müssen ausreichend dimensioniert werden. Grundlage dafür bieten die angegebenen Maße und die zu erwartende Radverkehrsstärke in der Spitzenstunde (ERA 2.2.5)
- Freihalteflächen sollten bei hohen Radverkehrsstärken markiert werden
- Eine Anordnung nach StVO ist nicht vorgesehen
- Die Markierung der Freihaltefläche erfolgt mit Schmalstrich (0,12 m) und angepasst an die Geometrie des Radwegs

M13 – Fußgängerüberweg (FGÜ) über Radweg

Anwendungsbereiche

Markierung von Fußgängerüberwegen im Bereich von Radwegen

Hinweise

- Fußgängerüberwege (VZ 293) sollen auch über Radwege hinweg angelegt werden (R-FGÜ, 2001).
- Markierung der Streifen parallel zur Fahrtrichtung des Radverkehrs
- Breite des Fußgängerüberwegs: a = Regelfall 4 m, Mindestmaß 3 m
- Die Strichbreite b kann von 0,25 m – 0,4 m variieren und ist mit einem Strick-Lücke-Verhältnis von 1:1 zu markieren
- Bodenindikatoren sind nach DIN 32984 auszuführen
- Nach Möglichkeit sollte zwischen Radweg und Fahrbahn eine ausreichend große Aufstellfläche für Zu-Fuß-Gehende vorgesehen werden

E01 – Diagonalsperre aus Sperrpfosten (Modalfilter)

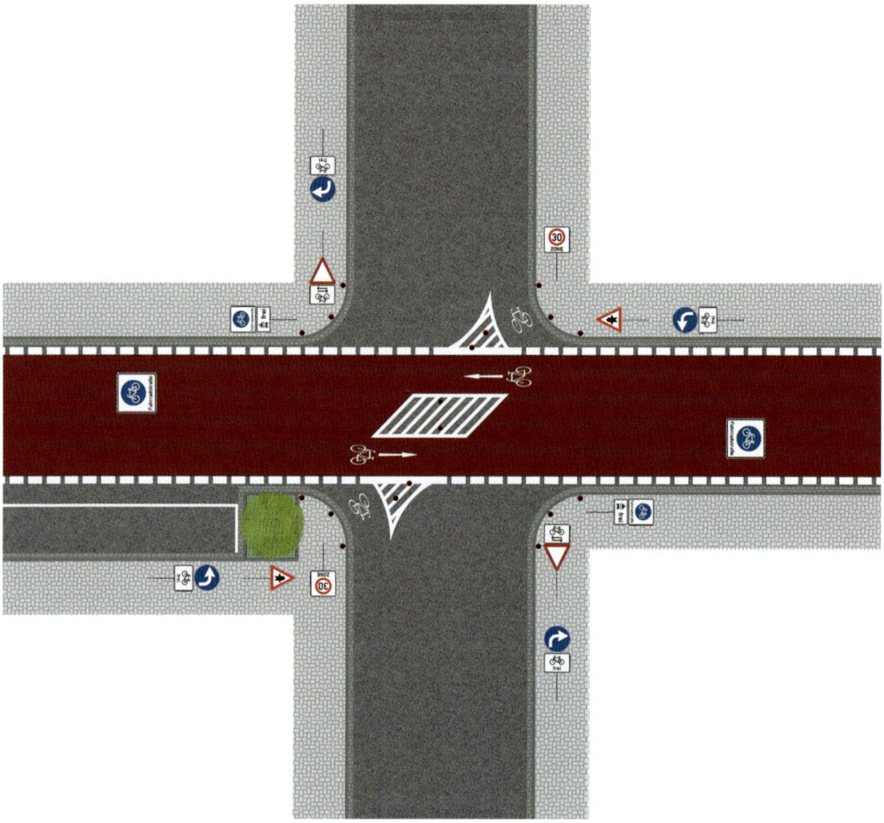

Anwendungsbereiche

Herausnahme des gebietsfremden Verkehrs im Zuge einer Fahrradstraße oder Fahrradzone (Typ I, Typ II oder Typ III) bzw. Erschließungsstraße an einem Zwischenknotenpunkt im Erschließungsstraßennetz

Hinweise

- Zur sicheren Gestaltung des Vorrangs von Fahrradstraßen an Knotenpunkten
- Diagonalsperren können auch bei Rechts vor Links-Regelungen eingesetzt werden
- Umsetzung der Diagonalsperre mit Hilfe baulicher Elemente, z.B. Sperrpfosten, mobile Bäume oder nicht überfahrbare Hochborde
- Die Hauptfahrbeziehung sollte durch die Gestaltung intuitiv erkennbar sein
- Bauliche Elemente sind so anzuordnen, dass für den Radverkehr alle Fahrtrichtungsbeziehungen möglich sind (auch mit Sonderfahrrädern)
- Hindernisse auf der Fahrbahn sollten durch Markierungen auf der Fahrbahn sowie durch retroreflektierendes Material gesichert werden
- Für den Radverkehr sind ausreichende Durchfahrtsbreiten sicherzustellen (ca. 1,40 – 1,80 m). Diese müssen auch einen Winterdienst ermöglichen
- ggf. ist die Durchfahrt für motorisierte Zweiräder durch verkehrsrechtliche Beschilderungen zu untersagen (z.B. VZ 260)

E02 – Längssperre aus Sperrpfosten (Modalfilter)

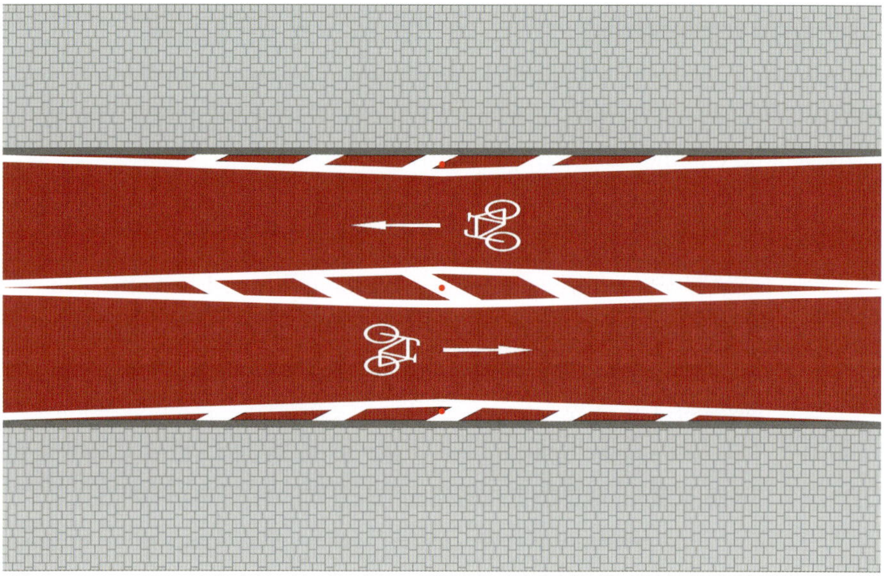

Anwendungsbereiche
Herausnahme des gebietsfremden Verkehrs

Hinweise
- Umsetzung der Längssperre mit Hilfe baulicher Elemente, z.B. Sperrpfosten, mobile Bäume oder nicht überfahrbare Hochborde
- Hindernisse auf der Fahrbahn sollten durch Markierungen auf der Fahrbahn sowie durch retroreflektierendes Material gesichert werden
- Für den Radverkehr sind ausreichende Durchfahrtsbreiten sicherzustellen (ca. 1,40 – 1,80 m). Diese müssen auch einen Winterdienst ermöglichen
- ggf. ist die Durchfahrt für motorisierte Zweiräder durch verkehrsrechtliche Beschilderungen zu untersagen (z.B. VZ 260)

E20 – Fehlerverzeihende Bordsteine

Anwendungsbereiche

Getrennte Geh- und Radwege

Hinweise

- Getrennte Geh- und Radwege sollten immer mit einem leichten Höhenversatz von ca. 4 cm geplant werden, um eine richtige Flächennutzung zu befördern
- Zur Verhinderung von Alleinunfällen bei Radfahrenden sollte der Bordstein zwischen Geh- und Radweg mit schräger Kante ausgebildet sein
- Formsteine sind auch mit taktiler Oberfläche erhältlich (a = 0,3 m)
- Eine unterschiedliche Materialwahl bei den Oberflächen und eindeutige Farbkontraste erhöhen die Erkennbarkeit der jeweiligen Verkehrsflächen. Radwege sollten asphaltiert sein.

T01 – Fahrradstraße / Fahrradzone Typ I

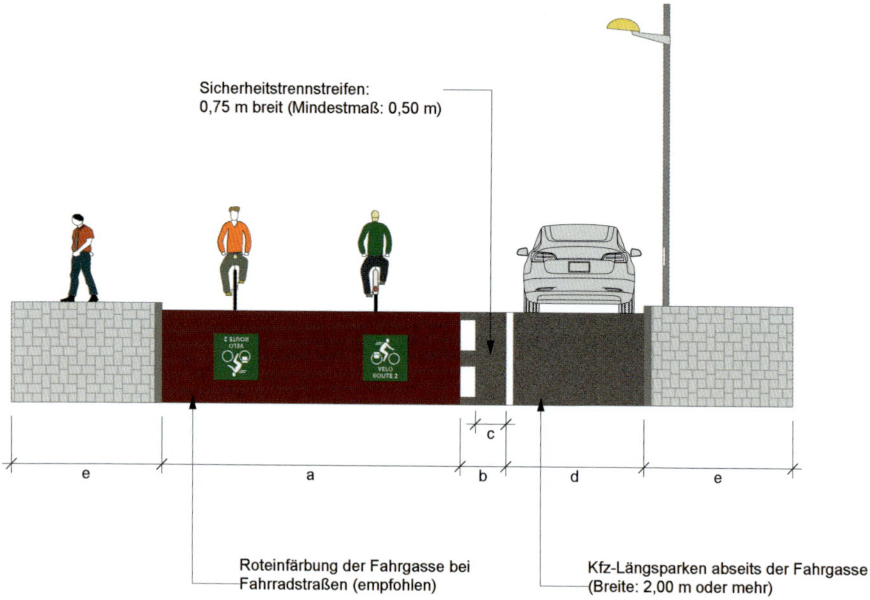

Anwendungsbereiche

- innerörtliche Fahrradstraßen mit einer Kfz-Belastung bis 2.500 Kfz/Tag und bis zu 4 Linienbussen/Std. bzw. bis zu 100 Lkw/Tag sowie einer erforderlichen Fahrgassenbreite bis ca. 5,00 m
- außerörtliche Fahrradstraßen mit einer Kfz-Belastung bis 1.000 Kfz/Tag
- innerörtliche Fahrradzonen mit einer Kfz-Belastung bis 2.500 Kfz/Tag und bis zu 4 Linienbussen/Std. bzw. bis zu 100 Lkw/Tag (Schwerlastverkehr) sowie einer erforderlichen Fahrgassenbreite bis ca. 5,00 m

Hinweise

- Anordnung von VZ 244.1 (Beginn einer Fahrradstraße) oder VZ 244.3 (Beginn einer Fahrradzone) i.V.m. VZ 244.2 (Ende einer Fahrradstraße) bzw. VZ 244.4 (Ende einer Fahrradzone). Im Bedarfsfall Zulassung weiterer Verkehrsarten durch Zusatzzeichen
- Im Regelfall ist durch Modalfilter eine Herausnahme des gebietsfremden Kfz-Verkehrs erforderlich. „Anlieger frei"-Beschilderungen sollten dabei vermieden werden
- Bestimmung der Fahrgassenbreite (a) in Abhängigkeit der Einstufung im Radverkehrsnetz sowie der relevanten Begegnungsfälle gemäß Tabelle 9.1 (Kap. 9.1 Typ I – Gemeinsame Fahrgasse)
- Anordnung des ruhenden Kfz- und Fahrradverkehrs (z.B. Parkplätze, Lieferzonen) und anderer Nutzungen abseits der Fahrgasse (d)
- Ruhender Kfz-Verkehr sollte nur einseitig und in Form von Längsparkständen zugelassen werden. Zu Parkständen wird ein Sicherheitstrennstreifen mit einer Breite von 0,75 m (Regelmaß) vorgesehen, der in Anliegerstraßen mit seltenen Parkwechselvorgängen auf bis zu 0,50 m reduziert werden kann (b). Die durchgehende Befahrbarkeit des Sicherheitstrennstreifens sollte in regelmäßigen Abständen durch physische Barrieren unterbunden werden, die bis an den Rand des Sicherheitstrennstreifens herangeführt werden (c)
- Sicherheitstrennstreifen können baulich (z.B. Pflasterband, Grauasphalt in Abgrenzung zur roten Fahrgasse) oder durch Markierung (unterbrochene Breitstrichmarkierung) ausgeführt werden. Bei Radvorrangrouten und Radschnellverbindungen kann die grüne Schmalstrichmarkierung gleichzeitig die Funktion des Sicherheitstrennstreifens übernehmen

T02 – Fahrradstraße Typ II

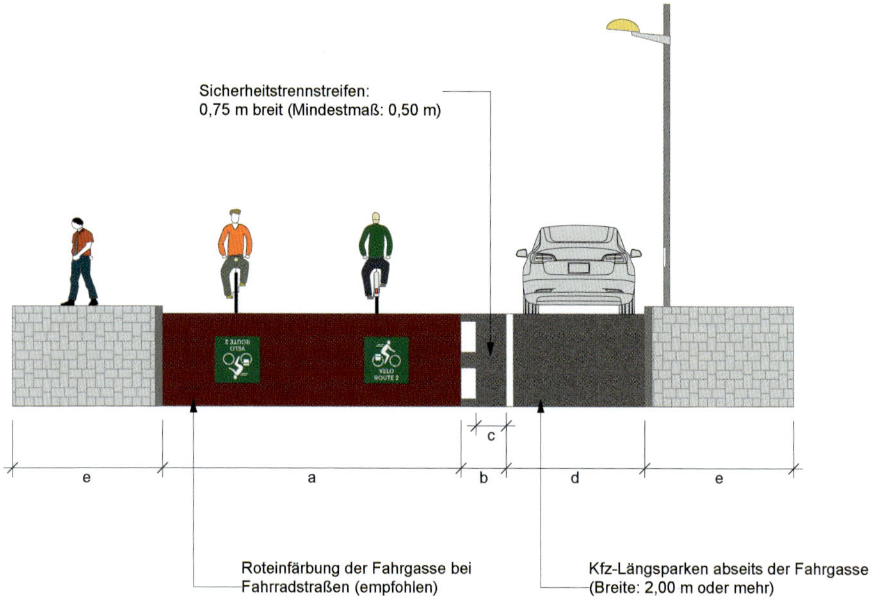

Anwendungsbereiche

innerörtliche Fahrradstraßen mit einer schmalen Fahrgasse, einer Kfz-Belastung bis 1.500 Kfz/Tag und ohne relevanten Linienbus- bzw. Schwerlastverkehr (Lkw)

Hinweise

- Anordnung von VZ 244.1 (Beginn einer Fahrradstraße) oder VZ 244.3 (Beginn einer Fahrradzone) i.V.m. VZ 244.2 (Ende einer Fahrradstraße) bzw. VZ 244.4 (Ende einer Fahrradzone). Im Bedarfsfall Zulassung weiterer Verkehrsarten durch Zusatzzeichen
- Im Regelfall ist durch Modalfilter eine Herausnahme des gebietsfremden Kfz-Verkehrs erforderlich. „Anlieger frei"-Beschilderungen sollten dabei vermieden werden
- Bestimmung der Fahrgassenbreite in Abhängigkeit der Einstufung im Radverkehrsnetz sowie der relevanten Begegnungsfälle gemäß Tabelle 9.2 (Kap. 9.9 Typ II – Schmale Fahrgasse)
- Anordnung des ruhenden Kfz- und Fahrradverkehrs (z.B. Parkplätze, Lieferzonen) abseits der Fahrgasse
- Ruhender Kfz-Verkehr sollte nur einseitig und in Form von Längsparkständen zugelassen werden. Zu Parkständen wird ein Sicherheitstrennstreifen mit einer Breite von 0,75 m (Regelmaß) vorgesehen, der in Anliegerstraßen mit seltenen Parkwechselvorgängen auf bis zu 0,50 m reduziert werden kann (b). Die durchgehende Befahrbarkeit des Sicherheitstrennstreifens sollte in regelmäßigen Abständen durch physische Barrieren unterbunden werden, die bis an den Rand des Sicherheitstrennstreifens herangeführt werden (c)
- Sicherheitstrennstreifen können baulich (z.B. Pflasterband, Grauasphalt in Abgrenzung zur roten Fahrgasse) oder durch Markierung (unterbrochene Breitstrichmarkierung) ausgeführt werden. Bei Radvorrangrouten und Radschnellverbindungen kann die grüne Schmalstrichmarkierung gleichzeitig die Funktion des Sicherheitstrennstreifens übernehmen.

T03 – Fahrradstraße / Fahrradzone Typ III

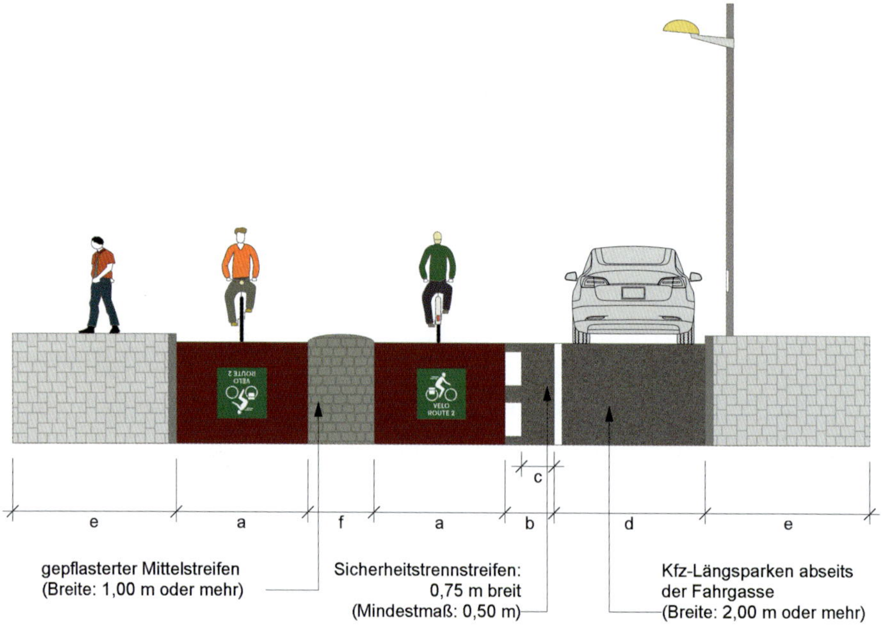

Anwendungsbereiche

- innerörtliche Fahrradstraßen mit einer Kfz-Belastung bis 2.500 Kfz/Tag und mehr als 4 Linienbussen/Std. bzw. mehr als 100 Lkw/Tag sowie einer erforderlichen Fahrgassenbreite von deutlich mehr als 5,00 m
- außerörtliche Fahrradstraßen mit einer Kfz-Belastung bis 1.000 Kfz/Tag
- innerörtliche Fahrradzonen mit einer Kfz-Belastung bis 2.500 Kfz/Tag und mehr als 4 Linienbussen/Std. bzw. mehr als 100 Lkw/Tag (Schwerlastverkehr) sowie einer erforderlichen Fahrgassenbreite von deutlich mehr als 5,00 m

Hinweise

- Anordnung von VZ 244.1 (Beginn einer Fahrradstraße) oder VZ 244.3 (Beginn einer Fahrradzone) i.V.m. VZ 244.2 (Ende einer Fahrradstraße) bzw. VZ 244.4 (Ende einer Fahrradzone). Im Bedarfsfall Zulassung weiterer Verkehrsarten durch Zusatzzeichen
- Im Regelfall ist durch Modalfilter eine Herausnahme des gebietsfremden Kfz-Verkehrs erforderlich. „Anlieger frei“-Beschilderungen sollten dabei vermieden werden
- Bestimmung des erforderlichen Gesamtquerschnitts in Abhängigkeit der Einstufung im Radverkehrsnetz sowie der relevanten Begegnungsfälle. Aufteilung des Querschnitts gemäß Tabelle 9.3 (Kap. 9.3 Typ III – Mittiger Pflasterstreifen)
- Trennung der Fahrtrichtungen durch einen gepflasterten, gut überfahrbaren Mittelstreifen mit einer Breite von 1,00 m oder mehr (f). Breite der fahrtrichtungsbezogenen Fahrgassen in Abhängigkeit der erforderlichen Gesamtfahrgassenbreite. Regelmaß und Untergrenze: 2,00 m, Höchstgrenze: 3,00 m (a)
- Anordnung des ruhenden Kfz- und Fahrradverkehrs (z.B. Parkplätze, Lieferzonen) abseits der Fahrgasse (d)
- Ruhender Kfz-Verkehr sollte nur einseitig und in Form von Längsparkständen zugelassen werden. Zu Parkständen wird ein Sicherheitstrennstreifen mit einer Breite von 0,75 m (Regelmaß) vorgesehen, der in Anliegerstraßen mit seltenen Parkwechselvorgängen auf bis zu 0,50 m reduziert werden kann (b). Die durchgehende Befahrbarkeit des Sicherheitstrennstreifens sollte in regelmäßigen Abständen durch physische Barrieren unterbunden werden, die bis an den Rand des Sicherheitstrennstreifens herangeführt werden (c)
- Sicherheitstrennstreifen können baulich (z.B. Pflasterband, Grauasphalt in Abgrenzung zur roten Fahrgasse) oder durch Markierung (unterbrochene Breitstrichmarkierung) ausgeführt werden. Bei Radvorrangrouten und Radschnellverbindungen kann die grüne Schmalstrichmarkierung gleichzeitig die Funktion des Sicherheitstrennstreifens übernehmen.

T04 – Fahrradstraße / Fahrradzone Typ IV

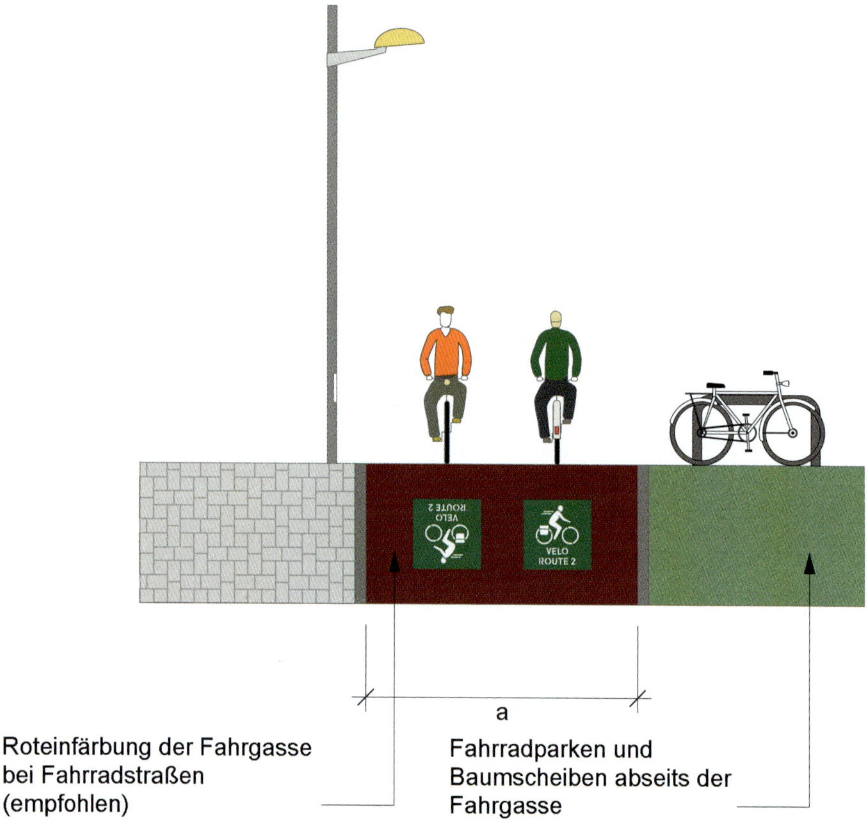

Anwendungsbereiche

- innerörtliche und außerörtliche Fahrradstraßen ohne Kfz-Verkehr
- innerörtliche Fahrradzonen ohne Kfz-Verkehr

Hinweise

- Anordnung von VZ 244.1 (Beginn einer Fahrradstraße) oder VZ 244.3 (Beginn einer Fahrradzone) i.V.m. VZ 244.2 (Ende einer Fahrradstraße) bzw. VZ 244.4 (Ende einer Fahrradzone).
- Im Regelfall sind Modalfilter erforderlich, um nicht freigegebene Verkehrsarten wirksam herauszuhalten. „Anlieger frei"-Beschilderungen sollten dabei vermieden werden
- Bestimmung des erforderlichen Gesamtquerschnitts in Abhängigkeit der Radverkehrsstärken gemäß Tabelle 9.4 (Kap. 9.4 Typ III – Echte Fahrradstraße bzw. Fahrradzone)

T30 – Radweg mit Einrichtungsführung

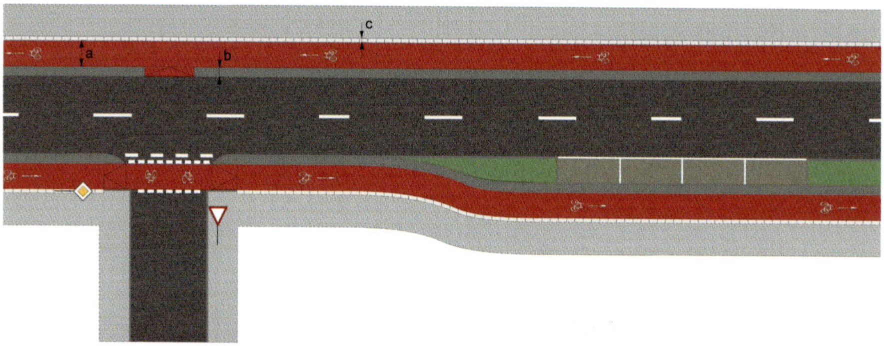

Anwendungsbereiche

- Fahrbahnbegleitender innerörtlicher Einrichtungsradweg

Hinweise

- Regelmaß von a = 2,0 m bei Hauptverbindungen und Nebenrouten, bei höheren Radverkehrsstärken mehr. Ab einer Breite von 2,3 m ist das Überholen eines anderen Radfahrenden leichter möglich. An Engstellen wird der Radweg fortgesetzt. Die Breite kann dazu abschnittsweise auf bis zu 1,6 m reduziert werden und ist einer Überführung in kombinierte Führungen mit Kfz- oder Fußverkehr (z.B. gemeinsamer Geh- und Radweg) vorzuziehen
- Regelmaß von a = 2,5 m bei Radvorrangrouten und a = 3,0 m bei Radschnellverbindungen

- Zur Fahrbahn, Hindernissen und Kfz-Parkständen ist ein Sicherheitstrennstreifen (b) vorzusehen. Maße: 0,5 m zur Fahrbahn (0,75 m bei festen Einbauten bzw. hoher Verkehrsstärke), 0,75 m zu angrenzenden Längsparkständen
- Bauliche Trennung von Rad- und Gehweg durch Höhenversatz; empfehlenswert ist die Verwendung fehlerverzeihender Borde mit einem Höhenversatz von ca. 4 cm und einer Breite von c = 0,3 m als Teil des Gehwegs (vgl. Musterlösung E20)
- Der Radweg soll nah an der Fahrbahn geführt werden und stets im Sichtbereich des Kfz-Verkehrs liegen. An Einmündungen sollte die Sicherheit durch eine abgesetzte Furt (bis zu 5,0 m) und/oder eine Teilaufpflasterung (Radwegüberfahrt) erhöht werden
- An allen Grundstückszufahrten wird der Radweg auf einer Höhe fortgeführt und der Kfz-Verkehr auf das Niveau des Radwegs angerampt, z.B. durch sinusförmige Rampensteine. Dies empfiehlt sich auch an allen Einmündungen (Radwegüberfahrt)
- Radwege werden baulich durchgängig ausgebildet, insbesondere durch Verwendung einer einheitlichen Oberfläche im gesamten Streckenverlauf und Verzicht auf Materialkanten
- An Einmündungen und Grundstückszufahrten wird der Radweg rot eingefärbt; eine durchgehende Roteinfärbung des gesamten Streckenverlaufs ist zu empfehlen, die Entscheidung hierüber obliegt dem Baulastträger
- Die Zweckbestimmung kann in regelmäßigen Abständen durch das Sinnbild „Fahrrad“ in Verbindung mit einem Richtungspfeil verdeutlicht werden

T31 – Radweg mit Zweirichtungsführung

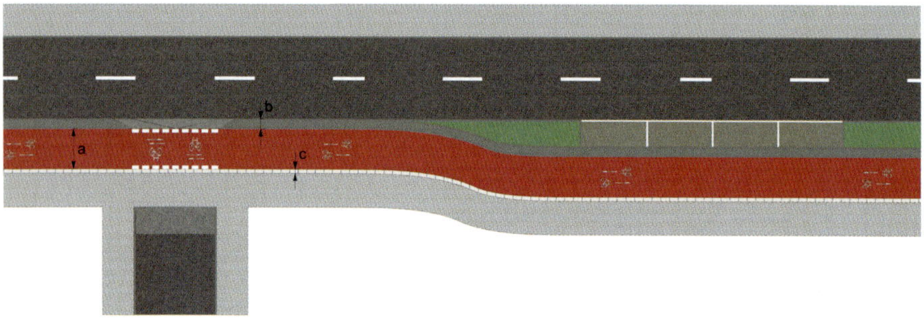

Anwendungsbereiche

- innerörtliche Radwege mit Zweirichtungsführung

Hinweise

- Regelmaß von a = 3,0 m bei einseitigem Zweirichtungsradweg im Verlauf von Hauptverbindungen und Nebenrouten. Bei geringen Radverkehrsstärken oder beidseitigen Zweirichtungsradwegen Regelmaß a = 2,5 m. Bei höheren Radverkehrsstärken sind jeweils größere Breiten vorzusehen
- Regelmaß von a = 3,0 m bei Radvorrangrouten und a = 4,0 m bei Radschnellverbindungen
- Zur Fahrbahn, Hindernissen und Kfz-Parkständen ist ein Sicherheitstrennstreifen (b) vorzusehen. Maße: 0,5 m zur Fahrbahn (0,75 m bei festen Einbauten bzw. hoher Verkehrsstärke), 0,75 m zu angrenzenden Längsparkständen

- Bauliche Trennung von Rad- und Gehweg durch Höhenversatz; empfehlenswert ist die Verwendung fehlerverzeihender Borde mit einem Höhenversatz von ca. 4 cm und einer Breite von c = 0,3 m als Teil des Gehwegs (vgl. Musterlösung E20)
- Der Radweg soll nah an der Fahrbahn geführt werden und stets im Sichtbereich des Kfz-Verkehrs liegen. An Einmündungen sollte die Sicherheit immer durch eine Teilaufpflasterung (Radwegüberfahrt) erhöht werden. Soweit möglich, kann weiterhin eine abgesetzte Furt (bis zu 5,0 m) die Verkehrssicherheit erhöhen
- An allen Grundstückszufahrten wird der Radweg auf einer Höhe fortgeführt und der Kfz-Verkehr auf das Niveau des Radwegs angerampt, z.B. durch sinusförmige Rampensteine.
- Radwege werden baulich durchgängig ausgebildet, insbesondere durch Verwendung einer einheitlichen Oberfläche im gesamten Streckenverlauf und Verzicht auf Materialkanten
- An Einmündungen und Grundstückszufahrten wird der Radweg rot eingefärbt; eine durchgehende Roteinfärbung des gesamten Streckenverlaufs ist zu empfehlen, die Entscheidung hierüber obliegt dem Baulastträger
- Die Zweckbestimmung kann in regelmäßigen Abständen durch das Sinnbild „Fahrrad“ in Verbindung mit Richtungspfeilen verdeutlicht werden
- Die Fahrtrichtungen können durch eine unterbrochene Schmalstrichmarkierung in Weiß als Mittelmarkierung voneinander getrennt werden

T32 – Geschützter Radfahrstreifen (Protected Bike Lane)

Anwendungsbereiche

- Innerörtliche Hauptverkehrsstraßen
- Außerortsstraßen

Hinweise

- bauliche Abtrennung der Radverkehrsanlage zur Fahrbahn, z.B. durch Hochbord oder Sperrpfosten mit einem Mindestabstand zur Radverkehrsanlage mit b = 0,50 m
- Regelmaß a = 2,3 m; geringere Breite sind im Einzelfall möglich, reduzieren jedoch die Qualität der Radverbindung. Als Mindestmaß kann die Regelbreite für Radfahrstreifen gemäß Regelwerke angesetzt werden (1,85 m)
- Sofern eine Benutzungspflicht angeordnet werden soll, wird VZ 237 (Radweg) verwendet
- Furten an Einmündungen und Grundstückszufahrten werden rot eingefärbt; eine durchgehende Roteinfärbung des gesamten Streckenverlaufs ist zu empfehlen, die Entscheidung hierüber obliegt dem Baulastträger
- Zur Minderung der Rutschgefahr bei Nässe ist der farbige Belag aufzurauhen oder mit rutschfestem Granulat zu versetzen. Der Rollwiderstand sollte dabei soweit möglich reduziert werden
- Ein Betrieb im Zweirichtungsverkehr ist möglich. Einmündungen, Grundstückszufahrten und Knotenpunkte sind in diesem Fall besonders zu sichern
- Fahrradpiktogramme mit Richtungspfeil(en) zeigen dem Radverkehr die vorgeschriebene(n) Fahrtrichtung(en) an

K20 – Schutzinselkreuzung

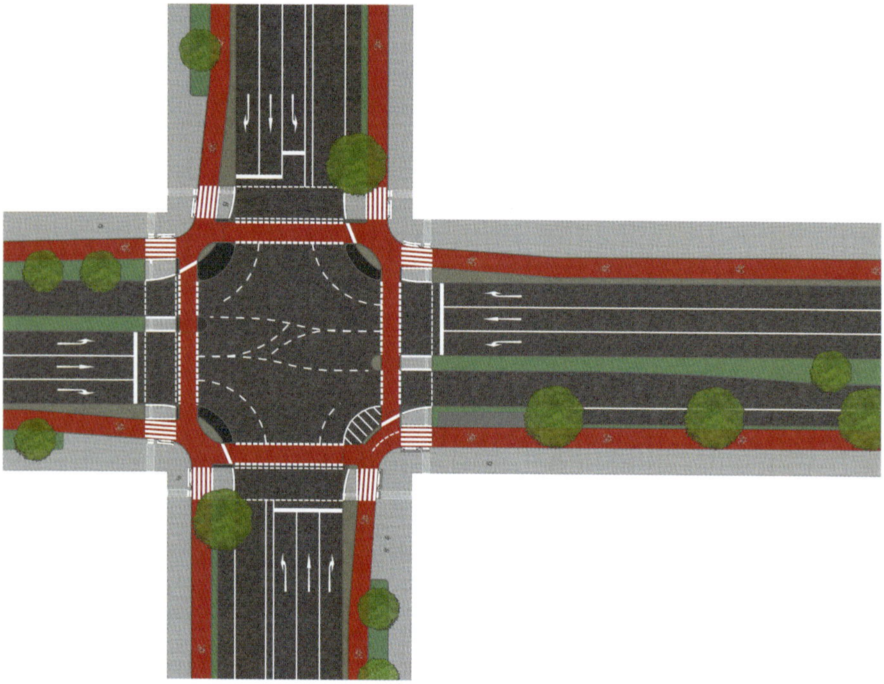

Anwendungsbereiche

- Kreuzung zweier innerörtlicher oder außerörtlicher Hauptverkehrsstraßen (signalisiert oder nicht signalisiert)
- Kreuzung von innerörtlicher Hauptverkehrsstraße und Erschließungsstraßen (signalisiert oder nicht signalisiert)
- Kreuzung von innerörtlicher Sammelstraße mit straßenbegleitenden Radwegen und anderen Erschließungsstraßen (i.d.R. unsignalisiert)

Hinweise

- Vor allem für Kreuzungen größerer Straßen geeignet, das Grundprinzip kann jedoch an vielfältigen Knotenpunkten zum Einsatz kommen (z.B. Kreisverkehr)
- Schutzinsel: Radweg und Fahrbahn werden im Kreuzungsbereich durch eine baulich ausgebildete Schutzinsel voneinander getrennt
- Aufstellfläche: Radfahrende erhalten zwischen Schutzinsel und Wartefläche des Fußverkehrs eine Aufstellfläche mit einer Mindesttiefe von 2,0 m (Länge eines herkömmlichen Fahrrads). Für Lastenfahrräder ist eine Tiefe von mindestens 2,7 m vorzusehen. Aufstellflächen für den Radverkehr sind in Abhängigkeit von den Radverkehrsstärken ausreichend groß zu bemessen
- Abgesetzte Furt: Radverkehrsfurten werden im Knotenpunkt um ca. 5 m abgesetzt
- Getrennte Signalisierung: Geradeausfahrender Radverkehr und rechtsabbiegender Kfz-Verkehr sollten vorrangig zeitlich getrennt signalisiert werden, um Konflikte bzw. Unfälle zu vermeiden
- Rechtsabbiegender Radverkehr sollte ohne Einbindung in die Lichtsignalanlage frei abbiegen können
- Maße: abgesetzte Furt ca. 5,0 m; Radien Radwege: max. 12,0 m, Radius Kreuzungsecke in Abhängigkeit von Schleppkurven: Empfehlenswert ist eine zweigeteilte Schutzinsel mit einer markierten oder flach gepflasterten Eckausrundung von ca. 5,0 - 6,0 m und einer Schutzinsel als Hochbord mit einem Radius von ca. 10,0 m (max. 12,0 m). Länge des Verzugs von fahrbahnnahen Radwegen zur abgesetzten Furt: ca. 35,0 m
- Mit Fußgängerüberwegen über den Radweg kann Zu-Fuß-Gehenden Vorrang vor dem Radverkehr gegeben werden
- Ampelmasten und andere Installationen, die für den Betrieb der Kreuzung notwendig sind, sind so aufzustellen, dass sie nicht zu Sicht- und Fahrhindernissen werden. Andere Objekte, sind an Knotenpunkten zu entfernen
- Grünstreifen in Kreuzungszufahrten sind zu vermeiden, in keinem Fall dürfen dort Pflanzungen angelegt werden, die bei mangelhafter Pflege Sichtbeziehungen behindern. Grünstreifen können hinter den Konfliktflächen angelegt werden

P02 – Lastenradstellplatz

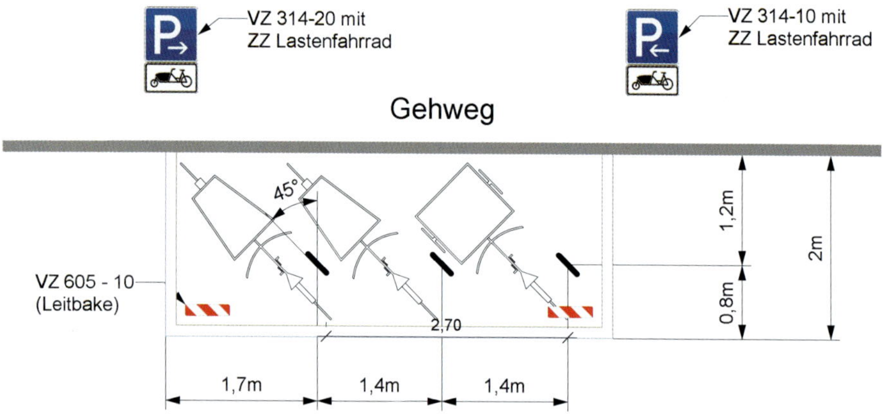

Anwendungsbereiche

- Ausgewiesene Abstellplätze ausschließlich für Lastenfahrräder

Hinweise

- Mit VZ 314 (Parken) in Kombination mit ZZ 1010-69 (Lastenfahrrad) wird die Abstellanlage Lastenfahrrädern vorbehalten
- Verwendung kurzer Rohrbügel, um einfaches Be- und Entladen zu gewährleisten. Maße Anlehnbügel: Länge 0,35 m, Höhe 0,8 m
- Erforderliche Abstellfläche je Lastenfahrrad: Länge 2,7 m, Breite 1,0 m
- Der Abstand zwischen den Anlehnbügel sollte bei Senkrechtaufstellung mindestens 1,20 m (Komfortmaß: 1,5 m) und bei Schrägaufstellung mindestens 1,40 m betragen
- Im öffentlichen Straßenraum ist der Abstellplatz seitlich durch VZ 605-10 – Leitbake zu sichern
- Bei Tages-, Langzeit- oder Nachtparken sind weitere Ausstattungs- und Serviceelemente sinnvoll, z.B. Wetter- und Zugangsschutz, Lademöglichkeiten, Schließfächer
- Eine Alternative zu ausgewiesenen Lastenradstellplätzen sind herkömmliche Fahrradabstellplätze mit Anlehnbügeln im Abstand von ca. 1,5 m, um auch die Nutzung mit Lastenfahrrädern zu ermöglichen

14

Die 8 Erfolgsfaktoren der Radverkehrsförderung

Die 8 Erfolgsfaktoren der Radverkehrsförderung

Eins: Mobilität ist eine Managementaufgabe

Eines haben alle Kommunen mit einem hohen Radverkehrsanteil gemeinsam: Eine gut ausgebaute Radverkehrsinfrastruktur, die in allen Fällen das Resultat politischer Entscheidungen ist, das Fahrrad mit einer langfristig ausgerichteten Strategie gezielt als Verkehrsmittel zu etablieren. Ihre Entscheidungsträger haben erkannt, dass ein Ausbau des Radverkehrs ihrer Kommune zahlreiche Vorteile bringt und die Aufenthalts- und Lebensqualität für alle Menschen erhöht. Sie betreiben bewusst eine Lebensqualitätspolitik. Ein hoher Radverkehrsanteil „passiert" nicht einfach, indem im Verkehrsraum ceteris paribus zusätzlich Maßnahmen für den Radverkehr umgesetzt werden, wie es viele Radverkehrskonzepte landauf, landab vorsehen. Das Ergebnis dieser Vorgehensweise sind Kompromisse – zu Lasten des Fahrrades.

Integrative Mobilitätsstrategie – Der Weg zur bewegungsaktiven Stadt

Notwendig ist eine integrierte Mobilitätsstrategie, in der die klassische Radverkehrsförderung ein fester, gleichberechtigter Bestandteil im Gesamtsystem *Integrierte Verkehrs- und Stadtplanung* ist. Maßnahmen für den Radverkehr ziehen dann auch Konsequenzen an anderer Stelle nach sich. Alle erfolgreichen Fahrradstädte sind diesen Weg gegangen, jede auf ihre eigene Weise. Groningen zwingt Autofahrer auf Kurzstrecken zu unattraktiven Umwegen, während Radfahrer auf dem direkten Weg ihrem Ziel entgegenstrampeln können. Utrecht arbeitet konsequent mit Parkraumbewirtschaftung und hält den Kfz-Verkehr mit einem Park & Ride-System aus der Stadt heraus. Kopenhagen legt flächendeckend separierte Bordsteinradwege an, baut Fahrradbrücken und richtet die grüne Welle für Radfahrer ein. Münster integriert das Fahrrad in die Flächennutzungsplanung und hat eine kommunale Stellplatzsatzung, in der aufeinander abgestimmte Regelungen für Kfz und Fahrräder enthalten sind.

Alle Menschen haben ein Mobilitätsbedürfnis und sie erfüllen es so, wie es für sie subjektiv und objektiv am einfachsten, bequemsten, schnellsten und sichersten möglich ist. Im Nahbereich von 3–5 km (auf manchen Strecken in größeren Städten auch darüber hinaus) ist das Fahrrad anderen Verkehrsmitteln überlegen oder zumindest eine gleichwertige Alternative.

Damit ist es nur rational, das Fahrrad gegenüber anderen Verkehrsmitteln dort zu priorisieren, wo es seine Stärken ausspielen kann: auf kurzen und mittleren Distanzen in den Kommunen.

Radverkehrsförderung ist eine Querschnittsaufgabe

Für eine echte Neuausrichtung der Mobilitätsstrukturen braucht es kommunale Führungspersönlichkeiten, die Visionen entwickeln, Menschen überzeugen und Maßnahmen durchsetzen können und wollen. Die Umverteilung von Verkehrsflächen für Fußgänger und Radfahrer sowie die Umwandlung zu Aufenthaltsflächen birgt besonders dort Konfliktpotenzial, wo der Anteil des Autobesitzes hoch ist. Konzepte aus vergangenen Jahrzehnten führen jedoch selten zu etwas Neuem: zu einer modernen, gesunden, sicheren und lebenswerten Kommune.

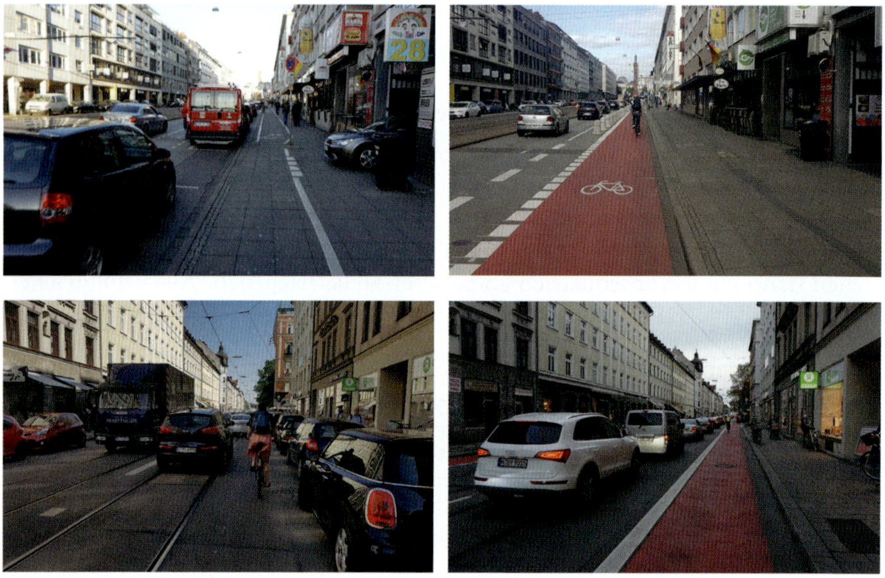

Für eine einladende Radverkehrsinfrastruktur müssen auch Verkehrsflächen neu verteilt werden: Dieselbe Straße jeweils vor und nach Schaffung einer Radverkehrsanlage in Darmstadt (oben) und München (unten).

Kommunen benennen Radverkehrsbeauftragte, die den Radverkehr vor Ort voranbringen sollen. Viele von ihnen stehen von vorneherein auf verlorenem Posten. Die Position des Fahrradbeauftragten ist ein Feigenblatt, sie gehört abgeschafft! Ich kenne keine einzige Kommune, die einen Autobeauftragten hat. Und trotzdem finden Autofahrer auf der ganzen Welt eine – mal mehr, mal weniger – autogerechte Infrastruktur vor.

Weshalb? Weil es einen politischen und gesellschaftlichen Konsens über die Rolle des Automobils gibt. Dieser Konsens spiegelt sich im täglichen Handeln von Politik, Behörden und Kommunalverwaltungen wider, weil Einigkeit über die grundsätzlichen Ziele besteht und die Aufgaben klar zwischen allen Beteiligten verteilt sind. Wie sind dagegen die Aufgaben verteilt, wenn es einen Radverkehrsbeauftragten gibt? Gar nicht, sondern alle klassischen Fahrradthemen werden bei der zuständigen Person abgeladen, die sich dann mühsam Unterstützung und Mehrheiten innerhalb der eigenen Verwaltung und der Politik suchen soll. Die Sicherstellung einer automobilen Verkehrsstruktur funktioniert gerade *weil* es nirgends einen Autobeauftragten gibt, sondern es sich um eine Querschnittsaufgabe in der Kommunalverwaltung handelt. Auch die Förderung des Radverkehrs wird nur dann erfolgreich sein, wenn sie als Querschnittsaufgabe der gesamten Verwaltung begriffen wird. Die verantwortlichen Kommunalpolitiker müssen dafür konkrete Ziele vorgeben.

Zwei: Zielgruppengerecht planen und handeln

Denken Sie immer daran: Wer ein Produkt erfolgreich vermarkten möchte, muss die Bedürfnisse seiner Zielgruppe kennen und bedienen. Menschen wollen und müssen mobil sein und es ist absehbar, dass dieses Bedürfnis weiter an Bedeutung gewinnen wird. Sie wählen dabei jenes Verkehrsmittel, mit dem sie ihr Mobilitätsbedürfnis subjektiv am sichersten, schnellsten, einfachsten und bequemsten erfüllen können. Das Fahrrad steht im Wettbewerb mit den verfügbaren Mobilitätsalternativen, allen voran dem Automobil. Im *Strategischen Dreieck* muss das wahrgenommene Nutzangebot des Fahrrades größer sein als das des Automobils – zumindest auf den Wegen im Nahbereich, wo das Fahrrad seine Stärken voll und ganz ausspielen kann. Die wichtigste Zielgruppe der Radverkehrsförderung sind die *Interessierten*, die 60 Prozent der Bevölkerung ausmachen. Die wichtigste Zielgröße ist deshalb eine stressarme Infrastruktur (LTS 2) – das Grundbedürfnis der Zielgruppe.

Drei: Makro-Design – *It's the infrastructure, stupid!*

Heute müssen Radfahrer noch Pfadfinder sein, im wahrsten Sinne des Wortes. Gerade Personen mit einer geringen Stress-Toleranz haben es sehr schwer, geeignete Routen zu finden, die ihren persönlichen Bedürfnissen entsprechen. In Anlehnung an James Carville, der dem späteren US-Präsidenten Bill Clinton im Jahr 1992 den erfolgreichen Wahlkampf-Slogan *It's the economy, stupid!*

beschert hatte, lässt sich gut auf den Punkt bringen, worauf es ankommt: *It's the infrastructure, stupid!* (dt. *Es ist die Infrastruktur, Dummkopf!*).

Fahrradparkhaus am Hauptbahnhof in Utrecht

Separierter Radweg in den Niederlanden

Um Menschen in den Sattel zu bekommen, ist die Existenz einer guten Radinfrastruktur für den fahrenden und den ruhenden Verkehr Voraussetzung. Das Makro-Design beinhaltet alle Maßnahmen für ein flächendeckendes Radverkehrsnetz, das es allen Nutzern ermöglicht, sicher, einfach, schnell, direkt und bequem mobil zu sein. Die drei Kernaufgaben der Radverkehrsförderung sind dafür der rote Faden.

Vier: Mikro-Design – *Small is beautiful*

Jemandem die Tür aufhalten, ihm den Vortritt lassen oder einen freundlichen Blick zuwerfen, eine aufmunternde Begrüßung – wir schätzen auch kleine Gesten unserer Mitmenschen und lernen bereits als Kinder, was sich gehört und was wir besser bleiben lassen. Diese kleinen Gesten können uns frohen Mutes in den Tag starten lassen oder ihn uns vielleicht sogar vermiesen, wenn sie ausbleiben. Die positive Wirkung kleiner Gesten ist ein wichtiges Werkzeug, wenn wir Radverkehr in einer Kommune attraktiv machen wollen.

Sie allein bringen noch niemanden in den Sattel, erleichtern aber den Umstieg und wirken motivierend auf jene, die bereits ab und an in die Pedale treten. Auch kleine Maßnahmen, die das Radfahren ein bisschen angenehmer, schöner, einfacher oder abwechslungsreicher machen, sind deshalb keineswegs Luxus, sondern ein wichtiger Baustein in der Gesamtschau. Sie sind für Radfahrer ein Signal, dass sie erwünscht sind, für sie mitgedacht wird und die Bedingungen für Zweiradfahrer stetig optimiert werden. Kleine Geschenke erhalten bekanntlich die Freundschaft!

Kopenhagen: Diese angewinkelten Mülleimer wurden entlang von Radwegen platziert, so dass Radfahrer ihre Abfälle bequem während der Fahrt entsorgen können.

In Utrecht haben diese Straßenlaternen zwei Leuchten. Eine für die Fahrbahn und rückseitig eine tiefer platzierte, die den Radweg sowie den angrenzenden Fußweg ausleuchtet.

Ansatzpunkte für Mikro-Design gibt es Hunderte, die Fotobeispiele aus diversen Städten stellen eine kleine Auswahl dar. Sie verdeutlichen, was Mikro-Design ausmacht und wie vielfältig die Maßnahmen ausfallen können. Anders als beim Makro-Design können Ideen hier nicht am „grünen Tisch" entwickelt werden, sondern entstehen in der Praxis. Nur wer mit dem Fahrrad unterwegs ist, kann über die kleinen Unannehmlichkeiten stolpern und erkennen, wie das ein bisschen besser, praktikabler, komfortabler oder freundlicher – kurz: menschlicher – gelöst werden kann.

An den Haltestangen können sich Radfahrer bei Rotlicht festhalten oder die Füße abstützen.

Automatische Zählstellen erfassen alle Radfahrer und zeigen das Verkehrsaufkommen an.

Das Anhalten bei Rotlicht ist für Radfahrer ohnehin schon nervig genug, dachte man sich in Kopenhagen und begann damit, vor Lichtzeichenanlagen Haltestangen zu installieren. Wer stoppt, muss sich jetzt nicht mehr mit den Füßen auf dem Boden abstützen, sondern kann sich bequem an den Stangen festhalten oder seine Füße dort aufstützen (Foto). Die Haltestangen sind so lang, dass sie gleichzeitig von mindestens zwei Radfahrenden genutzt werden können. Kopenhagen hat zudem die Gunst der Stunde genutzt und auf der Fläche, auf der die Füße platziert werden können, ein kleines Dankeschön aufgedruckt. Dort liest der Radler sinngemäß: „Hey Radfahrer! Stelle Deinen Fuß hier ab. Danke, dass Du in der Stadt mit dem Rad fährst!"

Die Technik macht es möglich: Automatische Zählstellen entlang von Radwegen erfassen die vorbeiradelnden Personen und zeigen üblicherweise an, wie viele Radfahrer die Stelle am jeweiligen Tag sowie im laufenden Jahr passiert haben. Die Geräte können auch entlang von Zweirichtungsradwegen aufgestellt werden und sind mittlerweile in mehreren Städten im Einsatz, darunter in Kopenhagen und Nürnberg. Automatische Zählstellen können von der Stadtverwaltung genutzt werden, um Datenmaterial für die Verkehrsplanung zu erhalten und das Nutzerverhalten besser zu verstehen. Sie haben darüber hinaus eine positive Außenwirkung. Vielen Radfahrern macht es Spaß zu sehen, wie die Zahl nach oben springt, wenn sie an der Zählstelle vorbeiradeln oder sind erstaunt, wie viele Personen außer ihnen den Radweg bereits genutzt haben. Ihnen wird vor Augen geführt, dass sie nicht alleine radeln, sondern Teil einer größeren Gruppe sind – ein Gemeinschaftsgefühl entsteht.

Ob öffentliche Reparatur-Kits und Luftpumpen, Schieberinnen auf Treppen, Nullabsenkungen ohne Materialkante, Fahrradboxen oder völlig neue Ideen – Ansatzpunkte gibt es viele. Seien Sie kreativ und halten Sie vor allem Augen und Ohren offen, um Ideen zu entwickeln!

Fünf: Der Pull-Effekt von Leuchttürmen

Als in der Metropolregion Nürnberg das Vorhaben zum Bau von Radschnellwegen öffentlich wurde, rief das auch kritische Stimmen auf den Plan. Es sei doch sinnvoller, mit dem Geld zunächst die innerörtlichen Radverkehrsnetze auszubauen. Man argumentierte, dass die Schnellradler auf zahlreiche Barrieren und Lücken im Netzsystem stießen, sobald sie den Radschnellweg verließen. Das mache dieses Netzelement unattraktiver. Fachlich gesehen ist diese Argumentation durchaus richtig: Die Wirkung von Radschnellwegen lebt von einem flächendeckenden, qualitativ hochwertigen Verteiler- bzw. Zubringernetz. Ist es also sinnvoller, die knappen Finanzmittel zunächst in den Ausbau eines guten Basisnetzes zu investieren? Viele Kommunen stehen vor einer ähnlichen Fragestellung – nicht nur im Hinblick auf Radschnellwege, sondern auch wenn neue Hauptroutennetze, Fahrradstationen oder andere wegweisende Projekte geplant werden.

Es wäre falsch sich in Pilotprojekten zu verlieren. Ein, höchstens zwei Projekte mit einem außergewöhnlichen Charakter können jedoch sehr wertvoll für das Anliegen sein, neue Zielgruppen für das Rad zu gewinnen. In ihnen wohnt der Zauber des Neuen, des Besonderen inne. Damit liegt in den Projekten die große Chance, dem Fahrrad ein hohes Maß an Aufmerksamkeit zu sichern und es in den Köpfen der Bevölkerung als Alltagsverkehrsmittel zu verankern. Wie ein Leuchtturm auf See strahlen sie aus und sind wegweisend. Deshalb bezeichne ich sie auch als Leuchtturmprojekte.

Erinnern wir uns an die erste Stufe des AIDA-Modells, bei der es darum ging die Aufmerksamkeit auf das Fahrrad als Alltagsverkehrsmittel zu lenken. Leuchtturmprojekte können das leisten und haben deshalb einen *Pull-Effekt* – im Gegensatz zu herkömmlichen Infrastrukturmaßnahmen, die quasi zum „Alltagsgeschäft" gehören und deshalb weder bei Medien, noch in der Bevölkerung ein besonderes Interesse hervorrufen (bestenfalls lokal begrenzt, wenn Personengruppen von den Maßnahmen betroffen sind oder sich betroffen fühlen).

Weil sich diese neue Fahrradbrücke in Kopenhagen über das Hafenbecken schlängelt, heißt sie im Volksmund die Schlange. Das Projekt hat große Aufmerksamkeit auf sich gezogen.

Sechs: Kontinuierlicher Verbesserungsprozess (KVP)

Überspitzt ausgedrückt: Sobald eine Radverkehrsverbindung ihren Betrieb aufnimmt, geht die Arbeit der Verkehrsplaner erst richtig los. In der Praxis zeigt sich, ob sich die Planungen bewähren, die zuvor am grünen Tisch entworfen wurden. Auch allgemeine Veränderungen beim Modal Split, neue Quellen und

Ziele des Verkehrs oder Anpassungen an anderer Stelle im Verkehrsnetz können Auswirkungen auf das Radverkehrsaufkommen bestehender Wegeverbindungen haben, weil sie zusätzlichen Verkehr erzeugen oder diesen neu lenken. Das Bestreben muss es sein, sich nicht mit dem Status Quo zufriedenzugeben, sondern die Rahmenbedingungen für Fahrradfahrer stetig zu optimieren und auf Entwicklungen zu reagieren. Ein sinnvolles Instrument, das Kommunen bereits relativ häufig nutzen, ist die Einbindung der Nutzer – z.B. über Internetplattformen oder Apps. Darüber hinaus sind weitere Maßnahmen zielführend.

Verhaltensbeobachtungen

Ein starkes Werkzeug sind Verhaltensbeobachtungen, weil sie leicht durchgeführt werden können und ohne Verzerrungen – die sich bei Befragungen ergeben können – objektiv vorhandene Bedürfnisse von Radfahrern aufzeigen. Beachten Sie, dass sie mit Verhaltensbeobachtungen naturgemäß nur Bedürfnisse von Menschen ermitteln können, die bereits Fahrrad fahren. Verhaltensbeobachtungen beschreiben immer nur Ist-Zustände (z.B. Verhaltensweisen, Bedürfnisse, Verkehrsaufkommen), niemals aber Potenziale. Etablierte Fahrradstädte nutzen das Instrument systematisch. So gab es im Verlauf der Nørrebrogade in Kopenhagen eine Stelle, da verhielten sich einige der stadteinwärts fahrenden Radfahrer anders als vorgesehen. Sie querten einen signalisierten Knotenpunkt und folgten dann nicht mehr dem geradeaus verlaufenden Bordsteinradweg der Nørrebrogade, sondern bogen nach rechts auf den Gehweg ab, um nach etwa 30 Metern in einer Parallelstraße weiterzufahren.

Anstatt das verbotene Verhalten zu ahnden oder durch bauliche Maßnahmen zu verhindern, haben sich die verantwortlichen Verkehrsplaner eine entscheidende Frage gestellt: „Weshalb machen sie das?“ Schließlich muss es für dieses Verhalten einen guten Grund geben, und diesen galt es herauszufinden. Letztlich wurden zwei Ursachen identifiziert: Der eine Teil wollte zu Stoßzeiten dem hohen Verkehrsaufkommen auf dem Radweg entlang der Nørrebrogade entgehen, in dem sie die Seitenstraße als Ausweichroute nutzten. Der andere Teil wiederum hatte andere Fahrtziele, die über die alternative Verbindung schneller, bequemer oder besser zu erreichen waren. Mit dieser Erkenntnis hat die Stadt Abhilfe geschaffen und einen kurzen Radweg gebaut, der das existierende Verhalten der Radfahrer legalisiert hat.

Auch Geisterradler, die Missachtung von Rotlicht, die verbotene Befahrung von Fußgängerzonen, Trampelpfade auf Grünflächen oder wild abgestellte Fahrräder sind Beispiele für Bedürfnisse, die durch Verhaltensbeobachtungen einfach identifiziert werden können. Gerade ungewöhnlichen, ungeplanten und regelwidrigen Verhaltensweisen sollte ein besonderes Augenmerk gelten, wenn sie wiederholt auftreten.

Der Zweirichtungsradweg in Nürnberg ist für das Radverkehrsaufkommen ganz offensichtlich zu schmal. Die Radfahrerin rechts im Bild weicht auf den Gehweg aus.

Das Fahrrad macht zusammen mit der Bestuhlung Fußgängern das Leben schwer. Während Kfz-Stellplätze vorhanden sind, fehlt es aber an solchen für Zweiräder.

Auch Regelüberschreitungen haben oft zwei tiefergehende Gründe, die auch in der Planung liegen können: ein unerfülltes Bedürfnis und/oder eine Maßnahme wird als sinnlos oder unangemessen angesehen, weshalb es ihr an Akzeptanz mangelt.

Fehlerkultur etablieren

„Wo gehobelt wird, fallen Späne", lautet ein bekanntes Sprichwort. Nur derjenige, der seine Hände in den Schoß legt, wird Fehler gänzlich vermeiden können. Wo aber etwas vorangehen, auch einmal neue Wege eingeschlagen und sich Kreativität entfalten soll, muss auch einmal etwas falsch gemacht werden dürfen. Eine Organisation, in der Fehler passieren dürfen und die aus diesen lernt, verfügt über eine *Fehlerkultur* (als Gegenstück zu einer *Fehlervermeidungskultur,* die schlecht ist). Eine solche Fehlerkultur probiert auch einmal aus und ist bereit frühere Entscheidungen und Planungen dort zu korrigieren, wo es sachlich sinnvoll oder notwendig ist. Etablieren und leben Sie eine Fehlerkultur; sie ist zwingender Bestandteil eines kontinuierlichen Verbesserungsprozesses!

Sieben: Finanzmittel bereitstellen

Ohne Moos nix los – das gilt auch in der Radverkehrsförderung. Ein hoher Radverkehrsanteil ist nirgendwo vom Himmel gefallen, sondern ist immer das Ergebnis gezielter Investitionen in den fließenden und ruhenden Radverkehr gewesen. Die Bundesregierung beziffert den Investitionsbedarf im Nationalen Radverkehrsplan 3.0 (NRVP 3.0) auf 30 Euro pro Einwohner. Eine Gemeinde mit 10.000 Einwohnern müsste demnach 300.000 Euro investieren – und zwar jährlich.

Von diesen Investitionen sind die meisten Städte in Deutschland noch weit entfernt. Die Vorreiter in Europa investieren oftmals sogar ein Vielfaches. Der Erfolg eines hohen Radverkehrsanteils hat seine Ursache damit auch in der finanziellen Ausstattung der Radverkehrsplanung. Für den kommunalen Haushalt können sich diese Investitionen in barer Münze auszahlen, denn im Gegenzug können die Investitionen in die Kfz-Infrastruktur heruntergefahren werden, weil weniger Parkplätze und Fahrspuren benötigt werden.

Acht: Anfangen!

Die *Perspektive der ermüdenden Distanz* spüren auch Verantwortliche, die eine echte Fahrradkommune schaffen möchten. Was Münster, Kopenhagen oder niederländische Städte und Gemeinden geschafft haben, erscheint ihnen so unerreichbar: „Die haben eine ganz andere Tradition", höre ich oft. Wer so klein denkt, der wird auch schwach handeln und hat bereits verloren! Dabei wird vergessen, dass der Modal Split-Anteil nirgendwo einfach so vom Himmel gefallen ist, sondern immer das Ergebnis gezielter Entscheidungen, konsequenten Handelns und einer großen Ausdauer ist.

Niemand muss versuchen die nächsten drei Jahrzehnte vorauszuplanen. Dann würden Sie der *Perspektive der ermüdenden Distanz* unterliegen und scheitern, bevor Sie überhaupt richtig losgelegt haben. Denken Sie daran, dass erst leichte Krümmungen, Biegungen und interessante Anblicke am Wegesrand die vor Ihnen liegende Reise attraktiv machen. Nur Mut, Rom ist auch nicht an einem Tag erbaut worden! Das Erfolgsgeheimnis lautet: *Anfangen!*

15 Gelungene Praxisbeispiele

Gelungene Praxisbeispiele

Einladend

Eines haben alle Kommunen mit einem hohen Radverkehrsanteil gemeinsam: In Utrecht haben Entscheider und Planer aus der Not eine Tugend gemacht: Eine neue Hauptradroute über den Amsterdam-Rijnkanaal sollte den westlich des Kanals gelegenen Stadtteil Leidsche Rijn mit der Kernstadt verbinden. Da der Kanal von großen Schiffen befahren wird, musste eine neue Brücke für Fußgänger und Radfahrer entsprechend hoch ausfallen – was den Platzbedarf auf der dicht bebauten Ostseite deutlich erhöhte. Die Lösung: Die Brücke (Dafne Schippersbrug) endet auf der Ostseite auf dem Dach einer Grundschule [3], die ebenfalls neu errichtet wurde. Von dort schlängelt sich der Radweg elegant über den Pausenhof nach unten [1, 2] und mündet in eine Fahrradstraße [5].

[1] Der Radweg führt hinaus auf das Dach der Grundschule

[2] Oben Radweg, unten Schulgelände

[3] Die Brücke endet auf dem Schuldach

[4] Getrennter Geh- und Radweg auf der Brücke

[5] Der Radweg mündet in eine Fahrradstraße

Sicher

Die Stadt Groningen hat im Jahr 2018 beidseitig vorhandene Radfahrstreifen in der Straße Helperzoom aufgelöst und an ihrer Stelle mit roten Betonplatten einen beidseitigen Zweirichtungsradweg in einer vorherigen Grünfläche errichtet. Die Sammelstraße erschließt Teile eines Wohngebietes im Südosten der Stadt. Die Einmündungsbereiche sind durch Radwegüberfahrten gesichert, das gegenüberliegende Wohngebiet ist durch Zu- und Abfahrten direkt erschlossen. Am südlichen Ende wechselt der Radweg auf die andere Seite der Fahrbahn, die Radachse ist dabei bevorrechtigt.

[1] Die aufgelösten Radfahrstreifen und …

[2] … der neue Radweg auf gleicher Höhe

[3] Direkte Erschließung des Wohngebietes

[4] Bevorrechtigte Querung für den Radverkehr

Sicher

Die Stadt Hamburg hat in der Lortzingstraße eine Fahrradstraße im gesamten Streckenverlauf durch Gehwegüberfahrten verkehrsrechtlich bevorrechtigt [1]. Grundlage ist die Straßenverkehrsordnung (StVO): Wer über einen abgesenkten Bordstein fährt, ist wartepflichtig. Radfahrer haben so im Nebenstraßennetz eine komfortable Radroute, deren Verlauf durch ihre bauliche Gestaltung und Markierungen gut erkennbar ist [2]. Eine Gehwegüberfahrt am Anfangsknotenpunkt macht auf die besondere Funktion der auf den Anliegerverkehr beschränkten Fahrradstraße deutlich [3].

[1] Gehwegüberfahrten in den Einmündungsbereichen

[2] Intuitive Verkehrsführung und Radanlehnbügel

[3] Anfangsknotenpunkt

Sicher

Auch herkömmliche Straßen und Wege des Nebenstraßennetzes können mit baulichen Maßnahmen so gestaltet werden, dass sich Kfz-Geschwindigkeiten verringern. Geeignet ist alles was Lenkbewegungen erzeugt, den optischen Durchschuss (freie Sichtachsen „zum Horizont") vermeidet und eine durchgehende Oberfläche unterbricht – beispielsweise die Anordnung von Grüninseln [1], Parkständen oder Materialwechsel. Dieses Repertoire kann auch in Tempo 30-Zonen eingesetzt werden [2]. Zur Reduzierung der Kfz-Verkehrsmengen können Einbahnstraßen oder modale Filter (Durchfahrtssperren) erforderlich sein. Verkehrsberuhigte Bereiche [3] sind für den Radverkehr nur bedingt geeignet, da Schrittgeschwindigkeit für alle Verkehrsteilnehmer gilt. Die Fotobeispiele stammen aus der Stadt Bocholt.

[1] Mittig angeordnete Grüninsel in verkehrsberuhigtem Bereich

[2] Gestaltung einer Tempo 30-Zone

[3] Verkehrsberuhigter Bereich mit Schrittgeschwindigkeit

Einfach

In der Radstadt Sonthofen werden Fahrradfahrer an der so genannten Traubekreuzung in das Nebenstraßennetz geführt, um eine Hauptverkehrsstraße zu umgehen. Die vorhandene Markierung [1] wurde als Übergangslösung zunächst mit einer weißen Schmalstrichmarkierung verbreitert [2] und mit Fahrradpiktogrammen versehen. In einem weiteren Schritt wurde die Radverkehrsführung flächig rot eingefärbt und mit einem weißen Breitstrich von der restlichen Fahrbahn abgetrennt [3]. Der Radfahrstreifen führt direkt in die für den Radverkehr freigegebene Fußgängerzone [4]. Für den Kfz-Verkehr dient dieser Straßenabschnitt lediglich der Zuführung zu Parkflächen.

[1] Radverkehrsführung vor der Neumarkierung

[2] Zwischenlösung mit unterbrochener Schmalstrichmarkierung

[3] Intuitive Radverkehrsführung nach der Neumarkierung

[4] Gut erkennbare Überleitung in die Fußgängerzone

Einfach

In einer Kleinstadt am Rande der niederländischen Fahrradstadt Groningen endet dieser Zweirichtungsradweg im Streckenverlauf und wird in eine Fahrradstraße überführt [1]. Der Wechsel der Verkehrsfunktion von einer normalen Erschließungsstraße zu einer Fahrradstraße ist aufgrund der baulichen Gestaltung mit rotem Asphalt und als Fahrradstraße Typ 3 (zwei etwa 2 m breite rote Richtungsfahrstreifen und grauer Mittelstreifen) klar erkennbar.

[1] Beginn der Fahrradstraße aus Sicht des Kfz-Verkehrs

[2] Beginn der Fahrradstraße aus Sicht des Radverkehrs

[3] Überleitung des Radverkehrs auf den Zweirichtungsradweg am Ende der Fahrradstraße

Einfach

Karlsruhe und Groningen – zwei Fahrradstädte, die ihre Alltagsradrouten durch Markierungen und mit auffälligen Hinweisschildern kennzeichnen und Routenverläufe so verdeutlichen. Die Stadt Karlsruhe hat zwei grüne Cityrouten, Süd und Nord, definiert [1] und nutzt grüne Piktogramme im Streckenverlauf [2]. Auch in Groningen kennzeichnet die Stadt ihre Radrouten durch auffällige Markierungen [3, 4].

[1] Hinweisschild zur Cityroute Süd

[2] Grüne Piktogramme verdeutlichen den Verlauf.

[3] Die Station Route erschließt den Bahnhof.

[4] Auf dieser Fahrradstraße geht es ins Zentrum Groningens.

Einfach

Wo viele Radfahrer sind, sind auch viele Fahrräder – die irgendwo parken müssen. Als eine der ersten Städte verfügt die Stadt Utrecht über ein modernes Parkleitsystem, das Radfahrern freie Parkplätze in den Fahrradparkhäusern und den zentralen Abstellplätzen anzeigt [1]. Die elektronischen Anzeigen sind direkt an den zentralen Hauptachsen platziert [2] und zeigen auch nachts an, welche Stationen geöffnet sind und welche geschlossen [3].

[1] Elektronische Anzeige des Parkleitsystems

[2] Zentrale Platzierung an den Haupteinfallradwegen

[3] Anzeige der geöffneten und geschlossenen Parkhäuser

Direkt

Die Stadt Nimwegen hat den Verkehrswiderstand für den Kfz-Verkehr in einer Fahrradstraße erhöht, indem im Streckenverlauf auf einem kurzen Teilstück ein mit Pollern gesicherter Zweirichtungsradweg eingerichtet wurde; der Kfz-Verkehr wird ausgeleitet, um einen Anwohnerparkplatz herumgeführt und erst dann wieder auf die Fahrradstraße geführt [1]. Die Errichtung von Durchfahrtssperren für Kraftfahrzeuge ist eine zentrale Maßnahme in Houten, um Radfahrern direkte und verkehrsarme Wege zu bieten [2]. In Groningen wurde am Rande eines Großparkplatzes ein Zweirichtungsradweg baulich abgetrennt, um den Radverkehr sicher und auf kurzem Weg um eine Baustelle herumzuführen [3].

[1] Direkte Wegeführung für den Radverkehr, Umwege für den Kfz-Verkehr

[2] Durchfahrtssperre für den Kfz-Verkehr in einem Wohngebiet

[3] Temporärer Radweg am Rande eines Großparkplatzes

Direkt

Zwischen diesen beiden Bildern liegen drei Jahre. In Utrecht wurde dieser Einrichtungsradweg noch im Jahr 2015 aufgelöst und mit einer Diagonalquerung auf einen Zweirichtungsradweg auf der gegenüberliegenden Fahrbahnseite geleitet [1]. Eine umwegige und langsame Radverkehrsführung. Heute führt der Einrichtungsradweg weiter, die Fahrzeit Richtung Bahnhof und Innenstadt verkürzt sich deutlich [2].

[1] Überleitung auf einen linksseitigen Zweirichtungsradweg (2015)

[2] Weiterführung des Radverkehrs auf direktem Weg (2018)

Schnell

Die Stadt Sonthofen hat eine innerörtliche Hauptroute im Zuge einer Fahrradstraße gegenüber einer Sammelstraße bevorrechtigt [1]. Der querende Verkehr der Sammelstraße wird dabei einspurig über die Fahrradstraße geführt; dazu wurde die Sammelstraße im Knotenpunkt durch Grünbeete verengt [2]. Der Vorrang erfolgt über eine verkehrsrechtliche Beschilderung mit VZ 205 (Vorrang gewähren) in Kombination mit VZ 301 (Vorfahrt) für die Fahrradstraße. Der Vorrang von Radachsen ist insbesondere in den Niederlanden eine Standardmaßnahme, um dem Radverkehr kurze Fahrzeiten zu ermöglichen und wird auch gegenüber Hauptverkehrsstraßen angewendet [4].

[1] Vorrang einer Fahrradstraße in Sonthofen

[2] Der untergeordnete Querverkehr wird einspurig über die Fahrradstraße geführt.

[3] Radfahrende haben nach der Umgestaltung freie Fahrt

[4] Bevorrechtigte Radachse in Houten

Schnell

Mit einer fahrradfreundlichen Gestaltung können Unter- und Überführungen auch von Radfahrern schnell und bequem genutzt werden. Dazu gehören aufgeweitete Böschungen, eine Trennung von Fuß- und Radverkehr, großzügige Kurvenradien mit Entwurfsgeschwindigkeiten von bis zu 25 km/h und die Nutzung von natürlicher Beleuchtung. Die Fotobeispiele zeigen Unterführungen für den Radverkehr an Haltepunkten des Schienenpersonennahverkehr bei Utrecht [1,2] und in Groningen [3].

[1] Unterführung bei Utrecht

[2] Unterführung bei Utrecht

[3] Unterführung in Groningen

Schnell

In Utrecht verbessert „Flo“ den Verkehrsfluss von Radfahrern an lichtsignalgesteuerten Kreuzungen. Das Radarsystem erfasst etwa 120 m vor der Ampel die Anzahl und Geschwindigkeit herannahender Radfahrer und gibt ihnen Hinweise zur Fahrweise mit dem Ziel, mehr Radfahrer bei Grün durchzuschleusen. Auf einer elektronischen Anzeige wird den Radfahrern angezeigt, ob sie schneller fahren müssen (Hase), die aktuelle Geschwindigkeit richtig ist (Daumen hoch), sie langsamer fahren sollen (Schildkröte) oder sie bei Rot anhalten müssen (liegende Kuh) [1]. Auch andere Städte experimentieren mit verschiedenen Systemen. Kopenhagen bietet Radfahrern auf einzelnen Strecken eine Grüne Welle bei 20 km/h und zeigt ihnen ihre Geschwindigkeit an. Vereinzelt wird auch die verbleibende Zeit bis zum nächsten Grünlicht angezeigt [2]. Highlight ist ein Band grüner LED-Anzeigen in einem Radweg – kann der Radfahrer sie sehen, schafft er die nächste Ampel bei Grün. Läuft das Band davon, muss er schneller strampeln, um einen Stopp bei Rot zu vermeiden [3].

[1] Das Radarsystem „Flo“ zeigt eine liegende Kuh an: die Ampel wird Rot sein.

[2] Zeitanzeige bis zum nächsten Signalwechsel

[3] Radweg in Kopenhagen mit LED-Leuchten

Komfortabel

Radwegüberfahrten sind für Radfahrer an Einmündungen und Kreuzungen die bequemste Lösung [1]. Alternativ kommt eine Nullabsenkung in Frage [2], wenn möglich ohne Materialkante. Eine Sonderform um den Übergang zwischen Radweg und Fahrbahn fahrradfreundlich zu gestalten ist der Memminger Rillenstein [3]. Bei kombinierten Geh- und Radwegen ist es eine Option, beide Verkehrsarten vor dem Konfliktbereich zu trennen. Dadurch kann der Radverkehr eine Nullabsenkung und der Fußverkehr eine Bordsteinkante von 3 cm erhalten. Radfahrer sollten dabei gezielt zum abgesenkten Bord geführt werden [4].

[1] Radwegüberfahrt mit Rampensteinen im Vordergrund

[2] Nullabsenkung an Querungsstelle

[3] Memminger Rillenstein

[4] Nullabsenkung für den Radverkehr, tastbare Kante für Fußgänger

Komfortabel

Das Prinzip getrennter Fuß- und Radwege wird in den Niederlanden auch außerhalb geschlossener Ortschaften weitgehend umgesetzt. Hierzu kommen einerseits baulich ausgebildete Hochbordgehwege neben Radwegen zum Einsatz, auf gering frequentierten Verbindungen erfolgt die Trennung mitunter auf gleichem Niveau durch einen weißen Trennstrick und eine klare Kennzeichnung der Verkehrsflächen. Im Regelfall erhält der Radweg die markante rote Oberfläche, während die Fläche für Fußgänger anhand der grauen Asphaltoberfläche erkennbar ist. In regelmäßigen Abständen wird das Piktogramm *Fußgänger* markiert.

Komfortabel

Mit Haltestangen, auch Ampeltrittbretter genannt, erleichtert die Hansestadt Rostock Radfahren den Halt an Ampeln. An ihnen kann sich ein Radfahrer bei Rotlicht mit der Hand und/oder mit dem Fuß abstützen und bei Grün bequemer wieder anfahren. Die Haltestangen sind sowohl bei Führungen auf der Fahrbahn angebracht [1], als auch bei Führungsformen im Seitenraum [2]. Sie ähneln der Form eines Anlehnbügels mit niedrigem Querholm.

[1] Haltestange neben einem Radfahrstreifen mit eigenem Signalgeber für den Radverkehr

[2] Haltestange an einem kombinierten Geh- und Radweg mit Streuscheibe für Fuß- und Radverkehr

Integriert

In den Niederlanden kommt die Hälfte aller Bahnreisenden mit dem Fahrrad zum Bahnhof. Die Fahrradstadt Utrecht hat auf den hohen Bedarf an Radabstellanlagen reagiert und gemeinsam mit dem Staat und Bahnunternehmen für rund 30 Millionen Euro das derzeit weltweit größte Fahrradparkhaus errichtet. Insgesamt 12.500 Räder haben auf drei Etagen Platz [1]. Damit der Ein- und Ausparkvorgang schnell geht, verfügt das Parkhaus über befahrbare Rampen und Fahrgassen [2] und ein Leitsystem zeigt an, in welchen Reihen noch freie Abstellplätze vorhanden sind [3]. Im gesamten Parkhaus wird ein platzsparendes Doppelstockparksystem verwendet [4]. Die ersten 24 Stunden ist das Abstellen des Fahrrads kostenlos, anschließend fallen Gebühren von täglich 1,25 Euro an. Das Parkhaus ist bewacht.

[1] Fahrräder werden am Bahnhof Utrecht auf drei Etagen abgestellt.

[2] Rampen und Fahrgassen sind befahrbar.

[3] Ein elektronisches Leitsystem zeigt freie Stellplätze an.

[4] Doppelstockparksystem mit hydraulischer Schiene

Integriert

Die Fahrradstation in Houten ist typisch für bewachte Radabstellanlagen an niederländischen Bahnhöfen: Kurze Wege zwischen Abstellplatz und Bahngleis machen den Umstieg extrem schnell. In Houten befindet sich die Fahrradstation im Erdgeschoss des Bahnhofs [1], die Züge fahren eine Ebene höher ab. Über eine Treppe gelangen die Radfahrer auf kürzestem Weg zu ihrem Zug [2]. Die Fahrradstation ist auf zwei Seiten unmittelbar an das innerörtliche Radverkehrsnetz angeschlossen und bietet ausreichend Platz für herkömmliche Räder und Lastenfahrräder [3]. Vor Ort können die gelb-blauen Leihfahrräder der Bahn (OV fiets) ausgeliehen werden [4].

[1] Zugang zur Fahrradstation am Bahnhof Houten

[2] Kurze Wege zwischen Fahrradparken und Gleisen

[3] Blick in den Abstellbereich

[4] Leihfahrräder von OV fiets

Immer

Kleine Servicestationen im öffentlichen Raum helfen dabei, kleinere Reparaturen oder Wartungsarbeiten selbst durchführen zu können und sichern damit die Mobilität mit dem Fahrrad. Einen besonders positiven Effekt haben Luftpumpen, mit denen Fahrradreifen schnell und einfach aufgepumpt werden können [1]. Ein weiteres Element sind Werkzeugsets, die an Seilen befestigt sind und vor Ort kleinere Reparaturen ermöglichen [2]. Im Idealfall werden beide Pumpe und Werkzeugset miteinander kombiniert [3].

[1] Öffentliche Luftpumpe in Bocholt

[3] Servicestation mit Luftpumpe und Werkzeugset sowie Leihradstation (Holzkirchen)

[2] Servicestation mit Reparaturwerkzeug (Radstadt Sonthofen)

Register

G

H

I

K

L

M

N

O

P

R

S

Abkürzungsverzeichnis

Abb.	Abbildung
ADFC	Allgemeiner Deutscher Fahrrad Club
AGFS	Arbeitsgemeinschaft fußgänger- und fahrradfreundlicher Städte, Kreise und Gemeinden
AIDA	Attention, Interest, Desire, Action (Marketing-Modell)
BMW	Bayerische Motorenwerke (Automobilhersteller)
bzw.	beziehungsweise
ca.	circa
cm	Zentimeter
CROW	Institut für Verkehrssicherheitsforschung (Niederlande)
d.h.	das heißt
dt.	deutsch
engl.	englisch
ERA	Empfehlungen für Radverkehrsanlagen (technisches Regelwerk, Deutschland)
et al.	*lat.* et alii (dt. und andere)
etc.	et cetera
FGSV	Forschungsgesellschaft für Straßen und Verkehrswesen
ggf.	gegebenenfalls
GPS	Global Positioning System
H RSV	Hinweise zu Radschnellverbindungen und Radvorrangrouten
lat.	lateinisch
Kap.	Kapitel
Kfz	Kraftfahrzeug
km	Kilometer
km/h	Kilometer pro Stunde
K.O.	Knockout
LOHAS	Lifestyle of Health and Sustainability
Lkw	Lastkraftwagen
LTS	Level of traffic stress
m	Meter
Mio.	Millionen
MIV	Motorisierter Individualverkehr (z.B. Pkw, Lkw)
NRVP	Nationaler Radverkehrsplan
ÖPNV	Öffentlicher Personennahverkehr
ÖV	Öffentlicher Nahverkehr
Pkw	Personenkraftwagen (Auto)
PTSD	Post-traumatic stress disorder (dt. posttraumatische Belastungsstörung)
qkm	Quadratkilometer
RAA	Radabstellanlagen
RASt	Richtlinien für die Anlage von Stadtstraßen
RIN	Richtlinien für integrierte Netzgestaltung
StVO	Straßenverkehrsordnung
sog.	sogenannte(r)
SUV	Sport Utility Vehicle (dt. Stadtpanzer)
Tab.	Tabelle
TU	Technische Universität
u.a.	unter anderem
UDV	Unfallforschung der Versicherer
USA	United States of America (dt. Vereinigte Staaten von Amerika)
VZ	Verkehrszeichen
ZZ	Zusatzzeichen (Verkehrszeichen)
z.B.	zum Beispiel

Verwendete Fachbegriffe

In diesem Handbuch verwendete Fachbegriffe sind wie folgt zu interpretieren.

Anrampung
Höhenänderung der Fahrbahn, z.B. Anhebung der Straße auf das Niveau des Radweges.

Einrichtungsradweg
Radweg der nur in eine Fahrtrichtung befahren werden darf. Davon zu unterscheiden: Zweirichtungsradweg.

Dooring
Kollision von Radfahrern mit geöffneten Fahrzeugtüren.

Gebietskörperschaft
Körperschaft, deren Zuständigkeit und Mitgliedschaft territorial bestimmt sind, z.B. Gemeinden, Landkreise.

Induktionsschleife
Drahtschleife die u.a. zu Signalisierungs- und Informationsübermittlung verwendet wird, z.B. zur Einleitung einer Grünphase für Fahrzeuge an einer Lichtsignalanlage.

Knotenpunkt
Ort im Verkehrsraum, an dem Verkehrsströme aufeinandertreffen, z.B. Kreuzung oder Einmündung.

Längsparkstände/-streifen
Kfz-Parkplätze, die längs zur Richtungsfahrbahn angeordnet sind.

Lichtsignalanlage
Optischer Signalgeber zur Steuerung von Verkehrsströmen; umgangssprachlich: Ampel.

Mischverkehr
Verkehre die mit unterschiedlichen Fahrzeugen und Betriebsweisen auf demselben Verkehrsweg abgewickelt werden.

Modal Split
Aufteilung des Transportaufkommens auf verschiedene Verkehrsmittel, z.B. Kfz-Verkehr, Fußverkehr, Radverkehr.

Netzelement
Baulicher Bestandteil eines Verkehrsnetzes, z.B. Radweg, Radschnellweg, Gehweg.

Pedelec (S-Pedelec)
Fahrrad mit Elektromotor zur Tretkraftunterstützung.

Planfreier Knoten
Knotenpunkt, an dem sich Verkehrsströme auf unterschiedlichen Höhenebenen kreuzen, z.B. durch Brücken oder Unterführungen.

Plangleicher Knoten
Knotenpunkt, an dem sich Verkehrsströme auf der gleichen Höhenebene kreuzen, z.B. durch Vorrangregelungen, Lichtsignalanlagen.

Protected Bike Lane (Geschützter Radfahrstreifen)
Baulich getrennte Fahrradspur auf einer Straße.

Radfahrstreifen
Mit einer durchgezogenen Linie markierte Fahrradspur auf der Straße, benutzungspflichtig durch Zeichen 237 (Deutschland). Davon zu unterscheiden: Schutzstreifen.

Radverkehrsanlage
Überbegriff für Netzelemente, die ausschließlich oder überwiegend Fahrradfahrern vorbehalten sind, z.B. Radweg, Radfahrstreifen.

Radweg
Radverkehrsanlage, die eigenständig (abseits des Kfz-Verkehrs) oder mit baulicher Trennung vom Kfz- und Fußverkehr geführt wird.

Radwegebenutzungspflicht
Verpflichtung zur Nutzung einer Radverkehrsanlage.

Radverkehrsinfrastruktur
Bauliche Elemente für den fahrenden und ruhenden Radverkehr, z.B. Abstellanlage.

Radverkehrsverbindung
Route für Radfahrer zwischen zwei oder mehreren Orten. Eine Radverkehrsverbindung kann aus verschiedenen Netzelementen bestehen, z.B. Radweg, Fahrradstraße, Radfahrstreifen.

Relevant Set
Summe an Produkten oder individuellen Handlungsoptionen, derer sich eine Personen bewusst ist.

Schutzstreifen
Mit unterbrochener Linie markierter Fahrradstreifen auf der Straße, der von Kraftfahrzeugen befahren werden darf (Deutschland).

Sicherheitstrennstreifen
Schutzraum zwischen Netzelementen des Kfz- und Radverkehrs zur Vermeidung von Unfällen.

Stress-Level (LTS) (auch: Stress-Toleranz)
Klassifizierung von Infrastrukturelementen nach dem Stress, den sie bei Nutzern auslösen. Elemente mit einem hohen Stress-Level sind nur für Personen mit einer hohen Stress-Toleranz geeignet.

Verkehrsmittel (auch: Verkehrsträger)
Technische Einrichtung zur Beförderung von Personen oder Gütern, z.B. Automobil, Fahrrad, Bus.

Zweirichtungsradweg
Radweg, der in beide Fahrtrichtungen befahren werden darf. Davon zu unterscheiden: Einrichtungsradweg.

Literaturverzeichnis

Akar Gulsah, Clifton Kelly J. (2009), 88th Annual Meeting of the Transportation Research Board, Washington D.C., The influence of individual perecptions and bicycle infrastructure on decision to bike.

Alrutz Dankmar et al. (2009), bast Heft V 184, Unfallrisiko und Regelakzeptanz von Radfahrern.

Bamberg Sebastian et al. (2011), Transport Policy 18, pp. 228-235, Behaviour theory and soft transport policy measures.

Bauman Adrian et al. (2008), 31st Australasian Transport Research Forum, Cycling: getting Australia moving - barriers, facilitators and interventions to get more Australians physically active through cycling.

Birk Mia, Geller Roger (2005), Bridging the gaps: how the quality and quantity of a connected bikeway network correlates with increasing bicycle use.

BMVIT - Bundesministerium für Verkehr, Innovation und Technologie, Wien, Österreich (2011), Kosteneffiziente Maßnahmen zur Förderung des Radverkehrs in Gemeinden.

Brilon Werner (2011), 3rd International TRB-roundabout Conference in Carmel (Indiana), Studies on Roundabouts in Germany: Lessons Learned.

Buch T.S., Jensen S.U. (2015), International Cycling Safety Conference 2015, Incidents between Straight-ahead Cyclists and Right-turning Motor Vehicles at Signalised Junctions.

Buehler Ralph, Pucher John (2012), Transportation, 39, pp. 409-432, Cycling to work in 90 large American cities: new evidence on the role of bike paths and lanes.

Bundesanstalt für Arbeitsschutz und Arbeitsmedizin (2015), Unfallstatistik 2014 - Unfalltote und Unfallverletzte 2014 in Deutschland.

Bundesministerium für Verkehr, Bau und Stadtentwicklung (2012), 2. Auflage, Berlin, Nationaler Radverkehrsplan 2020 - Den Radverkehr gemeinsam entwickeln.

Cavacuiti Dr. Chris (2012), www.sharetheroad.ca, An overview of cycling research: Selected Facts, Statistics, Citations and Quotations.

Chabris Christoper, Simons Daniel (2011), Der unsichtbare Gorilla - Wie unser Gehirn sich täuschen lässt, München.

Chatterjee K. et al. (2013), Transportation Research Record, 2322, pp. 82-90, A conceptual model to explain turning points in travel behaviour: Application to bicycle use.

CROW fietsberaad (2016). Design Manual for Bicycle Traffic.

Dachale Helmut, Klappt in Sekundenschnelle, in: TAZ. Am Wochenende vom 16./17.04.2016, p. 30

Daniels Stijn, Wets Geert (2005), Hasselt University, Transport Research Insitute (IMOB), Traffic safety effects of roundabouts: A review with emphasis on bicyclist's safety.

Danila M., Fink C. (2013), ITE 2013 Annual Meeting and Exhibit, Demystifying signalized intersection design for bicyclists.

De Hartog Jeroen Johan et al. (2010), Environmental Health Perspectives, Do the Health Benefits of Cycling Outweigh The Risks?

De Souza Adriana et al. (2014), Social and Behvioral Sciences, 162, pp. 111-120, Influence of attitudes with respect to cycling on the perception of existing barriers for using this mode of transport for commuting.

Dijkstra A. (2005), SWOV – Institute for Road Safety Research, R-2004-14, Rotondes met vrijliggende fietspaden ook veilig voor fietsers?

Dill Jennifer, Gliebe John (2008), Oregon Transportation Research and Education Consortium (OTREC), Understanding and measuring bicycling behavior: a focus on travel time and route choice.

Dill Jennifer, McNeil Nathan (2012), Portland State University, Working Paper, Four types of cyclists? Testing a typology to better understand bicycling behavior and potential.

Dill Jennifer, McNeil Nathan (2016), TRB - Transportation Research Board, Revisiting the Four Types of Cyclists: Findings from a National Survey.

ECF - European Cyclists' Federation, Safety in numbers (Fact Sheet).

Ekman L. (1996), Bulletin 136, Institutionen för Trafikteknik, On the treatment of flow in traffic safety analysis – a non-parametic approach applied on vulnerable road users.

Elvik Rune (2010), Institute of Transport Economics, Oslo, Norway, Why some road safety problems are more difficult to solve than others.

Evers Marco, Das Ende des Sterbens, in: Der Spiegel 34/2015, pp. 100-103

Fietsberaad (Publisher) (2009), Fietsberaad Publication number 7, Bicycle policies of the European principals: continuous and integral.

Fishman E. et al. (2012), Journal of Australasian College of Road Safety, 23(3), pp. 19-27, Understanding the fear of bicycle riding in Australia.

Flade Antje (2014), Verkehrszeichen, 30. Jahrgang, Heft 3, pp. 13-17, Förderung des Radverkehrs aus psychologischer Sicht.

Flade Antje (2013), Der rastlose Mensch - Konzepte und Erkenntnisse der Mobilitätspsychologie, 1. Auflage, Wiesbaden.

Forschungsgesellschaft für Straßen- und Verkehrswesen (FGSV) (2006), Richtlinien für die Anlage von Stadtstraßen (RASt).

Forschungsgesellschaft für Straßen- und Verkehrswesen (FGSV) (2008), Richtlinien für die integrierte Netzgestaltung (RIN).

Forschungsgesellschaft für Straßen- und Verkehrswesen (FGSV) (2010), Arbeitsgruppe Straßenentwurf, Empfehlungen für Radverkehrsanlagen (ERA).

Forschungsgesellschaft für Straßen und Verkehrswesen (FGSV) (2021), Hinweise zu Radschnellverbindungen und Radvorrangrouten (H RSV).

Fussverkehr Schweiz, VCS Verkehrs-Club der Schweiz (Hrsg.) (2014), MIWO – Mobilitätsmanagement in Wohnsiedlungen, Handbuch zur Optimierung der wohnungsbezogenen Mobilität.

Garrard Jan, Rose Geoffrey, Lo Sing Kai (2008), Preventive Medicine 46, pp. 55-59, Promoting transportation cycling for women: The role of bicycle infrastructure.

Garrett-Peltier Heidi (2011), Political Economy Research Insitute University of Massachusetts, Pedestrian and bicycle infrastructure: A National Study of Employment Impacts.

Gehl Jan (2015), Städte für Menschen, 2. Auflage, Berlin

Gehl Jan, Svarre Birgitte (2013), How to study public life, 2. Auflage, Washington DC

Geller Roger (2009), Portland Bureau of Transportation, Portland, USA, https://www.portlandoregon.gov/transportation/article/237507 (zuletzt abgerufen am 4. Februar 2016), Four types of cyclists (updated).

Gesamtverband der Deutschen Versicherungswirtschaft e.V., Unfallforscherung der Versciherer, Berlin (2012), Forschungsbericht VI 05, Verkehrssicherheit innerörtlicher Kreisverkehre.

Gesamtverband der Deutschen Versicherungswirtschaft e.V., Unfallforschung der Versicherer, Berlin (2013), Forschungsbericht Nr. 21, Abbiegeunfälle Pkw/Lkw und Fahrrad.

Gesamtverband der Deutschen Versicherungswirtschaft e.V., Unfallforschung der Versicherer, Berlin (2015), Forschungsbericht Nr. 29, Einfluss von Radverkehrsaufkommen und Radverkehrsinfrastruktur auf das Unfallgeschehen.

Gesamtverband der Deutschen Versicherungswirtschaft e.V., Unfallforschung der Versicherer, Berlin (2017), Forschungsbericht Nr. 46, "Sicherung von bevorrechtigten umlaufenden Radwegen an innerörtlichen Kreisverkehren.

Gesamtverband der Deutschen Versicherungswirtschaft e.V., Unfallforschung der Versicherer, Berlin (2019), Forschungsbericht Nr. 59, Sicherheit und Nutzbarkeit markierter Radverkehrsführungen.

Goetzke Frank, Rave Tilmann (2011), Urban Studies, February 2011, Bicycle Use in Germany: Explaining Differences between Municipalities with Social Network Effects.

Gonzáles Liliana et al. (2006), University of Rhode Island Transportation Center, Assessment of bicycle paths from users perspective.

Graf, Thiemo (2021), Fahrradstraßen und Fahrradzonen, Die Blaue Reihe – Band 1, 2. vollständig überarbeitete Ausgabe, Röthenbach an der Pegnitz.

Graf, Thiemo (2023, unveröffentlicht), Fahrradstellplatzsatzung, Die Blaue Reihe – Band 2, 1. Auflage, Röthenbach an der Pegnitz.

Greibe Poul, Buch Thomas S. (2015), International Cycling Safety Conference 2015, Road User Behaviour on One-way Cycle Tracks of Different Widths.

Greig Russell (2012), Western Australian Department of Transport, Qualitative research into motivations and barriers to cycling.

Gribble Anna, Douglas Rina (2014), Transport-related determinants that influence decisions to use cycling as an active mode of transport for daily travel.

Groß Dennis et al. (2015), REAL CORP 2015, Ghent, Belgien, EmoCycling - Analyse von Radwegen mittels Humansensorik für Kommunen.

Groß Dennis, Zeile Peter (2016), REAL CORP 2016, Hamburg, Deutschland, EmoCyclingConcept – Smart and safe mobility.

Handy Susan L. et al. (2002), American Journal of Preventive Medicine, 23 (2S), How the built environment affects physical activity - views from urban planning.

Handy Susan L. et al. (2010), Transportation 37: pp. 967-985, Factors associated with bicycle ownership and use: a study of six small U.S. cities.

Hauner Philipp (2016), Das Magazin der Grünen, Nr. 1, Erinnerung – Veränderung fällt uns schwer.

Heinen Eva, Van Wee Bert, Maat Kees (2010), Transport Reviews, Vol. 30, No. 1, pp. 59-96, January 2010, Commuting by bicycle: an overview of the literature.

Helmers Gabriel (2014), Trafitec SpA, Nordic Human Factors Guideline - Explanatory model for road behaviour. Implications for the design of road and traffic environment.

Hendriks Ron, Übersetzung: Ulrich Kalle (2009), fahrradfreundlich mobil, Intelligente Radwegebeleuchtung in den Niederlanden.

Herrstedt Lene (2010), 4th International Symposium on Highway Geometric Design, Road user ability and behaviour - the basis for a safe and road user friendly road design.

Höffken Stefan et al. (2014), REAL CORP 2014, Wien, Austria, EmoCycling - Analysen von Radwegen mittels Humansensorik und Wearable Computing.

Holzapfel Helmut (2012), Verkehr und Urbanismus - Bausteine für Architekten, Stadt- und Verkehrsplaner, 1. Auflage, Wiesbaden

Hunecke Marcel (2015), Mobilitätsverhalten verstehen und verändern - Psychologische Beiträge zur interdisziplinären Mobilitätsforschung, 1. Auflage, Wiesbaden

Hunt J.D., Abraham J.E. (2007), Transportation 34, pp. 453-470, Influences on bicycle use.

Jacobsen Peter Lyndon (2003), Injury Prevention, 9, pp. 205-209, Safety in numbers: more walkers and bicyclists, safer walking and bicycling.

Jensen Soren Underlien (2009), Traftitec ApS, Safety Effects on Intersection Signalization: a Before-After Study.

Jensen Soren Underlien (2014), Traftitec ApS, Safety Effects of Height of Central Islands, Sight Distances, Markings and Signage at Single-lane Roundabouts.

Jensen Soren Underlien (2015), International Cycling Safety Conference 2015, Safe roundabouts for cyclists.

Jensen Soren Underlien, Rosenkilde Claus, Jensen Niels (2007), Traftitec ApS, Road safety and perceived risk of cycle facilities in Copenhagen.

Kastenhuber Hans-Peter, Rot, gelb, grün: Seit 100 Jahren hat uns die Ampel fest im Griff, in: Nürnberger Nachrichten vom 04.08.2014, p. 3

Kaufmann-Hayoz Ruth et al. (2001), in: Changing Things – Moving people. Strategies for Promoting Sustainable at the Local Level, A typology of tools for building sustainability strategies.

Kidd Christopher et al. (2015), Google Bike Vision Plan - North Santa Clara County.

Kim Joon-KI et al. (2006), Accident Analysis & Prevention, Bicyclist injury severities in bicycle-motor vehicle accidents.

Klaasen Lars, Mit Achtsamkeit und Airbag, in: TAZ. Am Wochenende vom 16./17.04.2016, p. 31

Komanoff C. (2001), Injury Prevention, 7, pp. 343-344, Safety in numbers? A new dimension to the bicycle helmet controversity.

Kraemer Silvie (2009), Forum Geoökol. 20 (2), Umweltverhalten und Interventionsformen.

Kupetz Andrej, Dietzold Lutz (Hrsg.) (2015), Automotive Brand Contest 2015, Frankfurt

La Cour Lund Belinda (2008), Traftitec ApS, Driver behaviour towards circulating cyclists at roundabouts.

Leben Jörg (2014), Handbuch der kommunalen Verkehrsplanung – 70. Ergänzungs-Lieferung 9/2014, Anforderungen einer nutzerorientierten Radverkehrsplanung.

Leben Jörg (2015), Wissenschaftliche Aussprache, Anforderungen und Fahrverhalten Rad Fahrender - Empirische Generierung einer Typologie.

Leden Lars et al. (1996), Accident Analysis & Prevention, 2000 July, An expert judgment model applied to estimating the safety effect of a bicycle facility.

Leden Lars, Gårder Per, Johansson Charlotta (2005), 18th ICTCT Workshop, Traffic environment for children and elderly as pedestrians and cyclists.

Litman Todd, Fitzroy Steven (2015), Victoria Transport Policy Institute, Safe travels - Evaluating mobility management traffic safety impacts.

Litman Todd (2008), Evaluating Nonmotorized Transport. Victoria, BC, Victoria Transport Policy Institute, Barrier effect.

Litman Todd (2011), Victoria Transport Policy Institute, Guide to Calculating Mobility Management Benefits.

Lorenc Theo et al. (2008), Social Science Reserach Unit, Institute of Education, London (United Kingdom), Attitudes to walking and cycling among children, young people and parents: a systematic review.

Lusk Anne et al. (2011), Injury Prevention, Risk of injury for bicycling on cycle tracks versus in the street.

Mekuria Maaza, Furth Peter, Nixon Hilary (2012), Mineta Transportation Institute, Low-stress bicycling and network connectivity.

Ministerie van Verkeer en Waterstaat, Fietsberaad (2009), Ministry of Transport, Public Works and Water Management, Directorate-General for Passenger Transport, Cycling in the Netherlands.

Ministry of Transport, Public Works and Water Management, The Netherlands (2009), Roundabouts - Application and design.

Mosler Hans-Joachim, Tobias Robert (2007), Umweltpsychologie, 11. Jg., Heft 1, pp. 35-54, Umweltpsychologische Interventionsformen neu gedacht.

Netsch Stefan (2015), Handbuch und Entwurfshilfe Stadtplanung, Berlin.

New Zealand Transport Agency (2011), New Zealand Transport Agency, Assessment of the type of cycling infrastructure required to attract new cyclists.

Niewöhner W., Berg F.A. (2005), BASt - Bundesanstalt für Straßenwesen, Gefährdung von Fußgängern und Radfahrern durch rechts abbiegende Lkw.

OECD – Organisation for Economic Co-operation and Develeopment, Paris, Frankreich (1998), Safety of vulnerable road users.

Ohm Dirk et al. (2015), bast, Heft V 257, Führung des Radverkehrs im Mischverkehr auf innerörtlichen Hauptverkehrsstraßen.

Parkin J., Wardman M. et al. (2007), Accident Analysis and Prevention, 39, pp. 364-371, Models of perceived cycling risk and route acceptability.

Pease (2004) Allan und Barbara, Die kalte Schulter und der warme Händedruck, 2.Auflage, Berlin

Polizeipräsidium Münster (2016), Fachbericht zur Verkehrsunfallentwicklung in der Stadt Münster sowie auf den Autobahnen im Zuständigkeitsbereich des Polizeipräsidiums Münster im Jahr 2015.

Pucher John (2001), Transportation Quarterly, Cycling Safety on Bikeways vs. Roads.

Pucher John, Buehler Ralph (2012), City Cycling, London.

Pucher John, Buehler Ralph, Seinen Mark (2011), Transportation Research A, Vol. 45, Bicycling Renaissance in North America? An Update and Re-Appraisal of Cycling Trends and Policies.

Pucher John, Buehler Ralph (2010), Built Environment Vol. 36, No. 4, Walking and Cycling for Healthy Cities.

Pucher John, Buehler Ralph (2008), Transport Reviews, Vol. 28, No. 4, pp. 495 - 528, July 2008, Making Cycling Iresstible: Lessons learned from The Netherlands, Denmark and Germany.

Pucher John, Dijkstra Lewis (2003), American Journal of Public Health, Vol. 93, No. 9, September 2003, Promoting safe walking and cycling to improve public health: Lessons from The Netherlands and Germany.

Pucher John, Dijkstra Lewis (2000), Transportation Quarterly, Vol. 54, No. 3, summer 2000, Making walking and cycling safer: Lessons from Europe.

Pucher John, Dill Jennifer, Handy Susan (2010), Preventive Medicine 50, pp. 106-125, Infrastructure, programs, and policies to increase bicycling: An international review.

Rajamani Jayanthi et al. (2002), TRB - Transportation Research Board 2003, Paper No. 03-3392, Assessing the impact of urban form measures on nonwork trip mode choice after controlling for demographic and level-of-service effects.

Reynolds Conor et al. (2009), Environmental Health, The impact of transportation infrastructure on bicycling injuries and crashes: a review of the literature.

Rivara Frederick, Thompson Diane, Thompson Robert (1997), Injury Prevention, Epidemiology of bicycle injuries and risk factors for serious injury.

Robinson Dorothy (2005), Health Promotion Journal of Australia, 16(1), pp. 47-51, Safety in numbers in Australia: more walkers and bicyclists, safer walking and bicycling.

Rosén Erik, Sander Ulrich (2009), Accident Analysis and Prevention, 41, 536-542, Pedestrian fatality risk as a function of car impact speed.

Sanders Rebecca et al. (2012), California Department of Transportation (Caltrans), The effects of transportation corridor features on driver and pedestrian behavior and on community vitality: final study report.

Schepers Paul (2013), SWOV-Dissertatiereeks, A safety road environment for cyclists.

Schlossberg Marc, Brown Nathaniel (2003), Transportation Research Record 1887, pp. 34-42, Comparing transit-oriented development sites by walkability indicators.

Schmitt Heidi, Landgraf Stephan (2009), Beobachtungsstudie: Einkaufsverhalten in Graz und Umgebung.

Scheier Christian, Held Dirk (2012), Was Marken erfolgreich macht - Neuropsychologie in der Markenführung, 3. Auflage, Freiburg

Schwendy, Timm (2023, unveröffentlicht), Sichere Kreuzungen, Die Blaue Reihe – Band 3, 1. Auflage, Röthenbach an der Pegnitz.

Sener Ipek N., Eluru Naveen, Bhat Chandra R. (2009), Transportation 36(5), pp. 511-539, An Analysis of Bicycle Route Choice Preferences in Texas.

Sinus Markt- und Sozialforschung GmbH, Heidelberg (2021), Fahrrad-Monitor Deutschland 2021.

Small Martin, Dr. Cairney Peter (2010), Austroads Ltd., Sydney, Australia, The Road Safety Consequences of Changing Travel Modes.

Sokolow Andrej (dpa), Auto- und IT-Industrie bitten zum Flirt, in: Nürnberger Nachrichten vom 06.01.2016, p. 17

Spotswoood Fiona et al. (2015), Transportation Research F 29, pp. 22-33, Analysing cycling as a social practice: An empirical grounding for behaviour change.

Stadt Münster (2009), 1. Zwischenbericht - Verkehrsentwicklungsplan Münster 2025, Baustein I: Analyse.

Stadt Münster, Amt für Stadtentwicklung, Stadtplanung und Verkehrsplanung (2013), Signale für den Radverkehr - Ein Leitfaden zur Radverkehrssignalisierung, Aktualisierte 2. Auflage

Stadt Zürich (2015), Velostandards Stadt Zürich.

Stadtrat von Zürich (Herausgeber), Urs Walter, Brucks Wernher (Projektleiter) (2012), Stadt Zürich, Masterplan Velo - Zürich lädt zum Radfahren ein.

Statistisches Bundesamt, Wiesbaden (2019), Verkehrsunfälle – Kraftrad- und Fahrradunfälle im Straßenverkehr 2018.

Stipdonk Henk, Reurings Martine (2010), SWOV Institute for Road Safety Research, The safe effect of exchanging car mobility for bicycle mobility.

SWOV – Institute for Road Safety Research (2012a), SWOV Fact Sheet, Leidschendam, Mobility management and road safety.

SWOV – Institute for Road Safety Research (2012b), SWOV Fact Sheet, Leidschendam, Roundabouts.

SWOV – Institute for Road Safety Research (2011) Reserach Activities Issue 47.

The City of Copenhagen - The Technical and Environmental Administration (2019), The Bicycle Account 2018. Copenhagen - City of cyclists.

The Dutch Cycling Embassy (2015), The World's Cycling Experts.

Tilahun Nebiyou et al. (2007), Transportation Research Part A 41, pp. 287-301, Trails, lanes, or traffic: Valuing bicycle facilities with an adaptive stated preference survey.

Toplak-Páll Tanja, Besser wohnen - Architekturpsychologen wissen, wie wir uns daheim und im Büro noch wohler fühlen, in: Nürnberger Nachrichten vom 9./10.01.2016, Magazin am Wochenende

Van Boggelen Otto et al. (2006), Fietsverkeer, Promoting bicycle use: consequences for traffic safety.

Van Goeverden Kees, Goodefroij Tom (2011), Delft University of Technology, The Dutch Reference Study – Cases of interventions in bicycle infrastructure reviewed in the framework of bikeability.

Vansteenkiste Pieter et al. (2014), Transportation Research Part F: Traffic Psychology and Behaviour, Vol. 23, pp. 81-87, The implications of low quality bicycle paths on gaze behavior of cyclists: A field test.

VCÖ-Forschungsinstitut (2010), VCÖ-Schriftenreihe, Wien, Österreich, Wie Wohnen Mobilität lenkt.

VELO-City Vienna (2013), Conference Magazine 2013, Sound of cycling – Urban cycling cultures Are cyclists good customers?

Vogt Walter (2013), VSVI Baden-Württemberg, Pedelecs im Stadtverkehr. Nachhaltige E-Mobilität auf zwei Rädern.

Wachtel Alan, Lewiston Diana (1994), ITE Journal, Risk factors for bicycle-motor vehicle collisions at intersections.

Wala Hermann H. (2013), Meine Marke – Was Unternehmen authentisch, unverwechselbar und langfristig erfolgreich macht, 4. Auflage, München

Walker Ian (2006), Professional Briefing Dokument, Drivers overtaking bicyclists.

Wang Judith Y.T. et al. (2014), Road and Transport Research: a journal of Australian and New Zealand research and practice, 23 (4), pp. 37-51, Understanding factors influencing choices of cyclists and potential cyclists: A case study at the University of Auckland.

Wang Judith Y.T. et al. (2012), The University of Auckland, Aukland, New Zealand, Transforming Auckland into a bicycle-friendly city: Understanding factors influencing choices of cyclists and potential cyclists.

Wijlhuizen G.J. Dr. et al. (2014), SWOV - Institute for Road Safety Research, Save cycling network - Developing a system for assessing the safety of cycling infrastructure

Willis Devon Paige (2015), International Journal of Sustainable Transportation, 9 (8), pp. 565-579, Cycling under influence: Summarizing the influence of perceptions, attitudes, habits and social environments on cycling for transportation.

Wilmink A., Hartman J.B. (1987), Ministry of Transport and Public Works, Transportation and Traffic Engineering Division, The Hague, The Netherlands, Evaluation of the Delft Bicycle Network Plan - Final summary report.

Winters M. et al. (2011), Transportation 38(1), pp 153-168, Motivators and deterrents of bicycling: comparing influences on decision to ride.

Wittink Roelof (2001), Final report of the European research project PROMISING, SWOV – Institute for Road Safety Research, The Netherlands, Promotion of mobility and safety of vulnerable road users.

Zeug Katrin, Mach es anders!, in: DIE ZEIT Online vom 12.02.2013, http://www.zeit.de/zeit-wissen/2013/02/Psychologie-Gewohnheiten/ (zuletzt abgerufen am 07.07.2016)

Bildnachweis

Sämtliche in diesem Handbuch veröffentlichten Fotos, Abbildungen, Grafiken und Tabellen wurden, sofern sie nicht nachstehend eigens aufgeführt sind, von Autor Thiemo Graf, dem Herausgeber i.n.s. – Institut für innovative Städte oder dem Fahrradverlag selbst aufgenommen oder erstellt.
Die folgenden Abbildungen wurden uns freundlicherweise von den bezeichneten Personen oder Institutionen für den Abdruck zur Verfügung gestellt. Dafür sagen wir herzlichen Dank!

Seite 51	Dennis Groß (ehem. TU Kaiserslautern)
Seite 52	Dennis Groß (ehem. TU Kaiserslautern)
Seite 53	Dennis Groß (ehem. TU Kaiserslautern)
Seite 84	Kartendaten © 2016 Google
Seite 85	Kartendaten © 2016 Google
Seite 86	Kartendaten © 2016 Google
Seite 87	Kartendaten © 2016 Google
Seite 312	Jan van den Hurk, Aachen
Seite 339	Jan van den Hurk, Aachen
Seite 351	Timm Schwendy, Darmstadt

In unserem Auftrag haben nachstehende Personen bzw. Agenturen Fotos oder Abbildungen für dieses Handbuch erstellt:

Seite 8	Fotograf: Thomas Riese, Riese Photography, Nürnberg
Seite 14	Illustrator: Michael Hüter, Bochum
Seite 26	Grafikerin: Katharina Ploog, Berlin
Seite 73	Grafikerin: Katharina Ploog, Berlin
Seite 95	Illustrator: Michael Hüter, Bochum
Seite 166	Illustrator: Michael Hüter, Bochum
Seite 171	Grafikerin: Katharina Ploog, Berlin
Seite 172	Grafikerin: Katharina Ploog, Berlin
Seite 173	Grafikerin: Katharina Ploog, Berlin
Seite 223	Johan L. Kolms
Seite 314	Cowboys & Indianer, Nürnberg
Seite 317	Cowboys & Indianer, Nürnberg